SCHRIFTEN ZUR
WISSENSCHAFTLICHEN WELTAUFFASSUNG
HERAUSGEGEBEN VON

PHILIPP FRANK
o. ö. PROFESSOR AN DER
UNIVERSITÄT PRAG

UND

MORITZ SCHLICK
o. ö. PROFESSOR AN DER
UNIVERSITÄT WIEN

BAND 8

LOGISCHE SYNTAX DER SPRACHE

VON

RUDOLF CARNAP

Springer-Verlag Wien GmbH 1934

ISBN 978-3-662-23330-6 ISBN 978-3-662-25375-5 (eBook)
DOI 10.1007/978-3-662-25375-5

ALLE RECHTE, INSBESONDERE DAS DER ÜBERSETZUNG
IN FREMDE SPRACHEN, VORBEHALTEN
COPYRIGHT 1934 BY SPRINGER-VERLAG WIEN

Ursprünglich erschienen bei Julius Springer in Vienna 1934.

Vorwort.

Seit beinahe einem Jahrhundert sind Mathematiker und Logiker mit Erfolg bemüht, aus der Logik eine strenge Wissenschaft zu machen. Dieses Ziel ist in einem gewissen Sinn erreicht worden: man hat gelernt, in der Logistik mit Symbolen und Formeln ähnlich denen der Mathematik in strenger Weise zu operieren. Aber ein logisches Buch muß außer den Formeln auch Zwischentext enthalten, der mit Hilfe der gewöhnlichen Wortsprache über die Formeln spricht und ihren Zusammenhang klar macht. Dieser Zwischentext läßt oft an Klarheit und Exaktheit manches zu wünschen übrig. In den letzten Jahren nun hat sich bei den Logikern verschiedener Richtungen immer mehr die Einsicht entwickelt, daß dieser Zwischentext das Wesentliche an der Logik ist und daß es darauf ankommt, für diese Sätze über Sätze eine exakte Methode zu entwickeln. Dieses Buch will die systematische Darstellung einer solchen Methode, der „logischen Syntax", geben (nähere Erläuterungen in der Einleitung, §§ 1, 2).

In unserem „Wiener Kreis" und in manchen ähnlich gerichteten Gruppen (in Polen, Frankreich, England, USA. und vereinzelt sogar in Deutschland) hat sich gegenwärtig die Auffassung immer deutlicher herausgebildet, daß die traditionelle metaphysische Philosophie keinen Anspruch auf Wissenschaftlichkeit machen kann. Was an der Arbeit des Philosophen wissenschaftlich haltbar ist, besteht — soweit es nicht empirische Fragen betrifft, die der Realwissenschaft zuzuweisen sind — in logischer Analyse. Die logische Syntax will nun ein Begriffsgebäude, eine Sprache liefern, mit deren Hilfe die Ergebnisse logischer Analyse exakt formulierbar sind. Philosophie wird durch Wissenschaftslogik, d. h. logische Analyse der Begriffe und Sätze der Wissenschaft ersetzt; Wissenschaftslogik ist nichts anderes als logische Syntax der Wissenschaftssprache. Das ist das Ergebnis, zu dem die Überlegungen des Schlußkapitels dieses Buches führen.

Dieses Buch will für die Bearbeitung der Probleme der Wissenschaftslogik das erforderliche Werkzeug in Gestalt einer exakten syntaktischen Methode liefern. Das geschieht zunächst dadurch, daß die Syntax zweier besonders wichtiger Beispielsprachen aufgestellt wird, die wir als „Sprache I" und „Sprache II" bezeichnen. Sprache I ist von einfacher Gestalt und umfaßt einen engeren Begriffskreis. Sprache II ist reicher an Ausdrucksmitteln; in ihr können alle Sätze der klassischen Mathematik und der klassischen Physik formuliert werden. Bei beiden Sprachen wird nicht — wie in der Logistik sonst meist — nur der mathematisch-logische Teil der Sprache dargestellt und untersucht, sondern wesentlich auch die synthetischen, empirischen Sätze. Diese, die sog. Wirklichkeitssätze, bilden den Kern der Wissenschaft; die mathematisch-logischen Sätze sind analytisch, ohne Wirklichkeitsgehalt, nur formale Hilfsmittel.

Am Beispiel der Sprache I wird gezeigt, wie es möglich ist, die Syntax einer Sprache in dieser Sprache selbst zu formulieren (Kap. II). Die naheliegende Befürchtung, daß dabei Widersprüche (die sog. „epistemologischen" oder „sprachlichen" Antinomien) auftreten müßten, besteht nicht zu Recht.

Nach der Syntax der Sprachen I und II wird (in Kap. IV) der Entwurf einer allgemeinen Syntax beliebiger Sprachen gegeben. Dieser Versuch ist vom Ziel noch weit entfernt. Die Aufgabe jedoch ist von grundsätzlicher Bedeutung. Der Kreis der möglichen Sprachformen und damit der verschiedenen möglichen Logiksysteme ist nämlich unvergleichlich viel größer als der sehr enge Kreis, in dem man sich in den bisherigen Untersuchungen der modernen Logik bewegt hat. Bisher ist man von der schon klassisch gewordenen Sprachform, die Russell gegeben hat, nur hin und wieder in einigen Punkten abgewichen. Man hat z. B. etwa gewisse Satzformen (z. B. die unbeschränkten Existenzsätze) oder Schlußregeln (z. B. den Grundsatz vom ausgeschlossenen Dritten) gestrichen. Andrerseits hat man aber auch einige Erweiterungen gewagt. Man hat z. B. in Analogie zum zweiwertigen Satzkalkül interessante mehrwertige Kalküle aufgestellt, die schließlich zu einer Wahrscheinlichkeitslogik geführt haben; man hat sog. intensionale Sätze eingeführt und mit ihrer Hilfe eine Modalitätslogik entwickelt. Der Grund dafür, daß man sich bisher nicht weiter von der klassischen Form zu entfernen wagt, liegt wohl in der weit verbreiteten Auffassung, man müsse die Abweichungen „rechtfertigen“, d. h. nachweisen, daß die neue Sprachform „richtig“ sei, die „wahre Logik“ wiedergebe. Diese Auffassung und die aus ihr entspringenden Scheinfragen und müßigen Streitigkeiten auszuschalten, ist eine der Hauptaufgaben dieses Buches. Hier wird die Auffassung vertreten, daß man über die Sprachform in jeder Beziehung vollständig frei verfügen kann; daß man die Formen des Aufbaues der Sätze und die Umformungsbestimmungen (gewöhnlich als „Grundsätze“ und „Schlußregeln“ bezeichnet) völlig frei wählen kann. Beim Aufbau einer Sprache geht man bisher gewöhnlich so vor, daß man den logisch-mathematischen Grundzeichen eine Bedeutung beilegt und dann überlegt, welche Sätze und Schlüsse auf Grund dieser Bedeutung logisch richtig erscheinen. Da die Bedeutungsbeilegung in Worten geschieht und daher ungenau ist, kann diese Überlegung auch nicht anders als ungenau und mehrdeutig sein. Der Zusammenhang wird erst dann klar, wenn man ihn von der umgekehrten Richtung aus betrachtet: man wähle willkürlich irgendwelche Grundsätze und Schlußregeln; aus dieser Wahl ergibt sich dann, welche Bedeutung die vorkommenden logischen Grundzeichen haben. Bei dieser Einstellung verschwindet auch der Streit zwischen den verschiedenen Richtungen im Grundlagenproblem der Mathematik. Man kann die Sprache in ihrem mathematischen Teil so einrichten, wie die eine, oder so, wie die andere Richtung es vorzieht. Eine Frage der „Berechtigung“ gibt es da nicht; sondern nur die Frage der syntaktischen Konsequenzen, zu denen die eine oder andere Wahl führt, darunter auch die Frage der Widerspruchsfreiheit. Die angedeutete Einstellung — wir werden sie als „Toleranzprinzip“ formulieren (S. 44) — bezieht sich aber nicht nur auf die Mathematik, sondern auf alle logischen Fragen überhaupt. Von diesem Gesichtspunkt aus wird die Aufgabe der Aufstellung einer allgemeinen Syntax wichtig, d. h. der Definition von syntaktischen Begriffen, die auf Sprachen beliebiger Form anwendbar sind. Im Bereich der allgemeinen Syntax kann man z. B. für die Sprache der Gesamtwissenschaft oder irgendeiner Teilwissenschaft eine bestimmte Form wählen und ihre charakteristischen Unterschiede zu den andern möglichen Sprachformen exakt angeben. Jene ersten Versuche, das Schiff der Logik vom festen Ufer der klassischen Form zu lösen, waren, historisch betrachtet, gewiß kühn. Aber sie waren gehemmt durch das Streben nach „Richtigkeit“. Nun aber ist die Hemmung überwunden; vor uns liegt der offene Ozean der freien Möglichkeiten.

An manchen Stellen im Text werden Hinweise auf die wichtigste Literatur gegeben. Vollständigkeit ist dabei nicht angestrebt worden; weitere Literaturangaben findet man leicht in den angegebenen Schriften. (Die wichtigsten Literaturhinweise finden sich an folgenden Stellen: S. 86ff. Vergleich unsrer Sprache II mit andern logischen Systemen; S. 98ff. über Klassensymbolik; S. 111ff. über syntaktische Bezeichnungen; S. 196f. über Modalitätslogik; S. 206ff., 248f. über Wissenschaftslogik.)

Für die Gedankengänge dieses Buches habe ich viele Anregungen aus Schriften, Briefen und Gesprächen über logische Probleme erhalten. Die wichtigsten Namen seien hier genannt. Am meisten verdanke ich den Vorlesungen und Büchern von Frege. Durch ihn wurde ich auch auf das Standardwerk der Logistik aufmerksam gemacht, auf die „Principia Mathematica“ von Whitehead und Russell. Den Gesichtspunkt der formalen Theorie der Sprache (in unserer Terminologie: der Syntax) hat zuerst Hilbert für die Mathematik in seiner „Metamathematik“ entwickelt, der die polnischen Logiker, besonders Ajdukiewicz, Lesniewski, Lukasiewicz, Tarski eine „Metalogik“ an die Seite gestellt haben. Für diese Theorie hat Gödel die fruchtbare Methode der „Arithmetisierung“ geschaffen. Zum Gesichtspunkt und zur Methode der Syntax habe ich besonders aus Gesprächen mit Tarski und Gödel wertvolle Anregungen erhalten. Für die Überlegungen über den Zusammenhang zwischen Wissenschaftslogik und Syntax habe ich Wittgenstein vieles zu verdanken; über die Unterschiede unserer Auffassungen vgl. S. 208ff. (Zu meinen Bemerkungen, besonders in §§ 17 und 67, gegen Wittgensteins frühere dogmatische Einstellung teilt mir jetzt Herr Schlick mit, daß Wittgenstein schon seit mehreren

Jahren in unveröffentlichten Arbeiten die Regeln der Sprache als völlig frei wählbar hinstellt. Auch sonst habe ich vieles aus den Schriften von Autoren gelernt, mit deren Auffassung ich nicht ganz übereinstimme; hier sind in erster Linie Weyl, Brouwer, Lewis zu nennen. Den Herren Behmann und Gödel danke ich herzlich dafür, daß sie das Manuskript dieses Buches in einer früheren Fassung (1932) gelesen und mir zahlreiche wertvolle Verbesserungsvorschläge gemacht haben.

Wegen Platzmangel mußten einige hergehörige Untersuchungen ausgeschieden werden (vgl. die Hinweise in § 34 und 60). Diese werden zum Teil in den Monatsheften für Mathematik und Physik veröffentlicht.

Prag, im Mai 1934.

R. C.

Inhaltsverzeichnis.

Einleitung.

1. Was ist logische Syntax?

Unter der **logischen Syntax** einer Sprache verstehen wir die formale Theorie der Sprachformen dieser Sprache: die systematische Aufstellung der formalen Regeln, die für diese Sprache gelten, und die Entwicklung der Konsequenzen aus diesen Regeln. **Formal** soll eine Theorie, eine Regel, eine Definition od. dgl. heißen, wenn in ihr auf die Bedeutung der Zeichen (z. B. der Wörter) und auf den Sinn der Ausdrücke (z. B. der Sätze) nicht Bezug genommen wird, sondern nur auf Art und Reihenfolge der Zeichen, aus denen die Ausdrücke aufgebaut sind.

Nach üblicher Auffassung sind Syntax und Logik trotz mancher Zusammenhänge im Grunde Theorien sehr verschiedener Art. Die Syntax einer Sprache stellt Regeln auf, nach denen die sprachlichen Gebilde (z. B. die Sätze) aus Elementen (z. B. aus Wörtern und Wortteilen) zusammenzusetzen sind. Die Hauptaufgabe der Logik sieht man dagegen in der Aufstellung von Regeln, nach denen Urteile aus andern Urteilen erschlossen werden können. Durch die Entwicklung der Logik in den letzten Jahrzehnten hat sich jedoch immer deutlicher herausgestellt, daß sie nur dann exakt betrieben werden kann, wenn sie sich nicht auf die Urteile (Gedanken oder Gedankeninhalte) bezieht, sondern auf die sprachlichen Ausdrücke, insbesondere die Sätze. Nur in bezug auf diese lassen sich scharfe Regeln aufstellen. Und in der Praxis hat ja tatsächlich jeder Logiker seit Aristoteles sich bei der Aufstellung von Regeln an die Sätze gehalten. Aber auch diejenigen modernen Logiker, die mit uns der Auffassung sind, daß die Logik es mit den Sätzen zu tun hat, pflegen doch meist zu meinen, daß es sich in der Logik um die Sinnbeziehungen zwischen Sätzen handle; im Unterschied zu den Regeln der Syntax seien die der Logik nicht-formal. Demgegenüber soll hier die Auffassung vertreten und durchgeführt werden, daß auc die Logik die Sätze *formal* zu behandeln hat. Wir werden seher daß die logischen Eigenschaften von Sätzen (z. B. ob ein Sat analytisch, synthetisch oder kontradiktorisch ist, ob er e Existenzsatz ist od. dgl.) und die logischen Beziehungen zwische Sätzen (z. B. ob zwei Sätze einander widersprechen oder mi einander verträglich sind, ob der eine aus dem andern logisc folgt od. dgl.) nur von der syntaktischen Struktur der Sätz abhängen. *So wird die Logik zu einem Teil der Synta*, wenn diese weit genug gefaßt und exakt formuliert wird. De Unterschied zwischen den syntaktischen Regeln im engeren Sir und den logischen Schlußregeln ist nur der Unterschied zwische *Formregeln* und *Umformungsregeln*; beide aber verwende keine andern als syntaktische Bestimmungen. So ist es gerech fertigt, wenn wir das System, das Formregeln und Umformung regeln zusammenfaßt, als logische Syntax bezeichnen.

Die Aufstellung der formalen Form- und Umformungsrege in bezug auf eine natürliche Wortsprache (z. B. die deutsche, d lateinische) würde infolge des unsystematischen und logisc mangelhaften Aufbaues so kompliziert sein, daß sie praktisc kaum durchführbar wäre. Dasselbe gilt auch für die künstliche Wortsprachen (z. B. Esperanto); wenn sie auch manche logische Mängel der natürlichen Sprachen vermeiden, so müssen sie doc als Umgangssprachen, die sich an die natürlichen Sprachen a lehnen wollen, noch logisch sehr kompliziert sein. Wir wolle für einen Augenblick von den formalen Mängeln der Wortsprache absehen und uns an Beispielen klarmachen, daß Formrege und Umformungsregeln von gleicher Art sind, und daß beic formal gefaßt werden können. Daß z. B. die Wortreihe „Pirote karulieren elatisch" ein Satz ist, kann, wenn eine geeigne Regel aufgestellt ist, festgestellt werden, sofern nur bekannt is daß „Piroten" ein Substantivum (im Plural), „karulieren" e Verbum (in der 3. Pers. Plur. Ind.) und „elatisch" ein Adverbiu ist (was übrigens in einer gut konstruierten Wortsprache, wie z. in Esperanto, aus der Form der Wörter zu ersehen sein würde die Bedeutung der Wörter braucht hierfür nicht bekannt zu sei Ferner kann, wenn eine geeignete Regel aufgestellt ist, aus de genannten Satz und dem Satz „A ist ein Pirot" der Satz „A kar liert elatisch" erschlossen werden, wenn nur wieder die Wor arten der einzelnen Wörter bekannt sind; auch hierfür braucht ihre Bedeutung und der Sinn der drei Sätze nicht bekannt zu sein.

Wegen der Mängel der Wortsprachen wird in diesem Buche nicht die logische Syntax einer solchen Sprache aufgestellt, sondern die zweier konstruierter symbolischer Sprachen (d. h. solcher, die anstatt der Wörter Formelzeichen verwenden). Das gleiche pflegt man ja überhaupt in der modernen Logik zu tun; nur in der symbolischen Sprache ist es gelungen, zu exakten Formulierungen und strengen Beweisen zu gelangen. Und so wird es auch nur in bezug auf eine solche konstruierte symbolische Sprache möglich sein, ein zugleich strenges und einfaches Regelsystem aufzustellen. Nur ein solches strenges und einfaches System macht es uns möglich, Eigenart und Reichweite der logischen Syntax deutlich zu machen.

Die Sätze, Definitionen und Regeln der Syntax einer Sprache handeln von den Formen dieser Sprache. Wie aber sind nun diese Sätze, Definitionen und Regeln selbst korrekt auszudrücken? Ist hierfür sozusagen eine Übersprache erforderlich und für deren Syntax eine dritte Sprache und so fort ins Unendliche? Oder aber ist es möglich, die Syntax einer Sprache in dieser selbst zu formulieren? Es liegt die Befürchtung nahe, daß bei einem solchen Vorgehen Widersprüche auftreten könnten, wie sie bekanntlich in der Cantorschen Mengenlehre und in der vor-Russellschen Logik durch gewisse rückbeziehende Begriffsbildungen von scheinbar ähnlicher Art entstanden sind. Wir werden aber später sehen, daß es möglich ist, die Syntax einer Sprache widerspruchsfrei in dieser Sprache selbst auszudrücken in dem Umfang, der durch den Reichtum der betreffenden Sprache an Ausdrucksmitteln bedingt ist.

Zunächst wollen wir uns jedoch um diese Frage nicht kümmern, so bedeutungsvoll sie auch ist. Wir werden die syntaktischen Begriffe in bezug auf die von uns gewählten Sprachen aufstellen und die Frage, ob wir die mit Hilfe dieser Begriffe gebildeten Sätze und Regeln in jener Sprache selbst ausdrücken können oder nicht, für später beiseite lassen. Bei der ersten Aufstellung einer Theorie pflegt ja überhaupt ein solches gewissermaßen naives Vorgehen fruchtbarer zu sein: man *macht* zuerst Geometrie, Arithmetik, Differentialrechnung, Physik; erst später (zuweilen Jahrhunderte später) stellt man erkenntnistheoretische und logische Erörterungen über die schon entwickelten Theor an. So werden auch wir zunächst die Syntax machen und e später ihre Begriffe formalisieren und dadurch ihren logiscl Charakter bestimmen.

Bei diesem Vorgehen haben wir es zunächst mit zwei Spracl zu tun: mit der Sprache, die das Objekt unserer Darstellu bildet — wir wollen sie die **Objektsprache** nennen —, und mit (Sprache, in der wir über die syntaktischen Formen der Obje sprache reden — wir wollen sie die **Syntaxsprache** nennen. Objektsprachen nehmen wir, wie gesagt, bestimmte symbolis(Sprachen; als Syntaxsprache verwenden wir zunächst einfach deutsche Sprache, wobei wir einige Frakturzeichen zu Hi nehmen.

2. Sprachen als Kalküle.

Unter einem **Kalkül** versteht man ein System von Fe setzungen der folgenden Art. Die Festsetzungen beziehen si auf Elemente, die sogenannten **Zeichen,** von deren Beschaff(heiten und Beziehungen nichts weiter vorausgesetzt wird, als d sie in bestimmte Klassen eingeteilt sind. Jede beliebige endlic Reihe von Zeichen heißt ein **Ausdruck** des betreffenden Kalküls. I Festsetzungen des Kalküls bestimmen nun erstens, unter welch Bedingungen ein Ausdruck zu irgend einer bestimmten Ausdrucl art gerechnet werden soll, und zweitens, unter welchen Bedingung die Umformung eines oder mehrerer Ausdrücke in einen and(gestattet sein soll. So ist z. B. das System einer Sprache, we nur die formale Struktur im früher erläuterten Sinne betrach wird, ein Kalkül; die beiden Arten von Festsetzungen sind d was wir früher Formregeln und Umformungsregeln genar haben, nämlich die syntaktischen Regeln im engeren Sinn (z. „Ein Ausdruck dieser Sprache heißt ein Satz, wenn er in solcl oder solcher Weise aus Zeichen der und der Arten in der und c Reihenfolge besteht“) und die sogenannten logischen Schlu regeln (z. B. „Ist ein Satz in der und der Weise aus Zeich zusammengesetzt und ein anderer in der und der andern Wei so kann der zweite aus dem ersten erschlossen werden“). Ferr ist jede wohlbestimmte mathematische Disziplin ein Kalkül diesem Sinn. Aber auch das System der Schachspielregeln ein Kalkül; die Schachfiguren sind die Zeichen (hier, im Unt schied zu den Sprachen, ohne Bedeutung), die Formregeln bestimmen die Figurenstellungen, insbesondere die Anfangsstellung des Spiels, die Umformungsregeln bestimmen die erlaubten Spielzüge, d. h. die zulässigen Umformungen einer Stellung in eine andere.

Logische Syntax im weitesten Sinn ist dasselbe wie Aufstellung und Behandlung von Kalkülen. Nur weil die Sprachen die wichtigsten Beispiele für Kalküle sind, pflegt man meist nur Sprachen syntaktisch zu untersuchen. In den meisten Kalkülen (auch solchen, die nicht Sprachen im eigentlichen Sinne sind) sind die Elemente Schreibfiguren. Der Terminus „Zeichen" soll hier nur soviel heißen wie „Figur". Es wird nicht etwa vorausgesetzt, daß ein solches Zeichen eine Bedeutung hat oder etwas bezeichnet.

Wenn wir sagen, daß die logische Syntax die Sprache als einen Kalkül behandelt, so ist damit nicht gesagt, daß hierbei angenommen wird, die Sprache sei nichts weiter als ein Kalkül. Es ist nur gesagt, daß die Syntax sich auf die Behandlung der kalkülmäßigen, d. h. formalen Seite der Sprache beschränkt. Eine eigentliche Sprache hat darüber hinaus andere Seiten, die durch andere Betrachtungsweisen zu untersuchen sind. Ihre Wörter haben eine Bedeutung; das wird von der Semasiologie betrachtet; die Wörter und Ausdrücke der Sprache stehen mit Vorstellungen und Handlungen in enger Beziehung, was die Psychologie zu untersuchen hat; die Sprache bildet eine historisch gegebene Methode der Verständigung, also einer bestimmten gegenseitigen Einwirkung, innerhalb einer bestimmten Menschengruppe, damit hat es die Soziologie zu tun. Die Sprachwissenschaft im weitesten Sinn untersucht die Sprache von allen diesen Gesichtspunkten aus: vom syntaktischen (in unserem Sinn, also vom formalen), vom semasiologischen, vom psychologischen, vom soziologischen Gesichtspunkt.

Wir haben gesagt: die Syntax hat es nur mit den formalen Eigenschaften der Ausdrücke zu tun. Dies werde noch näher erläutert. Angenommen, zwei Sprachen S_1 und S_2 verwenden ungleiche Zeichen, aber so, daß sich eine eineindeutige Zuordnung zwischen den Zeichen von S_1 und denen von S_2 herstellen läßt derart, daß jede syntaktische Bestimmung in bezug auf S_1 in eine solche in bezug auf S_2 übergeht, wenn wir sie anstatt auf die

Zeichen von S_1 auf die jeweils zugeordneten Zeichen von S_2 beziehen, und umgekehrt. Dann sind zwar die beiden Sprachen nicht gleich, aber sie haben dieselbe formale Struktur (win nennen sie isomorphe Sprachen). Für die Syntax kommt es nur auf die Struktur der Sprachen in diesem Sinn an. Für die Syntax ist es gleichgültig, ob etwa die eine von zwei symbolischen Sprachen immer ‚&' schreibt, wo die andere ‚.' schreibt (bei Wortsprachen: ob die eine immer ‚and' schreibt, wo die andere ‚und' schreibt), falls die Form- und die Umformungsregeln analog sind. Ob z. B. ein bestimmter Satz analytisch ist oder nicht, ob ein bestimmter Satz aus einem bestimmten andern folgt oder nicht, das hängt nur von der formalen Struktur der Sprache und der betreffenden Sätze ab. Die Gestalt der Einzelzeichen ist hierfür gleichgültig; von dieser Gestalt wird daher in einer exakten syntaktischen Definition nicht die Rede sein. Ferner ist es für die Syntax gleichgültig, daß z. B. das Zeichen ‚und' gerade ein Ding aus Druckerschwärze ist; die formale Struktur der Sprache bliebe ungeändert, wenn wir übereinkommen würden, an Stelle jenes Zeichens immer ein Streichholz auf das Papier zu legen. So wird uns klar: als Ausdrücke eines Kalküls oder speziell einer Sprache können irgend welche Reihen irgend welcher Dinge dienen; man braucht nur die betreffenden Dinge in bestimmte Arten einzuteilen und kann dann Sprachausdrücke in Form von Dingreihen bilden, die gemäß den Formregeln zusammengesetzt sind. In den gewöhnlichen Sprachen sind die Zeichenreihen (Ausdrücke) entweder zeitliche Reihen von Lauten oder räumliche Reihen von auf dem Papier erzeugten Körpern. Ein Beispiel für eine Sprache, die bewegliche Dinge als Zeichen verwendet, ist etwa eine Kartothek; die Karten dienen als Gegenstandsnamen für die Bücher einer Bücherei, die Kartenreiter als Eigenschaftsbezeichnungen (z. B. „verliehen", „beim Buchbinder" u. dgl.); eine Karte mit aufgestecktem Reiter bildet einen Satz.

Die Syntax einer Sprache oder eines sonstigen Kalküls handelt allgemein von den Strukturen möglicher Reihenordnungen (bestimmter Art) beliebiger Elemente. Wir werden reine und deskriptive Syntax unterscheiden. Die reine Syntax bezieht sich auf die möglichen Ordnungen, ohne Rücksicht darauf, was für Dinge als Elemente der verschiedenen Arten gelten sollen und welche möglichen Ordnungen dieser Elemente irgendwo verwirklicht sind (z. B. auf die möglichen Satzformen, ohne Rücksicht auf die Gestalt der Wörter und darauf, welche Sätze irgendwo in der Welt auf dem Papier stehen). In der reinen Syntax werden nur Definitionen aufgestellt und Konsequenzen aus ihnen entwickelt; sie ist daher durchweg analytisch. Sie ist nichts anderes als Kombinatorik oder, wenn man will, Geometrie endlicher diskreter Reihenstrukturen bestimmter Art. Die deskriptive Syntax verhält sich zur reinen wie die physikalische Geometrie zur mathematischen; sie handelt von den syntaktischen Eigenschaften und Beziehungen empirisch vorliegender Ausdrücke (z. B. von den Sätzen eines bestimmten Buches). Hierfür ist — ebenso wie für die Anwendung der Geometrie — die Aufstellung von sogenannten Zuordnungsdefinitionen erforderlich, durch die festgesetzt wird, welche Gegenstandsarten den syntaktischen Elementarten entsprechen sollen (z. B.: „Als Disjunktionszeichen sollen Körper aus Druckerschwärze von der Gestalt ‚V' genommen werden"). Sätze der deskriptiven Syntax können z. B. aussagen, daß der vierte und der siebente Satz einer bestimmten Abhandlung einander widersprechen oder daß ihr zweiter Satz nicht syntaxgemäß gebildet ist.

Wenn wir sagen, die reine Syntax spreche über Satzformen, so ist dies „Sprechen über" im uneigentlichen Sinn gemeint. Ein analytischer Satz spricht ja nicht im eigentlichen Sinn „über" etwas, so wie ein empirischer Satz, denn er ist gehaltleer. Das uneigentliche „Sprechen über" ist hier in demselben Sinn gemeint, in dem man von der Arithmetik zu sagen pflegt, sie spreche über die Zahlen, oder von der reinen Geometrie, sie spreche über geometrische Gebilde.

Wir sehen: wenn wir etwa eine bestimmte wissenschaftliche Theorie vom logischen Gesichtspunkt aus untersuchen und beurteilen, so sind die Ergebnisse dieser logischen Analyse zu formulieren als syntaktische Sätze, sei es in der reinen, sei es in der deskriptiven Syntax. Wissenschaftslogik (logische Methodologie) ist nichts anderes als Syntax der Wissenschaftssprache; das soll im Schlußkapitel dieses Buches näher gezeigt werden. Eine erhöhte Bedeutung gewinnen die syntaktischen Probleme auf dem Boden der antimetaphysischen Auffassung, wie wir sie im Wiener Kreis vertreten. Nach dieser Auffassung sind die Sätze der Metaphysik Scheinsätze, die sich bei logische Analyse als leer oder als syntaxwidrig erweisen; von den soge nannten philosophischen Problemen bleiben als sinnvolle Frage nur die der Wissenschaftslogik übrig. Wer diese Auffassung teilt wird somit an Stelle von Philosophie logische Synta fordern. Die genannte antimetaphysische Auffassung wird jedoch in den Untersuchungen dieses Buches weder als Voraussetzung noch als Behauptung auftreten. Die folgenden Untersuchungen haben formalen Charakter und sind nicht abhängig von dem was man philosophische Richtung zu nennen pflegt.

Die Methode der Syntax, die im folgenden entwickelt werden soll, wird nicht nur der logischen Analyse wissenschaftliche Theorien dienen können, sondern auch der logischen Analyse der Wortsprachen. Wir werden zwar hier aus den frühe angedeuteten Gründen symbolische Sprachen behandeln. Abe die syntaktischen Begriffe und Regeln können dann — nicht im einzelnen, aber ihrem allgemeinen Charakter nach — auch au die Analyse der ungeheuer komplizierten Wortsprachen übertragen werden. Das bisher übliche Vorgehen der direkten Analyse der Wortsprachen mußte ebenso scheitern, wie ein Physiker scheitern würde, wenn er von vornherein seine Gesetze auf die vorgefundenen Dinge, Steine, Bäume usw. beziehen wollte. Der Physiker bezieht seine Gesetze zunächst auf einfachste konstruierte Formen: auf einen dünnen, geraden Hebel, auf ein Fadenpendel, auf punktförmige Massen u. dgl.; mit Hilfe dieser auf konstruierte Gebilde bezogenen Gesetze ist er dann später imstande, das komplizierte Verhalten der wirklichen Körper in geeignete Faktoren zu zerlegen und dadurch zu beherrschen. Ein anderes Gleichnis: die komplizierte Gestalt der Gebirge, Flüsse, Ländergrenzen usw. läßt sich am besten mit Hilfe der geographischen Koordinaten darstellen und untersuchen, also durch Vergleich mit in der Natur nicht gegebenen, konstruierten Linien. So wird sich die syntaktische Beschaffenheit einer bestimmten Wortsprache, etwa der deutschen, oder bestimmter Klassen von Wortsprachen oder einer bestimmten Teilsprache einer Wortsprache am besten durch den Vergleich mit einer als Bezugssystem dienenden konstruierten Sprache darstellen und untersuchen lassen. Diese Aufgabe liegt jedoch außerhalb des Rahmens dieses Buches.

Terminologische Bemerkungen. Die Begründung der Wahl des Terminus ‚(logische) Syntax' ist im vorstehenden gegeben. Den Zusatz ‚logisch' wird man fortlassen können, wo keine Verwechslung mit der linguistischen Syntax (die nicht rein formal verfährt und nicht zur Aufstellung eines strengen Regelsystems gelangt) zu befürchten ist, also z. B. im folgenden Text dieses Buches oder in logischen Abhandlungen.

Die ersten Kalküle im angegebenen Sinn sind — wie schon das Wort vermuten läßt — in der Mathematik entwickelt worden. Als erster hat *Hilbert* die Mathematik als Kalkül im strengen Sinn aufgefaßt, d. h. ein System von Regeln aufgestellt, das die mathematischen Formeln in ihrer formalen Struktur zum Objekt hat. Diese Theorie hat er *Metamathematik* genannt; als ihr Ziel hat er den Nachweis der Widerspruchsfreiheit der klassischen Mathematik hingestellt. Die Metamathematik ist — wenn man sie im weitesten Sinn nimmt und ihr nicht nur die genannte Aufgabe stellt — die Syntax der mathematischen Sprache. In Analogie zu der Hilbertschen Bezeichnung haben die Warschauer Logiker (*Lukasiewicz* und andere) von ‚Meta-Aussagenkalkül', ‚*Metalogik*' u. dgl. gesprochen. Vielleicht ist das Wort ‚Metalogik' geeignet zur Bezeichnung des Teilgebietes der Syntax, in dem es sich um die logischen Sätze im engeren Sinn (ohne die mathematischen) handelt.

Die Bezeichnung ‚*Semantik*' wird von *Chwistek* für eine von ihm aufgebaute Theorie verwendet, die sich eine ähnliche Aufgabe stellt wie unsere Syntax, aber nach ganz anderer Methode verfährt (hierüber später). Da dieses Wort aber in der Sprachwissenschaft meist als gleichbedeutend mit ‚Semasiologie' oder ‚Bedeutungslehre' genommen wird, ist es vielleicht nicht ganz zweckmäßig, es auf die Syntax, also auf eine formale, von den Bedeutungen absehende Theorie zu übertragen. [Vgl. M. *Bréal*, Essai de Sémantique. Science des Significations. Paris 1897, 5. A. 1921, S. 8: „la science, que j'ai proposé d'appeler la Sémantique" mit Anmerkung: „Σημαντικὴ τέχνη, la science des significations".]

Die Bezeichnung ‚*Sematologie*' möge (nach *Bühler*) für die empirische (psychologische, soziologische) Theorie von der Verwendung von Zeichen im weitesten Sinn vorbehalten bleiben. Die empirische Sprachwissenschaft ist dann ein Teilgebiet der Sematologie. Von ihr zu unterscheiden ist die *Semasiologie*, die, als Teil der Sprachwissenschaft, die Bedeutungen der Ausdrücke der geschichtlich gegebenen Sprachen untersucht.

I. Die definite Sprache I.

A. Formbestimmungen für Sprache I.

3. Prädikate und Funktoren.

Die Methode der Syntax soll hier an zwei bestimmten symbolischen Sprachen als Objektsprachen entwickelt werden. Die erste dieser Sprachen — wir nennen sie „Sprache I“ oder kurz „I“ — umfaßt auf mathematischem Gebiet die elementare Arithmetik der natürlichen Zahlen in einem gewissen beschränkten Umfang, wie er etwa denjenigen Auffassungen entspricht, die sich als konstruktivistisch, finitistisch oder intuitionistisch bezeichnen. Diese Beschränkung ist vor allem dadurch gekennzeichnet, daß nur definite Zahleigenschaften vorkommen, d. h. solche, über deren Vorliegen oder Nichtvorliegen für eine beliebige Zahl stets in endlich vielen Schritten nach festem Verfahren entschieden werden kann. Wegen dieser Beschränkung nennen wir I auch eine definite Sprache; diese Sprache ist jedoch nicht definit in dem strengen Sinn, daß jeder ihrer Sätze definit, d. h. entscheidbar, wäre. Später werden wir die Sprache II behandeln, die I als Teilsprache enthält. Sprache II enthält auch indefinite Begriffe; sie umfaßt auch die Arithmetik der reellen Zahlen und die Analysis im Umfang der klassischen Mathematik, ferner die Mengenlehre. Die Sprachen I und II sollen aber nicht nur Mathematik enthalten, sondern vor allem auch die Möglichkeit geben, empirische Sätze über irgend ein Gegenstandsgebiet zu bilden. In II kann z. B. die klassische und relativistische Physik formuliert werden. Wir legen sogar besonderes Gewicht auf die syntaktische Behandlung der synthetischen (nicht rein logisch-mathematischen) Sätze, die in der modernen Logik meist vernachlässigt werden. Die mathematischen Sätze sind, vom Gesichtspunkt der Gesamtsprache betrachtet, nur Hilfsmittel zum Operieren mit empirischen, also nicht-mathematischen Sätzen.

In Kapitel I wird die Syntax der Sprache I aufgestellt; als Syntaxsprache dient hier die deutsche Sprache, ergänzt durch einige Frakturzeichen. In Kapitel II wird die Syntax von Sprache I selbst wiederum formalisiert, d. h. in einer kalkülmäßigen Sprache ausgedrückt, und zwar in der Sprache I selbst. In Kapitel III wird die Syntax der reicheren Sprache II aufgestellt, aber nur nach der einfacheren Methode (Wortsprache). In Kapitel IV verlassen wir die Objektsprachen I und II und entwerfen eine allgemeine Syntax, die sich auf beliebige Sprachen bezieht.

Für das Verständnis des Folgenden ist Vorkenntnis der Elemente der Logistik (symbolischen Logik) nicht unbedingt erforderlich, aber wünschenswert. Ergänzungen zu den im folgenden gegebenen kurzen Erläuterungen der Logistik findet man in den üblichen Darstellungen des Satzkalküls und des sogenannten Funktionenkalküls, z. B. in Hilbert [Logik] und Carnap [Logistik].

Eine Sprache, die über die Gegenstände irgend eines Gebietes spricht, kann diese Gegenstände entweder durch Eigennamen bezeichnen oder durch systematische Stellenbezeichnungen, d. h. durch Zeichen, die die Stellung der Gegenstände im System und damit auch ihre gegenseitige Lage kenntlich machen. Stellenbezeichnungen sind z. B. die Hausnummern, im Unterschied zu den früher gebräuchlichen Eigennamen (z. B. „Haus zum roten Hirschen"); die Ostwaldsche Bezeichnung der Farben durch Buchstaben und Ziffern, im Unterschied zur Bezeichnung durch Farbnamen („Blau"); die Bezeichnung geographischer Orte durch geographische Länge und Breite, im Unterschied zur Bezeichnung durch Eigennamen („Wien", „Nordkap"); die Bezeichnung von Raum-Zeit-Punkten durch Koordinatenquadrupel (Raum- und Zeitkoordinaten; 4 reelle Zahlen), wie in der Physik üblich. Die Methode der Eigennamen ist die ursprüngliche; die Methode der Stellenbezeichnungen entspricht einem fortgeschritteneren Stadium der Wissenschaft, sie hat erhebliche methodische Vorzüge vor jener. Eine (Teil-) Sprache, die die Gegenstände des von ihr behandelten Gebietes durch Stellenbezeichnungen benennt, wollen wir eine Koordinatensprache nennen, im Unterschied zu den Namensprachen.

In der symbolischen Logik pflegt man bisher gewöhnlich Namensprachen zu verwenden, indem man die Gegenstände etwa mit den Eigennamen ‚a', ‚b' usw. bezeichnet (entsprechend den Bezeichnungen ‚Mond', ‚Wien', ‚Napoleon' der Wortsprache). Wir wollen hier als Objektsprachen Koordinatensprachen nehmen; und zwar werden in der Sprache I die natürlichen Zahlen als Koordinaten verwendet. Wir denken uns als Stellengebiet eine eindimensionale Reihe mit einer ausgezeichneten Richtung. Bezeichnet ‚a' eine Stelle dieser Reihe, so soll die nächstfolgende Stelle mit ‚a¹' bezeichnet werden. Die Anfangsstelle wird mit

‚0' bezeichnet; also sind die folgenden Stellen mit ‚0^{I}', ‚0^{II}' usw. zu bezeichnen. Derartige Ausdrücke nennen wir Strichausdrücke. Da sie für höhere Stellen sehr umständlich sind, werden wir als Abkürzungen die üblichen Zahlzeichen durch Definitionen einführen: ‚1' für ‚0^{I}', ‚2' für ‚0^{II}' usw. Will man die Stellen eines zwei-, drei-, n-dimensionalen Gebietes bezeichnen, so verwendet man dazu geordnete Paare bzw. Tripel bzw. n-tupel von Zahlzeichen.

Um eine Eigenschaft eines Gegenstandes bzw. einer Stelle oder eine Beziehung zwischen mehreren Gegenständen bzw. Stellen auszudrücken, verwendet man **Prädikate.** Beispiele: 1. ‚Blau (3)' soll etwa besagen: „die Stelle 3 ist blau"; in einer Namensprache ‚Blau (a)': „der Gegenstand a ist blau". 2. ‚Wr (3, 5)': „die Stelle 3 ist wärmer als die Stelle 5"; in einer Namensprache ‚Wr (a, b)': „der Körper a ist wärmer als der Körper b"; ‚Va (a, b)': „die Person a ist Vater der Person b" u. dgl. 3. ‚P (0, 8, 4, 3)' soll etwa besagen: „die Temperatur an der Stelle 0 ist um ebensoviel höher als die an der Stelle 8, wie die Temperatur an der Stelle 4 höher ist als die an der Stelle 3". In den genannten Beispielen ist ‚Blau' ein einstelliges Prädikat, ‚Wr' ein zweistelliges, ‚P' ein vierstelliges. In ‚Wr (3, 5)' heißt ‚3' erstes, ‚5' zweites Argument von ‚Wr'. Wir unterscheiden zwei Klassen von Prädikaten. Die Prädikate in den genannten Beispielen drücken (wie man zu sagen pflegt) empirische Eigenschaften bzw. Beziehungen aus; wir nennen sie deskriptive Prädikate. Von ihnen unterscheiden wir die logischen Prädikate; das sind solche, die (wie man zu sagen pflegt) logisch-mathematische Eigenschaften oder Beziehungen ausdrücken. Beispiele für logische Prädikate: ‚Prim (5)': „5 ist eine Primzahl"; ‚Gr (7, 5)': „7 ist größer als 5" oder „die Stelle 7 ist eine höhere Stelle als die Stelle 5". Die genaue Definition der syntaktischen Begriffe ‚deskriptiv' und ‚logisch' wird später gegeben werden; sie wird nicht, wie die soeben gegebene unexakte Erläuterung, auf die Bedeutung Bezug nehmen. [Die Bezeichnung ‚Prädikat', die man früher nur auf einstellige anzuwenden pflegte, beziehen wir nach dem Vorgang von Hilbert auch auf mehrstellige; die Verwendung eines gemeinsamen Terminus für die beiden Fälle erweist sich als weit zweckmäßiger.]

Die Prädikate sind gewissermaßen Eigennamen für Beschaffenheiten der Stellen. Die Stellen haben wir anstatt durch Eigennamen durch systematische Ordnungszeichen, nämlich Zahlzeichen, bezeichnet; in ähnlicher Weise können wir nun auch die Beschaffenheiten durch Zahlzeichen bezeichnen. Anstatt der Farbnamen kann man Farbnummern (bzw. Tripel von solchen) verwenden; anstatt der ungenauen Bezeichnungen „warm“, „kühl“, „kalt“ u. dgl. kann man die Temperaturzahlen verwenden. Das hat nicht nur den Vorzug, daß man genauere Angaben machen kann, sondern auch noch den für die Wissenschaft ausschlaggebenden, daß nur durch diese „Arithmetisierung“ die Aufstellung allgemeiner Gesetze (z. B. für die Beziehung zwischen Temperatur und Ausdehnung oder zwischen Temperatur und Gasdruck) möglich ist. Um Eigenschaften oder Beziehungen von Stellen durch Zahlen auszudrücken, verwenden wir die **Funktoren.** ‚te‘ sei z. B. der Temperaturfunktor; ‚te (3) = 5‘ soll besagen: „Die Temperatur an der Stelle 3 ist 5“; wenn wir den Funktor ‚tdiff‘ für Temperaturdifferenz nehmen, so besagt ‚tdiff (3, 4) = 2‘: „Die Differenz der Temperaturen an den Stellen 3 und 4 beträgt 2“. Neben solchen *deskriptiven Funktoren* verwenden wir auch *logische*. Z. B. soll ‚sum (3, 4)‘ soviel bedeuten wie „3 + 4“, ‚fak (3)‘ soviel wie „3!“. ‚sum‘ ist ein zweistelliger logischer Funktor, ‚fak‘ ein einstelliger. ‚3‘ und ‚4‘ heißen auch hier Argumente in dem Ausdruck ‚sum (3, 4)‘; in ‚te (3) = 5‘ heißt ‚3‘ das Argument zu ‚te‘, ‚5‘ heißt Wert von ‚te‘ für das Argument ‚3‘.

Einen Ausdruck, der auf irgend eine Weise eine (bestimmte oder unbestimmte) Zahl bezeichnet, nennen wir einen *Zahlausdruck* (genaue Definition: S. 24); Beispiele: ‚0‘, ‚0''‘, ‚3‘, ‚te (3)‘, ‚sum (3, 4)‘. Einen Ausdruck, der einem Aussagesatz der Wortsprache entspricht, nennen wir einen *Satz* (Def. S. 24); Beispiele: ‚Blau (3)‘, ‚Prim (4)‘. Ein Ausdruck heißt *deskriptiv* (Def. S. 23), wenn in ihm ein deskriptives Prädikat oder ein deskriptiver Funktor vorkommt; andernfalls *logisch* (Def. S. 23).

4. Syntaktische Frakturzeichen.

Die beiden Zeichen ‚a‘ und ‚a‘ stehen an verschiedenen Stellen dieser Seite; es sind also *verschiedene* Zeichen (nicht *dasselbe* Zeichen); aber sie sind *gleich* (nicht *ungleich*). Durch die Syntaxbestimmungen einer Sprache muß nicht nur festgesetzt werden, welche Dinge als Zeichen verwendet werden sollen, sondern auch, unter welchen Umständen zwei Zeichen als syntaktisch gleich gelten sollen. Häufig werden figurell ungleiche Zeichen als syntaktisch gleich erklärt, z. B. in der gewöhnlichen Sprache ‚z' und ‚ʒ'. [Mit einer derartigen Gleicherklärung muß nicht immer gemeint sein, daß die beiden Figuren unterschiedslos verwendet werden sollen. Es kann vielmehr ein Unterschied von irgend einem außersyntaktischen Gesichtspunkt aus gemacht werden. Man pflegt z. B. ‚z' und ‚ʒ' nicht in gleichen Zusammenhängen zu verwenden; man schreibt fast stets ‚zog' oder ‚ʒog', dagegen nicht ‚ʒog'.] Bei uns gelten ‚z' und ‚ʒ' als syntaktisch ungleich. Dagegen wollen wir ‚(', ‚(', ‚[', ‚[' als gleich erklären; ebenso die entsprechenden Endklammern. Die Unterscheidung großer und kleiner, runder und eckiger Klammern in den Ausdrücken unserer Objektsprachen gilt also als syntaktisch irrelevant; sie geschieht nur zur Erleichterung für den Leser. Ferner erklären wir (im Unterschied zur Russellschen Sprache) ‚≡' und ‚=' als gleich; wir könnten überall ‚=' schreiben; zur Erleichterung für den Leser schreiben wir aber, wenn ‚=' zwischen Sätzen (und nicht zwischen Zahlausdrücken) steht, statt dessen meist ‚≡'.

Zwei Ausdrücke nennen wir gleich, wenn in ihnen die einander entsprechenden Zeichen gleich sind. Sind zwei Zeichen oder zwei Ausdrücke (syntaktisch) gleich, so sagen wir auch: sie haben dieselbe (syntaktische) Gestalt; sie können dabei verschiedene figurelle Gestalt haben, wie z. B. ‚(' und ‚[' oder ‚=' und ‚≡', oder auch verschiedene Farbe oder sonst verschiedene syntaktisch irrelevante Eigenschaften.

Fast alle Untersuchungen dieses Buches gehören zur reinen (nicht zur deskriptiven) Syntax und haben es daher nicht mit den Ausdrücken als räumlich getrennten Dingen, sondern nur mit der (syntaktischen) Gleichheit und Ungleichheit der Ausdrücke zu tun, also mit den Ausdrucks*gestalten*. Was von irgend einem Ausdruck gesagt wird, gilt dann auch von jedem ihm gleichen Ausdruck, läßt sich also von der Ausdrucksgestalt aussagen. Deshalb werden wir der Kürze halber oft anstatt von „Ausdrucks- (oder Zeichen-) Gestalten" einfach von dem „Ausdruck" (bzw. „Zeichen") sprechen. [Z. B. sagen wir anstatt „in dem Ausdruck ‚Q (3, 5)' (und daher in jedem mit ihm gleichen Ausdruck) kommt ein mit dem Zeichen ‚3' gleiches Zeichen vor" kürzer: „In jedem Ausdruck der Gestalt ‚Q (3, 5)' kommt ein Zeichen der

Gestalt ‚3‘ vor“ oder noch einfacher: „In dem Ausdruck ‚Q (3, 5)‘ kommt das Zeichen ‚3‘ vor“.] Innerhalb der reinen Syntax kann diese vereinfachte Redeweise nicht zu Zweideutigkeiten führen.

In der Sprache I kommen die Zeichen der folgenden fünf Arten vor (Erläuterungen folgen später):

1. Elf einzelne Zeichen (-Gestalten): ‚(‘, ‚)‘, ‚,‘, ‚'‘, ‚∼‘, ‚∨‘, ‚.‘, ‚⊃‘, ‚=‘, ‚∃‘, ‚K‘.

Zu jeder der folgenden vier Arten können unbeschränkt viele Zeichen (-Gestalten) gehören:

2. Die (Zahl-) Variabeln (‚*u*‘, ‚*v*‘, . . ‚*z*‘; in den Definitionen von § 20—24 auch ‚*k*‘, ‚*l*‘, . . ‚*t*‘).

3. Die konstanten Zahlzeichen (z. B. ‚0‘, ‚1‘, ‚2‘ usw.); die Zeichen der Arten (2) und (3) heißen Zahlzeichen.

4. Die Prädikate (Buchstabengruppen mit großem Anfangsbuchstaben, z. B. ‚Prim‘, auch ‚P‘, ‚Q‘, ‚R‘).

5. Die Funktoren (Buchstabengruppen mit kleinem Anfangsbuchstaben, z. B. ‚sum‘).

Ein Zeichen, das nicht eine Variable ist, heißt eine **Konstante.** Ein **Ausdruck** von I ist eine geordnete Reihe von Zeichen von I, deren Anzahl endlich ist (aber auch 0 oder 1 sein kann; d. h. ein Ausdruck kann leer sein oder aus nur Einem Zeichen bestehen).

Unter einer (syntaktischen) Form verstehen wir irgend eine syntaktisch bestimmte Art von Ausdrücken (also bestimmt nur in bezug auf Reihenfolge und syntaktische Art der Zeichen, nicht aber durch außersyntaktische Bestimmungen, wie Ort, Farbe od. dgl.). Die Form eines bestimmten Ausdruckes kann mehr oder weniger genau angegeben werden; die genaueste Angabe ist die der Gestalt des Ausdrucks, die ungenaueste ist die, daß er ein Ausdruck ist. Für die Formangaben wollen wir eine abkürzende Schreibweise einführen. Von dem Ausdruck ‚Prim (*x*)‘ können wir z. B. in Wortsprache folgende Formangabe machen: „Dieser Ausdruck besteht aus Prädikat, Anfangsklammer, Variabler und Endklammer in der angegebenen Reihenfolge“. Statt dessen wollen wir kurz sagen: „Jener Ausdruck hat die Form $\mathfrak{pr}(\mathfrak{z})$“. Diese Methode der Frakturzeichen besteht darin, daß syntaktische Namen für Zeichenarten eingeführt werden; die syntaktische Formbeschreibung wird dann einfach durch Hintereinanderstellen dieser syntaktischen Namen gebildet. Wir wollen bezeichnen:

die Zeichen (beliebiger Gestalt) mit ‚$\mathfrak{a}$‘, die (Zahl-) Variablen mit ‚$\mathfrak{z}$‘, die Zeichen (-Gestalt) ‚0‘ mit ‚$\mathfrak{nu}$‘, allgemein die Zahlzeichen mit ‚$\mathfrak{zz}$‘; die Prädikate mit ‚$\mathfrak{pr}$‘ (und speziell: die ein-, zwei-, n-stelligen mit ‚$\mathfrak{pr}^1$‘, ‚$\mathfrak{pr}^2$‘, ‚$\mathfrak{pr}^n$‘), die Funktoren mit ‚$\mathfrak{fu}$‘ (speziell: ‚$\mathfrak{fu}^1$‘ usw.). Als syntaktische Bezeichnung für die elf einzelnen Zeichen wollen wir diese Zeichen selbst verwenden, außerdem aber für die zweistelligen Verknüpfungszeichen (‚$\vee$‘, ‚.‘, ‚$\supset$‘, ‚$=$‘) die Bezeichnung ‚$\mathfrak{verkn}$‘. So ist z. B. ‚(‘ in ‚Prim (x)‘ ein Zeichen der Objektsprache; dagegen ist ‚(‘ in ‚$\mathfrak{pr}\,(\mathfrak{z})$‘ ein Zeichen der Syntaxsprache, das als syntaktischer Name für jenes Zeichen der Objektsprache dient, es ist also nichts anderes als eine Abkürzung für das deutsche Wort ‚Anfangsklammer‘. Tritt ein Zeichen in dieser Weise als Name für sich selbst (genauer: für seine eigene Gestalt) auf, so nennen wir es autonym (vgl. § 42). Aus dieser doppelten Verwendung der Zeichen ‚(‘ usw. kann keine Zweideutigkeit entstehen, da diese Zeichen nur in Verbindung mit Frakturbuchstaben autonym auftreten. Wollen wir verschiedene Zeichen derselben Art durch ihre syntaktischen Bezeichnungen unterscheiden, so verwenden wir Indizes; z. B. hat ‚P (x, y, x)‘ die Form $\mathfrak{pr}\,(\mathfrak{z}, \mathfrak{z}, \mathfrak{z})$, und zwar genauer die Form $\mathfrak{pr}^3\,(\mathfrak{z}_1, \mathfrak{z}_2, \mathfrak{z}_1)$. Auch für die wichtigsten Arten von Ausdrücken wollen wir syntaktische Zeichen (mit großen Anfangsbuchstaben) verwenden. Ausdrücke (beliebiger Form) bezeichnen wir mit ‚$\mathfrak{A}$‘, Zahlausdrücke mit ‚$\mathfrak{Z}$‘, Sätze mit ‚$\mathfrak{S}$‘; weitere Bezeichnungen werden später eingeführt. Auch hier verwenden wir Indizes, um die Gleichheit von Ausdrücken kenntlich zu machen: in einem Satz der Form $(\mathfrak{S} \vee \mathfrak{S}) \supset \mathfrak{S}$ können die drei Teilsätze gleich oder ungleich sein; in einem Satz der Form $(\mathfrak{S}_1 \vee \mathfrak{S}_2) \supset \mathfrak{S}_1$ sind erster und dritter Teilsatz gleich.

Durch Indizes ‚$\mathfrak{d}$‘ und ‚$\mathfrak{l}$‘ können wir kenntlich machen, daß ein Zeichen oder ein Ausdruck deskriptiv bzw. logisch ist; z. B. bezeichnet ‚$\mathfrak{fu}_{\mathfrak{l}}$‘ die logischen Funktoren, ‚$\mathfrak{Z}_{\mathfrak{d}}$‘ die deskriptiven Zahlausdrücke. Anstatt „ein Zeichen (bzw. ein Ausdruck) von der Form ...“ schreiben wir häufig kurz „ein...“; z. B. anstatt „ein zweistelliger logischer Funktor“ kurz „ein $\mathfrak{fu}_{\mathfrak{l}}^2$“, ebenso „ein $\mathfrak{Z}$“, „ein $\mathfrak{A}_{\mathfrak{d}}$“ u. dgl.

Die Frakturzeichen werden im folgenden in Verbindung mit deutschem Text verwendet; in dem späteren Aufbau der Syntax von I, der nicht in Wortsprache geschieht, sondern auch wieder symbolisiert ist, treten diese Zeichen nicht auf.

Die Methode der Frakturzeichen hat vor allem den Zweck, uns vor der — in mathematischen und logischen Schriften häufig angewendeten — unkorrekten Ausdrucksweise zu bewahren, bei der zwischen Zeichen und Bezeichnetem nicht unterschieden wird. Man schreibt etwa „an der und der Stelle steht $x = y$“, wo man korrekt schreiben müßte „... steht ‚$x = y$‘ “ oder „... steht $\mathfrak{z}_1 = \mathfrak{z}_2$“. Wird über einen Ausdruck der Objektsprache gesprochen, so muß man entweder diesen Ausdruck mit Anführungszeichen oder seine syntaktische Bezeichnung (ohne Anführungszeichen) schreiben. Wird aber über die syntaktische Bezeichnung gesprochen, so muß diese wieder in Anführungszeichen gesetzt werden. Daß die Nichtbeachtung dieser Regel, die Nichtunterscheidung von Zeichen und Bezeichnetem leicht zu Unklarheiten und Irrtümern führt, wird später gezeigt werden (§ 41f.).

5. Die Verknüpfungszeichen.

Die ein- bzw. zweistelligen Verknüpfungszeichen dienen dazu, aus einem bzw. zwei Sätzen einen neuen Satz zu bilden. Die Bedeutung dieser Zeichen ergibt sich — wie wir später genauer überlegen wollen — bei streng formalem Aufbau aus den Umformungsregeln. Zur Erleichterung des Verständnisses geben wir hier (wie auch bei den anderen Zeichen) ihre Bedeutung durch unstrenge Erläuterungen an; und zwar erstens durch eine ungenaue Übersetzung in Wörter der deutschen Sprache, und zweitens genauer durch die sogenannten Wahrheitswerttafeln. $\sim(\mathfrak{S}_1)$ heißt Negation von $\mathfrak{S}_1$; $(\mathfrak{S}_1) \vee (\mathfrak{S}_2)$, $(\mathfrak{S}_1) \,.\, (\mathfrak{S}_2)$, $(\mathfrak{S}_1) \supset (\mathfrak{S}_2)$, $(\mathfrak{S}_1) = (\mathfrak{S}_2)$ heißen Disjunktion, Konjunktion, Implikation, (Gleichung oder) Äquivalenz von $\mathfrak{S}_1$ und $\mathfrak{S}_2$, wobei $\mathfrak{S}_1$ und $\mathfrak{S}_2$ Glieder heißen. Übersetzungen für diese Zeichen: ‚nicht‘; ‚oder‘ (im nicht ausschließenden Sinn); ‚und‘; ‚nicht..oder‘ (zuweilen auch übersetzbar mit ‚wenn.., so..‘); ‚entweder..und.., oder nicht..und nicht..‘. Die Zeichengestalt ‚=‘ werden wir, wo sie zwischen Sätzen (nicht zwischen Zahlausdrücken) steht, meist ‚≡‘ schreiben. ‚≡‘ und ‚=‘ gelten also als gleich, als Zeichen derselben (syntaktischen) Gestalt.

In den meisten üblichen Systemen wird neben dem Identitäts- oder Gleichheitszeichen ‚=‘ ein besonderes Äquivalenzzeichen verwendet (z. B. bei Russell ‚≡‘, bei Hilbert ‚∼‘). Wir verwenden in I und II für beides nur Eine Zeichengestalt (aber zur Erleichterung des Lesens in zwei figurellen Gestalten). Dieses Vorgehen ist, wie wir später sehen werden (S. 187), für extensionale Sprachen (wie I und II) zulässig und zweckmäßig.

Der Kürze wegen wollen wir (wie üblich) im folgenden bei der Schreibung irgendwelcher symbolischer Ausdrücke der Objekt- oder Syntaxsprache die Klammern um einen Teilausdruck $\mathfrak{A}_1$ (es ist entweder ein Satz oder syntaktische Bezeichnung eines Satzes) in folgenden Fällen weglassen:

1. wenn $\mathfrak{A}_1$ nur aus Einem Buchstaben besteht,

2. in der Verbindung $\sim(\mathfrak{A}_1)$ oder $\mathfrak{verkn}\,(\mathfrak{A}_1)$ oder $(\mathfrak{A}_1)\,\mathfrak{verkn}$, wenn $\mathfrak{A}_1$ mit ‚$\sim$' oder einem $\mathfrak{pr}$ oder einem Operator (s. u.) anfängt,

3. wenn $\mathfrak{A}_1$ Disjunktionsglied und selbst eine Disjunktion ist,

4. wenn $\mathfrak{A}_1$ Konjunktionsglied und selbst eine Konjunktion ist,

5. wenn $\mathfrak{A}_1$ Operand ist und selbst mit einem Operator anfängt (hierüber später).

Wir schreiben also anstatt ‚$(\sim(\mathfrak{S}_1)) \vee (\mathfrak{S}_2)$' [aber nicht anstatt ‚$\sim((\mathfrak{S}_1) \vee (\mathfrak{S}_2))$'] kurz ‚$\sim \mathfrak{S}_1 \vee \mathfrak{S}_2$'; ferner ‚$\mathfrak{S}_1 \vee \mathfrak{S}_2 \vee \mathfrak{S}_3$', ‚$\mathfrak{S}_1 \,.\, \mathfrak{S}_2 \,.\, \mathfrak{S}_3$'. Diese Vereinfachung soll jedoch nur für die praktische Schreibung gelten; dagegen wird sich die Formulierung der syntaktischen Definitionen und Regeln stets auf die vollständige Schreibung mit allen Klammern beziehen.

In bezug auf Wahrheit und Falschheit zweier Sätze $\mathfrak{S}_1$ und $\mathfrak{S}_2$ gibt es offenbar vier Möglichkeiten, die durch die vier Zeilen der folgenden Wahrheitswerttafel dargestellt werden. Die Tafel gibt an, in welchen dieser vier Fälle der Verknüpfungssatz wahr ist und in welchen falsch; z. B. ist die Disjunktion nur im vierten Falle falsch, sonst wahr.

	$\mathfrak{S}_1$	$\mathfrak{S}_2$	$\mathfrak{S}_1 \vee \mathfrak{S}_2$	$\mathfrak{S}_1 \,.\, \mathfrak{S}_2$	$\mathfrak{S}_1 \supset \mathfrak{S}_2$	$\mathfrak{S}_1 \equiv \mathfrak{S}_2$
1.	W	W	W	W	W	W
2.	W	F	W	F	F	F
3.	F	W	W	F	W	F
4.	F	F	F	F	W	W

Für die Negation gilt die folgende zweizeilige Tafel:

	$\mathfrak{S}_1$	$\sim \mathfrak{S}_1$
1.	W	F
2.	F	W

Den Wahrheitswert eines mehrfach zusammengesetzten Satzes für die verschiedenen Fälle kann man mit Hilfe der angegebenen Tafeln leicht ermitteln, indem man ihn zunächst für die innersten Teilsätze feststellt und schrittweise bis zum ganzen Satz weitergeht. So kann man z. B. feststellen, daß für $\sim \mathfrak{S}_1 \vee \mathfrak{S}_2$ die gleiche Wertverteilung W, F, W, W gilt wie für die Implikation; hieraus ergibt sich die Übersetzung ‚nicht .. oder..' für die Implikation. Ferner kann man z. B. feststellen, daß $\mathfrak{S}_1 \supset (\mathfrak{S}_1 \vee \mathfrak{S}_2)$ die Wertverteilung W, W, W, W besitzt, also bedingungslos wahr ist, mögen $\mathfrak{S}_1$ und $\mathfrak{S}_2$ wahr oder falsch sein. Derartige Sätze werden wir später *analytisch* nennen.

6. All- und Existenzsätze.

Wir geben hier wieder die Bedeutung der Ausdrücke durch Übersetzung und durch Angabe der Wahrheitsbedingungen an. Es sei etwa ‚Rot' ein $\mathfrak{pr}_b$; ‚Rot (3)' besage: „Die Stelle **3** ist rot". Dann soll ‚(x)(Rot(x))' besagen: „Jede Stelle ist rot"; ‚$(\exists\, x)$ (Rot(x))': „Mindestens eine Stelle ist rot", also: „Es gibt (mindestens) eine Stelle, die rot ist". Außer diesen üblichen Satzformen wollen wir die folgenden einführen. ‚$(x)\,3$ (Rot(x))' soll dasselbe besagen wie ‚Rot (0) . Rot (1) . Rot (2) . Rot (3)', also: „Jede Stelle bis 3 ist rot"; ‚$(\exists\, x)\,3$ (Rot(x))' soll dasselbe besagen wie ‚Rot (0) $\vee$ Rot (1) $\vee$ Rot (2) $\vee$ Rot (3)', also: „Es gibt eine Stelle bis 3, die rot ist."

Die am Anfang dieser Sätze stehenden Ausdrücke ‚(x)', ‚$(\exists\, x)$', ‚$(x)\,3$', ‚$(\exists\, x)\,3$' heißen unbeschränkter **Alloperator** bzw. unbeschränkter **Existenzoperator** bzw. beschränkter Alloperator bzw. beschränkter Existenzoperator; in den beiden beschränkten Operatoren heißt ‚3' die *Schranke* des Operators, in allen vier Operatoren heißt ‚x' die Operatorvariable. ‚Rot(x)' heißt der (zu dem Operator gehörige) **Operand.** In der Sprache I kommen *nur beschränkte Operatoren* vor; die unbeschränkten werden wir erst später in II verwenden. Sind $\mathfrak{A}_1$ und $\mathfrak{A}_2$ Operatoren, so schreiben wir anstatt $\mathfrak{A}_1(\mathfrak{A}_2(\mathfrak{S}))$ einfach $\mathfrak{A}_1\mathfrak{A}_2(\mathfrak{S})$ (vgl. S. 18, Bestimmung 5).

Eine Variable (Zeichengestalt) $\mathfrak{z}_1$ heißt an einer bestimmten Stelle in $\mathfrak{A}_1$ **gebunden** (gleichviel, ob an dieser Stelle ein Zeichen der Gestalt $\mathfrak{z}_1$ steht oder nicht), wenn es einen (echten oder unechten) Teilsatz von $\mathfrak{A}_1$ gibt, der diese Stelle enthält und die Form $\mathfrak{A}_2(\mathfrak{S})$ hat, wobei $\mathfrak{A}_2$ ein Operator mit der Operatorvariablen $\mathfrak{z}_1$ ist. Eine Variable $\mathfrak{z}_2$, die an einer bestimmten Stelle in $\mathfrak{A}_1$ steht, heißt an dieser Stelle in $\mathfrak{A}_1$ **frei,** wenn $\mathfrak{z}_2$ an dieser Stelle in $\mathfrak{A}_1$ nicht gebunden ist. Beispiel: $\mathfrak{S}_1$ habe die Form $\mathfrak{S}_2 \vee \mathfrak{S}_3 \vee \mathfrak{S}_4$, und zwar die Gestalt ‚$\mathrm{P}_1(x) \vee (x)\,5\big(\mathrm{P}_2(x, y)\big) \vee \mathrm{P}_3(x)$'. An allen Stellen von $\mathfrak{S}_3$ ist ‚x' in $\mathfrak{S}_3$ und daher auch in $\mathfrak{S}_1$ gebunden; in $\mathfrak{S}_1$ sind das erste und das vierte ‚x' und das ‚y' frei. Kommt in $\mathfrak{A}_1$ eine in $\mathfrak{A}_1$ freie Variable vor, so heißt $\mathfrak{A}_1$ **offen;** andernfalls **geschlossen.**

Um unbeschränkte Allgemeinheit auszudrücken, werden in I freie Variable verwendet. $\mathfrak{S}_5$ sei z. B. ‚$\mathrm{sum}(x, y) = \mathrm{sum}(y, x)$'; dies soll besagen: „Für zwei beliebige Zahlen ist stets die Summe der ersten und zweiten gleich der Summe der zweiten und ersten.“ Gilt $\mathfrak{S}_5$, so auch jeder Satz, der durch Einsetzung irgendwelcher Zahlausdrücke für ‚x' und ‚y' aus ihm entsteht, z. B. ‚$\mathrm{sum}(3, 7) = \mathrm{sum}(7, 3)$' ($\mathfrak{S}_6$). [Die sogenannten Satzfunktionen gehören bei uns also auch zu den Sätzen; der sonst üblichen Einteilung in Sätze und Satzfunktionen entspricht unsere Einteilung in geschlossene und offene Sätze.]

In der Verwendung der freien Variablen zum Ausdruck der unbeschränkten Allgemeinheit stimmt unsere Sprache mit der von Russell überein. Wenn aber Russell im Begleittext [Princ. Math. I] sagt, daß eine freie Variable mehrdeutig sei oder eine unbestimmte Bedeutung habe, so stimmen wir dem nicht zu. ‚$\mathrm{Rot}(x)$' ist ein echter Satz mit ganz eindeutigem Sinn; er ist völlig gleichbedeutend mit dem (in II und der Russellschen Sprache vorkommenden) Satz ‚$(x)\big(\mathrm{Rot}(x)\big)$'.

Denjenigen Ausdruck, der aus einem gegebenen Ausdruck $\mathfrak{A}_1$ durch Einsetzung von $\mathfrak{Z}_1$ für $\mathfrak{z}_1$ entsteht, bezeichnen wir syntaktisch mit ‚$\mathfrak{A}_1\binom{\mathfrak{z}_1}{\mathfrak{Z}_1}$'. Dies ist in folgender Weise genau zu definieren. Die Stellen in $\mathfrak{A}_1$, an denen $\mathfrak{z}_1$ in $\mathfrak{A}_1$ frei vorkommt, heißen die Einsetzungsstellen für $\mathfrak{z}_1$ in $\mathfrak{A}_1$; $\mathfrak{A}_1\binom{\mathfrak{z}_1}{\mathfrak{Z}_1}$ ist derjenige

Ausdruck, der aus $\mathfrak{A}_1$ dadurch entsteht, daß $\mathfrak{z}_1$ an allen Einsetzungsstellen in $\mathfrak{A}_1$ durch $\mathfrak{Z}_1$ ersetzt wird; hierbei muß $\mathfrak{Z}_1$ so beschaffen sein, daß keine Variable in $\mathfrak{Z}_1$ frei vorkommt, die in $\mathfrak{A}_1$ an einer der Einsetzungsstellen für $\mathfrak{z}_1$ gebunden ist. Kommt $\mathfrak{z}_1$ in $\mathfrak{A}_1$ nicht frei vor, so bezeichnet ‚$\mathfrak{A}_1\binom{\mathfrak{z}_1}{\mathfrak{Z}_1}$‘ den unveränderten Ausdruck $\mathfrak{A}_1$.

Beispiel. $\mathfrak{S}_1$, $\mathfrak{S}_5$, $\mathfrak{S}_6$ seien die vorhin genannten Sätze. $\mathfrak{z}_1$ sei die Variable ‚x‘, $\mathfrak{z}_2$ ‚y‘. Dann ist $\mathfrak{S}_1\binom{\mathfrak{z}_1}{\text{nu}}\binom{\mathfrak{z}_2}{\text{nu}'}$ der Satz ‚$P_1(0) \vee (x)5(P_2(x, 0')) \vee P_3(0)$‘. $\mathfrak{S}_5\binom{\mathfrak{z}_1}{‚3‘}\binom{\mathfrak{z}_2}{‚7‘}$ ist $\mathfrak{S}_6$. — ‚$(y)(\exists x)(x = y')$‘ besagt: „Für jede Zahl y gibt es eine nächsthöhere“; hier darf für ‚y‘ nicht ein $\mathfrak{Z}$ eingesetzt werden, in dem ‚x‘ frei vorkommt, z. B. nicht ‚x'‘; ‚$(\exists x)(x = x'')$‘ ist offenbar falsch.

7. Der K-Operator.

Ein Ausdruck von der Form $(K\mathfrak{z})\,\mathfrak{Z}\,(\mathfrak{S})$ ist nicht — wie die entsprechenden Ausdrücke mit All- und Existenzoperator — ein Satz, sondern ein Zahlausdruck; der K-Operator $(K\mathfrak{z})\,\mathfrak{Z}$ ist kein Satz-, sondern ein Kennzeichnungsoperator, und zwar genauer ein Zahloperator. $(K\mathfrak{z}_1)\,\mathfrak{Z}_1(\mathfrak{S}_1)$ soll heißen: „die kleinste Zahl bis (einschl.) $\mathfrak{Z}_1$, für die $\mathfrak{S}_1$ gilt; und 0, wenn es keine derartige Zahl gibt.“ Beispiele: ‚Gr (a, b)‘ besagt: „a ist größer als b“; ‚$(Kx)9(\text{Gr}(x, 7))$‘ ist gleichbedeutend mit ‚8‘; ‚$(Kx)9(\text{Gr}(x, 7) \,.\, \text{Prim}(x))$‘ ist gleichbedeutend mit ‚0‘. Allgemein ergibt sich aus der angegebenen Bedeutung, daß zwei Sätze der folgenden Formen (1) und (2) dasselbe besagen:

$$\mathfrak{pr}_1[(K\mathfrak{z}_1)\,\mathfrak{Z}_1(\mathfrak{pr}_2(\mathfrak{z}_1))] \quad \ldots\ldots \quad (1)$$

$$[\sim(\exists\,\mathfrak{z}_1)\,\mathfrak{Z}_1(\mathfrak{pr}_2(\mathfrak{z}_1)) \,.\, \mathfrak{pr}_1(0)] \vee (\exists\,\mathfrak{z}_1)\,\mathfrak{Z}_1[\mathfrak{pr}_2(\mathfrak{z}_1) \,.\, (\mathfrak{z}_2)\,\mathfrak{z}_1(\sim(\mathfrak{z}_2 = \mathfrak{z}_1) \supset \sim \mathfrak{pr}_2(\mathfrak{z}_2)) \,.\, \mathfrak{pr}_1(\mathfrak{z}_1)] \quad \ldots\ldots \quad (2)$$

Die früheren Bezeichnungen ‚Operatorvariable‘, ‚Schranke‘, ‚Operand‘, ‚gebundene bzw. freie Variable‘ werden auch auf Ausdrücke mit K-Operator bezogen. [Im Unterschied zur üblichen (Russellschen) Kennzeichnung (description) ist die Kennzeichnung durch K-Operator niemals leer oder mehrdeutig, sondern stets eindeutig; hier sind daher keine besonderen Vorsichtsmaßregeln beim Operieren erforderlich].

8. Die Definitionen.

Zeichen, für die keine Definition aufgestellt wird, heißen undefinierte Zeichen oder Grundzeichen. Die logischen

Grundzeichen von Sprache I sind: die elf einzelnen Zeichen (s. S. 15), $\mathfrak{nu}$, alle $\mathfrak{z}$; als deskriptive Grundzeichen können irgendwelche $\mathfrak{pr}_\mathfrak{b}$ und $\mathfrak{fu}_\mathfrak{b}$ aufgestellt werden. Alle übrigen $\mathfrak{zz}$, $\mathfrak{pr}$ und $\mathfrak{fu}$, die man verwenden will, muß man durch Definitionen einführen. Ein $\mathfrak{zz}$ oder ein $\mathfrak{pr}$ wird stets explizit definiert, ein $\mathfrak{fu}$ entweder explizit oder rekursiv. Eine explizite Definition besteht aus Einem Satz, eine rekursive aus zwei Sätzen. Jeder der Sätze hat die Form $\mathfrak{Z}_1 = \mathfrak{Z}_2$ oder $\mathfrak{S}_1 \equiv \mathfrak{S}_2$. Der Ausdruck $\mathfrak{Z}_1$ bzw. $\mathfrak{S}_1$ heißt Definiendum; er enthält das zu definierende Zeichen; $\mathfrak{Z}_2$ bzw. $\mathfrak{S}_2$ heißt Definiens. In einer expliziten Definition kommt das zu definierende Zeichen nur im Definiendum vor, bei einer rekursiven Definition aber auch im Definiens des zweiten Satzes; im übrigen darf ein Definiens nur Grundzeichen oder schon vorher definierte Zeichen enthalten. Die Reihenfolge der Aufstellung der Definitionen kann somit nicht beliebig geändert werden. Zu jedem definierten Zeichen gehört eine Definitionenkette; damit ist die kleinste Reihe von Sätzen gemeint, die die Definition jenes Zeichens und die Definitionen aller in der Reihe vorkommenden definierten Zeichen enthält; die Definitionenkette eines Zeichens ist stets endlich und (bis auf die Reihenfolge) eindeutig bestimmt.

Zu den expliziten Definitionen im hier verwendeten weiteren Sinne gehören sowohl die expliziten Definitionen im engeren Sinne, d. h. solche, bei denen das Definiendum aus dem neuen Zeichen allein besteht (z. B. die Definition eines $\mathfrak{zz}$ in I), als auch die sog. Gebrauchsdefinitionen, d. h. solche, bei denen das Definiendum außer dem neuen Zeichen noch andere enthält (z. B. die Definition eines $\mathfrak{pr}$ oder $\mathfrak{fu}$ in I).

Die Definition eines Zahlzeichens $\mathfrak{zz}_1$ hat die Form $\mathfrak{zz}_1 = \mathfrak{Z}$.

Die Definition eines Prädikates $\mathfrak{pr}^n_1$ hat die Form $\mathfrak{pr}^n_1(\mathfrak{z}_1, \mathfrak{z}_2, .. \mathfrak{z}_n) \equiv \mathfrak{S}$.

Die explizite Definition eines Funktors $\mathfrak{fu}^n_1$ hat die Form $\mathfrak{fu}^n_1 (\mathfrak{z}_1, \mathfrak{z}_2, .. \mathfrak{z}_n) = \mathfrak{Z}$. [Beispiel: ‚nf $(x) = x'$‘, Def. 1, S. 51.] Die rekursive Definition eines $\mathfrak{fu}^n$ hat die Form a) $\mathfrak{fu}^n_1 (\mathfrak{nu}, \mathfrak{z}_2, .. \mathfrak{z}_n) = \mathfrak{Z}_1$; b) $\mathfrak{fu}^n_1 (\mathfrak{z}_1{}', \mathfrak{z}_2, .. \mathfrak{z}_n) = \mathfrak{Z}_2$. [Beispiel: Def. 3 für ‚prod‘, S. 51; die erste Gleichung dient zur Übersetzung von $\mathfrak{fu}_1 (\mathfrak{nu}, \mathfrak{Z})$; die zweite Gleichung führt $\mathfrak{fu}_1 (\mathfrak{Z}_3{}', \mathfrak{Z}_4)$ auf $\mathfrak{fu}_1 (\mathfrak{Z}_3, \mathfrak{Z}_4)$ zurück, so daß z. B. in ‚prod $(6, y)$‘ durch sechsmalige Anwendung der zweiten und einmalige Anwendung der ersten

Gleichung ‚prod' eliminiert werden kann.] Ferner muß jeder Definitionssatz die folgenden beiden Forderungen erfüllen: 1. im Definiens darf keine Variable frei vorkommen, die nicht schon im Definiendum vorkommt; 2. im Definiendum dürfen nicht zwei gleiche Variablen vorkommen.

Wird die Forderung (1) nicht aufgestellt, so lassen sich Definitionen bilden, mit deren Hilfe ein Widerspruch hergeleitet werden kann. Das sei an einem Beispiel gezeigt. (Ein ähnliches Beispiel für den Satzkalkül hat Lesniewski [Neues System] 79f. angegeben.) Wir definieren ein $\mathfrak{pr}$ ‚P':

	$P(x) \equiv (Gr(x, y) \,.\, Gr(y, 5))$	(1)
(1)	$(Gr(7, 6) \,.\, Gr(6, 5)) \supset P(7)$	(2)
	$Gr(7, 6) \,.\, Gr(6, 5)$	(3)
(2) (3)	$P(7)$	(4)
(1)	$P(7) \supset (Gr(7, 4) \,.\, Gr(4, 5))$	(5)
(5)	$P(7) \supset Gr(4, 5)$	(6)
(6)	$\sim Gr(4, 5) \supset \sim P(7)$	(7)
	$\sim Gr(4, 5)$	(8)
(7) (8)	$\sim P(7)$	(9)

(4) und (9) widersprechen einander.

Die umgekehrte Forderung braucht dagegen nicht aufgestellt zu werden. Im Definiendum darf eine Variable vorkommen, die im Definiens nicht vorkommt (vgl. z. B. Def. 3.1, S. 51).

Forderung (2) dient nicht zur Vermeidung von Widersprüchen, sondern zur Sicherung der Rückübersetzbarkeit. Würde man z. B. definieren: ‚$P(x, x) \equiv Q(x)$', so könnte ‚P' in ‚$P(0, 1)$' nicht eliminiert werden.

Wie wir später sehen werden, darf auf Grund eines Satzes der Form $\mathfrak{Z}_1 = \mathfrak{Z}_2$ oder $\mathfrak{S}_1 \equiv \mathfrak{S}_2$ in jedem andren Satz $\mathfrak{Z}_1$ durch $\mathfrak{Z}_2$ bzw. $\mathfrak{S}_1$ durch $\mathfrak{S}_2$ ersetzt werden und umgekehrt (vgl. S. 33). Daher kann ein explizit definiertes Zeichen überall, wo es vorkommt, mit Hilfe seiner Definition eliminiert werden. Bei einem rekursiv definierten Zeichen ist das nicht immer möglich. [Beispiel: Kommt ‚prod(x, y)' in einem Satz vor, in dem ‚x' frei ist (z. B. ‚prod(x, y) = prod(y, x)'), so ist ‚prod' nicht eliminierbar.]

Wir können jetzt die früher nur inhaltlich erläuterten Begriffe ‚deskriptiv' und ‚logisch' genauer bestimmen. Ist ein Zeichen $\mathfrak{a}_1$ undefiniert, so heißt $\mathfrak{a}_1$ deskriptiv ($\mathfrak{a}_\mathfrak{d}$), wenn $\mathfrak{a}_1$ ein $\mathfrak{pr}$ oder $\mathfrak{fu}$ ist; ist $\mathfrak{a}_1$ definiert, so heißt $\mathfrak{a}_1$ ein $\mathfrak{a}_\mathfrak{d}$, wenn in der Definitionenkette von $\mathfrak{a}_1$ ein undefiniertes $\mathfrak{a}_\mathfrak{d}$ vorkommt; ein Ausdruck $\mathfrak{A}_1$ heißt deskriptiv ($\mathfrak{A}_\mathfrak{d}$), wenn in $\mathfrak{A}_1$ ein $\mathfrak{a}_\mathfrak{d}$ vorkommt. $\mathfrak{a}_1$ heißt logisch

($\mathfrak{a}_{\mathfrak{l}}$), wenn $\mathfrak{a}_1$ kein $\mathfrak{a}_{\mathfrak{d}}$ ist; $\mathfrak{A}_1$ heißt logisch ($\mathfrak{A}_{\mathfrak{l}}$), wenn $\mathfrak{A}_1$ kein $\mathfrak{A}_{\mathfrak{d}}$ ist.

9. Sätze und Zahlausdrücke.

Wir wollen einige Arten von Ausdrücken benennen. Die wichtigsten sind die Sätze ($\mathfrak{S}$) und die Zahlausdrücke ($\mathfrak{Z}$). Für diese Begriffe haben wir früher nur ungenaue, auf die Bedeutung Bezug nehmende Erläuterungen gegeben; jetzt sollen sie genau und formal bestimmt werden. Wir haben alle Möglichkeiten zur Bildung von Sätzen und Zahlausdrücken der Sprache I schon kennengelernt und brauchen jetzt die entstehenden Formen nur zusammenzustellen. Ein $\mathfrak{S}$ kann andere $\mathfrak{S}$ und $\mathfrak{Z}$ als Teile enthalten; ebenso ein $\mathfrak{Z}$ andere $\mathfrak{Z}$ und (bei Benutzung des K-Operators) auch $\mathfrak{S}$. Daher verweisen die im folgenden angegebenen Bestimmungen der Begriffe ‚Satz' und ‚Zahlausdruck', denen wir noch den Hilfsbegriff ‚Argumentausdruck' hinzufügen, auf einander. Aber das geschieht nur so, daß wir zur Feststellung, ob ein vorgelegter Ausdruck $\mathfrak{A}_1$ ein $\mathfrak{S}$ bzw. $\mathfrak{Z}$ ist, auf die Frage verwiesen werden, ob ein bestimmter echter Teilausdruck von $\mathfrak{A}_1$ ein $\mathfrak{S}$ bzw. $\mathfrak{Z}$ ist. Daher endet diese Weiterverweisung stets nach endlich vielen Schritten; die Begriffsbestimmungen sind eindeutig und enthalten keinen Zirkel. [Definitionen von streng geregelter Form werden später im Rahmen des symbolisch formulierten Aufbaus gegeben.]

Ein Zeichen von I, das entweder $\mathfrak{nu}$ oder ein definiertes Zahlzeichen oder ein $\mathfrak{z}$ ist, heißt ein **Zahlzeichen** ($\mathfrak{zz}$). Ein Ausdruck von I heißt ein **Strichausdruck** ($\mathfrak{St}$), wenn er eine der folgenden Formen hat: 1. $\mathfrak{nu}$; 2. $\mathfrak{St}'$. [Ein $\mathfrak{St}$ ist also entweder ‚0' (uneigentlicher Strichausdruck) oder ‚0' mit einem oder mehreren Strichen ‚''.] Ein Ausdruck von I heißt ein **Zahlausdruck** ($\mathfrak{Z}$), wenn er eine der folgenden Formen hat: 1. $\mathfrak{zz}$; 2. $\mathfrak{Z}'$; 3. $\mathfrak{fu}^n\,(\mathfrak{Arg}^n)$; 4. $(\mathrm{K}\mathfrak{z}_1)\,\mathfrak{Z}_1\,(\mathfrak{S})$, wobei $\mathfrak{z}_1$ in $\mathfrak{Z}_1$ nicht frei vorkommt. Rekursive Bestimmungen für ‚n-stelliger **Argumentausdruck**' ($\mathfrak{Arg}^n$) in I: ein $\mathfrak{Arg}^1$ ist ein $\mathfrak{Z}$; ein $\mathfrak{Arg}^{n+1}$ hat die Form $\mathfrak{Arg}^n, \mathfrak{Z}$. Ein Ausdruck von I heißt ein **Satz** ($\mathfrak{S}$), wenn er eine der folgenden Formen hat: 1. $\mathfrak{Z} = \mathfrak{Z}$ („Gleichung"); 2. $\mathfrak{pr}^n\,(\mathfrak{Arg}^n)$; 3. $\sim(\mathfrak{S})$; 4. $(\mathfrak{S})\,\mathfrak{verkn}\,(\mathfrak{S})$; 5. $\mathfrak{A}_1\,(\mathfrak{S})$, wobei $\mathfrak{A}_1$ die Form $(\mathfrak{z}_1)\,\mathfrak{Z}_1$ oder $(\exists\,\mathfrak{z}_1)\,\mathfrak{Z}_1$ hat und $\mathfrak{z}_1$ in $\mathfrak{Z}_1$ nicht frei vorkommt. [Es wird nicht gefordert, daß die Operatorvariable im Operand frei vorkommt; ist das nicht der Fall, so ist $\mathfrak{A}_1\,(\mathfrak{S}_1)$ gleichbedeutend mit $\mathfrak{S}_1$.]

Die wichtigste Einteilung der Ausdrücke ist die in Sätze und Nicht-Sätze. Die häufig vorgenommene Einteilung der Satzteile, die nicht Sätze sind, in Ausdrücke mit „selbständiger Bedeutung" („Eigennamen" im weiteren Sinne) und die übrigen („ungesättigte", „unvollständige", „synsemantische" Ausdrücke) dürfte mehr psychologisch als logisch bedeutungsvoll sein.

B. Umformungsbestimmungen für Sprache I.

10. Allgemeines über Umformungsbestimmungen.

Zur Aufstellung eines Kalküls gehört neben der Angabe der Formbestimmungen — wie wir sie für Sprache I gegeben haben — die Angabe der Umformungsbestimmungen. Durch diese wird festgesetzt, unter welchen Bedingungen ein Satz Folge eines oder mehrerer anderer Sätze (der Prämissen) ist. Daß $\mathfrak{S}_2$ Folge von $\mathfrak{S}_1$ ist, soll nicht heißen, $\mathfrak{S}_2$ werde beim Denken von $\mathfrak{S}_1$ mitgedacht. Es handelt sich hier nicht um eine psychologische, sondern um eine logische Beziehung zwischen den Sätzen: durch $\mathfrak{S}_1$ ist $\mathfrak{S}_2$ schon objektiv mitgegeben. Wir werden sehen, daß die hier inhaltlich angedeutete Beziehung rein formal erfaßt werden kann. [Beispiel. $\mathfrak{S}_1$: ‚$(x)\,5\,(\mathrm{Rot}\,(x))$', $\mathfrak{S}_2$: ‚Rot (3)'; ist gegeben, daß alle Stellen bis 5 rot sind, so ist dadurch auch mitgegeben, daß die Stelle 3 rot ist. In diesem Falle wird vielleicht $\mathfrak{S}_2$ mit $\mathfrak{S}_1$ auch schon mitgedacht; in andern Fällen, bei denen die Umformung komplizierter ist, braucht die Folge nicht mit den Prämissen schon mitgedacht zu werden.]

Eine Definition für den Begriff ‚Folge' in seinem vollen Umfang aufzustellen, ist nicht mit einfachen Mitteln möglich; eine solche Definition ist bisher in der modernen Logik noch nicht gegeben worden (von der alten gar nicht zu reden). Von ihr wird später noch die Rede sein. Wir wollen jetzt für Sprache I an Stelle des Begriffs der Folge zunächst den etwas engeren Begriff der Ableitbarkeit bestimmen. [Es ist allgemein üblich, sich beim Aufbau der Logik auf diesen Begriff zu beschränken; man hat sich dabei gewöhnlich nicht klargemacht, daß dies nicht der allgemeine Begriff der Folge ist.] Zu diesem Zweck wird der Begriff ‚unmittelbar ableitbar' definiert oder — wie man gewöhnlich zu sagen pflegt — Schlußregeln aufgestellt. [$\mathfrak{S}_3$ heißt unmittelbar ableitbar aus $\mathfrak{S}_1$ bzw. aus $\mathfrak{S}_1$ und $\mathfrak{S}_2$, wenn $\mathfrak{S}_3$ mit Hilfe einer der Schlußregeln aus $\mathfrak{S}_1$ bzw. aus $\mathfrak{S}_1$ und $\mathfrak{S}_2$ gewonnen werden kann.] Unter einer Ableitung mit den Prämissen $\mathfrak{S}_1, \mathfrak{S}_2, ..\mathfrak{S}_m$ (deren Anzahl stets endlich ist und auch 0 sein kann) verstehen wir eine beliebig lange, aber endliche Reihe von Sätzen von der Art, daß jeder Satz der Reihe entweder eine der Prämissen oder ein Definitionssatz ist oder unmittelbar ableitbar ist aus einem oder mehreren (in unseren Objektsprachen I und II höchstens zwei) Sätzen, die ihm in der Reihe vorangehen. Ist $\mathfrak{S}_n$ Endsatz einer Ableitung mit den Prämissen $\mathfrak{S}_1, ..\mathfrak{S}_m$, so heißt $\mathfrak{S}_n$ **ableitbar** aus $\mathfrak{S}_1, ..\mathfrak{S}_m$.

Ist ein Satz bei inhaltlicher Deutung logisch-allgemeingültig (und somit Folge jedes beliebigen Satzes), so nennen wir ihn analytisch (oder tautologisch). [Beispiel: ‚Rot (3) ∨ ∼ Rot(3)'; dieser Satz ist in jedem Falle wahr, unabhängig von der Beschaffenheit der Stelle 3.] Auch bei diesem Begriff ist die formale Erfassung nicht mit einfachen Mitteln möglich; davon wird später die Rede sein. Zunächst wollen wir die Bestimmung des etwas engeren Begriffes ‚beweisbar' geben. [Das ist allgemein üblich; erst Gödel hat gezeigt, daß nicht alle analytischen Sätze beweisbar sind.] $\mathfrak{S}_1$ heißt **beweisbar,** wenn $\mathfrak{S}_1$ aus der leeren Prämissenreihe und daher aus jedem beliebigen Satz ableitbar ist.

Ist ein Satz bei inhaltlicher Deutung logisch-ungültig, so nennen wir ihn kontradiktorisch. [Beispiel: ‚Rot (3) . ∼ Rot (3)'; dieser Satz ist in jedem Falle falsch, unabhängig von der Beschaffenheit der Stelle 3.] Von diesem Begriff wird später die Rede sein. Wir verwenden zunächst an seiner Stelle den etwas engeren Begriff ‚widerlegbar'. $\mathfrak{S}_1$ heißt **widerlegbar,** wenn mindestens ein Satz $\sim \mathfrak{S}_2$ beweisbar ist, wobei $\mathfrak{S}_2$ aus $\mathfrak{S}_1$ durch Einsetzung irgendwelcher $\mathfrak{St}$ für alle frei vorkommenden $\mathfrak{z}$ gebildet ist. [Beispiel: ‚Prim (x)' ist widerlegbar, weil ‚∼ Prim (0'''')' beweisbar ist.] Ein geschlossener Satz $\mathfrak{S}_1$ ist somit dann und nur dann widerlegbar, wenn $\sim \mathfrak{S}_1$ beweisbar ist.

Ein Satz heißt synthetisch, wenn er weder analytisch noch kontradiktorisch ist. Ein Satz heißt **unentscheidbar,** wenn er weder beweisbar, noch widerlegbar ist. Dieser Begriff ist etwas umfassender als jener. Wir werden später sehen, daß jeder logische Satz entweder analytisch oder kontradiktorisch ist, daß also synthetische Sätze nur unter den deskriptiven vorkommen. Dagegen gibt es in I (und in jeder hinreichend reichen Sprache) unentscheidbare logische Sätze (vgl. § 36).

Aus Gründen der technischen Einfachheit pflegt man nicht das Gesamtsystem der Schlußregeln aufzustellen, sondern nur einige Schlußregeln, an Stelle der übrigen Regeln aber gewisse (in bezug auf das Gesamtsystem der Regeln) beweisbare Sätze, die sogenannten **Grundsätze.** Die Auswahl der Regeln und Grundsätze ist — auch wenn eine bestimmte inhaltliche Deutung des Kalküls vorausgesetzt wird — in weitem Maße willkürlich; häufig läßt sich ein System dadurch ändern (ohne seinen Gehalt zu ändern), daß man einen Grundsatz streicht und statt dessen eine Schlußregel aufstellt oder umgekehrt.

Auch wir wollen für unsere Objektsprachen Schlußregeln (d. h. die Definition von ‚unmittelbar ableitbar') und Grundsätze aufstellen. Bei diesem Verfahren ist eine **Ableitung** mit bestimmten Prämissen zu definieren als eine Reihe von Sätzen, von denen jeder entweder eine der Prämissen oder ein Grundsatz oder ein Definitionssatz ist oder unmittelbar ableitbar aus Sätzen, die in der Reihe vorangehen. Eine Ableitung ohne Prämissen heißt ein **Beweis;** ein Beweis ist also eine Reihe von Sätzen, von denen jeder entweder ein Grundsatz oder ein Definitionssatz ist oder unmittelbar ableitbar aus Sätzen, die ihm in der Reihe vorangehen. Der Endsatz eines Beweises heißt ein **beweisbarer** Satz.

11. Die Grundsätze der Sprache I.

Wir geben hier nicht die einzelnen Grundsätze an, sondern eine Reihe von Grundsatzschemata. Durch jedes Schema wird eine Art von Sätzen bestimmt, zu der unbeschränkt viele Sätze gehören. Z. B. wird durch das Schema GI 1 bestimmt, daß jeder Satz, der die Form $\mathfrak{S}_1 \supset (\sim \mathfrak{S}_1 \supset \mathfrak{S}_2)$ hat, ein Grundsatz erster Art heißen soll. Hierbei können $\mathfrak{S}_1$ und $\mathfrak{S}_2$ beliebig zusammengesetzte Sätze sein. [Gewöhnlich pflegt man nicht Schemata, sondern Grundsätze selbst aufzustellen. So werden wir auch später bei Sprache II verfahren. Dabei sind aber Variable für $\mathfrak{S}$, $\mathfrak{pr}$ und $\mathfrak{fu}$ erforderlich. Dem Schema GI 1 entspricht z. B. der Grundsatz GII 1 (S. 81). Da in I keine derartigen Variablen zur Verfügung stehen, können wir hier nicht die Grundsätze selbst, sondern nur Schemata aufstellen. Die Sätze, die hier Grundsätze erster Art heißen, sind in II indirekt beweisbare Sätze: sie ergeben sich aus GII 1 durch Einsetzung.]

Schemata der Grundsätze der Sprache I.

a) Grundsätze des sogenannten Satzkalküls:

GI 1. $\mathfrak{S}_1 \supset (\sim \mathfrak{S}_1 \supset \mathfrak{S}_2)$

GI 2. $(\sim \mathfrak{S}_1 \supset \mathfrak{S}_1) \supset \mathfrak{S}_1$

GI 3. $(\mathfrak{S}_1 \supset \mathfrak{S}_2) \supset [(\mathfrak{S}_2 \supset \mathfrak{S}_3) \supset (\mathfrak{S}_1 \supset \mathfrak{S}_3)]$

b) Grundsätze der (beschränkten) Operatoren:

GI 4. $(\mathfrak{z}_1)\,\mathrm{nu}\left(\mathfrak{S}_1\right) \equiv \mathfrak{S}_1\binom{\mathfrak{z}_1}{\mathrm{nu}}$

GI 5. $(\mathfrak{z}_1)\,\mathfrak{z}_2{}'\left(\mathfrak{S}_1\right) \equiv \left[(\mathfrak{z}_1)\,\mathfrak{z}_2\left(\mathfrak{S}_1\right) . \mathfrak{S}_1\binom{\mathfrak{z}_1}{\mathfrak{z}_2{}'}\right]$

GI 6. $(\exists\,\mathfrak{z}_1)\,\mathfrak{z}_2\left(\mathfrak{S}_1\right) \equiv \sim (\mathfrak{z}_1)\,\mathfrak{z}_2\left(\sim \mathfrak{S}_1\right)$

c) Grundsätze der Identität:

GI 7. $\mathfrak{z}_1 = \mathfrak{z}_1$

GI 8. $(\mathfrak{z}_1 = \mathfrak{z}_2) \supset \left[\mathfrak{S}_1 \supset \mathfrak{S}_1\binom{\mathfrak{z}_1}{\mathfrak{z}_2}\right]$

d) Grundsätze der Arithmetik:

GI 9. $\sim (\mathrm{nu} = \mathfrak{z}')$

GI 10. $(\mathfrak{z}_1{}' = \mathfrak{z}_2{}') \supset (\mathfrak{z}_1 = \mathfrak{z}_2)$

e) Grundsätze des K-Operators:

GI 11. $\mathfrak{S}_2\left(\begin{smallmatrix}\mathfrak{z}_1\\ (\mathrm{K}\mathfrak{z}_1)\,\mathfrak{z}_2\,(\mathfrak{S}_1)\end{smallmatrix}\right) \equiv \left(\left[\sim (\exists\,\mathfrak{z}_1)\,\mathfrak{z}_2\left(\mathfrak{S}_1\right) . \mathfrak{S}_2\binom{\mathfrak{z}_1}{\mathrm{nu}}\right] \vee\right.$
$\left.(\exists\,\mathfrak{z}_1)\,\mathfrak{z}_2\left[\left(\mathfrak{S}_1 . (\mathfrak{z}_3)\,\mathfrak{z}_1\left[\sim (\mathfrak{z}_3 = \mathfrak{z}_1) \supset \sim \mathfrak{S}_1\binom{\mathfrak{z}_1}{\mathfrak{z}_3}\right]\right) . \mathfrak{S}_2\right]\right)$

Wir wollen jetzt überlegen, daß alle Grundsätze bei inhaltlicher Deutung wahr sind bzw. daß aus ihnen (GI 5—11) durch Einsetzung beliebiger $\mathfrak{z}\mathfrak{z}$ für die freien $\mathfrak{z}$ wahre Sätze hervorgehen. Für GI 1—3 ist das mit Hilfe der Wahrheitswerttafeln (S. 18) leicht zu zeigen. Für GI 4: die beiden Glieder der Äquivalenz sind nach der angegebenen Bedeutung des beschränkten Alloperators gleichbedeutend, also beide wahr oder beide falsch. Für GI 5: wenn etwas für jede Zahl bis $n + 1$ gilt, so gilt es für jede Zahl bis n und für $n + 1$; und umgekehrt. Für GI 6: „Es gibt eine Zahl bis n mit der und der Eigenschaft" ist gleichbedeutend mit „Nicht für jede Zahl bis n gilt, daß sie nicht die betreffende Eigenschaft hat".

GI 4 und 5 stellen gewissermaßen die rekursive Definition des beschränkten Alloperators dar, GI 6 die explizite Definition des beschränkten Existenzoperators. Während explizit definierte

Zeichen stets eliminierbar sind, ist das für rekursiv definierte Zeichen nicht immer möglich (vgl. S. 23). In ähnlicher Weise ist ein beschränkter Alloperator dann nicht eliminierbar, wenn die Schranke eine freie Variable enthält (wie z. B. in GI 5). Beschränkte Alloperatoren und rekursiv definierte $\mathfrak{fu}$ sind keine bloßen Abkürzungen; würden wir auf sie verzichten, so würde die Ausdrucksfähigkeit der Sprache wesentlich vermindert. Dagegen würde ein Verzicht auf den beschränkten Existenzoperator, den K-Operator, die Zeichen der Konjunktion und Implikation, sowie alle explizit definierten $\mathfrak{zz}$, $\mathfrak{pr}$ und $\mathfrak{fu}$ die Sprache nur umständlicher machen, ohne den Umfang des Ausdrückbaren zu vermindern.

Das Identitäts- oder Gleichheitszeichen ,=' zwischen $\mathfrak{Z}$ ist hier (wie in der Arithmetik üblich) so gemeint, daß $\mathfrak{Z}_1 = \mathfrak{Z}_2$ dann und nur dann wahr sein soll, wenn $\mathfrak{Z}_1$ und $\mathfrak{Z}_2$ — wie man zu sagen pflegt — dieselbe Zahl bezeichnen. Daraus ergibt sich die Gültigkeit von GI 7 und 8. GI 9: Null ist nicht Nachfolger irgendeiner Zahl, also Anfangsglied der Reihe; GI 10: verschiedene Zahlen haben nicht denselben Nachfolger. GI 9 und 10 entsprechen dem vierten bzw. dritten Axiom in Peanos Axiomensystem der Arithmetik. Die inhaltliche Gültigkeit von GI 11 ergibt sich aus der früher angegebenen Bedeutung des K-Operators (§ 7).

12. Die Schlußregeln der Sprache I.

$\mathfrak{S}_3$ heißt in I **unmittelbar ableitbar** aus $\mathfrak{S}_1$ (RI 1, 2) bzw. aus $\mathfrak{S}_1$ und $\mathfrak{S}_2$ (RI 3, 4), wenn eine der folgenden Bedingungen RI 1—4 erfüllt ist:

RI 1. (Einsetzung.) $\mathfrak{S}_3$ hat die Form $\mathfrak{S}_1\binom{\mathfrak{z}}{\mathfrak{Z}}$.

RI 2. (Verknüpfungen.) a) $\mathfrak{S}_3$ entsteht aus $\mathfrak{S}_1$, indem ein (echter oder unechter) Teilsatz von der Form $\mathfrak{S}_4 \supset \mathfrak{S}_5$ durch $\sim \mathfrak{S}_4 \vee \mathfrak{S}_5$ ersetzt wird oder umgekehrt; b) ebenso mit den Formen $\mathfrak{S}_4 . \mathfrak{S}_5$ und $\sim(\sim \mathfrak{S}_4 \vee \sim \mathfrak{S}_5)$; c) ebenso mit den Formen $\mathfrak{S}_4 \equiv \mathfrak{S}_5$ und $(\mathfrak{S}_4 \supset \mathfrak{S}_5) . (\mathfrak{S}_5 \supset \mathfrak{S}_4)$.

RI 3. (Implikation.) $\mathfrak{S}_2$ hat die Form $\mathfrak{S}_1 \supset \mathfrak{S}_3$.

RI 4. (Vollständige Induktion.) $\mathfrak{S}_1$ hat die Form $\mathfrak{S}_3\binom{\mathfrak{z}_1}{\mathfrak{nu}}$, $\mathfrak{S}_2$ hat die Form $\mathfrak{S}_3 \supset \mathfrak{S}_3\binom{\mathfrak{z}_1}{\mathfrak{z}_1{}'}$.

Was wir in Form einer Definition für ,unmittelbar ableitbar' formulieren, pflegt man gewöhnlich in Form von Schlußregeln zu formulieren. Dabei würden den angegebenen Bestimmungen die folgenden vier Schlußregeln entsprechen:

1. Regel der Einsetzung. Jede Einsetzung ist erlaubt.

2. Regel der Verknüpfungen. a) Ein Teilsatz $\mathfrak{S}_4 \supset \mathfrak{S}_5$ darf stets durch $\sim \mathfrak{S}_4 \vee \mathfrak{S}_5$ ersetzt werden und umgekehrt; entsprechend b), c).

3. Regel der Implikation. Aus $\mathfrak{S}_1$ und $\mathfrak{S}_1 \supset \mathfrak{S}_3$ darf $\mathfrak{S}_3$ erschlossen werden.

4. Regel der vollständigen Induktion. Beispiel: Aus $\mathfrak{pr}_1(\mathfrak{nu})$ und $\mathfrak{pr}_1(\mathfrak{z}_1) \supset \mathfrak{pr}_1(\mathfrak{z}_1{}')$ darf auf $\mathfrak{pr}_1(\mathfrak{z}_1)$ geschlossen werden.

Diese Regeln sind so beschaffen, daß sie bei inhaltlicher Deutung der Sätze von wahren Sätzen stets wieder zu wahren Sätzen führen. Das ergibt sich für RI 1 aus der früher gegebenen Deutung der freien Variablen; für RI 2 und 3 aus den Wahrheitswerttafeln (S. 18). RI 2 vertritt gewissermaßen eine explizite Definition für die Zeichen der Implikation, Konjunktion und Äquivalenz, die nur als Schreibabkürzungen dienen. RI 4 entspricht dem in der Arithmetik üblichen Prinzip der vollständigen Induktion: kommt eine Eigenschaft der Zahl 0 zu und ist sie erblich (d. h. kommt sie, sobald sie irgend einer Zahl n zukommt, auch der Zahl $n+1$ zu), so kommt sie jeder Zahl zu (fünftes Peanosches Axiom).

13. Ableitungen und Beweise in I.

Daß ein bestimmter Satz beweisbar bzw. aus bestimmten anderen ableitbar ist, wird durch Aufstellung eines Beweises bzw. einer Ableitung gezeigt. Fruchtbarer ist es, allgemeine syntaktische Sätze nachzuweisen, die besagen, daß alle Sätze von der und der Form beweisbar bzw. aus Sätzen der und der Formen ableitbar sind. Der Nachweis eines solchen allgemeinen syntaktischen Satzes kann zuweilen durch Aufstellung eines Schemas für den Beweis bzw. für die Ableitung geführt werden. Das Schema gibt an, wie im einzelnen Falle der Beweis bzw. die Ableitung aufzustellen wäre. Ein weiteres fruchtbares Verfahren, das die Aufstellung besonderer Schemata in vielen Fällen erspart, besteht darin, daß allgemeine syntaktische Sätze über Beweisbarkeit oder Ableitbarkeit aus andern derartigen Sätzen erschlossen werden können. Ist nämlich $\mathfrak{S}_3$ ableitbar aus $\mathfrak{S}_2$ und $\mathfrak{S}_2$ aus $\mathfrak{S}_1$, so auch $\mathfrak{S}_3$ aus $\mathfrak{S}_1$; denn diese Ableitung kann durch Aneinanderreihung der beiden ersten gebildet werden. Ist $\mathfrak{S}_1$ beweisbar und $\mathfrak{S}_2$ aus $\mathfrak{S}_1$ ableitbar, so ist auch $\mathfrak{S}_2$ beweisbar. Ist ferner $\mathfrak{S}_1 \supset \mathfrak{S}_2$ beweisbar, so ist $\mathfrak{S}_2$ aus $\mathfrak{S}_1$ ableitbar (nach RI 3). Die Umkehrung gilt nicht allgemein, sondern nur: ist $\mathfrak{S}_1$ geschlossen und $\mathfrak{S}_2$ ableitbar aus $\mathfrak{S}_1$, so ist $\mathfrak{S}_1 \supset \mathfrak{S}_2$ beweisbar. [Gegenbeispiel für offenes $\mathfrak{S}_1$: $\mathfrak{S}_1$ sei ‚$x = 2$', $\mathfrak{S}_2$ sei ‚$(x)\,3\,(x = 2)$'; $\mathfrak{S}_2$ ist ableitbar aus $\mathfrak{S}_1$ ($\mathfrak{S}_1$ und $\mathfrak{S}_2$ sind falsch); aber $\mathfrak{S}_1 \supset \mathfrak{S}_2$ ist hier nicht beweisbar, sondern sogar falsch; denn aus diesem Satz ergibt sich durch Einsetzung von ‚2' für ‚x' und Anwendung von RI 3 $\mathfrak{S}_2$.]

Es seien einfache Beispiele für ein Beweisschema, ein Ableitungsschema und einige allgemeine syntaktische Sätze über Beweisbarkeit und Ableitbarkeit gegeben. [Die jeweils links stehenden Hinweise auf Grundsätze und Regeln dienen nur zur Erleichterung des Verständnisses, sie gehören nicht zum Schema. Dagegen gehören die in Textworten angegebenen besonderen Bedingungen, denen ein bestimmter Ausdruck unterworfen sein soll (z. B. im untenstehenden Ableitungsschema bei $\mathfrak{S}_3$), wesentlich zum Schema.]

Beispiel eines Beweisschemas.

GI 1 $\quad \mathfrak{S}_1 \supset (\sim \mathfrak{S}_1 \supset \mathfrak{S}_1)$ (1)

GI 2 $\quad (\sim \mathfrak{S}_1 \supset \mathfrak{S}_1) \supset \mathfrak{S}_1$ (2)

GI 3, wobei für $\mathfrak{S}_2$ der Satz $\sim \mathfrak{S}_1 \supset \mathfrak{S}_1$ und für $\mathfrak{S}_3$ $\mathfrak{S}_1$ genommen wird:

$(\mathfrak{S}_1 \supset (\sim \mathfrak{S}_1 \supset \mathfrak{S}_1)) \supset ([(\sim \mathfrak{S}_1 \supset \mathfrak{S}_1) \supset \mathfrak{S}_1] \supset [\mathfrak{S}_1 \supset \mathfrak{S}_1])$ (3)

(1) (3) RI 3 $\quad ((\sim \mathfrak{S}_1 \supset \mathfrak{S}_1) \supset \mathfrak{S}_1) \supset (\mathfrak{S}_1 \supset \mathfrak{S}_1)$ (4)

(2) (4) RI 3 $\quad \mathfrak{S}_1 \supset \mathfrak{S}_1$ (5)

Satz 13·1. $\mathfrak{S}_1 \supset \mathfrak{S}_1$ ist stets (d. h. für eine beliebige Satzgestalt $\mathfrak{S}_1$) beweisbar.

Mit ‚Satz m·n' bezeichnen wir den syntaktischen Lehrsatz Nr. n von § m. Die syntaktischen Sätze 13·1—4 beziehen sich auf denjenigen Teil der Sprache I, der dem sogenannten Satzkalkül entspricht; dieser Teil umfaßt GI 1—3 und RI 1—3.

Satz 13·2. $\mathfrak{S}_1 \vee \sim \mathfrak{S}_1$ ist stets beweisbar. Dies ist der sogenannte Satz vom ausgeschlossenen Dritten.

Satz 13·3. $\mathfrak{S}_1$ und $\sim\sim \mathfrak{S}_1$ sind gegenseitig ableitbar.

Satz 13·4. Ist $\mathfrak{S}_1$ widerlegbar, so ist jeder beliebige Satz $\mathfrak{S}_2$ ableitbar aus $\mathfrak{S}_1$. — Da $\mathfrak{S}_1$ widerlegbar ist, gibt es einen beweisbaren Satz $\sim \mathfrak{S}_3$ derart, daß $\mathfrak{S}_3$ aus $\mathfrak{S}_1$ durch Einsetzung gebildet ist. $\sim \mathfrak{S}_3$ können wir daher neben $\mathfrak{S}_1$ als Prämisse im Ableitungsschema verwenden:

	$\mathfrak{S}_1$	(1)
	$\sim \mathfrak{S}_3$	(2)
(1) RI 1	$\mathfrak{S}_3$	(3)
GI 1	$\mathfrak{S}_3 \supset (\sim \mathfrak{S}_3 \supset \mathfrak{S}_2)$	(4)
(3) (4) RI 3	$\sim \mathfrak{S}_3 \supset \mathfrak{S}_2$	(5)
(2) (5) RI 3	$\mathfrak{S}_2$	(6)

Die folgenden syntaktischen Sätze beziehen sich auf den Teil der Sprache, der über den Satzkalkül hinausgeht, den Prädikatenkalkül. [Er wird gewöhnlich Funktionenkalkül genannt; bisher versteht man meist unter ‚Prädikat' nur die einstelligen $\mathfrak{pr}$.] In diesem Gebiet weicht Sprache I stärker von der üblichen Sprachform (Russell und Hilbert) ab. Da I eine Koordinatensprache ist, wird in den Beweisen und Ableitungen die vollständige Induktion (RI 4) häufig angewendet.

A. Syntaktische Sätze über Allsätze.

Satz 13·5. Jeder Satz von einer der folgenden Formen ist beweisbar:

a) $(\mathfrak{z}_1)\,\mathfrak{Z}_1(\mathfrak{S}_1) \supset \mathfrak{S}_1\binom{\mathfrak{z}_1}{\mathfrak{nu}}$;

b) $(\mathfrak{z}_1)\,\mathfrak{Z}_1(\mathfrak{S}_1) \supset \mathfrak{S}_1\binom{\mathfrak{z}_1}{\mathfrak{Z}_1}$;

c) $(\mathfrak{z}_1)\,\mathfrak{Z}_1(\mathfrak{S}_1) \equiv \mathfrak{S}_1$, falls $\mathfrak{z}_1$ in $\mathfrak{S}_1$ nicht frei vorkommt.

Satz 13·6. Es ist stets ableitbar:

a) aus $(\mathfrak{z}_1)\,\mathfrak{Z}_1(\mathfrak{S}_1)$ $(\mathfrak{S}_1)\binom{\mathfrak{z}_1}{\mathfrak{Z}_1}$;

b) aus $\mathfrak{S}_1$ $(\mathfrak{z})\,\mathfrak{Z}(\mathfrak{S}_1)$;

c) aus $(\mathfrak{z}_1)\,\mathfrak{Z}_1(\mathfrak{S}_1)$ $\mathfrak{S}_1$, falls $\mathfrak{z}_1$ in $\mathfrak{S}_1$ nicht frei vorkommt;

d) aus $(\mathfrak{z}_1)\,\mathfrak{Z}_1(\mathfrak{S}_1 \supset \mathfrak{S}_2)$ $(\mathfrak{z}_1)\,\mathfrak{Z}_1(\mathfrak{S}_1) \supset (\mathfrak{z}_1)\,\mathfrak{Z}_1(\mathfrak{S}_2)$;

e) aus $\mathfrak{S}_1 \equiv \mathfrak{S}_2$ $(\mathfrak{z}_1)\,\mathfrak{Z}_1(\mathfrak{S}_1) \equiv (\mathfrak{z}_1)\,\mathfrak{Z}_1(\mathfrak{S}_2)$ (folgt aus Satz 6 b, d).

B. Syntaktische Sätze über Existenzsätze.

Satz 13·7. Es ist stets beweisbar:

a) $(\exists\, \mathfrak{z}_1)\, \mathrm{nu}\,(\mathfrak{S}_1) \equiv \mathfrak{S}_1\binom{\mathfrak{z}_1}{\mathrm{nu}}$;

b) $(\exists\, \mathfrak{z}_1)\, \mathfrak{Z}_1{}'(\mathfrak{S}_1) \equiv [(\exists\, \mathfrak{z}_1)\, \mathfrak{Z}_1(\mathfrak{S}_1) \vee \mathfrak{S}_1\binom{\mathfrak{z}_1}{\mathfrak{Z}_1{}'}]$;

c) $\mathfrak{S}_1\binom{\mathfrak{z}_1}{\mathfrak{Z}_1} \supset (\exists\, \mathfrak{z}_1)\, \mathfrak{Z}_1(\mathfrak{S}_1)$.

Satz 13·8. Aus $\mathfrak{S}_1$ ist $(\exists\, \mathfrak{z}_1)\, \mathfrak{Z}_1(\mathfrak{S}_1)$ *ableitbar*; falls $\mathfrak{z}_1$ in $\mathfrak{S}_1$ nicht frei vorkommt, gilt auch die Umkehrung. — Weitere Ableitungsbeziehungen analog Satz 6.

C. Syntaktische Sätze über Gleichungen.

Satz 13·9. Es ist stets *beweisbar*:

a) $(\mathfrak{Z}_1 = \mathfrak{Z}_2) \supset [\mathfrak{Z}_3\binom{\mathfrak{z}_1}{\mathfrak{Z}_1} = \mathfrak{Z}_3\binom{\mathfrak{z}_1}{\mathfrak{Z}_2}]$;

b) $(\mathfrak{Z}_1 = \mathfrak{Z}_2) \supset (\mathfrak{Z}_2 = \mathfrak{Z}_1)$;

c) $[(\mathfrak{Z}_1 = \mathfrak{Z}_2) \cdot (\mathfrak{Z}_2 = \mathfrak{Z}_3)] \supset (\mathfrak{Z}_1 = \mathfrak{Z}_3)$.

Satz 13·10. Aus $\mathfrak{Z}_1 = \mathfrak{Z}_2$ ist *ableitbar*:

a) $\mathfrak{S}_1\binom{\mathfrak{z}_1}{\mathfrak{Z}_1} \equiv \mathfrak{S}_1\binom{\mathfrak{z}_1}{\mathfrak{Z}_2}$;

b) $\mathfrak{Z}_3\binom{\mathfrak{z}_1}{\mathfrak{Z}_1} = \mathfrak{Z}_3\binom{\mathfrak{z}_1}{\mathfrak{Z}_2}$.

D. Syntaktische Sätze über Ersetzung.

Satz 13·11. Aus $\mathfrak{Z}_1 = \mathfrak{Z}_2$ und $\mathfrak{A}\mathfrak{Z}_1\mathfrak{B}$ ist $\mathfrak{A}\mathfrak{Z}_2\mathfrak{B}$ ableitbar. Mit andern Worten: wird eine Gleichung vorausgesetzt, so darf in irgend einem Satz die linke Gleichungsseite durch die rechte *ersetzt* werden (ebenso auch die rechte durch die linke).

Satz 13·12. Aus $\mathfrak{S}_1 \equiv \mathfrak{S}_2$ und $\mathfrak{A}\mathfrak{S}_1\mathfrak{B}$ ist $\mathfrak{A}\mathfrak{S}_2\mathfrak{B}$ ableitbar. Mit andern Worten: wird eine Äquivalenz vorausgesetzt, so darf in irgend einem Satz, in dem das zweite (oder das erste) Äquivalenzglied vorkommt, dieses durch das erste (bzw. das zweite) *ersetzt* werden. Der Beweis geschieht durch Analyse der verschiedenen Formen, in denen ein Satz in einem andern vorkommen kann (vgl. z. B. Satz 6e). [Vgl. Hilbert [Logik] 61; die Forderung, daß in $\mathfrak{S}_1$ und $\mathfrak{S}_2$ dieselben freien Variablen vorkommen, ist bei unserer Sprachform nicht nötig.]

Unterschied zwischen Ersetzung und Einsetzung: Bei einer Einsetzung (Substitution) müssen *alle* in dem Satz vorkommenden gleichartigen Ausdrücke (nämlich die gleichen freien Variablen) zugleich umgeformt werden; dagegen braucht bei einer Ersetzung auf die übrigen Satzteile keine Rücksicht genommen zu werden.

Auf Satz 11 und 12 beruht die Möglichkeit, den Definitionen die Form von Gleichungen zu geben (vgl. § 8). Auf Grund einer expliziten Definition kann überall das Definiendum durch das Definiens ersetzt werden und umgekehrt.

14. Folgebestimmungen für Sprache I.

Es kann der Fall vorkommen, daß für ein bestimmtes $\mathfrak{pr}_1$, etwa $\mathfrak{pr}_1$, jeder Satz von der Form $\mathfrak{pr}_1$ ($\mathfrak{St}$) beweisbar ist, nicht aber der allgemeine Satz $\mathfrak{pr}_1$ ($\mathfrak{z}_1$). Ein derartiges $\mathfrak{pr}$ werden wir später kennenlernen (§ 36). Es fehlt die Möglichkeit, auf den Satz $\mathfrak{pr}_1$ ($\mathfrak{z}_1$) zu schließen, obwohl jeder Einzelfall erschließbar ist. Um diese Möglichkeit zu geben, wollen wir einen Begriff ‚Folge‘ einführen, der weiter ist als der Begriff ‚ableitbar‘; und analog einen Begriff ‚analytisch‘, der weiter ist als ‚beweisbar‘, sowie einen Begriff ‚kontradiktorisch‘, der weiter ist als ‚widerlegbar‘. Die Definition wird so aufgestellt werden, daß auch jener allgemeine Satz $\mathfrak{pr}_1$ ($\mathfrak{z}_1$), obwohl er nicht beweisbar ist, analytisch wird.

Hierfür ist es erforderlich, auch Klassen von Sätzen zu behandeln. Bisher haben wir nur von endlichen Reihen von Sätzen oder sonstigen Ausdrücken gesprochen. Eine Klasse kann aber auch so beschaffen sein, daß sie nicht durch eine endliche Reihe ausschöpfbar ist. (Sie heiße dann eine unendliche Klasse; eine genauere Definition dieses Begriffes ist für unseren Zweck nicht notwendig.) Eine Klasse von Ausdrücken wird angegeben durch eine (definite oder indefinite) syntaktische Bestimmung über die Form der Ausdrücke. Z. B. ist durch jedes Grundsatzschema eine unendliche Klasse von Sätzen (definit) bestimmt. Das Sprechen von Klassen von Ausdrücken ist nur eine bequemere Redeweise für das Sprechen über syntaktische Formen von Ausdrücken. [Später werden wir allgemein sehen, daß ‚Klasse‘ und ‚Eigenschaft‘ zwei Wörter für dasselbe sind.]

Für Klassen von Ausdrücken (meist Sätzen) wollen wir folgende Bezeichnungen (der Syntaxsprache) anwenden: im allgemeinen ‚$\mathfrak{K}$‘; für die Klasse, deren einziges Element $\mathfrak{A}_1$ ist: ‚$\{\mathfrak{A}_1\}$‘; für die Klasse der Elemente $\mathfrak{A}_1$, $\mathfrak{A}_2$, .. $\mathfrak{A}_n$: ‚$\{\mathfrak{A}_1, .. \mathfrak{A}_n\}$‘; für die Vereinigung der Klassen $\mathfrak{K}_1$ und $\mathfrak{K}_2$ ‚$\mathfrak{K}_1 + \mathfrak{K}_2$‘. Eine Klasse von Ausdrücken heißt deskriptiv, wenn mindestens einer ihrer Ausdrücke deskriptiv ist; andernfalls logisch. (In diesem Paragraphen bezeichnen ‚$\mathfrak{K}_1$' usw. immer Klassen von Sätzen.)

$\mathfrak{S}_1$ heißt unmittelbare Folge (in I) von $\mathfrak{K}_1$:

(UF 1). 1. wenn $\mathfrak{K}_1$ endlich ist und es eine Ableitung gibt, in der RI 4 (vollständige Induktion) nicht benutzt wird und deren Prämissen die Sätze von $\mathfrak{K}_1$ sind und deren letzter Satz $\mathfrak{S}_1$ ist.

(UF 2). 2. wenn es ein $\mathfrak{z}_1$ gibt derart, daß $\mathfrak{K}_1$ die Klasse aller Sätze von der Form $\mathfrak{S}_1\binom{\mathfrak{z}_1}{\mathfrak{St}}$ ist, also die Klasse $\{\mathfrak{S}_1\binom{\mathfrak{z}_1}{\mathfrak{nu}}, \mathfrak{S}_1\binom{\mathfrak{z}_1}{\mathfrak{nu}'}, \mathfrak{S}_1\binom{\mathfrak{z}_1}{\mathfrak{nu}''}, \ldots\}$.

$\mathfrak{K}_2$ heißt eine unmittelbare Folgeklasse (in I) von $\mathfrak{K}_1$, wenn jeder Satz von $\mathfrak{K}_2$ unmittelbare Folge einer Teilklasse von $\mathfrak{K}_1$ ist. Eine endliche Reihe von (nicht notwendig endlichen) Satzklassen derart, daß jede (außer der ersten) unmittelbare Folgeklasse der ihr in der Reihe unmittelbar vorangehenden Klasse ist, heißt eine Folgereihe (in I). $\mathfrak{S}_1$ heißt **Folge** (in I) von $\mathfrak{K}_1$, wenn es eine Folgereihe gibt, deren erste Klasse $\mathfrak{K}_1$ und deren letzte Klasse $\{\mathfrak{S}_1\}$ ist. $\mathfrak{S}_n$ heißt Folge von $\mathfrak{S}_1$ oder von $\mathfrak{S}_1, \mathfrak{S}_2, \ldots \mathfrak{S}_m$, wenn $\mathfrak{S}_n$ Folge von $\{\mathfrak{S}_1\}$ bzw. von $\{\mathfrak{S}_1, \mathfrak{S}_2, \ldots \mathfrak{S}_m\}$ ist.

Wir sind nicht gezwungen, in der Bestimmung UF 1 die Regel RI 4 (vollständige Induktion) auszuschließen. Aber ihre Mitverwendung wäre überflüssig. Denn auf Grund der gegebenen Definitionen läßt sich zeigen, daß $\mathfrak{S}_3$ stets Folge von $\{\mathfrak{S}_3\binom{\mathfrak{z}_1}{\mathfrak{nu}}, \mathfrak{S}_3 \supset \mathfrak{S}_3\binom{\mathfrak{z}_1}{\mathfrak{z}_1'}\}$ ist. Diese Klasse sei $\mathfrak{K}_1$. Dann ist, wie leicht zu sehen, jeder Satz der Form $\mathfrak{S}_3\binom{\mathfrak{z}_1}{\mathfrak{St}}$ ableitbar aus $\mathfrak{K}_1$, also nach UF 1 unmittelbare Folge von $\mathfrak{K}_1$; also ist die Klasse $\mathfrak{K}_2$ dieser Sätze unmittelbare Folgeklasse von $\mathfrak{K}_1$. $\mathfrak{S}_3$ ist nach UF 2 unmittelbare Folge von $\mathfrak{K}_2$, also Folge von $\mathfrak{K}_1$.

Satz 14·1. Ist ein Satz aus anderen ableitbar, so auch Folge von ihnen.

Die Folgebeziehung hat einen weiteren Umfang als die Ableitbarkeitsbeziehung. Die Bestimmung UF 2 wird durch RI 4, wie die soeben angestellte Überlegung zeigt, zum Teil ersetzt. Ein vollständiger Ersatz für UF 2 ist weder durch RI 4 noch durch irgendwelche sonstigen Schlußregeln der früheren Art, also Bestimmungen über ‚unmittelbar ableitbar' möglich. Denn diese Bestimmungen beziehen sich stets auf endlich viele Prämissen, da ja eine Ableitung eine endliche Reihe von Sätzen sein soll; UF 2 aber bezieht sich unter Umständen auf unendliche Satzklassen. [Vgl. das zu Anfang des Paragraphen gegebene Beispiel. $\mathfrak{pr}_1$ ($\mathfrak{z}_1$) ist nicht Folge irgend einer echten Teilklasse der Klasse der Sätze $\mathfrak{pr}_1$ ($\mathfrak{St}$), geschweige denn Folge einer endlichen Teilklasse.]

Wir haben somit zwei verschiedene Deduktionsverfahren: das engere der Ableitung und das weitere der Folgereihe. Eine Ableitung ist eine endliche Reihe von Sätzen; eine Folgereihe ist eine endliche Reihe von nicht notwendig endlichen Klassen. Bei der Ableitung ist jeder einzelne Schritt (nämlich die Beziehung ‚unmittelbar ableitbar') definit, nicht aber die durch die ganze Kette bestimmte Beziehung ‚ableitbar'. Bei der Folgereihe ist schon der einzelne Schritt (nämlich die Beziehung ‚unmittelbare Folge') indefinit, und um so mehr die Beziehung ‚Folge'. Der Begriff ‚ableitbar' ist enger als der Begriff ‚Folge'. Nur der letztere trifft genau das, was man meint, wenn man sagt: „Dieser Satz folgt (logisch) aus jenem", „Ist dieser Satz wahr, so muß (aus logischen Gründen) auch jener wahr sein". An Stelle des Begriffes ‚Folge' verwendet man in den üblichen Sprachen der symbolischen Logik gewöhnlich den engeren, aber weit einfacheren Begriff ‚ableitbar', indem man irgendwelche definiten Schlußregeln aufstellt. Das Verfahren der Ableitung ist aber auch stets das grundlegende; jeder Nachweis für das Vorliegen irgend eines Begriffes geht schließlich auf eine Ableitung zurück. Auch der Nachweis für das Vorliegen einer Folgebeziehung, also die Aufstellung einer Folgereihe in der Objektsprache, kann nur vorgenommen werden durch eine Ableitung (einen Beweis) in der Syntaxsprache.

Ein Satz $\mathfrak{S}_1$ heißt **analytisch** (in I), wenn er Folge der leeren Satzklasse (und daher Folge jedes Satzes) ist; **kontradiktorisch,** wenn jeder Satz Folge von $\mathfrak{S}_1$ ist; **synthetisch,** wenn er weder analytisch noch kontradiktorisch ist.

Eine Satzklasse $\mathfrak{K}_1$ heißt analytisch, wenn jeder Satz von $\mathfrak{K}_1$ analytisch ist; kontradiktorisch, wenn jeder Satz Folge von $\mathfrak{K}_1$ ist; synthetisch, wenn sie weder analytisch noch kontradiktorisch ist.

Zwei oder mehrere Sätze heißen **unverträglich** (miteinander), wenn ihre Klasse kontradiktorisch ist; andernfalls **verträglich** (miteinander).

Satz 14·2. Jeder beweisbare Satz ist analytisch, jeder widerlegbare kontradiktorisch; die Umkehrung gilt nicht allgemein.

Satz 14·3. Jedes $\mathfrak{S}_\mathfrak{l}$ (und $\mathfrak{K}_\mathfrak{l}$) ist entweder analytisch oder kontradiktorisch. Synthetisch kann nur ein $\mathfrak{S}_\mathfrak{b}$ (bzw. ein $\mathfrak{K}_\mathfrak{b}$) sein.

Satz 14·4. Ein $\mathfrak{K}_\mathfrak{l}$ ist dann und nur dann kontradiktorisch, wenn mindestens ein zugehöriger Satz kontradiktorisch ist. Ein $\mathfrak{K}_\mathfrak{b}$ kann auch kontradiktorisch sein, wenn kein zugehöriger Satz kontradiktorisch ist. — Aus diesem Grund ist es wichtig, daß nicht nur die Sätze, sondern auch die Satzklassen in analytische, kontradiktorische und synthetische eingeteilt werden.

Beispiel. $\mathfrak{pr}_1$ sei ein undefiniertes $\mathfrak{prb}$; dann sind die Sätze $\mathfrak{pr}_1(\mathfrak{nu})$ und $\sim \mathfrak{pr}_1(\mathfrak{nu})$ synthetisch; die Klasse dieser beiden Sätze aber ist (wie ihre Konjunktion) kontradiktorisch.

Durch den *Begriff* ‚*analytisch*‘ wird das genau erfaßt, was man etwa als ‚logisch-gültig‘ oder ‚aus logischen Gründen wahr‘ zu bezeichnen pflegt. Bisher hat man meist geglaubt, die logische Gültigkeit durch den Begriff ‚beweisbar‘, also durch ein Ableitungsverfahren, erfassen zu können. Der Begriff ‚beweisbar‘ bildet zwar eine für die meisten praktischen Fälle hinreichende Annäherung, erschöpft aber die logische Gültigkeit nicht. Für die Begriffspaare ‚beweisbar‘—‚analytisch‘ und ‚widerlegbar‘—‚kontradiktorisch‘ gilt Analoges wie für das Paar ‚ableitbar‘—‚Folge‘.

Bei inhaltlicher Deutung ist ein analytischer Satz unbedingt wahr, mögen die empirischen Tatsachen sein, wie sie wollen. Er besagt daher nichts über die Tatsachen. Ein kontradiktorischer Satz dagegen besagt zu viel, um wahr sein zu können; aus ihm kann jede Tatsache und auch ihr Gegenteil entnommen werden. Ein synthetischer Satz ist unter Umständen wahr, nämlich wenn bestimmte Tatsachen vorliegen, und unter Umständen falsch; daher besagt er etwas darüber, welche Tatsachen vorliegen. Die *synthetischen Sätze* sind die eigentlichen *Wirklichkeitsaussagen*.

Wollen wir feststellen, was ein Satz $\mathfrak{S}_1$ (inhaltlich gesprochen) besagt, ohne daß wir den Bereich des Formalen verlassen und zur inhaltlichen Deutung des Satzes übergehen, so müssen wir untersuchen, welche Sätze Folgen von ihm sind. Dabei können wir jedoch diejenigen Sätze außer acht lassen, die aus jedem Satz folgen, also die analytischen Sätze. Die nicht-analytischen

Folgen von $\mathfrak{S}_1$ bilden den Gesamtbereich dessen, was aus $\mathfrak{S}_1$ „herauszuholen" ist. Wir definieren deshalb: unter dem (logischen) **Gehalt** von $\mathfrak{S}_1$ oder $\mathfrak{K}_1$ (in I) verstehen wir die Klasse der nicht-analytischen Sätze (von I), die Folgen von $\mathfrak{S}_1$ (bzw. $\mathfrak{K}_1$) (in I) sind. Man spricht häufig vom „*Inhalt*" oder „*Sinn*" eines Satzes, ohne genau zu bestimmen, was damit gemeint sein soll. Der definierte Begriff ‚Gehalt' scheint uns gerade das zu treffen, was mit ‚Inhalt' oder ‚Sinn' gemeint ist, sofern nicht etwas Psychologisches und damit Außerlogisches gemeint ist.

Sätze oder Satzklassen mit demselben Gehalt nennen wir *gehaltgleich*. Zwei Sätze sind offenbar dann und nur dann gehaltgleich, wenn jeder von beiden Folge des andern ist.

In Diskussionen über die *Sinngleichheit bestimmter Sätze* werden dem Logiker sehr häufig Einwände der folgenden Art entgegengehalten: „Die und die Sätze können doch nicht denselben Sinn haben, denn man verbindet mit ihnen verschiedene Gedanken, Vorstellungen u. dgl." Auf diesen Einwand ist zu entgegnen, daß es sich bei der Frage der logischen Sinngleichheit nicht um die Frage der Übereinstimmung der Vorstellungen handelt. Die letztere Frage ist *psychologischer* Art; sie ist auf Grund empirischer, psychologischer Untersuchungen zu entscheiden; in der Logik hat sie nichts zu suchen. (Übrigens ist die Frage, welche Vorstellungen mit einem bestimmten Satz verknüpft sind, vage und vieldeutig; die Antwort wird je nach der betreffenden Versuchsperson und den näheren Umständen verschieden sein.) Bei der *logischen* Frage der Sinngleichheit kann es sich um nichts anderes handeln als um die Übereinstimmung der beiden Sätze in allen Folgebeziehungen. Der Begriff der logischen Sinngleichheit wird daher durch den vorhin definierten syntaktischen Begriff ‚gehaltgleich' genau getroffen. — Analoges gilt für die *Bedeutungsgleichheit zweier Begriffe*, die durch den syntaktischen Begriff ‚synonym' erfaßt wird.

Satz 14·5. Gegenseitig ableitbare Sätze sind gehaltgleich. Die Umkehrung gilt nicht allgemein.

Zwei Ausdrücke $\mathfrak{A}_1$ und $\mathfrak{A}_2$ heißen **synonym,** wenn jeder Satz $\mathfrak{S}_1$, in dem $\mathfrak{A}_1$ vorkommt, gehaltgleich (nicht etwa nur von gleichem Wahrheitswert!) ist mit demjenigen Satz $\mathfrak{S}_2$, der aus $\mathfrak{S}_1$ entsteht, wenn $\mathfrak{A}_1$ durch $\mathfrak{A}_2$ ersetzt wird. Durch diesen Begriff ‚synonym' ist die Beziehung formal erfaßt, die man bei inhaltlicher Deutung der Sprache als ‚Bedeutungsgleichheit' bezeichnet.

Beispiele: ‚2', ‚0''', ‚1'', ‚sum (1,1)' sind synonym. ‚te' sei ein undefiniertes $\mathfrak{fu}_\mathfrak{b}$; auch wenn ‚te (3) = 5' ein empirisch wahrer Satz ist, ist ,te (3)' nicht synonym mit ,5' und überhaupt nicht mit irgendeinem $\mathfrak{zz}$ oder $\mathfrak{St}$. [Aber ,te (3)' ist synonym mit ,5' in bezug auf ,te (3) = 5'; hierüber § 65.] In der deutschen Sprache sind die Ausdrücke ,Odysseus' und ,der Vater des Telemach' nicht synonym, obwohl sie dieselbe Person bezeichnen.

Satz 14·6. Ist $\mathfrak{Z}_1 = \mathfrak{Z}_2$ analytisch, so sind $\mathfrak{Z}_1$ und $\mathfrak{Z}_2$ synonym; und umgekehrt.

Satz 14·7. a) Ist $\mathfrak{S}_1 \supset \mathfrak{S}_2$ analytisch, so ist $\mathfrak{S}_2$ Folge von $\mathfrak{S}_1$. — b) Ist $\mathfrak{S}_2$ Folge von $\mathfrak{S}_1$ und ist $\mathfrak{S}_1$ geschlossen, so ist $\mathfrak{S}_1 \supset \mathfrak{S}_2$ analytisch.

Satz 14·8. Zwei Sätze sind dann und nur dann synonym, wenn sie gehaltgleich sind. [Dies gilt für die Sprachen I und II und gewisse andere Sprachen, vgl. Satz 65·4 b.]

Satz 14·9. Ist $\mathfrak{S}_1 \equiv \mathfrak{S}_2$ analytisch, so sind $\mathfrak{S}_1$ und $\mathfrak{S}_2$ gehaltgleich; und umgekehrt.

Aus Satz 6, 8 und 9 ergibt sich, daß Definiendum und Definiens eines Definitionssatzes stets synonym sind.

Bemerkungen zur Terminologie. Anstatt des Ausdrucks ,analytisch' verwendet Wittgenstein [Tractatus] und in Anlehnung an ihn auch die bisherige Literatur des Wiener Kreises den Ausdruck ,tautologisch' oder ,Tautologie' (der aber nur im Bereich des Satzkalküls definiert wird). Anderseits pflegt man den Ausdruck ,tautologisch' auch auf Umformungen von Sätzen anzuwenden, nämlich auf solche, die den Gehalt nicht vermehren; man sagt z. B.: „Die Schlüsse der Logik sind tautologisch." Es führt jedoch erfahrungsgemäß leicht zu Mißverständnissen und Verwirrungen, daß hier das Wort ,tautologisch' in zwei verschiedenen Bedeutungen verwendet wird, besonders da die erste Bedeutung nicht dem üblichen Sprachgebrauch entspricht. Es dürfte deshalb zweckmäßiger sein, den Ausdruck nur im zweiten Fall (,tautologisches Schließen') beizubehalten, dagegen im ersten Falle den Ausdruck ,analytisch' zu nehmen (,analytische Sätze'). Diesen ursprünglich Kantischen Terminus hat Frege ([Grundlagen] 4) schärfer definiert; er nennt einen Satz analytisch, wenn man für seinen Beweis nur „die allgemeinen logischen Gesetze" und Definitionen benötigt. Dubislav [Analytische] hat darauf aufmerksam gemacht, daß dieser Begriff relativ ist; er muß jeweils auf ein bestimmtes System von Voraussetzungen und Begründungsarten (d. h. Grundsätzen und Schlußregeln) bezogen werden; in unserer Ausdrucksweise: auf eine bestimmte Sprache.

Der Ausdruck ,kontradiktorisch' (oder ,Kontradiktion') ist ebenfalls von Wittgenstein eingeführt worden (innerhalb des Satzkalküls); Kant hat neben den Ausdrücken ,analytisch' und ,synthetisch' keinen dritten Ausdruck für die Negationen der analytischen

Sätze verwendet. Es wäre vielleicht zu überlegen, ob man den Ausdruck ‚analytisch' (nach dem Vorschlag von Dubislav [Analytische], in Abweichung vom üblichen Sprachgebrauch) als Oberbegriff nehmen und dann anstatt ‚analytisch' und ‚kontradiktorisch' ‚analytisch wahr' und ‚analytisch falsch' oder ‚positiv-analytisch' und ‚negativ-analytisch' sagen sollte.

C. Bemerkungen zur definiten Sprachform.

15. Definit und indefinit.

Die in der modernen Logik meist benutzte Sprachform ist diejenige, die Whitehead und Russell [Princ. Math.] auf Grund der Vorarbeiten von Frege, Peano, Schröder u. a. aufgebaut haben. Hilbert [Logik] verwendet zwar eine andere Symbolik; die Form der Sprache ist aber im wesentlichen die gleiche geblieben. In der Wahl der Zeichen für unsere Objektsprachen I und II lehnen wir uns an die Russellsche Symbolik an, da sie am meisten verbreitet ist. In der Sprachform folgen wir zwar auch in den Hauptzügen dem Russell-Hilbertschen Vorbild, weichen aber in einigen wesentlichen Punkten ab, besonders in Sprache I. Die wichtigsten Abweichungen sind: Stellenzeichen anstatt Gegenstandsnamen (Koordinatensprache); beschränkte Operatoren (definite Sprache); zwei verschiedene Arten der Allgemeinheit.

Über den Charakter unserer Sprache als Koordinatensprache (Stellenzeichen als Argumente) haben wir schon gesprochen (§ 3). Bei dieser Sprachform ergibt sich ein wesentlicher syntaktischer Unterschied zwischen den Lagebestimmungen für die Stellen und den übrigen Bestimmungen, durch die irgendwelche Beschaffenheiten der Stellen angegeben werden; die letzteren wollen wir qualitative Bestimmungen nennen. Eine Lagebeziehung wird im einfachsten Fall durch einen analytischen (bzw. kontradiktorischen) Satz ausgesprochen (z. B. „Stelle 7 und Stelle 6 sind benachbart"); dagegen wird eine qualitative Beziehung im einfachsten Fall durch einen synthetischen deskriptiven Satz ausgedrückt (z. B. „Stelle 7 und Stelle 6 haben dieselbe Farbe"). Jener Satz wird durch logische Operationen entschieden, nämlich durch einen Beweis; dieser Satz aber kann nur auf Grund empirischer Beobachtungen entschieden werden, d. h. durch Ableitung aus Beobachtungssätzen. Darin liegt ein wesentlicher Unterschied, der verwischt wird, wenn man die Sprache in der bisher üblichen Weise so aufbaut, daß Lagebeziehungen und qualitative Beziehungen syntaktisch gleichartig ausgedrückt werden.

Wir wollen ein *Zeichen* der Sprachen I und II **definit** nennen, wenn es eine undefinierte Konstante ist oder eine definierte Konstante, in deren Definitionenkette kein unbeschränkter Operator vorkommt; andernfalls **indefinit.** Ein *Ausdruck* soll *definit* heißen, wenn in ihm alle Konstanten definit und alle Variabeln beschränkt gebunden sind; andernfalls *indefinit*. Alle definiten Ausdrücke sind geschlossen. Für die Ausdrücke in Sprache I fallen die Begriffe ‚definit' und ‚geschlossen' zusammen; ebenso ‚indefinit' und ‚offen'. Wir nennen I eine *definite Sprache*, weil in I alle Konstanten und alle geschlossenen Ausdrücke definit sind. [In einem strengeren Sinne definit mag man eine Sprache nennen, in der alle Ausdrücke definit sind.] [Über die Zulässigkeit indefiniter Begriffe vgl. § 43 bis 45.]

Einen Zahlausdruck, etwa $\mathfrak{Z}_1$, ‚*ausrechnen*', heißt: $\mathfrak{Z}_1$ in ein $\mathfrak{St}$ umformen, genauer: einen Satz der Form $\mathfrak{Z}_1 = \mathfrak{St}$ beweisen. Einen Satz, etwa $\mathfrak{S}_1$, ‚*entscheiden*', heißt: $\mathfrak{S}_1$ entweder beweisen oder widerlegen. Es läßt sich nun zeigen, daß *jedes definite* $\mathfrak{Z}_\mathfrak{l}$ *ausgerechnet und jedes definite* $\mathfrak{S}_\mathfrak{l}$ *entschieden werden kann.* Und zwar gibt es für diese Ausrechnung bzw. Entscheidung ein festes Verfahren. Ist $\mathfrak{pr}_1$ ein definites $\mathfrak{pr}_\mathfrak{l}^n$, $\mathfrak{fu}_1$ ein definites $\mathfrak{fu}_\mathfrak{l}^n$, so ist also $\mathfrak{pr}_1 (\mathfrak{St}_1, \ldots \mathfrak{St}_n)$ stets entscheidbar und $\mathfrak{fu}_1^n (\mathfrak{St}_1, \ldots \mathfrak{St}_n)$ stets ausrechenbar.

16. Zum Intuitionismus.

Einige von den Tendenzen, die man etwa als *finitistisch* oder *konstruktivistisch* zu bezeichnen pflegt, finden in der definiten Sprache I in gewissem Sinn ihre Verwirklichung. „In gewissem Sinn"; genau läßt sich das nicht feststellen, da jene Tendenzen meist nur vage formuliert werden. Sie werden hauptsächlich vertreten vom *Intuitionismus* (*Poincaré*; gegenwärtig vor allem *Brouwer*, ferner *Weyl*, *Heyting*, *Becker*) und von verwandten Richtungen (z. B. F. *Kaufmann* und *Wittgenstein*). Die Berührungspunkte sollen sogleich näher angegeben werden. Unsere Auffassung unterscheidet sich aber von den genannten Richtungen in einem wesentlichen Punkt.

Wir meinen, daß die vom Intuitionismus behandelten Probleme erst durch Aufstellung eines Kalküls scharf formuliert werden, daß alle nicht-formalen Erörterungen nur als mehr oder weniger vage Vorbereitungen zur Aufstellung eines Kalküls gelten können. Die Intuitionisten sind dagegen meist der Anschauung, daß der Kalkül etwas Unwesentliches, nachträglich Hinzukommendes sei. Nur Heyting hat einen interessanten Versuch zur Formalisierung vom intuitionistischen Standpunkt aus unternommen; von seiner Methode wird später die Rede sein.

Hat man sich einmal klar gemacht, daß alle pro- und kontraintuitionistischen Erörterungen von der Form eines Kalküls handeln, so wird man die Frage nicht mehr in der Form stellen: „Wie ist das und das?", sondern: „Wie wollen wir das und das in der aufzubauenden Sprache einrichten?" oder theoretisch gesprochen: „Welche Folgen hat es, wenn wir die Sprache so oder wenn wir sie so einrichten?". Damit verschwindet die dogmatische Einstellung, durch die die Diskussion häufig unfruchtbar wird. Wenn wir hier die Sprache I so aufstellen, daß sie definit ist und dadurch gewisse intuitionistische Forderungen erfüllt, so geschieht das nicht in der Meinung, daß dies die einzig mögliche oder einzig berechtigte Sprachform sei. Vielmehr werden wir die definite Sprache I als Teilsprache in die umfassendere indefinite Sprache II einordnen; hierbei wird die Form beider Sprachen als Sache der Festsetzung angesehen.

In Sprache I sind alle $\mathfrak{pr}_{\mathrm{I}}$ und $\mathfrak{fu}_{\mathrm{I}}$ definit; ob ein bestimmtes $\mathfrak{pr}_{\mathrm{I}}$ einer bestimmten Zahl zukommt oder nicht und ob ein bestimmtes $\mathfrak{fu}_{\mathrm{I}}$ für eine bestimmte Zahl einen bestimmten Wert hat oder nicht, ist stets entscheidbar. Dies entspricht der Forderung des Intuitionismus, Begriffe ohne Angabe eines Entscheidungsverfahrens nicht zuzulassen. Ferner hat die Nichtverwendung unbeschränkter Operatoren in I zur Folge, daß unbeschränkte Allgemeinheit zwar positiv ausgedrückt werden kann (nämlich durch freie Variable), aber nicht negiert werden kann. Wir können nur entweder sagen ‚$\mathrm{P}(x)$', d. h. „Alle Zahlen haben die Eigenschaft P", oder ‚$\sim \mathrm{P}(x)$', d. h. „Alle Zahlen haben die Eigenschaft nicht-P", „Keine Zahl hat die Eigenschaft P". Dagegen ist „Nicht alle Zahlen haben die Eigenschaft P" in I nicht ausdrückbar; in II wird es durch ‚$\sim (x)\left(\mathrm{P}(x)\right)$' ausgedrückt werden. Diesen Satz werden wir in II (wie in den Sprachen von Russell und Hilbert) als gleichbedeutend behandeln mit ‚$(\exists x)\big(\sim P(x)\big)$', d. h. „Es gibt (mindestens) eine Zahl mit der Eigenschaft nicht-P". Derartige unbeschränkte Existenzsätze gibt es in I nicht. Auch das entspricht einer Forderung des Intuitionismus: ein Existenzsatz darf nur behauptet werden, wenn ein konkretes Beispiel aufgewiesen oder wenigstens ein Verfahren angegeben wird, mit dessen Hilfe in einer endlichen, beschränkten Anzahl von Schritten ein Beispiel konstruiert werden kann. Den Intuitionisten gilt Existenz ohne Konstruktionsvorschrift als „unzulässig" oder „sinnlos"; es wird aber nicht ganz klar, ob (und in welcher genaueren Begrenzung) nach ihrer Ansicht Existenzsätze oder vielleicht auch schon negierte Allsätze durch syntaktische Formbestimmungen ausgeschlossen werden sollen, oder ob nur gewisse Umformungsmöglichkeiten ausgeschlossen werden sollen. Es handelt sich hierbei vor allem um den indirekten Beweis auf Grund der Widerlegung eines Allsatzes. Betrachten wir ein Beispiel (‚P' sei ein $\mathfrak{pr}_1$): $(x)\big(P(x)\big)$ $(\mathfrak{S}_1)$, $\sim(x)\big(P(x)\big)$ $(\mathfrak{S}_2)$, $(\exists x)\big(\sim P(x)\big)$ $(\mathfrak{S}_3)$. In der klassischen Mathematik (und so auch in der Russell-Hilbertschen Logik und in II) schließt man, wenn $\mathfrak{S}_1$ ad absurdum geführt ist, zunächst auf $\mathfrak{S}_2$ und hieraus auf den Existenzsatz $\mathfrak{S}_3$. Um diesen Schluß auf einen unbeschränkten, nichtkonstruktiven Existenzsatz auszuschließen, lehnt Brouwer den sogenannten Satz vom ausgeschlossenen Dritten ab. Die Sprachform I zeigt nun, daß diese Absicht auch auf andere Weise erreicht werden kann, nämlich durch die Ausschließung der unbeschränkten Operatoren: Zwar kann $\mathfrak{S}_1$ in I durch ‚$P(x)$' wiedergegeben werden, aber $\mathfrak{S}_2$ und $\mathfrak{S}_3$ sind nicht in I übersetzbar. Dabei bleibt der Satz vom ausgeschlossenen Dritten (in I) gültig (Satz 13·2). Die Ausschließung dieses Satzes bringt bekanntlich erhebliche Komplikationen mit sich, die in I nicht auftreten. Sprache I erfüllt also die Grundforderungen des Intuitionismus in einfacherer Weise als die von Brouwer angedeutete (und von Heyting teilweise durchgeführte) Sprachform.

In I wird Allgemeinheit auf zwei verschiedene Weisen ausgedrückt: durch freie Variable und durch einen Alloperator. Da letzterer in I stets beschränkt ist, sind beide Ausdrucksarten nicht gleichwertig. Wir können nun die beiden Ausdrucksmöglichkeiten dazu verwenden, um zwei verschiedene Arten der Allgemeinheit auszudrücken. Betrachten wir Beispiele; 1: „Alle Eisenstücke auf diesem Tisch sind rund"; 2a: „Alle Eisenstücke sind Metallstücke"; 2b: „Alle Eisenstücke sind magnetisierbar". Im Fall 1 beruht der Satz auf empirischer Durchprüfung einer Reihe von Einzelfällen; ein derartiger Satz ist nur feststellbar für ein beschränktes Gebiet; daher ist zu seiner Formulierung der beschränkte Alloperator geeignet. In den Fällen 2a, b liegt unbeschränkte Allgemeinheit vor. Die Gültigkeit dieser Sätze wird nicht durch eine Durchprüfung der Exemplare bestätigt. Satz 2a ist analytisch, er folgt aus der Definition von ‚Eisen'. Satz 2b hat (wie alle sogenannten Naturgesetze) den Charakter einer Hypothese; eine solche beruht auf einer konventionellen Ansetzung in Anlehnung an eine teilweise Durchprüfung der Einzelfälle. Zur Formulierung der unbeschränkten Allgemeinheit der Beispiele 2a, b ist die Verwendung der freien Variablen geeignet. F. Kaufmann hat mit Recht nachdrücklich auf den Unterschied zwischen jenen beiden Arten der Allgemeinheit hingewiesen (er bezeichnet sie in Anknüpfung an Husserl als individuelle (1) und spezifische (2a) Allgemeinheit). [Ob seine auf diese Unterscheidung gegründete Kritik der bisherigen Logik, besonders Russells, und der Mengenlehre in allen Punkten zu Recht besteht, bleibe dahingestellt.] Vielleicht stellt die Sprachform I die Verwirklichung eines Teiles der Ideen von Kaufmann dar; genau läßt sich das nicht entscheiden, da K. ebensowenig wie Brouwer Ansätze zur Aufstellung eines formalen Systems gibt. Eine Abweichung von der Sprachform I liegt darin, daß K. wie Wittgenstein die Sätze der Art 2b für unzulässig hält, da sie weder analytisch noch beschränkt sind und daher überhaupt nicht vollständig verifiziert werden können; im Unterschied zu dieser Auffassung läßt die Sprachform I auch synthetische unbeschränkt allgemeine Sätze zu.

17. Toleranzprinzip der Syntax.

Wir haben im vorangehenden einige Beispiele negativer Forderungen (besonders von Brouwer, Kaufmann, Wittgenstein) besprochen, durch die gewisse übliche Sprachformen — Ausdrucksweisen und Schlußweisen — ausgeschaltet werden sollen. Unsere Einstellung zu Forderungen dieser Art sei allgemein formuliert durch das Toleranzprinzip: wir wollen nicht

Verbote aufstellen, sondern Festsetzungen treffen. Einige der bisherigen Verbote haben das historische Verdienst, daß sie auf wichtige Unterschiede nachdrücklich aufmerksam gemacht haben. Aber solche Verbote können durch eine definitorische Unterscheidung ersetzt werden. In manchen Fällen geschieht das dadurch, daß Sprachformen verschiedener Arten nebeneinander untersucht werden (analog den Systemen euklidischer und nichteuklidischer Geometrie), z. B. eine definite Sprache und eine indefinite Sprache, eine Sprache ohne und eine Sprache mit Satz vom ausgeschlossenen Dritten. Zuweilen ist ein Verbot dadurch zu ersetzen, daß der gemeinte Unterschied innerhalb einer bestimmten Sprachform durch eine geeignete Einteilung der Ausdrücke und Untersuchung der verschiedenen Arten berücksichtigt wird. So werden z. B. in I deskriptive und logische Prädikate unterschieden, während Wittgenstein und Kaufmann logische oder arithmetische Eigenschaften ablehnen; in II werden definite und indefinite Prädikate unterschieden und ihre verschiedenen Eigenschaften festgestellt; ferner unterscheiden wir in II beschränkt allgemeine Sätze, analytische unbeschränkt allgemeine Sätze und synthetische unbeschränkt allgemeine Sätze, während Wittgenstein, Kaufmann und Schlick die Sätze der dritten Art (Naturgesetze) aus der Sprache ausschalten wollen, weil sie nicht vollständig verifizierbar sind.

In der Logik gibt es keine Moral. Jeder mag seine Logik, d. h. seine Sprachform, aufbauen wie er will. Nur muß er, wenn er mit uns diskutieren will, deutlich angeben, wie er es machen will, syntaktische Bestimmungen geben anstatt philosophischer Erörterungen.

Die hier gemeinte tolerante Einstellung dürfte, bezogen auf spezielle mathematische Kalküle, den meisten Mathematikern naheliegen, ohne daß man sie ausdrücklich auszusprechen pflegt. Im Streit um die logischen Grundlagen der Mathematik ist sie mit besonderem Nachdruck (und anscheinend zuerst) von Menger [Intuitionismus] 324f. vertreten worden. Menger weist darauf hin, daß der Begriff der Konstruktivität, den der Intuitionismus verabsolutiert, enger und weiter genommen werden kann. — Wie wichtig es für die Aufklärung philosophischer Scheinprobleme ist, die tolerante Einstellung auch auf die Form der Gesamtsprache zu beziehen, wird später deutlich werden (vgl. § 78).

II. Formaler Aufbau der Syntax der Sprache I.

18. Die Syntax von I kann in I formuliert werden.

Wir haben bisher unterschieden zwischen der Objektsprache und der Syntaxsprache, in der die Syntax der Objektsprache formuliert wird. Sind dies notwendig zwei verschiedene Sprachen? Wenn man diese Frage bejaht (wie es z. B. Herbrand in bezug auf die Metamathematik tut), so wird zur Formulierung der Syntax der Syntaxsprache eine dritte Sprache benötigt, usf. ins Unendliche. Nach einer anderen Auffassung (Wittgenstein) gibt es nur Eine Sprache; was wir Syntax nennen, kann nach dieser Auffassung überhaupt nicht ausgesprochen werden, sondern „zeigt sich". Im Unterschied zu diesen Auffassungen wollen wir zeigen, daß man tatsächlich mit Einer Sprache auskommt; aber nicht durch Verzicht auf die Syntax, sondern dadurch, daß die Syntax dieser Sprache in dieser Sprache selbst formuliert werden kann, ohne daß dadurch ein Widerspruch entsteht. In jeder Sprache S kann die Syntax irgendeiner beliebigen Sprache — gleichviel ob die einer ganz andersartigen Sprache oder die einer Teilsprache von S oder die von S selbst — in demjenigen Umfang formuliert werden, der durch den Reichtum der Sprache S an Ausdrucksmitteln gegeben ist. So kann mit den Mitteln der definiten Sprache I der definite Teil der Syntax jeder beliebigen Sprache formuliert werden, z. B. der Russellschen Sprache oder der Sprache II oder auch der Sprache I selbst. Das letztere soll im folgenden durchgeführt werden: wir werden *die Syntax von I* — soweit sie definit ist — *in I selbst formulieren*. Dabei kann es auch vorkommen, daß ein Satz $\mathfrak{S}_1$ von I, inhaltlich gedeutet als syntaktischer Satz, über $\mathfrak{S}_1$ selbst spricht, ohne daß dabei ein Widerspruch entsteht.

Wir unterscheiden zwischen deskriptiver und reiner Syntax (vgl. S. 7). Ein Satz der deskriptiven Syntax irgendeiner Sprache kann z. B. besagen, daß an einer bestimmten Stellenreihe ein Ausdruck der und der Art stehe. [Ein Zeichen nimmt eine Stelle ein, ein Ausdruck nimmt eine Stellenreihe ein.] Beispiel: „Auf Seite 31, Zeile 7 dieses Buches steht ein Ausdruck von der Form $\mathfrak{z} = \mathfrak{z}\mathfrak{z}_1$" (nämlich ‚$x = 2$'). Da Sprache I über hinreichende Ausdrucksmittel verfügt, um die Beschaffenheit eines diskreten Stellengebietes zu beschreiben, so kann ein derartiger deskriptiv-syntaktischer Satz in I formuliert werden, ganz gleich, ob er einen Ausdruck einer andern Sprache oder einen Ausdruck von I beschreibt. Man könnte z. B. so vorgehen, daß man in I undefinierte $\mathfrak{pr}_{\mathfrak{b}}$ für die verschiedenen Zeichenarten der zu beschreibenden Ausdrücke aufstellt (wir werden statt dessen später ein einziges undefiniertes $\mathfrak{fu}_{\mathfrak{b}}$ ‚zei' aufstellen); z. B. für die Variablen das $\mathfrak{pr}_{\mathfrak{b}}$ ‚Var', für die logischen Zahlzeichen das $\mathfrak{pr}_{\mathfrak{b}}$ ‚LogZz', für das Identitätszeichen das $\mathfrak{pr}_{\mathfrak{b}}$ ‚Id', usw. Bezeichnen wir dann die Stelle auf Seite 31, an der ‚$x = 2$' anfängt, mit ‚a', so ist jener deskriptiv-syntaktische Satz in folgender Weise in I zu formulieren: ‚Var (a) . Id (a^{I}) . LogZz (a^{II})'. Dies ist ein synthetischer deskriptiver Satz. Wir können dann weiter z. B. das $\mathfrak{pr}_{\mathfrak{b}}$ ‚LogSatz' so definieren, daß ‚LogSatz (x, u)' besagt: „An der Stellenreihe von x bis $x + u$ steht ein $\mathfrak{S}_{\mathfrak{l}}$". Dann ist der Satz „Jeder Ausdruck der Form $\mathfrak{z} = \mathfrak{z}\mathfrak{z}_{\mathfrak{I}}$ ist ein $\mathfrak{S}_{\mathfrak{l}}$" in I wiederzugeben durch ‚(Var (x) . Id (x^{I}) . LogZz (x^{II})) $\supset$ LogSatz (x, 2)'; dies ist ein analytischer Satz, der sich aus der Definition von ‚LogSatz' ergibt.

19. Arithmetisierung der Syntax.

Man kann, wie früher erwähnt, irgendwelche $\mathfrak{pr}_{\mathfrak{b}}$ stets durch $\mathfrak{fu}_{\mathfrak{b}}$ ersetzen. Mehrere $\mathfrak{pr}_{\mathfrak{b}}$ mögen zusammengehörig heißen, wenn jeder Stelle höchstens Eines von ihnen zukommen kann. Dann kann man eine Klasse zusammengehöriger $\mathfrak{pr}_{\mathfrak{b}}$ stets durch Ein $\mathfrak{fu}_{\mathfrak{b}}$ ersetzen, indem man den einzelnen $\mathfrak{pr}_{\mathfrak{b}}$ systematisch oder willkürlich je einen Wert des $\mathfrak{fu}_{\mathfrak{b}}$ zuordnet. [Beispiel. Die Klasse der auszudrückenden Farben sei endlich. Wir können jede Farbe durch ein $\mathfrak{pr}_{\mathfrak{b}}$ ‚Blau', ‚Rot' usw. ausdrücken. Diese $\mathfrak{pr}_{\mathfrak{b}}$ sind dann zusammengehörig. Daher können wir sie durch Ein $\mathfrak{fu}_{\mathfrak{b}}$, etwa ‚fa', ersetzen, indem wir die Farben irgendwie numerieren und festsetzen, daß ‚fa (a) = b' besagen soll: „An der Stelle a ist die Farbe Nr. b".] So wollen wir auch bei der Formulierung der Syntax von I in I die verschiedenen Zeichenarten nicht durch verschiedene $\mathfrak{pr}_{\mathfrak{b}}$ bezeichnen (wie in dem Beispiel von § 18 durch ‚Id' usw.), sondern durch Ein $\mathfrak{fu}_{\mathfrak{b}}$ ‚zei'. Die Werte von ‚zei' werden wir den verschiedenen Zeichen (-Gestalten) zuordnen (teils willkürlich, teils nach gewissen Regeln); wir nennen sie die G l i e d z a h l e n der betreffenden Zeichen. Z. B. werden wir dem Identitätszeichen die Gliedzahl 15 zuordnen; d. h. wir wollen (anstatt ‚Id (a)‘) ‚zei (a) = 15‘ schreiben, wenn ausgedrückt werden soll, daß an der Stelle a das Identitätszeichen steht. Für die Wahl dieses Verfahrens der Arithmetisierung der Syntax spricht nicht nur die Ersparung an syntaktischen Grundbegriffen, sondern auch noch andere Gründe, die später erörtert werden. [Wir bedienen uns bei der Arithmetisierung der Methode, die Gödel [Unentscheidbare] mit großem Erfolg in der Metamathematik, der Syntax der Mathematik, angewendet hat.]

Die Festsetzung der Gliedzahlen für die verschiedenen Zeichen kann im allgemeinen beliebig getroffen werden. Nur muß dafür gesorgt werden, daß für die Variablen, deren Anzahl ja unbeschränkt ist, unbeschränkt viele Gliedzahlen zur Verfügung stehen; ebenso für die 𝔷𝔷, 𝔭𝔯 und 𝔣𝔲. Wir wollen nun in folgender Weise für die Gliedzahlen dieser Zeichenarten unendliche Klassen von Zahlen bestimmen. p durchlaufe die Primzahlen größer als 2. Nun bestimmen wir: die **Gliedzahl** eines 𝔷 soll ein p sein (also irgendeine Primzahl größer als 2); die Gliedzahl eines definierten 𝔷𝔷 soll ein p^2 sein (also zweite Potenz irgendeiner Primzahl größer als 2); die Gliedzahl eines undefinierten 𝔭𝔯 soll ein p^3 sein, die eines definierten 𝔭𝔯 ein p^4, die eines undefinierten 𝔣𝔲 ein p^5 (und zwar die Gliedzahl von ‚zei‘: 3^5, also 243), die eines definierten 𝔣𝔲 ein p^6. Es werden jedoch nicht alle Zahlen der hiermit bestimmten Klassen als Gliedzahlen verwendet; die Auswahl wird später bestimmt. Für die übrigen Zeichen, nämlich die undefinierten logischen Konstanten, bestimmen wir (willkürlich) andere Zahlen, und zwar:

für das Zeichen:	0	(	)	,	'	=	∃	K	∼	∨	.	⊃	ζ	π	φ
die Gliedzahl:	4,	6,	10,	12,	14,	15,	18,	20,	21,	22,	24,	26,	30,	33,	34.

[Die letzten drei Zeichen sind Hilfszeichen, die nicht in den Ausdrücken der Sprache selbst vorkommen; hierüber S. 59.]

Wird in I irgendeine empirische Theorie formuliert, so treten die deskriptiven Grundzeichen dieser Theorie zu den logischen Grundzeichen von I. So auch bei der Formulierung der deskriptiven Syntax; hier ist ‚zei‘ das einzige zusätzliche Grundzeichen. In dem folgenden Aufbau des Systems der syntaktischen Definitionen wird ‚zei‘ aber zunächst nicht verwendet. Denn hierbei handelt es sich nicht um deskriptive, sondern um reine Syntax;

diese aber besitzt kein zusätzliches Grundzeichen, da sie nichts anderes als Arithmetik ist. Da den Zeichen Gliedzahlen entsprechen, so entsprechen den Ausdrücken Reihen von Gliedzahlen, z. B. dem Ausdruck ‚$x = 0$' die Reihe 3, 15, 4. Die Begriffe und Sätze der reinen Syntax beziehen sich nun anstatt auf die Zeichenreihen auf die entsprechenden Reihen von Gliedzahlen; sie sind somit arithmetische Begriffe bzw. Sätze.

Die Formulierung der Syntax wird technisch einfacher, wenn wir mit der Methode der Zahlenzuordnung noch einen Schritt weiter gehen. Wir wollen eine Regel aufstellen, durch die jeder Reihe von Gliedzahlen eindeutig eine Zahl — wir nennen sie die **Reihenzahl** der Reihe — zugeordnet wird. Danach haben wir es nicht mehr mit Zahlenreihen, sondern nur noch mit einzelnen Zahlen zu tun. Die Regel lautet: als Reihenzahl für eine Reihe, die aus n Gliedzahlen $k_1, k_2, \ldots k_n$ besteht, ist $\mathrm{p}_1^{k_1} \cdot \mathrm{p}_2^{k_2} \cdot \ldots \cdot \mathrm{p}_n^{k_n}$ zu nehmen, wobei p_i ($i = 1$ bis n) die i-te Primzahl, der Größe nach, sein soll. [Beispiel. Die Reihe 3, 15, 4 und damit der Ausdruck ‚$x = 0$' hat die Reihenzahl $2^3 \cdot 3^{15} \cdot 5^4$.] Da die Zerlegung einer Zahl in ihre Primfaktoren eindeutig ist, so läßt sich aus einer Reihenzahl wieder die Reihe der Gliedzahlen in ihrer ursprünglichen Anordnung zurückgewinnen und damit auch der Sprachausdruck, dem die Reihenzahl zugeordnet ist. [Die früher angegebenen Bestimmungen über Gliedzahlen sind übrigens — was jedoch nicht erforderlich ist — so getroffen, daß keine Gliedzahl zugleich Reihenzahl irgendeiner Reihe ist.]

Das Verfahren der Reihenzahlbildung kann iteriert werden. Z. B. entspricht einem Beweis als einer Reihe von Sätzen zunächst eine Reihe von Reihenzahlen. Dieser Reihe von Reihenzahlen ordnen wir dann nach dem beschriebenen Verfahren eine Reihenreihenzahl zu.

Auf Grund dieser Festsetzungen über Glied- und Reihenzahlen werden nun alle Definitionen der reinen Syntax zu arithmetischen Definitionen, nämlich zu Definitionen von Zahl-Eigenschaften und -Beziehungen. Z. B. wird die Definition für ‚Satz' (in Wortumschreibung) nicht mehr die Form haben: „Ein Ausdruck heißt ein Satz, wenn er so und so aus Zeichen zusammengesetzt ist", sondern: „Ein Ausdruck heißt ein Satz, wenn seine Reihenzahl die und die Bedingungen erfüllt" oder genauer: „Eine Zahl heißt Reihenzahl eines Satzes, wenn sie die und die Bedingungen erfüllt“. Diese Bedingungen betreffen nur die Art und Reihenfolge der Zeichen des Ausdrucks, also die Art und Reihenfolge der Exponenten der Primfaktoren der Reihenzahl; wir werden sie daher rein arithmetisch ausdrücken können. Alle Sätze der reinen Syntax folgen aus diesen arithmetischen Definitionen und sind somit analytische Sätze der elementaren Arithmetik. Die Definitionen und Sätze der in dieser Weise arithmetisierten Syntax unterscheiden sich von den übrigen Definitionen und Sätzen der Arithmetik nicht grundsätzlich, sondern nur dadurch, daß wir ihnen innerhalb eines bestimmten Systems eine bestimmte (nämlich die syntaktische) Deutung geben.

Wird das Verfahren der Arithmetisierung nicht angewendet, so treten bei der exakten Formulierung der Syntax gewisse Schwierigkeiten auf. Betrachten wir etwa den syntaktischen Satz „$\mathfrak{S}_1$ ist nicht beweisbar“; er bedeutet: „Keine Satzreihe ist ein Beweis mit dem Endsatz $\mathfrak{S}_1$“. Wird die Syntax nicht arithmetisiert, sondern, wie früher angedeutet, mit Hilfe von $\mathfrak{pr}_{\mathfrak{d}}$ (‚Var‘ usw.) aufgebaut, so kann man sie etwa deuten als Theorie über bestimmte physikalische Gegenstandsreihen, nämlich die Reihen von Schriftzeichen. In einer solchen Syntax kann man zwar ausdrücken: „Es gibt keinen wirklich geschriebenen Beweis für $\mathfrak{S}_1$“; aber jener Satz über die Nichtbeweisbarkeit von $\mathfrak{S}_1$ will ja weit mehr besagen, nämlich: „Es ist kein Beweis für $\mathfrak{S}_1$ möglich“. Um einen solchen Satz über Möglichkeit in jener nicht arithmetisierten Syntax (gleichviel, ob man sie physikalisch deutet oder nicht) ausdrücken zu können, müßte diese Syntax ergänzt werden durch eine (nicht empirische, sondern analytische) Theorie möglicher Anordnungen irgendwelcher Elemente, also durch eine reine Kombinatorik. Es erweist sich aber als weit einfacher, anstatt eine solche Kombinatorik in nicht-arithmetischer Form neu aufzubauen, die Arithmetik der natürlichen Zahlen zu verwenden, die ja die ganze Kombinatorik (endlich oder abzählbar vieler Elemente) in sich enthält. Dies ist der wichtigste Grund für die Arithmetisierung der Syntax. In der arithmetisierten Syntax lautet jener Satz: „Es gibt keine Zahl, die Reihenreihenzahl eines Beweises mit dem Endsatz $\mathfrak{S}_1$ wäre“. Wir werden sehen, daß sich eine arithmetische Definition aufstellen läßt für die

Eigenschaft einer Zahl, Reihenreihenzahl eines Beweises mit einer vorgegebenen Reihenzahl als Endzahl zu sein. Jener Satz hat somit die Form: „Es gibt keine Zahl mit der und der arithmetischen Eigenschaft“; dies ist ein rein arithmetischer Satz. Auf Grund der Arithmetisierung sind wir imstande, auch diejenigen syntaktischen Begriffe, die (wie z. B. Ableitbarkeit und Beweisbarkeit) von einer bestimmten *Möglichkeit* sprechen, ohne verwickelte neue Hilfsmittel auszudrücken.

20. Allgemeine Bestimmungen.

Wir geben jetzt den Aufbau der Syntax von I, dargestellt in I, als System arithmetischer Definitionen. Den Definitionen sind Erläuterungen (in Kleindruck) beigefügt, die auf die Deutung der betreffenden Begriffe als syntaktischer Begriffe hinweisen. Die *Erläuterungen* sind der Kürze wegen oft *ungenau* und unkorrekt formuliert; die *exakte Darstellung der Syntax besteht allein aus den symbolisch geschriebenen Definitionen.* Alle Zeichen, die in diesen Definitionen verwendet werden, gehören entweder zu den logischen Grundzeichen von I (vgl. S. 22) oder werden im folgenden definiert; und zwar werden definiert gewisse $\mathfrak{zz}_{\mathrm{I}}$, $\mathfrak{pr}_{\mathrm{I}}$ und $\mathfrak{fu}_{\mathrm{I}}$. Für die folgenden Definitionen verwenden wir als $\mathfrak{z}$ die Buchstaben ‚k‘, ‚l‘, . . ‚z‘; [später in Sprache II werden ‚p‘, . . ‚t‘ als Satzvariable verwendet, die in I nicht vorkommen].

Die ersten Definitionen (D 1—23) sind allgemeiner Art, für die Syntax beliebiger Sprachen verwendbar.

D 1. $\mathrm{nf}(x) = x'$

D 2. 1. $\mathrm{sum}(0, y) = y$

2. $\mathrm{sum}(x', y) = \mathrm{nf}(\mathrm{sum}(x, y))$

D 3. 1. $\mathrm{prod}(0, y) = 0$

2. $\mathrm{prod}(x', y) = \mathrm{sum}(\mathrm{prod}(x, y), y)$

D 4. 1. $\mathrm{po}(0, y) = 0'$

2. $\mathrm{po}(k', y) = \mathrm{prod}(\mathrm{po}(k, y), y)$

D 5. $\mathrm{pot}(x, k) = \mathrm{po}(k, x)$

D 6. 1. $\mathrm{fak}(0) = 0'$

2. $\mathrm{fak}(x') = \mathrm{prod}(\mathrm{fak}(x), x')$.

Zu D 1—6. Explizite (D 1, 5) bzw. rekursive (D 2, 3, 4, 6) Definitionen für sechs $\mathfrak{fu}_{\mathrm{I}}$ mit der Bedeutung: Nachfolger (von x),

Summe (von x und y), Produkt, Potenz (‚pot (x, y)': „x^y"), Fakultät (vgl. S. 13). ‚po' ist nur ein Hilfsbegriff für ‚pot'; er ist erforderlich, weil wir festgesetzt haben, daß die erste Argumentstelle Rekursionsstelle sein soll.

Auf Grund der aufgestellten rekursiven Definitionen für ‚sum' und ‚prod' können mit Hilfe von RI 4 (vollständige Induktion) die üblichen Grundgesetze der Arithmetik (kommutative, assoziative und distributive Gesetze) bewiesen werden, und weiterhin alle bekannten Lehrsätze der elementaren Arithmetik.

D 7. 1. $1 = 0'$; 2. $2 = 1'$; ... 10. $10 = 9'$; ...34. $34 = 33'$.

Definierte 𝔷𝔷, soweit wir sie brauchen. Hierbei ist eine mehrstellige Dezimalziffer als Ein unzerlegbares 𝔷𝔷 genommen.

D 8. $\mathrm{Grgl}(x, y) \equiv (\exists u)\, x\, \big(x = \mathrm{sum}(y, u)\big)$

D 9. $\mathrm{Gr}(x, y) \equiv \big(\mathrm{Grgl}(x, y) \,.\, \sim (x = y)\big)$

D 10. $\mathrm{Tlb}(x, y) \equiv (\exists u)\, x\, \big(x = \mathrm{prod}(y, u)\big)$

D 11. $\mathrm{Prim}(x) \equiv \big(\sim (x = 0) \,.\, \sim (x = 1) \,.\, (u)\, x\, \big((u = 1) \vee (u = x) \vee \sim \mathrm{Tlb}(x, u)\big)\big)$

D 8—11. Vier 𝔭𝔯ₗ mit der Bedeutung: $x \geqq y$; $x > y$; x ist teilbar durch y; x ist Primzahl (vgl. S. 12).

D 12. 1. $\mathrm{pr}(0, x) = 0$

2. $\mathrm{pr}(n', x) = (\mathrm{K}y)\, x \big(\mathrm{Prim}(y) \,.\, \mathrm{Tlb}(x, y) \,.\, \mathrm{Gr}\big(y, \mathrm{pr}(n, x)\big)\big)$

$\mathrm{pr}(n, x)$: die n-te (der Größe nach) in x als Faktor enthaltene Primzahl.

D 13. 1. $\mathrm{prim}(0) = 0$

2. $\mathrm{prim}(n') = (\mathrm{K}m)\, \mathrm{nf}\,[\mathrm{fak}(\mathrm{prim}(n))]\, \big[\mathrm{Prim}(m) \,.\, \mathrm{Gr}\big(m, \mathrm{prim}(n)\big)\big]$

$\mathrm{prim}(n)$ ist die n-te Primzahl, der Größe nach.

D 14. $\mathrm{gl}(n, x) = (\mathrm{K}y)\, x\, \big[\sim \mathrm{Tlb}\big(x, \mathrm{pot}\,[\mathrm{pr}(n, x), y']\big)\big]$

$\mathrm{gl}(n, x)$: die n-te Gliedzahl der Reihe mit der Reihenzahl x.

D 15. $\mathrm{lng}(x) = (\mathrm{K}n)\, x\, \big(\mathrm{pr}(n', x) = 0\big)$

$\mathrm{lng}(x)$: die Länge (d. h. Anzahl der Glieder) der Reihe mit der Reihenzahl x.

D 16. $\mathrm{letzt}(x) = \mathrm{gl}\big(\mathrm{lng}(x), x\big)$

$\mathrm{letzt}(x)$ ist die letzte Gliedzahl der Reihe mit der Reihenzahl x.

D 17. 1. reihe $(s) = \text{pot}\,(2, s)$

2. reihe2 $(s, t) = \text{prod}\,(\text{reihe}\,(s), \text{pot}\,(3, t))$

3. reihe3 $(s, t, u) = \text{prod}\,(\text{reihe2}\,(s, t), \text{pot}\,(5, u))$

reihe (s): die Reihenzahl (2^s) einer Reihe, deren einzige Gliedzahl s ist; reihe2 (s, t): die Reihenzahl $(2^s . 3^t)$ einer Reihe, deren Gliedzahlen s, t sind; usw. [In ‚reihe2' ist ‚2' kein 𝔷𝔷, sondern unselbständiger Bestandteil des 𝔣𝔲 ‚reihe2'.]

Wir wollen für die Erläuterungen folgende Abkürzungen einführen. Anstatt ‚Gliedzahl von ...' schreiben wir ‚^{GZ}...' (z. B. ‚^{GZ}Negationszeichen', das ist 21). Anstatt ‚Reihenzahl von ...' schreiben wir ‚^{RZ}...' (z. B. ‚$^{RZ}\mathfrak{A}_1$', ‚^{RZ}Operator' und dgl.). Anstatt ‚Reihenreihenzahl von ...' schreiben wir ‚^{RRZ}...' (z. B. ‚^{RRZ}Beweis'). Lesen wir die Wortumschreibung einer Definition unter Weglassen dieser Indizes, so erhalten wir die syntaktische Interpretation der Definition [z. B. bei der Erläuterung zu D 18: „zus (x, y) ist die Reihe, die zusammengesetzt ist aus zwei Teilreihen x und y"]. Lesen wir dagegen die Umschreibung mit den Indizes, so erhalten wir (meist nicht buchstäblich genau) die arithmetische Deutung der Definition. (Z. B. bei D 18: „zus (x, y) ist die Reihenzahl der Reihe, die zusammengesetzt ist aus zwei Teilreihen mit den Reihenzahlen x und y"]. Im folgenden werden wir zunächst diese Indizes stets anfügen; später nur noch, wo es der Deutlichkeit wegen wünschenswert erscheint.

D 18. 1. zus $(x, y) = (\text{K}z)\,\text{pot}\,[\text{prim}\,(\text{sum}\,[\text{lng}\,(x), \text{lng}\,(y)]), \text{sum}(x, y)]\,[(n)\,\text{lng}(x)\,(\text{gl}(n, z) = \text{gl}(n, x)) . (n)\,\text{lng}(y)\,(\sim (n = 0) \supset [\text{gl}\,(\text{sum}\,[\text{lng}\,(x), n], z) = \text{gl}\,(n, y)])]$

2. zus 3 $(x, y, z) = \text{zus}\,(\text{zus}\,(x, y), z)$

3. zus 4 $(x, y, z, u) = \text{zus}\,(\text{zus 3}\,(x, y, z), u)$

usf.

zus (x, y) ist die ^{RZ}Reihe, die zusammengesetzt ist aus zwei ^{RZ}Teilreihen x und y (nicht: ^{GZ}Gliedern; Unterschied zu ‚reihe2 (s, t)'!). Entsprechend zus3 usf. bei Zusammensetzung aus 3 oder mehr ^{RZ}Teilreihen.

D 19. ers $(x, n, y) = (\text{K}z)\,\text{pot}\,[\text{prim}\,(\text{sum}\,[\text{lng}\,(x), \text{lng}\,(y)]), \text{sum}\,(x, y)]\,((\exists\, u)\, x\, (\exists\, v)\, x\, [(x = \text{zus 3}\,(u, \text{reihe}\,[\text{gl}\,(n, x)], v)) . (z = \text{zus 3}\,(u, y, v)) . (n = \text{nf}\,[\text{lng}\,(u)])])$

ers(x, n, y) ist der ^{RZ}Ausdruck, der aus dem ^{RZ}Ausdruck x entsteht, wenn das n-te ^{RZ}Glied in x durch den ^{RZ}Ausdruck y ersetzt wird.

D 20. InA $(t, x) \equiv (\exists n) \operatorname{lng}(x) \big(\sim (n = 0) \,.\, [\operatorname{gl}(n, x) = t]\big)$
D 21. InAR $(t, r) \equiv (\exists k) \operatorname{lng}(r) \big(\sim (k = 0) \,.\, \operatorname{InA}[t, \operatorname{gl}(k, r)]\big)$
D 22. AInA $(x, y) \equiv (\exists u)\, y\, (\exists v)\, y \big(y = \operatorname{zus3}(u, x, v)\big)$
D 23. AInAR $(x, r) \equiv (\exists k) \operatorname{lng}(r) \big(\sim (k = 0) \,.\, \operatorname{AInA}[x, \operatorname{gl}(k, r)]\big)$

D 20: Das GZZeichen t kommt im RZAusdruck x vor. D 21: t kommt in einem RZAusdruck der RRZAusdrucksreihe r vor. D 22: Der Ausdruck x kommt (als echter oder unechter Teil) im Ausdruck y vor. D 23: Der Ausdruck x kommt in einem Ausdruck der Ausdrucksreihe r vor.

21. Formbestimmungen: 1. Zahlausdrücke und Sätze.

D 24. einkl $(x) = \operatorname{zus3}\big(\operatorname{reihe}(6), x, \operatorname{reihe}(10)\big)$

Ist x RZ$\mathfrak{A}_1$, so ist einkl(x) die RZEinklammerung von x, d. h. der Ausdruck $(\mathfrak{A}_1)$.

D 25. Var $(s) \equiv \big(\operatorname{Prim}(s) \,.\, \operatorname{Gr}(s, 2)\big)$

Var (s): s ist eine Primzahl größer als 2 (also als Gliedzahl: eine GZVariable).

D 26. DeftZz 1 $(s) \equiv (\exists m)\, s \big(\operatorname{Var}(m) \,.\, [s = \operatorname{pot}(m, 2)]\big)$

Analog sind aufzustellen: D 27: DeftPräd 1 (s); D 28: DeftFu 1 (s).

D 26—28. s ist ein definiertes GZ$\mathfrak{zz}$1 (bzw. $\mathfrak{pr}$1 bzw. $\mathfrak{fu}$1), wenn s zweite (bzw. vierte bzw. sechste) Potenz einer Primzahl größer als 2 ist. (Über den Zusatz ‚1' später.)

Bemerkung zu den Gliedzahlen definierter Zeichen. Wir haben den definierten Zeichen der verschiedenen Arten als Gliedzahlen die Zahlen dreier Klassen zugeordnet, nämlich die zweiten, vierten und sechsten Potenzen von Primzahlen größer als 2. Wir werden jedoch später die Methode der Definition von Zeichen derart festsetzen, daß nicht alle Zahlen der genannten drei Klassen als Gliedzahlen für definierte Zeichen verwendet werden, sondern nur solche Zahlen, die gewisse Bedingungen erfüllen. Wir nennen ein GZZeichen basiert, wenn es entweder diese Bedingungen erfüllt oder Grundzeichen ist. Jene Bedingungen werden so aufgestellt, daß ein Zeichen, das sie erfüllt, durch seine Definitionenkette auf die Grundzeichen zurückgeht. — Einen RZAusdruck nennen wir basiert, wenn jedes seiner GZGlieder basiert ist.

Unter die zunächst definierten Begriffe, deren Bezeichnungen (und zwar die Wortbezeichnung, das Frakturzeichen und das Prädikat im formalen System) den Zusatz ‚1' oder ‚2' tragen (von ‚definiertes $\mathfrak{zz}$1', D 26, bis ‚konstruiert2', D 78) fallen auch nichtbasierte Zeichen bzw. Ausdrücke. Es sind nur Hilfsbegriffe für die späteren Definitionen.

D 29. UndPräd $(s, n) \equiv (\exists k)\, s \left[s = \text{pot}\left(\text{prim}[\text{pot}(\text{k}'', n)], 3\right)\right]$
Analog D 30: UndFu (s, n).

s ist ein undefiniertes $\mathfrak{pr}^n$ (bzw. $\mathfrak{fu}^n$), wenn es eine Zahl k gibt derart, daß s dritte (bzw. fünfte) Potenz der $(k+2)^n$-ten Primzahl ist. (Diese Bestimmung wird getroffen, damit sich aus der Gliedzahl eines $\mathfrak{pr}^n$ oder $\mathfrak{fu}^n$ die Stellenzahl n eindeutig ergibt, die ja für die syntaktischen Bestimmungen wesentlich ist.)

D 31. Zz1 $(s) \equiv \left(\text{DeftZz1}(s) \vee \text{Var}(s) \vee (s = 4)\right)$

s ist ein ${}^{\text{GZ}}\mathfrak{zz}$1, wenn s entweder ein definiertes ${}^{\text{GZ}}\mathfrak{zz}$1 oder ein $\mathfrak{z}$ oder $\mathfrak{nu}$ ist (vgl. S. 24).

D 32. Präd1 $(s) \equiv \left[\text{DeftPräd1}(s) \vee (\exists n)\, s \left(\text{UndPräd}(s, n)\right)\right]$

s ist ein ${}^{\text{GZ}}\mathfrak{pr}$1, wenn s entweder ein definiertes $\mathfrak{pr}$1 oder ein undefiniertes $\mathfrak{pr}$ ist. Analog D 33: Fu1 (s): $\mathfrak{fu}$1.

D 34. AOp1 $(z, s, v) \equiv \left[\text{Var}(s) \,.\, \left(z = \text{zus}(\text{einkl}[\text{reihe}(s)], v)\right) \,.\, \sim \text{InA}(s, v)\right]$

Analog D 35: EOp1 (z, s, v); D 36: KOp1 (z, s, v).

D 37. SOp1 $(z, s, v) \equiv \left(\text{AOp1}(z, s, v) \vee \text{EOp1}(z, s, v)\right)$

D 38. Op1 $(z, s, v) \equiv \left(\text{SOp1}(z, s, v) \vee \text{KOp1}(z, s, v)\right)$

Zu D 34: z ist ${}^{\text{RZ}}$Alloperator1 mit der ${}^{\text{GZ}}$Operatorvariablen s und der ${}^{\text{RZ}}$Schranke v, d. h. z hat die Form $(\mathfrak{z}_1)\,\mathfrak{A}_1$, wobei $\mathfrak{z}_1$ in $\mathfrak{A}_1$ nicht vorkommt. — Zu D 35—38: Existenzoperator1, K-Operator1, Satzoperator1 (d. h. All- oder Existenzoperator1), Operator1 (d. h. Satz- oder K-Operator1).

D 39. ZA1 $(z) \equiv (\exists s)\, z\, (\exists v)\, z\, (\exists w)\, z\, (\exists y)\, z \left(\left[\text{Zz1}(s) \,.\, [z = \text{reihe}(s)]\right] \vee \left[z = \text{zus}[v, \text{reihe}(14)]\right] \vee \left[\text{Fu1}(s) \,.\, \left(z = \text{zus}[\text{reihe}(s), \text{einkl}(w)]\right)\right] \vee \left[\text{KOp1}(y, s, v) \,.\, \left(z = \text{zus}[y, \text{einkl}(w)]\right)\right]\right)$

z ist ein ${}^{\text{RZ}}\mathfrak{Z}$1, wenn z eine der folgenden Formen hat: $\mathfrak{zz}$1, $\mathfrak{A}_1{}'$, $\mathfrak{fu}$1 $(\mathfrak{A}_2)$, $(\text{K}\mathfrak{z})\,\mathfrak{A}_1\,(\mathfrak{A}_3)$ (vgl. S. 24). $\mathfrak{A}_1$, $\mathfrak{A}_2$, $\mathfrak{A}_3$ sind hier beliebige Ausdrücke; dagegen ist bei einem $\mathfrak{Z}$2 (D 53) $\mathfrak{A}_1$ ein $\mathfrak{Z}$2, $\mathfrak{A}_2$ eine Reihe aus mehreren $\mathfrak{Z}$2 und Kommata, $\mathfrak{A}_3$ ein $\mathfrak{S}$2; im Unterschied zu einem $\mathfrak{Z}$2 ist ein $\mathfrak{Z}$ (‚ZA', D 87) basiert. Analoges gilt für $\mathfrak{S}$1 (D 47), $\mathfrak{S}$2 (D 54) und $\mathfrak{S}$ (‚Satz', D 88).

D 40. neg $(x) = \text{zus}\left(\text{reihe}(21), \text{einkl}(x)\right)$

D 41. $\mathrm{dis}\,(x, y) = \mathrm{zus3}\,\big(\mathrm{einkl}\,(x), \mathrm{reihe}\,(22), \mathrm{einkl}\,(y)\big)$
Analog D 42: $\mathrm{kon}\,(x, y)$; D 43: $\mathrm{imp}\,(x, y)$; D 44: $\mathrm{äq}\,(x, y)$.

Sind x und y RZAusdrücke $\mathfrak{A}_1$, $\mathfrak{A}_2$, so ist $\mathrm{neg}(x)$ die RZNegation $\sim(\mathfrak{A}_1)$, $\mathrm{dis}(x, y)$ die Disjunktion $(\mathfrak{A}_1) \vee (\mathfrak{A}_2)$; analog: Konjunktion, Implikation, Äquivalenz.

D. 45. $\mathrm{Verkn}\,(x, y, z) \equiv \Big[\big(x = \mathrm{dis}\,(y, z)\big) \vee \big(x = \mathrm{kon}\,(y, z)\big) \vee \big(x = \mathrm{imp}\,(y, z)\big) \vee \big(x = \mathrm{äq}\,(y, z)\big)\Big]$.

x ist eine RZVerknüpfung von y und z: $(\mathfrak{A}_1)\ \mathfrak{verkn}\ (\mathfrak{A}_2)$.

D 46. $\mathrm{glg}\,(x, y) = \mathrm{zus3}\,\big(x, \mathrm{reihe}\,(15), y\big)$

Sind x und y Ausdrücke $\mathfrak{A}_1$, $\mathfrak{A}_2$, so ist $\mathrm{glg}(x, y)$ die RZGleichung $\mathfrak{A}_1 = \mathfrak{A}_2$.

D 47. $\mathrm{Satz1}\,(z) \equiv (\exists s)\, z\, (\exists v)\, z\, (\exists w)\, z\, (\exists y)\, z\, \Big(\big[z = \mathrm{glg}\,(v, w)\big] \vee \big[\mathrm{Präd1}\,(s) \,.\, \big(z = \mathrm{zus}\,[\mathrm{reihe}\,(s), \mathrm{einkl}\,(v)]\big)\big] \vee \big[z = \mathrm{neg}\,(v)\big] \vee \mathrm{Verkn}\,(z, v, w) \vee \big[\mathrm{SOp1}\,(y, s, v) \,.\, \big(z = \mathrm{zus}\,[y, \mathrm{einkl}\,(w)]\big)\big]\Big)$

z ist ein $\mathfrak{S}1$, wenn z eine der folgenden Formen hat: $\mathfrak{A}_1 = \mathfrak{A}_2$, $\mathfrak{pr}1\,(\mathfrak{A}_3)$, $\sim(\mathfrak{A}_4)$, $(\mathfrak{A}_4)\mathfrak{verkn}(\mathfrak{A}_5)$, $(\mathfrak{z})\,\mathfrak{A}_1\,(\mathfrak{A}_4)$ oder $(\exists\,\mathfrak{z})\,\mathfrak{A}_1\,(\mathfrak{A}_4)$ (vgl. S. 24). Der Unterschied zwischen $\mathfrak{S}1$, $\mathfrak{S}2$ und $\mathfrak{S}$ ist analog dem zwischen $\mathfrak{Z}1$, $\mathfrak{Z}2$ und $\mathfrak{Z}$.

D 48. $\mathrm{VR}\,(x, n) \equiv \Big(\big[\mathrm{lng}\,(x)' = \mathrm{prod}\,(2, n)\big] \,.\, (k)\, \mathrm{lng}\,(x)\, (\exists m)\, k \Big[\big(k = 0\big) \vee \big([k = \mathrm{prod}\,(2, m)'] \,.\, \mathrm{Var}\,[\mathrm{gl}\,(k, x)]\big) \vee \big([k = \mathrm{prod}\,(2, m)] \,.\, [\mathrm{gl}\,(k, x) = 12]\big)\Big]\Big)$

Ein Ausdruck x heißt eine n-stellige Variablenreihe, wenn er aus n Variablen und dazwischenstehenden Kommata besteht.

D 49. $\mathrm{UKstr1}\,(z, w) \equiv \Big(\big[\mathrm{ZA1}\,(w) \,.\, \big(z = \mathrm{zus}\,[w, \mathrm{reihe}\,(14)]\big)\big] \vee \big[\mathrm{Satz1}\,(w) \,.\, \big(z = \mathrm{neg}\,(w)\big)\big] \vee (\exists n)\, \mathrm{lng}\,(w)\, (\exists s)\, z\, \Big[\big(\mathrm{VR}\,(w, n) \,.\, (\mathrm{Fu1}\,(s) \vee \mathrm{Präd1}\,(s)) \,.\, (z = \mathrm{zus}\,[\mathrm{reihe}\,(s), \mathrm{einkl}\,(w)])\big) \vee \big(\mathrm{VR}\,(w, n) \,.\, \mathrm{Var}\,(s) \,.\, (z = \mathrm{zus}\,[w, \mathrm{reihe2}\,(12, s)])\big)\Big]\Big)$

Ein Ausdruck z heißt unmittelbar konstruiert aus Einem andern Ausdruck w, etwa $\mathfrak{A}_1$, wenn er eine der folgenden Formen hat: 1. $\mathfrak{A}_1'$, wobei $\mathfrak{A}_1$ ein $\mathfrak{Z}1$ ist; 2. $\sim(\mathfrak{A}_1)$, wobei $\mathfrak{A}_1$ ein $\mathfrak{S}1$ ist; 3. $\mathfrak{fu}1(\mathfrak{A}_1)$ oder $\mathfrak{pr}1\,(\mathfrak{A}_1)$, wobei $\mathfrak{A}_1$ eine Variablenreihe ist; 4. $\mathfrak{A}_1, \mathfrak{z}$, wobei $\mathfrak{A}_1$ eine Variablenreihe ist.

D 50. $\mathrm{UKstr2}\,(z, v, w) \equiv \Big[(\exists s)\, z\, (\exists y)\, z \big(\mathrm{ZA1}\,(v) \,.\, \mathrm{Satz1}\,(w) \,.\, \mathrm{Op1}\,(y, s, v) \,.\, (z = \mathrm{zus}\,[y, \mathrm{einkl}\,(w)])\big) \vee \big(\mathrm{ZA1}\,(v) \,.\, \mathrm{ZA1}\,(w) \,.\, [z = \mathrm{glg}\,(v, w)]\big) \vee \big(\mathrm{Satz1}\,(v) \,.\, \mathrm{Satz1}\,(w) \,.\, \mathrm{Verkn}\,(z, v, w)\big) \vee (\exists n)\, \mathrm{lng}\,(v) \big(\mathrm{Var}\,[\mathrm{gl}\,(n, v)] \,.\, \mathrm{ZA1}\,(w) \,.\, [z = \mathrm{ers}\,(v, n, w)]\big)\Big]$

Ein Ausdruck z heißt unmittelbar konstruiert aus zwei andern Ausdrücken v, w, etwa $\mathfrak{A}_1$, $\mathfrak{A}_2$, wenn er eine der folgenden

Formen hat: 1. ($\mathfrak{z}$) $\mathfrak{A}_1$ ($\mathfrak{A}_2$) oder ($\exists\, \mathfrak{z}$) $\mathfrak{A}_1$ ($\mathfrak{A}_2$) oder (K$\mathfrak{z}$) $\mathfrak{A}_1$ ($\mathfrak{A}_2$), wobei $\mathfrak{A}_1$ ein $\mathfrak{Z}$1 und $\mathfrak{A}_2$ ein $\mathfrak{S}$1 ist; 2. $\mathfrak{A}_1 = \mathfrak{A}_2$, wobei $\mathfrak{A}_1$ und $\mathfrak{A}_2$ $\mathfrak{Z}$1 sind; 3. ($\mathfrak{A}_1$)$\mathfrak{verkn}$($\mathfrak{A}_2$), wobei $\mathfrak{A}_1$ und $\mathfrak{A}_2$ $\mathfrak{S}$1 sind; 4. z entsteht aus $\mathfrak{A}_1$, indem ein $\mathfrak{z}$ durch $\mathfrak{A}_2$ ersetzt wird, wobei $\mathfrak{A}_2$ ein $\mathfrak{Z}$1 ist.

D 51. $\mathrm{Konstr1}\,(r) \equiv (n)\,\mathrm{lng}\,(r)\,\Big[\sim (n = 0) \supset \Big((\exists\, s)\, r\, \big[\mathrm{Zz1}\,(s)\,.\,\big(\mathrm{gl}\,(n, r) = \mathrm{reihe}\,(s)\big)\big] \vee (\exists\, k)\, n\, (\exists\, l)\, n\, \big[\sim (k = 0)\,.\,\sim (l = 0)\,.\,\big(\mathrm{UKstr1}\,[\mathrm{gl}\,(n, r), \mathrm{gl}\,(k, r)] \vee \mathrm{UKstr2}\,[\mathrm{gl}\,(n, r), \mathrm{gl}\,(k, r), \mathrm{gl}\,(l, r)]\big)\big]\Big)\Big]$

r ist eine ^{RRZ}Konstruktion1, wenn r eine ^{RRZ}Reihe von ^{RZ}Ausdrücken ist, von denen jeder entweder ein $\mathfrak{z}\mathfrak{z}$1 ist oder aus einem oder zwei in der Reihe vorangehenden Ausdrücken unmittelbar konstruiert ist. (Eine solche Reihe besteht aus $\mathfrak{Z}$1 und $\mathfrak{S}$1, und genauer, gemäß den folgenden Definitionen, aus $\mathfrak{Z}$2 und $\mathfrak{S}$2.)

D 52. $\mathrm{KonstrA1}\,(x) \equiv (\exists\, r)\,\mathrm{pot}\big(\mathrm{prim}\,[\mathrm{lng}\,(x)], \mathrm{prod}\,[x, \mathrm{lng}\,(x)]\big)\,\big[\mathrm{Konstr1}\,(r)\,.\,\big(\mathrm{letzt}\,(r) = x\big)\big]$

Ein ^{RZ}Ausdruck x heißt konstruiert1, wenn er der letzte Ausdruck in einer ^{RRZ}Konstruktion1 ist. [Die Schranke für r ergibt sich aus folgender Überlegung. r sei die kürzeste ^{RRZ}Konstruktion1, deren ^{RZ}Endsatz x ist. Dann ist $\mathrm{lng}\,(r) \leq \mathrm{lng}\,(x)$, jeder Primfaktor von r ist $\leq \mathrm{prim}\,(\mathrm{lng}\,(x))$, die Anzahl dieser Faktoren $\leq \mathrm{lng}\,(x)$, ihre Exponenten $\leq x$; also $r \leq \mathrm{prim}\,(\mathrm{lng}\,(x))^{x\,.\,\mathrm{lng}\,(x)}$.]

D 53. $\mathrm{ZA2}\,(x) \equiv \big(\mathrm{KonstrA1}\,(x)\,.\,\mathrm{ZA1}\,(x)\big)$

D 54. $\mathrm{Satz2}\,(x) \equiv \big(\mathrm{KonstrA1}\,(x)\,.\,\mathrm{Satz1}\,(x)\big)$

Zu D 53, 54. Ein Ausdruck x ist ein $\mathfrak{Z}$2 (bzw. ein $\mathfrak{S}$2), wenn er konstruiert1 und ein $\mathfrak{Z}$1 (bzw. ein $\mathfrak{S}$1) ist (vgl. Erläuterung zu D 39).

D 55. $\mathrm{Geb}\,(s, x, n) \equiv (\exists\, t)\, x\, (\exists\, z)\, x\, (\exists\, u)\, x\, (\exists\, y)\, z\, (\exists\, v)\, y\, (\exists\, w)\, z\, \big[\big(x = \mathrm{zus3}\,(t, z, u)\big)\,.\,\big(z = \mathrm{zus}\,[y, \mathrm{einkl}\,(w)]\big)\,.\,\mathrm{Op1}\,(y, s, v)\,.\,\mathrm{ZA2}\,(v)\,.\,\mathrm{Satz2}\,(w)\,.\,\mathrm{Gr}\big(n, \mathrm{lng}\,(t)\big)\,.\,\mathrm{Grgl}\big(\mathrm{sum}\,[\mathrm{lng}\,(t), \mathrm{lng}\,(z)], n\big)\big]$

Die ^{GZ}Variable s heißt im ^{RZ}Ausdruck x an n-ter Stelle gebunden (wobei die Variable nicht an dieser Stelle zu stehen braucht), wenn die folgenden Bedingungen erfüllt sind. In x kommt ein Ausdruck z von der Form $\mathfrak{A}_1$ ($\mathfrak{A}_2$) vor, wobei $\mathfrak{A}_1$ ein Operator1 mit einem $\mathfrak{Z}$2 als Schranke und mit s als Operatorvariabler ist und $\mathfrak{A}_2$ ein $\mathfrak{S}$2 ist; die n-te Stelle von x gehört zu z (vgl. S. 20).

D 56. $\mathrm{Frei}\,(s, x, n) \equiv \big[\mathrm{Var}\,(s)\,.\,\big(\mathrm{gl}\,(n, x) = s\big)\,.\,\sim \mathrm{Geb}\,(s, x, n)\big]$

An der n-ten Stelle in x steht die freie Variable s.

D 57. $\mathrm{Fr}\,(s, x) \equiv (\exists\, n)\,\mathrm{lng}\,(x)\,\big(\mathrm{Frei}\,(s, x, n)\big)$

In x kommt s als freie Variable vor.

D 58. $\mathrm{Offen}\,(x) \equiv (\exists\, s)\, x\,\big(\mathrm{Fr}\,(s, x)\big)$

D 59. $\mathrm{Geschl}\,(x) \equiv \sim \mathrm{Offen}\,(x)$

x ist offen bzw. geschlossen (vgl. S. 20).

22. Formbestimmungen: 2. Definitionen.

Soll ein Kalkül Definitionen enthalten, so tritt bei seiner Aufstellung unter Umständen eine gewisse Schwierigkeit auf, die meist nicht beachtet wird. Wird von den im Kalkül zugelassenen Definitionen nur verlangt, daß sie gewissen Formbestimmungen genügen, so wird der Kalkül im allgemeinen widerspruchsvoll.

Beispiel: Den Formbestimmungen für Definitionen in I (§ 8) genügt z. B. D 1 (S. 51). Mit Hilfe von D1 ist der Satz ‚nf(0) = $0^{\prime}$‘ beweisbar. Aber auch ‚nf(x) = $x^{\prime\prime\prime}$‘ ist eine Definition der zugelassenen Form. Mit ihrer Hilfe ist der Satz ‚$\sim$ (nf(0) = $0^{\prime}$)‘ beweisbar. Also sind in I einander widersprechende Sätze beweisbar.

Zur Vermeidung des Widerspruchs pflegt man die zusätzliche Forderung aufzustellen: „Das zu definierende Zeichen darf nicht in einer früher schon aufgestellten Definition vorkommen“. Aber eine derartige Forderung verläßt den Boden des Kalküls, des formalen Verfahrens. Bei streng formalem Verfahren kann die Entscheidung darüber, ob ein vorgelegter Satz eine zulässige Definition eines bestimmten Kalküls ist oder nicht, nur von der Form des Satzes und von den Formbestimmungen des Kalküls abhängen. Auf Grund jener nicht-formalen Forderung würde aber diese Entscheidung abhängig werden von der historischen Feststellung, ob gewisse Sätze früher aufgestellt worden sind oder nicht. Und dasselbe gilt von der Entscheidung über die Beweisbarkeit eines vorgelegten Satzes (wie das genannte Beispiel zeigt). Wie läßt sich nun die angegebene Schwierigkeit überwinden?

1. Zunächst fällt die Schwierigkeit offenbar fort, wenn bei der Aufstellung der betreffenden Sprache S eines der folgenden Verfahren (a) — (c) angewendet wird:

a) Man läßt in S keine Definitionen zu.

b) Man verwendet in S nur ganz bestimmte, endlich viele Definitionen; diese reiht man unter die Grundsätze von S ein.

c) Man gestattet in S die Aufstellung beliebig vieler Definitionen, für die man Formbestimmungen angibt; aber man läßt die Definitionen nicht in Beweisen zu, sondern nur als Prämissen von Ableitungen. [Im obigen Beispiel ist dann ‚nf(0) = $0^{\prime}$‘ nicht beweisbar, sondern nur ableitbar aus ‚nf(x) = $x^{\prime}$‘.] Enthält ein Satz $\mathfrak{S}_1$ definierte Zeichen (in bezug auf bestimmte Definitionen), so kann die Beweisbarkeit zwar nicht ihm selbst zugeschrieben werden, wohl aber gegebenenfalls demjenigen Satz, der sich aus $\mathfrak{S}_1$ durch Elimination der definierten Zeichen ergibt.

Rekursiv definierte Zeichen sind nicht immer eliminierbar. In einer definiten Sprache, in der die Sätze der elementaren Arithmetik [z. B. ‚prod (2, 3) = 6'] beweisbar sein sollen, sind unbeschränkt viele rekursive Definitionen nötig, die in den Beweisen verwendbar sein müssen. Für eine solche Sprache — z. B. I — sind daher die genannten Auswege nicht gangbar. Wir müssen einen andern Weg einschlagen:

2. Wir wollen in I unbeschränkt viele Definitionen, auch rekursive, zulassen, aber durch geeignete Regeln dafür sorgen, daß jedes definierte Zeichen erkennen läßt, wie es definiert ist. In einer arithmetisierten Syntax ist das möglich. Wir hatten früher für die Gliedzahlen der definierten Zeichen jeder der drei Arten $\mathfrak{zz}$, $\mathfrak{pr}$ und $\mathfrak{fu}$ eine Klasse von Zahlen bestimmt, innerhalb dieser aber zunächst die Wahl frei gelassen. Die aufzustellende Regel wird nun diese Wahl so festlegen, daß sich aus der Gliedzahl eines definierten Zeichens seine Definition und indirekt auch seine ganze Definitionenkette eindeutig ergibt. Darnach ist dann jede sogenannte logische Eigenschaft irgend eines Satzes, z. B. die Beweisbarkeit, eine syntaktische, d. h. formale Eigenschaft; sie hängt nur ab von der formalen Struktur des Satzes, nämlich von den arithmetischen Eigenschaften der Gliedzahlen, die den Satz bilden.

Regel für die Wahl der Gliedzahl eines definierten Zeichens $\mathfrak{a}_1$ in I: in der Definition von $\mathfrak{a}_1$ ersetze man $\mathfrak{a}_1$ durch ein ein für allemal feststehendes **Ersatzzeichen**, und zwar ein $\mathfrak{zz}$ durch ‚ζ' mit der Gliedzahl 30, ein $\mathfrak{pr}$ durch ‚π' mit der Gliedzahl 33, ein $\mathfrak{fu}$ durch ‚φ' mit der Gliedzahl 34; das hierdurch entstandene **Definitionsschema** enthält nur noch alte Zeichen; daher kann seine Reihenzahl r — bzw. bei dem Schema einer rekursiven Definition, die ja aus zwei Sätzen besteht, seine Reihenreihenzahl r — bestimmt werden; als Gliedzahl für $\mathfrak{a}_1$ nehme man, wenn $\mathfrak{a}_1$ ein $\mathfrak{zz}$ (bzw. ein $\mathfrak{pr}$ bzw. ein $\mathfrak{fu}$) ist, die zweite (bzw. vierte bzw. sechste) Potenz der r-ten Primzahl. Durch diese Regel ist die Gliedzahl für $\mathfrak{a}_1$ eindeutig bestimmt; und aus dieser Gliedzahl ist umgekehrt r, hieraus das Definitionsschema und damit auch die Definition von $\mathfrak{a}_1$ eindeutig bestimmbar.

Auf Grund dieser Regel können wir nun die Unterscheidung zwischen basierten und nichtbasierten GZZeichen vornehmen. Z. B. ist die vierte Potenz einer Primzahl p (größer als 2) dann basiert (vgl. S. 54), wenn p sich in der beschriebenen Weise aus einem Definitionsschema mit dem Ersatzzeichen ‚π' ergibt; vorausgesetzt, daß entsprechendes auch für jedes in dem Definitionsschema vorkommende definierte GZZeichen gilt usf. Um diese Bedingung zu formulieren, werden wir später den Begriff einer Definitionenkette definieren (D 81). Zunächst ist noch eine Reihe von Hilfsbegriffen erforderlich.

D 60. VRDef $(x, y, n) \equiv \big[$VR $(x, n) \,.\, (k)$ lng $(x)\,(l)$ lng $(x)\,\big(\big[$Var $\big($gl $(k, x)\big) \,.\, \big($gl $(k, x) =$ gl $(l, x)\big)\big] \supset (k = l)\big) \,.\, (s)\, y\, \big($Fr $(s, y) \supset$ InA $(s, x)\big)\big]$

x ist eine n-stellige RZVariablenreihe, die (als Argumentausdruck des Definiendums) zum RZDefiniens y paßt, wenn folgendes gilt: x ist eine n-stellige Variablenreihe; in x kommen nicht zwei gleiche Variable vor; jede Variable, die als freie Variable in y vorkommt, kommt auch in x vor. (Hilfsbegriff zur Abkürzung.)

D 61. DefZz 1 $(x) \equiv (\exists z)\, x\, \big[\big(x =$ glg [reihe (30), z]$\big) \,.\,$ Geschl $(z)\big]$

x heißt RZDefinition 1 für ein GZ$\mathfrak{z}\mathfrak{z}$ (d. h. ein dem Definitionsschema für ein $\mathfrak{z}\mathfrak{z}$ ähnlicher Ausdruck), wenn x die Form $\zeta = \mathfrak{A}_1$ hat, wo $\mathfrak{A}_1$ geschlossen ist.

D 62. DefPräd 1 $(x, n) \equiv (\exists w)\, x\, (\exists v)\, w\, (\exists z)\, x\, \big[\big(w =$ zus [reihe (33), einkl (v)]$\big) \,.\, \big(x =$ äq $(w, z)\big) \,.\,$ VRDef $(v, z, n)\big]$

Analog D 63: DefexpFu 1 (x, n).

x heißt Definition 1 für ein $\mathfrak{pr}^n$ (bzw. explizite Definition 1 für ein $\mathfrak{fu}^n$), wenn x die Form $\pi\,(\mathfrak{A}_1) \equiv \mathfrak{A}_2$ (bzw. $\varphi\,(\mathfrak{A}_1) = \mathfrak{A}_2$) hat, wobei $\mathfrak{A}_1$ eine n-stellige, zu $\mathfrak{A}_2$ passende Variablenreihe ist.

D 64. DefrekFu 1 $(r, n) \equiv (\exists x_1)\, r\, (\exists x_2)\, r\, (\exists u_1)\, x_1\, (\exists v_1)\, x_1\, (\exists u_2)\, x_2\, (\exists v_2)\, x_2\, (\exists s)\, u_2\, (\exists z)\, u_2\, (\exists m)\, n\, \big[\big(x_1 =$ glg $(u_1, v_1)\big) \,.\, \big(x_2 =$ glg $(u_2, v_2)\big) \,.\,$ Var $(s) \,.\, (t)\, v_2\, \big($Fr $(t, v_2) \supset$ InA $(t, u_2)\big) \,.\, (k)$ lng $(v_2)\, \big($[gl $(k, v_2) = 34] \supset (l)$ lng $(z)\, \big(\sim (l = 0) \supset$ [gl [sum $(k, l), v_2$] $=$ gl (l, z)]$\big)\big) \,.\, (n = m^{\prime}) \,.\, \big(\big[(m = 0) \,.\, \big(u_1 =$ reihe4 $(34, 6, 4, 10)\big) \,.\, \big(u_2 =$ reihe5 $(34, 6, s, 14, 10)\big) \,.\, \big(z =$ reihe3 $(6, s, 10)\big)\big] \vee (\exists w)\, u_1\, \big[\sim (m = 0) \,.\, \big(u_1 =$ zus [reihe (34), einkl (zus [reihe2 (4, 12), w])]$\big) \,.\, \big(u_2 =$ zus [reihe (34), einkl (zus [reihe3 $(s, 14, 12), w$])]$\big) \,.\, \big(z =$ einkl (zus [reihe2 $(s, 12), w$])$\big) \,.\,$ VRDef $(w, v_1, m) \,.\, \sim$ InA $(s, w)\big]\big)\big]$

r heißt RRZrekursive Definition 1 für ein $\mathfrak{fu}^n$, wenn r eine Reihe zweier Ausdrücke x_1, x_2 von folgender Art ist. x_1 hat die Form

$\mathfrak{A}_1 = \mathfrak{A}_2$, x_2 hat die Form $\mathfrak{A}_4 = \mathfrak{A}_5$; jede Variable, die als freie Variable in $\mathfrak{A}_5$ vorkommt, kommt in $\mathfrak{A}_4$ vor; hinter jedem Glied ‚φ', das in $\mathfrak{A}_5$ vorkommt, steht $\mathfrak{A}_6$. Es ist $n > 0$; wir setzen $n = m + 1$. Nun sind zwei Fälle zu unterscheiden: entweder ist $m = 0$; dann hat $\mathfrak{A}_1$ die Form $\varphi\,(\mathfrak{nu})$, $\mathfrak{A}_4$ die Form $\varphi\,(\mathfrak{z}_1{}')$ und $\mathfrak{A}_6$ die Form $(\mathfrak{z}_1)$. Oder es ist $m > 0$; dann hat $\mathfrak{A}_1$ die Form $\varphi\,(\mathfrak{nu}, \mathfrak{A}_3)$, $\mathfrak{A}_4$ die Form $\varphi\,(\mathfrak{z}_1{}', \mathfrak{A}_3)$ und $\mathfrak{A}_6$ die Form $(\mathfrak{z}_1, \mathfrak{A}_3)$; hierbei ist $\mathfrak{A}_3$ eine m-stellige, zu $\mathfrak{A}_2$ passende Variablenreihe, in der $\mathfrak{z}_1$ nicht vorkommt. [Es ist u_1: ${}^{\mathrm{RZ}}\mathfrak{A}_1$; v_1: $\mathfrak{A}_2$; u_2: $\mathfrak{A}_4$; v_2: $\mathfrak{A}_5$; s: ${}^{\mathrm{GZ}}\mathfrak{z}_1$; z: $\mathfrak{A}_6$; w: $\mathfrak{A}_3$.]

D 65. DeftZz 2 $(t, y) \equiv [\text{DefZz 1}\,(y) \,.\, (t = \text{pot}\,[\text{prim}\,(y), 2])]$

Ähnlich D 66: DeftPräd 2 (t, n, y); D 67: DeftexpFu 2 (t, n, y); D 68: DeftrekFu 2 (t, n, r).

Zu D 65—68. t ist ein $\mathfrak{zz}$ (bzw. $\mathfrak{pr}^n$ bzw. $\mathfrak{fu}^n$), das durch die Definition1 y (bzw. die explizite Definition1 y bzw. die rekursive Definition1 r) „definiert 2" ist.

D 69. DefZz 2 $(x, t) \equiv (\exists\, y)\, x\, [\text{DeftZz 2}\,(t, y) \,.\, (x = \text{ers}\,[y, 1, \text{reihe}\,(t)])]$

Ähnlich D 70: DefPräd 2 (x, n, t); D 71: DefexpFu 2 (x, n, t).

x heißt eine Definition 2 eines $\mathfrak{zz}$ t (bzw. eines $\mathfrak{pr}^n$ t, bzw. explizite Definition 2 eines $\mathfrak{fu}^n$ t), wenn t durch y definiert 2 ist und x aus y dadurch entsteht, daß das erste (bzw. zweite, bzw. erste) ${}^{\mathrm{GZ}}$Glied, nämlich ‚ζ' (bzw. ‚π', bzw. ‚φ'), durch die Gliedzahl t ersetzt wird.

D 72. 1 DefrekFu 2 $(x, n, t) \equiv (\exists\, r)\, x\, (\exists\, y)\, r\, [\text{DeftrekFu 2}\,(t, n, r) \,.\, (\text{gl}\,(1, r) = y) \,.\, (x = \text{ers}\,[y, 1, \text{reihe}\,(t)])]$

Ähnlich D 73: 2 DefrekFu 2 (x, n, t).

x heißt erster (bzw. zweiter) ${}^{\mathrm{RZ}}$Teil einer ${}^{\mathrm{RRZ}}$rekursiven Definition 2 für ein $\mathfrak{fu}^n$ t, wenn t durch (die rekursive Definition 1) r rekursiv definiert 2 ist, y erster (bzw. zweiter) Teil von r ist, und x aus y dadurch entsteht, daß in y ‚φ' an erster Stelle (bzw. an allen Stellen, an denen es vorkommt) durch die Gliedzahl t ersetzt wird.

D 74. Def 2 $(x, t) \equiv [\text{DefZz 2}\,(x, t) \vee (\exists\, n)\, \text{lng}\,(x)\, (\text{DefPräd 2}\,(x, n, t) \vee \text{DefexpFu 2}\,(x, n, t) \vee \text{1 DefrekFu 2}\,(x, n, t) \vee \text{2 DefrekFu 2}\,(x, n, t))]$

x heißt ein **Definitionssatz 2** für t, wenn x entweder Definition 2 eines $\mathfrak{zz}$ t oder eines $\mathfrak{pr}$ t oder explizite Definition 2 eines $\mathfrak{fu}$ t oder erster oder zweiter Teil einer rekursiven Definition 2 eines $\mathfrak{fu}$ t ist.

D 75. Deft 2 $(t, n) \equiv (\exists\, y)\, t\, (\text{DeftPräd 2}\,(t, n, y) \vee \text{DeftexpFu 2}\,(t, n, y) \vee \text{DeftrekFu 2}\,(t, n, y))$

t ist ein n-stelliges Zeichen ($\mathfrak{pr}^n$ oder $\mathfrak{fu}^n$), das definiert 2 ist.

D 76. $\mathrm{Z2}(t, n) \equiv \left[\mathrm{UndPräd}(t, n) \vee \mathrm{UndFu}(t, n) \vee \mathrm{Deft2}(t, n)\right]$

t heißt ein n-stelliges Zeichen 2, wenn t ein $\mathfrak{pr}^n$ oder $\mathfrak{fu}^n$ ist, das undefiniert oder definiert 2 ist.

D 77. $\mathrm{Konstr2}(r) \equiv \big(\mathrm{Konstr1}(r) \,.\, (x)\, r\ (t)\, x\ (y)\, x\ (m)\, t\ (n)$ $\mathrm{lng}(y)\ \left[\left(\mathrm{AInAR}(x, r) \,.\, (x = \mathrm{zus}[\mathrm{reihe}(t), \mathrm{einkl}(y)]) \,.\, \mathrm{Z2}(t, m) \,.\right.\right.$ $\left.\left.\mathrm{VR}(y, n)\right) \supset (m = n)\right]\big)$

D 78: $\mathrm{KonstrA2}(x)$, ist analog D 52.

Zu D 77. Eine [RRZ]*Konstruktion 2* r ist eine Konstruktion 1, die die folgende Bedingung erfüllt. Bei jedem in r vorkommenden Ausdruck $\mathfrak{a}_1(\mathfrak{A}_1)$, wo $\mathfrak{a}_1$ ein m-stelliges Zeichen 2 und $\mathfrak{A}_1$ eine n-stellige Variablenreihe ist, ist $m = n$. In einer Konstruktion 2 hat daher jedes $\mathfrak{pr}$ und jedes $\mathfrak{fu}$ die richtige Anzahl von Argumenten bei sich. — Zu D 78. Der letzte Ausdruck einer Konstruktion 2 heißt konstruiert 2.

D 79. $\mathrm{UndDeskr}(t) \equiv (\exists\, n)\, t\, \big(\mathrm{UndPräd}(t, n) \vee \mathrm{UndFu}(t, n)\big)$

t ist ein undefiniertes deskriptives Zeichen (nämlich $\mathfrak{pr}$ oder $\mathfrak{fu}$).

D 80. $\mathrm{Undeft}(t) \equiv \big[(t = 4) \vee (t = 6) \vee (t = 10) \vee (t = 12) \vee$ $(t = 14) \vee (t = 15) \vee (t = 18) \vee (t = 20) \vee (t = 21) \vee (t = 22) \vee$ $(t = 24) \vee (t = 26) \vee \mathrm{Var}(t) \vee \mathrm{UndDeskr}(t)\big]$

t ist ein *undefiniertes* [GZ]Zeichen, wenn t entweder eine der zwölf undefinierten logischen Konstanten (S. 22) oder eine Variable oder ein undefiniertes deskriptives Zeichen ist.

D 81. $\mathrm{DefKette}(r) \equiv (n)\, \mathrm{lng}(r)\, (x)\, \mathrm{gl}(n, r)\, (t)\, x\, \big[\big(\sim (n = 0) \,.$ $[\mathrm{gl}(n, r) = x] \,.\, \mathrm{InA}(t, x)\big) \supset \big(\mathrm{KonstrA2}(x) \,.\, (\exists\, s)\, x\, \big(\mathrm{Def2}(x, s)\big) \,.$ $\big[\mathrm{Undeft}(t) \vee (\exists\, m)\, n\, \big(\mathrm{Def2}[\mathrm{gl}(m, r), t]\big)\big] \,.\, (l)\, \mathrm{lng}(x)\, \big[\big(1\mathrm{DefrekFu2}$ $(x, l, t) \supset 2\mathrm{DefrekFu2}[\mathrm{gl}(n', r), l, t]\big) \,.\, \big(2\mathrm{DefrekFu2}(x, l, t) \supset$ $(\exists\, m)\, n\, ([n = m'] \,.\, 1\mathrm{DefrekFu2}[\mathrm{gl}(m, r), l, t])\big)\big]\big)\big]$

r heißt eine [RRZ]*Definitionenkette*, wenn folgendes gilt. Jeder [RZ]Gliedausdruck von r ist konstruiert 2 und ein Definitionssatz 2. Ist t ein [GZ]Zeichen in einem Gliedausdruck $\mathfrak{A}_1$ von r, so ist entweder t undefiniert, oder $\mathfrak{A}_1$ oder ein vorangehender Gliedausdruck von r ist ein Definitionssatz 2 für t. Ist ein Gliedausdruck von r erster Teil einer rekursiven Definition 2, so ist der folgende Gliedausdruck der zweite Teil dieser Definition; ist ein Gliedausdruck zweiter Teil einer rekursiven Definition 2, so ist der vorhergehende Gliedausdruck der erste Teil dieser Definition.

D 82. $\mathrm{DeftKette}(t, r) \equiv (\exists\, x)\, r\, \big[\mathrm{DefKette}(r) \,.\, [\mathrm{letzt}(r) = x]$ $.\, \mathrm{Def2}(x, t)\big]$

D 83. $\mathrm{Deft}(t) \equiv (\exists\, r)\, \mathrm{pot}\big(\mathrm{prim}(t), \mathrm{prod}[\mathrm{pot}(2, t), \mathrm{pot}(t, 2)]\big)$ $\big[\mathrm{DeftKette}(t, r)\big]$

Zu D 82. t ist definiert durch die Definitionenkette r. — Zu D 83. Ein Zeichen t heißt **definiert**, wenn es eine Definitionenkette r gibt, durch die t definiert ist.

D 84. $\mathrm{Bas}\,(t) \equiv \big(\mathrm{Undeft}\,(t) \vee \mathrm{Deft}\,(t)\big)$

Ein Zeichen t heißt **basiert**, wenn es undefiniert oder (durch eine Definitionenkette) definiert ist.

D 85. $\mathrm{Konstr}\,(r) \equiv \big[\mathrm{Konstr2}\,(r)\,.\,(t)\,r\,\big(\mathrm{InAR}\,(t, r) \supset \mathrm{Bas}\,(t)\big)\big]$
D 86. KonstrA (x) (analog D 52).

Zu D 85. Eine **Konstruktion** von Ausdrücken ist eine Konstruktion2, deren sämtliche Zeichen basiert sind. — Zu D 86. Ein Ausdruck heißt **konstruiert**, wenn er letzter Ausdruck einer Konstruktion ist.

D 87. $\mathrm{ZA}\,(x) \equiv \big(\mathrm{ZA1}\,(x)\,.\,\mathrm{KonstrA}\,(x)\big)$
D 88. $\mathrm{Satz}\,(x) \equiv \big(\mathrm{Satz1}\,(x)\,.\,\mathrm{KonstrA}\,(x)\big)$

x heißt ein $\mathfrak{Z}$ (bzw. $\mathfrak{S}$), wenn x ein $\mathfrak{Z}1$ (bzw. $\mathfrak{S}1$) und konstruiert ist. Hiermit sind die **wichtigsten Begriffe der Formbestimmungen** erreicht; im Unterschied zu den früher definierten Hilfsbegriffen ($\mathfrak{Z}1$, $\mathfrak{Z}2$, $\mathfrak{S}1$, $\mathfrak{S}2$) beziehen sich ‚ZA' und ‚Satz' nur auf basierte Ausdrücke, also auf die $\mathfrak{Z}$ bzw. $\mathfrak{S}$ im eigentlichen Sinne.

D 89. $\mathrm{Def}\,(x, t) \equiv \big(\mathrm{Def2}\,(x, t)\,.\,\mathrm{KonstrA}\,(x)\big)$
D 90. $\mathrm{Df}\,(x) \equiv (\exists\, t)\,x\,\big(\mathrm{Def}\,(x, t)\big)$

Zu D 89. x ist ein Definitionssatz für t. (Analog D 87, 88.) — Zu D 90. x ist ein **Definitionssatz**.

D 91. $\mathrm{DeskrZ}\,(t) \equiv \big(\mathrm{UndDeskr}\,(t) \vee \big[\mathrm{Deft}\,(t)\,.\,(r) - \big(\mathrm{DeftKette}\,(t, r) \supset (\exists\, s)\,r\,[\mathrm{InAR}\,(s, r)\,.\,\mathrm{UndDeskr}\,(s)]\big)\big]\big)$
D 92. $\mathrm{DeskrA}\,(x) \equiv (\exists\, t)\,x\,\big(\mathrm{InA}\,(t, x)\,.\,\mathrm{DeskrZ}\,(t)\big)$

Zu D 91. t ist ein $\mathfrak{a}_{\mathfrak{b}}$, wenn t ein undefiniertes $\mathfrak{a}_{\mathfrak{b}}$ ist, oder wenn t definiert ist und jede Definitionenkette für t ein undefiniertes $\mathfrak{a}_{\mathfrak{b}}$ enthält (Schranke wie in D 83). — Zu D 92. x ist ein $\mathfrak{A}_{\mathfrak{b}}$, wenn x ein $\mathfrak{a}_{\mathfrak{b}}$ enthält.

D 93. $\mathrm{LogZ}\,(t) \equiv \big(\mathrm{Bas}\,(t)\,.\,\sim \mathrm{Deskr}\,(t)\big)$
D 94. $\mathrm{LogA}\,(x) \equiv (t)\,x\,\big(\mathrm{InA}\,(t, x) \supset \mathrm{LogZ}\,(t)\big)$

Zu D 93. $\mathfrak{a}_{\mathfrak{l}}$: basiert und nicht deskriptiv. — Zu D 94. $\mathfrak{A}_{\mathfrak{l}}$: alle Zeichen sind logisch.

D 95. $\mathrm{DeftZz}\,(s) \equiv \big(\mathrm{DeftZz1}\,(s)\,.\,\mathrm{Bas}\,(s)\big)$
Analog D 96: Zz (s); D 97: Präd (s); D 98: Fu (s).

Zu D 95—98. Definiertes $\mathfrak{z}\mathfrak{z}$; $\mathfrak{z}\mathfrak{z}$; $\mathfrak{pr}$; $\mathfrak{fu}$. Unter diese Begriffe fallen — im Unterschied zu den früher definierten Hilfsbegriffen — nur basierte ^{GZ}Zeichen.

23. Umformungsbestimmungen.

Die folgenden Definitionen bilden die Formalisierung der früher (§ 11, 12) dargestellten Umformungsbestimmungen der Sprache I. Hierfür muß zunächst die Einsetzung (Substitution) definiert werden (D 102); D 99—101 führen Hilfsbegriffe hierfür ein.

D 99. 1. stfrei $(0, s, x) = (\mathrm{K}n)\,\mathrm{lng}\,(x)\,[\mathrm{Frei}\,(s, x, n)\,.\,\sim(\exists\, m)\,\mathrm{lng}\,(x)\,(\mathrm{Gr}\,(m, n)\,.\,\mathrm{Frei}\,(s, x, m))]$

2. stfrei $(k', s, x) = (\mathrm{K}n)\,\mathrm{stfrei}\,(k, s, x)\,[\sim(n = \mathrm{stfrei}\,(k, s, x))\,.\,\mathrm{Frei}\,(s, x, n)\,.\,\sim(\exists\, m)\,\mathrm{stfrei}\,(k, s, x)\,(\sim[m = \mathrm{stfrei}\,(k, s, x)]\,.\,\mathrm{Gr}\,(m, n)\,.\,\mathrm{Frei}\,(s, x, m))]$

D 100. anzfrei $(s, x) = (\mathrm{K}n)\,\mathrm{lng}\,(x)\,(\mathrm{stfrei}\,(n, s, x) = 0)$

D 101. 1. sb $(0, x, s, y) = x$

2. sb $(k', x, s, y) = \mathrm{ers}\,(\mathrm{sb}\,(k, x, s, y), \mathrm{stfrei}\,(k, s, x), y)$

Zu D 99—101. s sei $^{\mathrm{GZ}}\mathfrak{z}_1$. stfrei (k, s, x) ist die Stellennummer des (vom Ende des Ausdrucks x an gezählt) $(k+1)$-ten in x frei vorkommenden $\mathfrak{z}_1$ (und 0, falls es nicht $k+1$ freie $\mathfrak{z}_1$ in x gibt). anzfrei (s, x) ist die Anzahl der in x frei vorkommenden $\mathfrak{z}_1$. sb (k, x, s, y) ist derjenige Ausdruck, der aus dem Ausdruck x entsteht, wenn (vom Ende von x angefangen) $k$mal das jeweils letzte freie $\mathfrak{z}_1$ durch den Ausdruck y ersetzt wird.

D 102. subst $(x, s, y) = \mathrm{sb}\,(\mathrm{anzfrei}\,(s, x), x, s, y)$

Ist x der ^{RZ}Ausdruck $\mathfrak{A}_1$, y $\mathfrak{A}_2$, s $\mathfrak{z}_1$, so ist subst (x, s, y) der ^{RZ}Ausdruck $\mathfrak{A}_1\left(\frac{\mathfrak{z}_1}{\mathfrak{A}_2}\right)$. (Über Einsetzung vgl. S. 20).

D 103. GrS1 $(x) \equiv (\exists\, y)\, x\, (\exists\, z)\, x\, [\mathrm{Satz}\,(x)\,.\,(x = \mathrm{imp}\,(y, \mathrm{imp}\,[\mathrm{neg}\,(y), z]))]$

Entsprechend D 104—113: GrS2 (x) bis GrS11 (x); es sei noch ein Beispiel angegeben:

D 106. GrS4 $(x) \equiv (\exists\, s)\, x\, (\exists\, y)\, x\, [\mathrm{Satz}\,(x)\,.\,(x = \mathrm{äq}\,(\mathrm{zus}\,[\mathrm{reihe4}\,(6, s, 10, 4), \mathrm{einkl}\,(y)], \mathrm{subst}\,[y, s, \mathrm{reihe}\,(4)]))]$

D 114. GrS $(x) \equiv (\mathrm{GrS1}\,(x) \vee \mathrm{GrS2}\,(x) \vee \ldots \vee \mathrm{GrS11}\,(x))$

Zu D 103—113. x ist ein Grundsatz erster Art; zweiter Art; ... elfter Art (GI 1—11). — Zu D 114. x ist ein Grundsatz.

D 115. AErs $(x_1, x_2, w_1, w_2) \equiv (\exists\, u)\, x_1\, (\exists\, v)\, x_1\, [(x_1 = \mathrm{zus3}\,(u, w_1, v))\,.\,(x_2 = \mathrm{zus3}\,(u, w_2, v))]$

Ausdrucksersetzung: Aus x_1 entsteht x_2 dadurch, daß der Teilausdruck w_1 durch w_2 ersetzt wird. (Beim Begriff ‚ers' wird ein Zeichen, hier ein Ausdruck ersetzt.)

D 116. $\mathrm{KV}(y, x, s) \equiv \sim (\exists n) \mathrm{lng}(x) (\exists t) y \left(\mathrm{InA}(t, y) . \mathrm{Geb}(t, x, n) . \mathrm{Frei}(s, x, n)\right)$

KV (y, x, s): in y kommt keine Variable frei vor, die in x an einer Einsetzungsstelle für s gebunden ist (vgl. S. 21).

D 117. $\mathrm{UAblb1}(z, x) \equiv (\exists y) z (\exists s) x \left[\mathrm{ZA}(y) . \left(z = \mathrm{subst}(x, s, y)\right) . \mathrm{KV}(y, x, s)\right]$

D 118. $\mathrm{UAblb2}(z, x) \equiv (\exists w_1) \mathrm{sum}(x, z) (\exists w_2) \mathrm{sum}(x, z) (\exists u) w_1 (\exists v) w_1 \left(\left[\left([w_1 = \mathrm{imp}(u, v)] . (w_2 = \mathrm{dis}[\mathrm{neg}(u), v])\right) \vee \left([w_1 = \mathrm{kon}(u, v)] . [w_2 = \mathrm{neg}(\mathrm{dis}[\mathrm{neg}(u), \mathrm{neg}(v)])]\right) \vee \left([w_1 = \mathrm{äq}(u, v)] . (w_2 = \mathrm{kon}[\mathrm{imp}(u, v), \mathrm{imp}(v, u)])\right)\right] . \left[\mathrm{AErs}(x, z, w_1, w_2) \vee \mathrm{AErs}(x, z, w_2, w_1)\right]\right)$

D 119. $\mathrm{UAblb3}(z, x, y) \equiv \left(x = \mathrm{imp}(y, z)\right)$

D 120. $\mathrm{UAblb4}(z, x, y) \equiv (\exists s) z \left[\left(x = \mathrm{subst}[z, s, \mathrm{reihe}(4)]\right) . \left(y = \mathrm{imp}(z, \mathrm{subst}[z, s, \mathrm{reihe2}(s, 14)])\right)\right]$

D 121. $\mathrm{UAblb}(z, x, y) \equiv \left(\mathrm{UAblb1}(z, x) \vee \mathrm{UAblb2}(z, x) \vee \mathrm{UAblb3}(z, x, y) \vee \mathrm{UAblb4}(z, x, y)\right)$

Zu D 117. z heißt unmittelbar-ableitbar1 aus x, wenn x $\mathfrak{A}_1$ ist und z die Form $\mathfrak{A}_1\binom{\mathfrak{s}}{\mathfrak{z}}$ hat (gemäß RI 1, vgl. § 12). — Zu D 118—120. ‚unmittelbar-ableitbar2 (bzw. -3, -4)' gemäß RI 2, 3, 4. — Zu D 121. z ist unmittelbar ableitbar aus x oder aus x und y.

D 122. $\mathrm{Abl}(r, p) \equiv (\exists q) r (n) \mathrm{lng}(r) (x) r \left([r = \mathrm{zus}(p, q)] . \sim [\mathrm{lng}(r) = 0] . \left[\left(\sim (n = 0) . [\mathrm{gl}(n, r) = x]\right) \supset \left(\mathrm{Satz}(x) . \left[\mathrm{Gr}[n, \mathrm{lng}(p)] \supset \left(\mathrm{GrS}(x) \vee \mathrm{Df}(x) \vee (\exists k) n (\exists l) n [\sim (k = n) . \sim (l = n) . \mathrm{UAblb}[x, \mathrm{gl}(k, r), \mathrm{gl}(l, r)]]\right)\right]\right)\right]\right)$

r ist eine ^{RRZ}Ableitung mit der ^{RRZ}Prämissenreihe p, wenn folgendes gilt. r ist aus p und q zusammengesetzt; jeder Gliedausdruck von r ist ein Satz; jeder Gliedausdruck von q ist entweder ein Grundsatz oder ein Definitionssatz oder unmittelbar ableitbar aus einem oder zwei in r vorangehenden Sätzen (vgl. S. 27).

D 123. $\mathrm{AblSatz}(r, x, p) \equiv \left(\mathrm{Abl}(r, p) . [\mathrm{letzt}(r) = x]\right)$

r ist eine Ableitung für den Satz x auf Grund der Prämissenreihe p.

D 124. $\mathrm{Bew}(r) \equiv \mathrm{Abl}(r, 0)$

D 125. $\mathrm{BewSatz}(r, x) \equiv \left(\mathrm{Bew}(r) . [\mathrm{letzt}(r) = x]\right)$

Zu D 124. r ist ein Beweis, wenn r eine Ableitung ohne Prämissen ist. — Zu D 125. r ist ein Beweis für den Satz x.

‚Ablb (x, p)' möge besagen: x ist ableitbar aus der Prämissenreihe p; ‚Bewb (x)': x ist beweisbar. Diese auf Sprache I bezogenen syntaktischen Begriffe können nicht in I definiert werden. Die Definitionen lauten:

$$\text{Ablb}(x, p) \equiv (\exists\, r)\big(\text{AblSatz}(r, x, p)\big)$$
$$\text{Bewb}(x) \equiv (\exists\, r)\big(\text{BewSatz}(r, x)\big)$$

Zur Formulierung dieser Definitionen sind die in I nicht vorkommenden unbeschränkten Operatoren erforderlich. Die Begriffe ‚ableitbar' und ‚beweisbar' sind indefinit. In I können nur definite Begriffe der Ableitbarkeit und Beweisbarkeit definiert werden, z. B. solche, die die betreffende Ableitung bzw. den betreffenden Beweis angeben (vgl. D 123, 125), oder Begriffe wie ‚ableitbar aus p durch eine Ableitung von höchstens n Zeichen' bzw. ‚beweisbar durch einen Beweis von höchstens n Zeichen'. Sollen auch indefinite Begriffe der Syntax formalisiert werden, so muß als Syntaxsprache eine indefinite Sprache genommen werden, z. B. Sprache II.

Für gewisse indefinite Begriffe kann in I — trotz der Unmöglichkeit ihrer Definition — doch der allgemeine Satz formuliert werden, daß sie in jedem Einzelfalle vorliegen. Bei Begriffen wie ‚nicht-beweisbar' und ‚nicht-ableitbar' tritt (in der indefiniten Sprache) ein negierter unbeschränkter Existenzoperator auf, der durch einen Alloperator ersetzt werden kann; die unbeschränkte Allgemeinheit aber kann in I durch freie Variable ausgedrückt werden. ‚$\sim$ BewSatz $(r, \mathfrak{a})$' besagt: „Jedes r ist nicht Beweis für $\mathfrak{a}$", also „$\mathfrak{a}$ ist nicht beweisbar"; ‚$\sim$ AblSatz $[r, \mathfrak{b}, \text{reihe}(\mathfrak{a})]$' besagt: „Jedes r ist nicht Ableitung für $\mathfrak{b}$ aus $\mathfrak{a}$", also „$\mathfrak{b}$ ist nicht ableitbar aus $\mathfrak{a}$".

24. Deskriptive Syntax.

Wir haben einen Aufbau der reinen Syntax der Sprache I dargestellt. An diesem Beispiel ist zu ersehen, daß reine Syntax nichts anderes ist als ein Teil der Arithmetik. Die deskriptive Syntax dagegen verwendet auch deskriptive Zeichen und überschreitet dadurch die Grenzen der Arithmetik. Ein Satz der deskriptiven Syntax kann z. B. besagen, daß an einer bestimmten Stelle ein Sprachausdruck der und der Form steht. Wie wir früher überlegt haben (S. 47), kann man so vorgehen, daß man eine Reihe undefinierter $\mathfrak{pr}_{\mathfrak{b}}$ als zusätzliche Grundzeichen aufstellt (z. B. ‚Var', ‚Id', ‚Präd' u. a.). Wie früher erwähnt (S. 47), wollen wir hier anders verfahren. Wir nehmen als einziges zusätzliches Grundzeichen das undefinierte $\mathfrak{fu}_{\mathfrak{b}}$ ‚zei‘. (Sollen die Sätze, in denen dieses Zeichen vorkommt, ihrerseits syntaktisch behandelt werden, so ordnen wir ihm die Gliedzahl 243 ($= 3^5$) zu). Die Aufstellung der deskriptiven Syntax geschieht in genau derselben Form wie die Aufstellung eines sonstigen deskriptiven axiomatischen Systems A. Zunächst ist die Syntax der Sprache S festzusetzen, in der A formuliert werden soll. Dadurch wird bestimmt, wie Sätze gebildet und auf Grund von A abgeleitet werden können. Für manche A (z. B. Geometrie und Syntax) ist erforderlich, daß S eine Arithmetik enthält. Nun wird die Basis von A in S festgesetzt: 1. die deskriptiven Grundzeichen von A, die zu den Grundzeichen von S hinzutreten; aus ihnen können nach den syntaktischen Regeln von S weitere Zeichen von A definiert werden; 2. die Axiome als zusätzliche Grundsätze von S; aus ihnen können mit Hilfe der Umformungsbestimmungen von S Folgerungen abgeleitet werden (die sogenannten Lehrsätze von A); 3. zusätzliche Schlußregeln; meist werden solche jedoch nicht aufgestellt. Verwendet man als Grundzeichen der deskriptiven Syntax undefinierte $\mathfrak{pr}_{\mathfrak{b}}$, so ist eine große Anzahl von Axiomen erforderlich; durch diese wird z. B. ausgesagt, daß an derselben Stelle nicht ungleiche Zeichen stehen können u. dgl. mehr; ferner sind auch mehrere unbeschränkte Existenzsätze als Axiome erforderlich, um auch nur einfache Sätze über Ableitbarkeit und Beweisbarkeit ableiten zu können. Nimmt man dagegen das $\mathfrak{fu}_{\mathfrak{b}}$ ‚zei‘ als Grundzeichen, so sind überhaupt keine Axiome erforderlich. Was im anderen Falle durch die negativen Axiome ausgeschlossen wird, ist hier schon durch die syntaktischen Bestimmungen über Funktoren ausgeschlossen (ein bestimmtes $\mathfrak{fu}$ kann für eine bestimmte Stelle nur Einen Wert haben); die erforderlichen Existenzsätze ergeben sich aus der Arithmetik.

Wir wollen hier mit Hilfe des Grundzeichens ‚zei‘ nur Ein weiteres Zeichen der deskriptiven Syntax definieren, und zwar rekursiv. Dies ist das $\mathfrak{fu}_{\mathfrak{b}}^{2}$ ‚ausdr‘, der wichtigste Begriff der deskriptiven Syntax.

D 126. 1. ausdr $(0, x) = $ pot $[2,$ zei $(x)]$

2. ausdr $(k^{\prime}, x) = $ prod $\big[$ausdr $(k, x),$ pot $\big($prim $(k^{\prime\prime}),$ zei $[$sum $(x, k^{\prime})]\big)\big]$

ausdr (k, x) ist der ^{RZ}Ausdruck (mit $k+1$ Zeichen), der an den Stellen x bis $x+k$ steht. Da das ^{GZ}Zeichen an der Stelle y zei(y) ist, so ist ausdr$(k, x) = 2^{\text{zei}(x)} \cdot 3^{\text{zei}(x')} \cdot 5^{\text{zei}(x'')} \dots \cdot \text{prim}(k')^{\text{zei}(x+k)}$ (vgl. S. 49).

Mit Hilfe der Funktoren ‚zei' und ‚ausdr' sowie der früher definierten Zeichen der reinen Syntax (D 1—125) können wir jetzt Sätze der deskriptiven Syntax von I in I formulieren:

A. Beispiele für Sätze über einzelne Zeichen (mit Hilfe von ‚zei'):

1. „An der Stelle a steht ein Negationszeichen": ‚zei (a) = 21'.
2. „An den Stellen a und b stehen gleiche Zeichen": ‚zei (a) = zei (b)'.

B. Beispiele für Sätze über Ausdrücke (mit Hilfe von ‚ausdr'):

1. „An der Stellenreihe a bis a + b steht ein 𝔷": ‚ZA (ausdr (b, a))'.
2. „... steht nicht ein beweisbarer Satz": ‚∼ BewSatz (r, ausdr (b, a))' (mit der freien Variablen ‚r', vgl. S. 66).

25. Arithmetische, axiomatische und physikalische Syntax.

Innerhalb der deskriptiven Syntax können wir noch zwei Theorien unterscheiden: die soeben besprochene axiomatische Syntax (mit oder ohne Axiome) und die physikalische Syntax. Diese verhält sich zu jener wie die physikalische Geometrie zur axiomatischen. Die physikalische Geometrie entsteht aus der axiomatischen durch Aufstellung von sogenannten Zuordnungsdefinitionen (vgl. Reichenbach [Axiomatik], [Philosophie]); durch diese wird festgesetzt, mit welchen physikalischen Begriffen (der Physik oder der Alltagssprache) die axiomatischen Grundzeichen gleichbedeutend sein sollen. Erst durch diese Definitionen wird das axiomatische System auf empirische Sätze anwendbar.

Die folgende schematische Übersicht soll den Charakter der drei Arten der Syntax durch die Analogie mit den drei Arten der Geometrie verdeutlichen. Ferner aber soll sie das Verhältnis erkennen lassen, das allgemein zwischen der Arithmetik, einem axiomatischen System und seiner empirischen Anwendung besteht.

Die drei Arten der Geometrie.	**Die drei Arten der Syntax.**
I. Arithmetische Geometrie.	I. Arithmetische (oder reine) Syntax.
Ein Teilgebiet der Arithmetik, das (bei der üblichen Methode der Arithmetisierung, nämlich durch Koordinaten) von den geordneten Tripeln reeller Zahlen, den linearen Gleichungen zwischen solchen u. dgl. handelt.	Ein Teilgebiet der Arithmetik, das (bei der dargestellten Methode der Arithmetisierung) von gewissen Produkten gewisser Primzahlpotenzen, den Beziehungen zwischen solchen Produkten u. dgl. handelt.

Dieses Teilgebiet wird herausgehoben durch bestimmte, rein arithmetische Definitionen. Der praktische Anlaß, gerade diese Definitionen aufzustellen, wird durch ein bestimmtes Modell gegeben, ein System physikalischer Gebilde, für dessen theoretische Behandlung diese Definitionen zweckmäßig sind. (Dieses System ist das in der physikalischen

Geometrie II B behandelte System der physikalisch-räumlichen Beziehungen.)	Syntax II B behandelte System der physikalischen Sprachgebilde, z. B. der Sätze auf dem Papier.)
II. Deskriptive Geometrie.	II. Deskriptive Syntax.
(Diese Bezeichnung ist hier nicht im üblichen Sinne gemeint, sondern im Sinne des syntaktischen Terminus „deskriptiv“.)	

Geometrie	Syntax a)	Syntax b)
II A. Axiomatische Geometrie.	II A. Axiomatische Syntax. Zwei verschiedene Darstellungsformen:	
	a) Eigentliche Axiomatisierung (vgl. § 18). („Axiomatisierte deskriptive Syntax.“)	b) Arithmetisierung (vgl. § 19, 24). („Arithmetisierte deskriptive Syntax.“)

Für das axiomatische System wird eine Sprache vorausgesetzt, mit bestimmten logischen Grundzeichen, Grundsätzen und Schlußregeln.

Basis des axiomatischen Systems:

1. Axiomatische Grundzeichen (deskriptive Grundzeichen, die zu den Grundzeichen der Sprache hinzutreten):

Geometrie	Syntax a)	Syntax b)
„Punkt“, „Gerade“, „zwischen“ usw.	‚Var‘, ‚Nu‘, ‚Präd‘, ‚Gl‘ (Stellen mit gleichen Zeichen) usw.	‚zei‘ als einziges Grundzeichen.

2. Axiome (deskriptive Grundsätze, die den Grundsätzen der Sprache beigefügt werden):

Geometrie	Syntax a)	Syntax b)
Z. B. die Axiome von Hilbert.	Zahlreiche Axiome, z. B.: „ein $\mathfrak{z}$ ist kein $\mathfrak{pr}$“, „Gl $(x, y) \supset$ Gl (y, x)“ usw.	Keine Axiome!

Gültige deskriptive Sätze des axiomatischen Systems:

1. Analytische Sätze. In ihrem Beweis können die zum axiomatischen System gehörenden Definitionen verwendet werden, nicht aber die Axiome.

<table>
<tr><td rowspan="3">Beispiele. „Jeder Punkt ist ein Punkt“; „Schneidet jede von drei Geraden die beiden andern in verschiedenen Punkten, so bilden die dazwischenliegenden Strecken ein Dreieck“ (dies ergibt sich aus der Definition von „Dreieck“).</td><td>Beispiele. ‚Var (x) ⊃ Var (x)‘; ‚Nu (x) ⊃ Zz (x)‘</td><td>Beispiele. ‚zei (x) = zei (x)‘; ‚[zei (x) = 4] ⊃ Zz [zei (x)]‘</td></tr>
<tr><td colspan="2">(d. h. „$\mathfrak{nu}$ ist ein $\mathfrak{zz}$“; dies ergibt sich aus der Definition von ‚Zz‘);</td></tr>
<tr><td>‚[Nu (x) . Str (x')] ⊃ ZA (x, 1)‘
(d. h. „$\mathfrak{nu}'$ ist ein $\mathfrak{Z}$“; dies ergibt sich aus der Definition von ‚ZA‘; hierbei ist ‚ZA‘ ein $\mathfrak{pr}_\mathfrak{d}$).</td><td>‚([zei (x) = 4] . [zei (x') = 14]) ⊃ ZA[ausdr (1, x)]‘
ein $\mathfrak{pr}_\mathrm{I}$).</td></tr>
</table>

2. Synthetische Sätze. Die Axiome selbst und die mit ihrer Hilfe bewiesenen synthetischen Sätze.

<table>
<tr><td>Beispiel. „Die Winkelsumme eines Dreiecks beträgt 2 R.“</td><td>Beispiel. ‚Nu (x) ⊃ ∼ Ex (x)‘ (d. h. „ein $\mathfrak{nu}$ ist kein ‚$\mathfrak{z}$‘“).</td><td>Keine. Da keine Axiome vorhanden sind, sind hier alle gültigen Sätze analytisch.</td></tr>
<tr><td>IIB. Physikalische Geometrie.</td><td colspan="2">II B. Physikalische Syntax.</td></tr>
</table>

Durch Zuordnungsdefinitionen wird bestimmt, welche Zeichen der physikalischen Sprache den Grundzeichen (oder gewissen definierten Zeichen) des axiomatischen Systems entsprechen sollen.

<table>
<tr><td>Beispiele.</td><td>Beispiele.</td><td>Beispiele.</td></tr>
<tr><td rowspan="2">1. „Eine physikalische Strecke (z. B. Körperkante) soll die Länge 1 haben, wenn sie so und so viel mal länger ist als die Wellenlänge der und der Spektrallinie des Kadmiums.“</td><td>1. „‚Nu (x)‘ soll</td><td>1. „‚zei (x) = 4‘ soll</td></tr>
<tr><td colspan="2">dann und nur dann gelten, wenn sich an der Stelle x eine Schreibfigur von der Gestalt einer aufrechten Ellipse (‚0‘) befindet.“</td></tr>
<tr><td rowspan="2">2. „Eine physikalische Strecke soll die Länge 1 haben, wenn sie kongruent ist mit der Strecke zwischen den beiden Marken auf dem Normalmeterstab in Paris.“</td><td>2. „‚Nu (x)‘ soll</td><td>2. „‚zei (x) = 4‘ soll</td></tr>
<tr><td colspan="2">dann und nur dann gelten, wenn sich an der Stelle x eine Schreibfigur befindet, die mit hinreichender Annäherung dieselbe Gestalt hat wie die Figur an der und der Stelle (z. B. dieses Buches).“</td></tr>
</table>

3. „Physikalische Gebilde von der und der Art (z. B. Lichtstrahlen im Vakuum oder gespannte Fäden) sollen als gerade Strecken genommen werden.“

[Die Beispiele (1) sind Merkmaldefinitionen; hier wird der Begriff dadurch definiert, daß die Beschaffenheit angegeben wird, die ein Gebilde haben muß, um unter den Begriff zu fallen. Die Beispiele (2) sind Aufweisungsdefinitionen; hier wird der Begriff dadurch definiert, daß die unter ihn fallenden Gegenstände eine bestimmte Beziehung (z. B. Kongruenz, Ähnlichkeit) zu einem bestimmten, aufgewiesenen Gegenstand haben sollen; die Aufweisung geschieht in der sprachlichen Formulierung durch die Angabe der Raum-Zeit-Stelle. Es ist zu beachten, daß hiernach auch eine Aufweisungsdefinition ein Zeichen durch andere Zeichen (und nicht durch außersprachliche Dinge) definiert.]

Gültige deskriptive Sätze.

1. Analytische Sätze. Dies sind entweder analytische Sätze des axiomatischen Systems, deren axiomatische Termini durch die Zuordnungsdefinitionen eine physikalische Bedeutung bekommen haben (Beispiele a, vgl. die Beispiele für analytische Sätze unter II A), oder Sätze, die aus jenen Sätzen mit Hilfe der Zuordnungsdefinitionen in die nicht-axiomatische (d. h. nicht zu dem betreffenden Axiomensystem, sondern zur allgemeinen Sprache gehörende) Terminologie übersetzt sind (Beispiele b).

Beispiele.

a) „Schneidet jede von drei (physikalischen) Geraden die beiden anderen in verschiedenen Punkten, so bilden die dazwischenliegenden (physikalischen) Strecken ein (physikalisches) Dreieck.“

b) „Schneidet jeder von drei Lichtstrahlen im Vakuum die beiden andern an verschiedenen Stellen, so bilden die dazwischenliegenden Lichtstrahlstrecken ein Dreieck.“

Beispiele.

a) „Ein Nullzeichen (physikalische Schreibfigur) ist ein Zahlzeichen.“

b) „Eine (physikalische) Schreibfigur von der Gestalt einer aufrechten Ellipse ist ein Zahlzeichen.“

Beispiele.

a) „Ein (physikalisches) Gebilde, das die Gliedzahl 4 (das ist eine bestimmte physikalische Beschaffenheit) besitzt, ist ein Zahlzeichen.“

2. Gültige Gesetze. Dies sind indefinite synthetische Sätze des axiomatischen Systems, aber hier in physikalischer Bedeutung (Beispiele 1a, 2a), oder Übersetzungen aus solchen in die nicht-axiomatische Terminologie (Beispiele 1b, 2b).

Beispiele. 1a. „Zwei (physikalische) Geraden schneiden sich höchstens in Einem Punkt." 1b. „Zwei Lichtstrahlen im Vakuum schneiden sich höchstens in Einem Punkt." 2a. „Die Winkelsumme in einem (physikalischen) Dreieck ist 2R." 2b. „Die Summe der Winkel zwischen drei einander schneidenden Lichtstrahlen im Vakuum ist 2R."	Beispiele. 1a. „Steht an einer Stelle ein (physikalisches) Nullzeichen, so steht dort kein Existenzzeichen." 1b. „Steht an einer Stelle eine Schreibfigur von der Gestalt einer aufrechten Ellipse, so steht dort keine Schreibfigur, die aus einem senkrechten und drei wagerechten Strichen besteht."	Keine, weil keine Axiome.

Die Geltungsfrage eines bestimmten axiomatischen Systems mit bestimmten Zuordnungsdefinitionen ist die Frage nach der Gültigkeit der Gesetze, die durch Übersetzung der Axiome in die Sprache der Wissenschaft (der Physik) entstehen (Beispiel 1b).

Hier entsteht z. B. die wichtige Geltungsfrage in bezug auf die euklidische oder eine bestimmte nichteuklidische Geometrie.	Hier ist die Geltungsfrage kritisch in bezug auf die Existenzaxiome und besonders die Unendlichkeitsaxiome (z. B. „es gibt unendlich viele Variable").	Hier keine Geltungsfrage. (Über die Entbehrlichkeit eines Unendlichkeitsaxioms für die Arithmetik vgl. S. 87).

3. Empirische Sätze. Hiermit sind definite synthetische Sätze gemeint, die die empirische (nämlich geometrische bzw. schreibfigurelle) Beschaffenheit bestimmter physikalischer Gebilde angeben, seien sie nun auf Grund der Axiome beweisbar oder nicht. Die Sätze können entweder die nicht-axiomatische Terminologie anwenden (Beispiele 1a, 2a) oder in die axiomatische (geometrische bzw. syntaktische) Terminologie übersetzt sein (Beispiele 1b, 2b).

Beispiele.

1a. „Dieses Gebilde a ist ein Lichtstrahl im Vakuum.“

1b. „a bildet eine gerade Strecke.“

2a. „Diese drei Gebilde a, b, c sind Lichtstrahlen im Vakuum, von denen jeder die beiden anderen in verschiedenen Punkten schneidet.“

2b. „Die physikalischen Gebilde a, b, c bilden ein Dreieck.“

Beispiele. | Beispiele.

1a. „An der Stelle a dieses Buches steht ein Zeichen, das aus zwei horizontalen Strichen besteht.“

1b. „An der Stelle a dieses Buches steht ein Identitätszeichen“; mit Systemzeichen:

‚Id (a)‘. | ‚zei (a) = 15‘.

2a. „Im Stellengebiet a bis b dieses Buches steht eine Figurenreihe von der und der Gestalt.“

2b. „. . . steht ein Grundsatz der Sprache I.“

Von gleicher Art sind auch die folgenden Sätze:

3. „In jenem Buch steht ‚docendo discimus‘.“

4. „In jenem Buch wird behauptet, daß man durch Lehren lernt.“

5. „In der und der Abhandlung widersprechen einander die dort und dort stehenden Sätze.“

6. „Die Wortreihe an der und der Stelle ist sinnlos (d. h. kein Satz der und der Sprache).“

7. „An der und der Stelle steht ein empirisch falscher Satz.“ (Vgl. ‚P-widergültig‘, S. 137).

Hierher gehören die Sätze der gesamten Sprachgeschichte und Literaturgeschichte, insbesondere die der Geschichte der Wissenschaft, einschließlich der Mathematik und der Metaphysik, und zwar sowohl die den bloßen Wortlaut angebenden Sätze (Beispiele 2a, 3), als auch die Sätze (Beispiele 2b, 4 bis 7), die die Syntax der betreffenden Sprache und unter Umständen auch gewisse synthetische Prämissen voraussetzen, darunter besonders auch solche Sätze, die auf Grund der logischen Analyse oder der Empirie an irgendwelchen Aufstellungen Kritik üben.

III. Die indefinite Sprache II.

A. Formbestimmungen für Sprache II.

26. Zeichenbestand der Sprache II.

Die bisher behandelte Sprache I enthält nur definite Begriffe; auf mathematischem Gebiet enthält sie nur die Arithmetik der natürlichen Zahlen in einem Umfang, der etwa einer finitistischen oder intuitionistischen Auffassung entspricht. Die Sprache II umfaßt I als Teilsprache; alle Zeichen von I sind auch Zeichen von II, alle Sätze von I Sätze von II. Aber Sprache II ist weit reicher an Ausdrucksmitteln. Sie enthält auch indefinite Begriffe; sie umfaßt die klassische Mathematik (Funktionen reeller und komplexer Argumente; Grenzwerte; Infinitesimalrechnung; Mengenlehre); in ihr können auch die Sätze der Physik formuliert werden.

Es seien zunächst die in II vorkommenden Zeichen und die wichtigsten Ausdrücke angegeben. Die genauen Formbestimmungen für $\mathfrak{Z}$ und $\mathfrak{S}$ werden später aufgestellt (§ 28). Die für die Syntax von I verwendeten Frakturzeichen verwenden wir auch hier; dazu treten neue.

In II kommen außer den beschränkten Operatoren von I auch unbeschränkte Operatoren von der Form $(\mathfrak{z})$, $(\exists\, \mathfrak{z})$ und $(\mathrm{K}\mathfrak{z})$ vor. [Beispiel: ‚$(\exists\, x)\big(\mathrm{Prim}\,(x)\big)$', vgl. § 6.]

In II kommen $\mathfrak{fu}$ und $\mathfrak{pr}$ neuer syntaktischer Arten vor; sie werden in Stufen und Typen eingeteilt (§ 27). Wir wollen in dem Satz $\mathfrak{fu}\,(\mathfrak{A}_1) = \mathfrak{A}_2$ wie bisher $\mathfrak{A}_1$ den Argumentausdruck nennen, ferner $\mathfrak{A}_2$ den Wertausdruck. In II gibt es $\mathfrak{fu}$, bei denen nicht nur $\mathfrak{A}_1$ aus mehreren Gliedern, den sogenannten Argumenten, besteht, sondern auch $\mathfrak{A}_2$ aus mehreren Gliedern, den sogenannten Wertgliedern [z. B. $\mathfrak{Z}_3$, $\mathfrak{Z}_4$ und $\mathfrak{Z}_5$ in $\mathfrak{fu}\,(\mathfrak{Z}_1, \mathfrak{Z}_2) = \mathfrak{Z}_3, \mathfrak{Z}_4, \mathfrak{Z}_5$]. Es gibt nicht nur die Prädikate $\mathfrak{pr}$, sondern auch Prädikatausdrücke $\mathfrak{Pr}$ (der verschiedenen Typen), die aus mehreren Zeichen bestehen können, aber syntaktisch wie die $\mathfrak{pr}$ verwendet werden; ferner auch Funktorausdrücke $\mathfrak{Fu}$ (der verschiedenen Typen), die syntaktisch wie die $\mathfrak{fu}$ verwendet werden (Beispiele später). [Wie ein eingliedriger Ausdruck $\mathfrak{zz}$ ein $\mathfrak{Z}$ ist, so ist ein $\mathfrak{pr}$ ein $\mathfrak{Pr}$ und ein $\mathfrak{fu}$ ein $\mathfrak{Fu}$.] Es gibt $\mathfrak{pr}$ (und andere $\mathfrak{Pr}$), bei denen die Argumente nicht $\mathfrak{Z}$, sondern

$\mathfrak{Pr}$ oder $\mathfrak{Fu}$ (irgendwelcher Typen) sind; ferner gibt es $\mathfrak{fu}$ (und andere $\mathfrak{Fu}$), bei denen die Argumente und die Wertglieder nicht $\mathfrak{Z}$, sondern $\mathfrak{Pr}$ oder $\mathfrak{Fu}$ (irgendwelcher Typen) sind. Ein Argument- oder Wertausdruck (syntaktische Bezeichnung ‚$\mathfrak{Arg}$') besteht somit aus einem oder mehreren durch Kommata getrennten Ausdrücken der Formen $\mathfrak{Z}$, $\mathfrak{Pr}$, $\mathfrak{Fu}$.

In II gibt es Variable verschiedener Arten: nicht nur Zahlvariable $\mathfrak{z}$ (‚u', ‚v', ... ‚z'), sondern auch Prädikatvariable $\mathfrak{p}$ (‚F', ‚G', ‚H'; ‚M', ‚N') und Funktorvariable $\mathfrak{f}$ (‚f', ‚g', ‚h'). [Wie wir die $\mathfrak{z}$ zu den $\mathfrak{zz}$ rechnen, so auch die $\mathfrak{p}$ zu den $\mathfrak{pr}$ und die $\mathfrak{f}$ zu den $\mathfrak{fu}$.] Die Variablen $\mathfrak{p}$ und $\mathfrak{f}$ (aller Typen) kommen auch in unbeschränkten Operatoren vor: $(\mathfrak{p})$; $(\exists\, \mathfrak{p})$; $(\mathfrak{f})$; $(\exists\, \mathfrak{f})$.

In II wird das Identitätszeichen ‚$=$' nicht nur zwischen $\mathfrak{Z}$ und zwischen $\mathfrak{S}$ angewendet (zwischen $\mathfrak{S}$ auch hier meist ‚$\equiv$' geschrieben), sondern auch zwischen $\mathfrak{Pr}$ und zwischen $\mathfrak{Fu}$. [Beispiele (für den einfachsten Typus). ‚$P_1 = P_2$' soll gleichbedeutend sein mit ‚$(x)\left(P_1(x) \equiv P_2(x)\right)$'; ‚$\mathrm{fu}_1 = \mathrm{fu}_2$' soll gleichbedeutend sein mit ‚$(x)\left(\mathrm{fu}_1(x) = \mathrm{fu}_2(x)\right)$'.] Die Nullgleichung ‚$0 = 0$' wollen wir mit ‚$\mathfrak{N}$' bezeichnen.

In II kommen auch Satzzeichen $\mathfrak{sa}$ vor; und zwar sowohl Satzkonstanten, also Zeichen, die als Abkürzungen für bestimmte Sätze verwendet werden, als auch Satzvariable $\mathfrak{s}$ (‚p', ‚q', ... ‚t'). Die $\mathfrak{s}$ kommen auch in Operatoren der Form $(\mathfrak{s})$ und $(\exists\, \mathfrak{s})$ vor. Als gemeinsame Bezeichnung für die Variablen der vier genannten Arten ($\mathfrak{z}$, $\mathfrak{p}$, $\mathfrak{f}$, $\mathfrak{s}$) verwenden wir ‚$\mathfrak{v}$'; alle übrigen Zeichen heißen Konstanten (‚$\mathfrak{k}$').

27. Einteilung der Typen.

Jedes $\mathfrak{Pr}$, also auch jedes $\mathfrak{pr}$ und jedes $\mathfrak{p}$, gehört zu einem bestimmten Typus. Ferner schreiben wir den $\mathfrak{Z}$ einen Typus zu, und zwar den Typus 0. Ein bestimmtes $\mathfrak{Pr}$ kann immer nur Argumente bestimmter Typen haben, ein $\mathfrak{Fu}$ nur Argumente und Wertglieder bestimmter Typen. Damit $\mathfrak{Pr}_1(\mathfrak{A}_1, \mathfrak{A}_2, .. \mathfrak{A}_n)$ und $\mathfrak{Pr}_1(\mathfrak{B}_1, \mathfrak{B}_2, .. \mathfrak{B}_n)$ Sätze sind, ist notwendig, daß $\mathfrak{A}_1$ und $\mathfrak{B}_1$ denselben Typus haben, ferner $\mathfrak{A}_2$ und $\mathfrak{B}_2$ denselben Typus (der aber ein anderer als der von $\mathfrak{A}_1$ sein kann) usf. Damit $\mathfrak{Fu}_1(\mathfrak{A}_1, .. \mathfrak{A}_m) = \mathfrak{A}_{m+1}, .. \mathfrak{A}_{m+n}$ und $\mathfrak{Fu}_1(\mathfrak{B}_1, .. \mathfrak{B}_m) = \mathfrak{B}_{m+1}, .. \mathfrak{B}_{m+n}$ Sätze sind, müssen $\mathfrak{A}_i$ und $\mathfrak{B}_i$ ($i = 1$ bis $m + n$) denselben Typus haben. Der Typus eines $\mathfrak{Pr}$ ist bestimmt durch die Typen der Argumente (wobei Anzahl und Reihenfolge zu berücksichtigen sind); der Typus eines 𝔉𝔲 ist bestimmt durch die Typen der Argumente und der Wertglieder.

Die Bestimmung des **Typus** eines Ausdrucks geschieht nach folgenden Regeln. Jedes 𝔷 (also auch jedes 𝔷𝔷) hat den Typus 0. Haben die n Glieder eines 𝔄𝔯𝔤 die Typen $t_1, t_2, \ldots t_n$ (in dieser Reihenfolge), so schreiben wir dem 𝔄𝔯𝔤 den Typus $t_1, t_2, \ldots t_n$ zu. [Die Zeichen ‚t' mit Index sind nicht selbst syntaktische Typusbezeichnungen, sondern syntaktische Variable für solche.] Hat in dem Satz $\mathfrak{Pr}_1(\mathfrak{Arg}_1)$ $\mathfrak{Arg}_1$ den Typus t_1, so schreiben wir dem $\mathfrak{Pr}_1$ den Typus (t_1) zu. Hat in dem Satz $\mathfrak{Fu}_1(\mathfrak{Arg}_1) = \mathfrak{Arg}_2$ $\mathfrak{Arg}_1$ den Typus t_1, $\mathfrak{Arg}_2$ den Typus t_2, so schreiben wir dem $\mathfrak{Fu}_1$ den Typus $(t_1 : t_2)$ und dem Ausdruck $\mathfrak{Fu}_1(\mathfrak{Arg}_1)$ den Typus t_2 zu.

Beispiele. 1. ‚Gr (5, 3)' ist ein Satz; ‚5' hat den Typus 0, ‚5, 3' den Typus 0, 0, also hat das 𝔭𝔯 ‚Gr' den Typus (0, 0). — 2. ‚sum (2, 3) = x' ist ein Satz; also hat das 𝔣𝔲 ‚sum' den Typus (0, 0 : 0). — 3. ‚M' sei ein 𝔭𝔯, dessen Argumente nicht 𝔷 sind, sondern ein 𝔭𝔯 und ein 𝔣𝔲 der eben genannten Typen, so daß z. B. ‚M (Gr, sum)' ein Satz ist. Dann hat ‚M' den Typus ((0, 0), (0, 0 : 0)).

Durch den Typus eines Ausdrucks ist auch seine **Stufenzahl** bestimmt, und zwar nach folgenden Regeln. Den 𝔷 schreiben wir die Stufenzahl 0 zu. Die Stufenzahl eines 𝔄𝔯𝔤 ist gleich der größten Stufenzahl seiner Glieder. Die Stufenzahl eines 𝔓𝔯 ist um 1 größer als die des zugehörigen 𝔄𝔯𝔤. Die Stufenzahl eines 𝔉𝔲 ist um 1 größer als die größte der beiden zugehörigen 𝔄𝔯𝔤. Nach den früheren Regeln besteht jede Typusbezeichnung, abgesehen von Kommata und Doppelpunkten, aus Nullen und Klammern. Aus einer solchen Bezeichnung ergibt sich leicht die Stufenzahl; sie ist die größte Anzahl von Klammernpaaren, in die eine Null der Typusbezeichnung eingeschlossen ist. Den Frakturzeichen ‚𝔓𝔯' usw. hängen wir (wie früher) nach Bedarf rechte obere Indizes zur Bezeichnung der Anzahl der Argumentglieder an, ferner nach Bedarf linke obere Indizes zur Bezeichnung der Stufenzahl.

Die hier vorgenommene Typeneinteilung ist im Grunde die von Ramsey vorgeschlagene sog. einfache Typeneinteilung. Sie ist hier dadurch ergänzt, daß sie nicht nur auf 𝔭𝔯, sondern auch auf 𝔣𝔲, 𝔓𝔯 und 𝔉𝔲 ausgedehnt ist; ferner werden hier die Typusbezeichnungen eingeführt. Bei der von Russell ursprünglich aufgestellten sog. verzweigten Typeneinteilung werden die $\mathfrak{pr}$ weiter unterteilt, wobei nicht nur der Typus der Argumente des betreffenden $\mathfrak{pr}$ berücksichtigt wird, sondern auch die Form seiner Definition; ferner werden auch die Sätze in Typen eingeteilt, während hier in II für ein $\mathfrak{f}$ jeder Satz eingesetzt werden kann. Um gewisse Schwierigkeiten zu überwinden, die bei Anwendung der verzweigten Einteilung auftreten, stellte Russell das Reduzibilitätsaxiom auf. Dieses wird bei Beschränkung auf die einfache Typeneinteilung überflüssig.

Beispiele. 1. ‚Gr' hat den Typus (0, 0) (s. o.), also die Stufenzahl 1; ‚Gr' ist also ein $^1\mathfrak{pr}^2$, in Worten: ein zweistelliges Prädikat erster Stufe. — 2. Da jedes $\mathfrak{Z}$ den Typus 0 und die Stufenzahl 0 besitzt, sind alle in I vorkommenden $\mathfrak{pr}$ $^1\mathfrak{pr}$; die vorkommenden Typen sind: (0); (0, 0); (0, 0, 0) usw. Alle $\mathfrak{fu}$ von I sind $^1\mathfrak{fu}$; Typen: (0 : 0); (0, 0 : 0); (0, 0, 0 : 0) usw. — 3. Im obigen Beispiel (3) ist ‚M' ein $^2\mathfrak{pr}^2$. — 4. Kommen in irgendeinem Zusammenhang häufig Sätze der Form $(\mathfrak{z}_1)(\mathfrak{pr}_1(\mathfrak{z}_1) \supset \mathfrak{pr}_2(\mathfrak{z}_1))$ vor, so ist es zweckmäßig, zur Abkürzung das $\mathfrak{pr}$ ‚Tl' („... ist Teileigenschaft von ...") einzuführen; Definition: ‚$\mathrm{Tl}(F, G) \equiv (x)[F(x) \supset G(x)]$'. Da ‚$F$' und ‚$G$' hier $^1\mathfrak{pr}^1$ vom Typus (0) sind, so ist ‚Tl' ein $^2\mathfrak{pr}^2$ vom Typus ((0), (0)). — 5. Es sei ‚$(x)[(\mathrm{P}_1(x) \vee \mathrm{P}_2(x)) \equiv \mathrm{P}_3(x)]$' beweisbar. In Anlehnung an die Terminologie der Mengenlehre mag man hier (die Eigenschaft) P_3 als Vereinigung von P_1 und P_2 bezeichnen. Zur Abkürzung wollen wir das Zeichen ‚ver' einführen derart, daß der Ausdruck ‚ver $(\mathrm{P}_1, \mathrm{P}_2)$' die Vereinigung von P_1 und P_2 bedeutet, also im angegebenen Fall gleichbedeutend mit ‚P_3' ist. ‚ver $(\mathrm{P}_1, \mathrm{P}_2)$' ist somit ein $\mathfrak{Pr}$ von demselben Typus wie ‚P_3', also (0). Jener beweisbare Satz kann jetzt kürzer so formuliert werden: ‚ver $(\mathrm{P}_1, \mathrm{P}_2) = \mathrm{P}_3$'. ‚ver' ist ein $\mathfrak{fu}$; jedes der beiden Argumente und das Wertglied hat den Typus (0); also ist ‚ver' ein $^2\mathfrak{fu}^2$ vom Typus ((0), (0) : (0)). Die Definition für ‚ver' lautet: ‚$\mathrm{ver}(F, G)(x) \equiv (F(x) \vee G(x))$'. Hier wird das $\mathfrak{Pr}$ ‚ver(F, G)' syntaktisch verwendet wie ein $\mathfrak{pr}$ desselben Typus (0). — 6. ‚F' sei ein $^1\mathfrak{p}$ vom Typus (0); ‚Kl' sei ein $^2\mathfrak{pr}$ vom Typus ((0)) (in anderer Sprechweise: eine Klasse von Klassen; vgl. § 37), so daß ‚Kl (F)' ein Satz ist. ‚verkl (Kl)' bedeute die Vereinigungsklasse von Kl; hiermit ist diejenige Eigenschaft (oder Klasse) gemeint, die allen und nur den Zahlen zukommt, denen mindestens eine Eigenschaft zukommt, die die Eigenschaft zweiter Stufe Kl besitzt. Nehmen wir ‚M' als ein $^2\mathfrak{p}$ vom Typus ((0)), so lautet die Definition: ‚$\mathrm{verkl}(M)(x) \equiv (\exists F)(M(F) \,.\, F(x))$'. ‚verkl (M)' ist ein $^1\mathfrak{Pr}$ vom Typus (0); also ist ‚verkl' ein $^3\mathfrak{fu}$ vom Typus (((0)) : (0)). — 7. ‚klgem (F, G)' bedeute die kleinste gemeinsame Zahl der beiden Eigenschaften F und G, und 0, falls es keine solche Zahl gibt. Definition: ‚$\mathrm{klgem}(F, G) = (\mathrm{K}x)(F(x) \,.\, G(x))$'. Jedes der beiden Argumente von ‚klgem' hat den Typus (0). Der Wertausdruck von ‚klgem' (die rechte Seite der Gleichung) ist ein $\mathfrak{Z}$, hat also den Typus 0. Daher ist ‚klgem' ein $^2\mathfrak{fu}$ vom Typus ((0), (0) : 0), und ‚klgem (F, G)' ist ebenfalls ein $\mathfrak{Z}$. — Weitere Beispiele in § 37.

28. Formbestimmungen für Zahlausdrücke und Sätze.

Auf Grund der gegebenen Erläuterungen, die mit inhaltlichen Deutungen verbunden waren, können die Formbestimmungen für II in folgender Weise formal aufgestellt werden. (Vgl. die analogen Bestimmungen für I, § 9).

Wir setzen die früher gegebenen Definitionen folgender Begriffe voraus: ‚gebundene‘ und ‚freie Variable‘ (hier bezogen auf alle $\mathfrak{v}$, nämlich $\mathfrak{z}$, $\mathfrak{p}$, $\mathfrak{f}$, $\mathfrak{s}$); ‚offen‘ und ‚geschlossen‘ (S. 20); ‚definit‘ und ‚indefinit‘ (S. 41); ‚deskriptiv‘ und ‚logisch‘ (S. 23); ‚$\mathfrak{zz}$‘ und ‚$\mathfrak{St}$‘ (S. 24).

Ein Ausdruck hat dann und nur dann den Typus 0 — er heißt dann ein **Zahlausdruck** ($\mathfrak{Z}$) —, wenn er eine der folgenden Formen hat: 1. $\mathfrak{zz}$; 2. $\mathfrak{Z}'$; 3. $(K\mathfrak{z}_1)\,\mathfrak{Z}_1\,(\mathfrak{S})$ oder $(K\mathfrak{z}_1)\,(\mathfrak{S})$, wobei $\mathfrak{z}_1$ in $\mathfrak{Z}_1$ nicht frei vorkommt; 4. $\mathfrak{A}_2\,(\mathfrak{A}_1)$, wobei $\mathfrak{A}_1$ einen beliebigen Typus t_1 und $\mathfrak{A}_2$ den Typus $(t_1 : 0)$ hat (also ein $\mathfrak{Fu}$ ist).

Allgemein gilt: wenn $\mathfrak{A}_1$ den Typus t_1 und $\mathfrak{A}_2$ den Typus $(t_1 : t_2)$ hat — $\mathfrak{A}_2$ heißt dann ein **Funktorausdruck** ($\mathfrak{Fu}$) —, hat $\mathfrak{A}_2\,(\mathfrak{A}_1)$ den Typus t_2 (aber nicht nur in diesem Fall). Die gegebene Bestimmung (4) für $\mathfrak{Z}$ ist ein Spezialfall hiervon. Ein Ausdruck von einem Typus der Form (t_1), wo t_1 ein beliebiger Typus ist, heißt ein **Prädikatausdruck** ($\mathfrak{Pr}$).

Rekursive Bestimmungen für ‚n-stelliger Argumentausdruck‘ (oder ‚Wertausdruck‘) ($\mathfrak{Arg}^n$): ein $\mathfrak{Arg}^1$ hat die Form $\mathfrak{Z}$ oder $\mathfrak{Pr}$ oder $\mathfrak{Fu}$. Ein $\mathfrak{Arg}^{n+1}$ hat die Form $\mathfrak{Arg}^n, \mathfrak{Arg}^1$; haben hierbei $\mathfrak{Arg}_1$ und $\mathfrak{Arg}_2$ den Typus t_1 bzw. t_2, so hat $\mathfrak{Arg}_1, \mathfrak{Arg}_2$ den Typus t_1, t_2.

Ein Ausdruck heißt ein **Satz** ($\mathfrak{S}$) dann und nur dann, wenn er eine der folgenden Formen hat: 1. $\mathfrak{sa}$; 2. $\mathfrak{A}_1 = \mathfrak{A}_2$, wo $\mathfrak{A}_1$ und $\mathfrak{A}_2$ $\mathfrak{Z}$ oder $\mathfrak{Pr}$ oder $\mathfrak{Fu}$ von gleichem Typus sind; 3. $\sim(\mathfrak{S})$ oder $(\mathfrak{S})\,\mathfrak{verkn}\,(\mathfrak{S})$; 4. $(\mathfrak{z}_1)\,\mathfrak{Z}_1\,(\mathfrak{S})$ oder $(\exists\,\mathfrak{z}_1)\,\mathfrak{Z}_1\,(\mathfrak{S})$, wo $\mathfrak{z}_1$ in $\mathfrak{Z}_1$ nicht frei vorkommt; 5. $(\mathfrak{v})\,(\mathfrak{S})$ oder $(\exists\,\mathfrak{v})\,(\mathfrak{S})$; 6. $\mathfrak{A}_2\,(\mathfrak{A}_1)$, wo $\mathfrak{A}_1$ einen beliebigen Typus t_1 und $\mathfrak{A}_2$ den Typus (t_1) hat (also ein $\mathfrak{Pr}$ ist).

$\mathfrak{S}_1$ heißt ein atomarer Satz, wenn $\mathfrak{S}_1$ die Form $\mathfrak{N}$ oder $\mathfrak{pr}_1\,(\mathfrak{A}_1)$ oder $\mathfrak{fu}_1\,(\mathfrak{A}_2) = \mathfrak{A}_3$ hat, wobei $\mathfrak{pr}_1$ bzw. $\mathfrak{fu}_1$ ein undefiniertes ${}^1\mathfrak{pr}_\mathfrak{b}$ bzw. ${}^1\mathfrak{fu}_\mathfrak{b}$ ist und $\mathfrak{A}_1$, $\mathfrak{A}_2$ und $\mathfrak{A}_3$ $\mathfrak{Arg}$ sind, deren sämtliche Glieder $\mathfrak{St}$ sind. $\mathfrak{S}_1$ heißt ein molekularer Satz, wenn $\mathfrak{S}_1$ ein atomarer Satz ist oder aus einem oder mehreren solchen mit Negations- und Verknüpfungszeichen (und Klammern) gebildet ist. —

Manche syntaktischen Begriffsbildungen werden einfacher, wenn man nicht die gesamte Sprache II betrachtet, sondern gewisse **konzentrische Sprachbezirke** II_1, II_2, .., die eine unendliche Reihe bilden. Jeder Bezirk ist in bezug auf den Bestand an Zeichen, an Sätzen, an Ableitungen in allen folgenden Bezirken enthalten; und I ist in II_1 enthalten. Die Sprache II ist gewissermaßen die Vereinigung aller dieser Bezirke. Die Einteilung geschieht in folgender Weise. Alle Zeichen außer den $\mathfrak{pr}$ und $\mathfrak{fu}$ kommen schon in II_1, also in jedem Bezirk vor. Operatoren mit $\mathfrak{f}$ treten erst in II_2 auf. In II_1 kommen ${}^1\mathfrak{pr}$ und ${}^1\mathfrak{fu}$ als Konstanten und als freie Variable vor, aber nicht als gebundene Variable. Weiterhin kommen in einem Bezirk II_n ($n = 2, 3, ..$) $\mathfrak{pr}$ und $\mathfrak{fu}$ als Konstanten und als freie Variable bis zur Stufe n vor, aber als gebundene Variable nur bis zur Stufe n—1. [Die Abgrenzung zwischen II_1 und den weiteren Bezirken entspricht etwa der zwischen Hilberts engerem und erweitertem Funktionenkalkül.]

29. Formbestimmungen für Definitionen.

In II wollen wir nur **explizite Definitionen** zulassen. Das bedeutet keine Beschränkung, da jede rekursive Definition bei Verwendung unbeschränkter Operatoren durch eine explizite Definition ersetzt werden kann. $\mathfrak{fu}^m_1$ sei definiert durch eine rekursive Definition, die aus $\mathfrak{S}_1$ und $\mathfrak{S}_2$ besteht. Wir bilden aus diesen Sätzen $\mathfrak{S}_3$ und $\mathfrak{S}_4$, indem wir $\mathfrak{fu}_1$ überall durch $\mathfrak{f}_1$ ersetzen. Wir definieren nun $\mathfrak{fu}^m_2$ durch die folgende explizite Definition (über ‚( )' siehe S. 84; hier nur auf die $\mathfrak{z}$ bezogen):

$$\mathfrak{fu}_2(\mathfrak{z}_1, .. \mathfrak{z}_m) = (K\mathfrak{z}_n)(\exists\, \mathfrak{f}_1)\left[(\,)(\mathfrak{S}_3 \,.\, \mathfrak{S}_4) \,.\, (\mathfrak{z}_n = \mathfrak{f}_1(\mathfrak{z}_1, .. \mathfrak{z}_m))\right].$$

Dann ist $\mathfrak{fu}_1 = \mathfrak{fu}_2$ beweisbar, also $\mathfrak{fu}_2$ gleichbedeutend mit $\mathfrak{fu}_1$. Daher kann jene rekursive Definition durch diese explizite ersetzt werden.

Grundzeichen in II: 1. zwölf logische Konstanten, nämlich $\mathfrak{nu}$ und die elf Einzelzeichen (wie in I, vgl. S. 15, 22); 2. alle $\mathfrak{v}$; 3. nach Bedarf bestimmte $\mathfrak{pr}_b$ und $\mathfrak{fu}_b$ irgendwelcher Typen. [‚⊃' und ‚.' könnte man auch als definierte Zeichen einführen; wir nehmen sie unter die Grundzeichen auf und stellen ihre Definitionen als Grundsätze auf, um die übrigen Grundsätze einfacher formulieren zu können.]

Formbestimmungen für Definitionen. Jede Definition ist ein Satz von der Form $\mathfrak{A}_1 = \mathfrak{A}_2$; $\mathfrak{A}_1$ heißt Definiendum, $\mathfrak{A}_2$ Definiens. Das zu definierende Zeichen (ein $\mathfrak{zz}$, $\mathfrak{pr}$, $\mathfrak{fu}$, $\mathfrak{verkn}$ oder $\mathfrak{sa}$) kommt nur in $\mathfrak{A}_1$ vor; außerdem können in $\mathfrak{A}_1$ nur vorkommen: ungleiche Variable als Argumente, Kommata und Klammern. In $\mathfrak{A}_2$ kommt kein $\mathfrak{v}$ frei vor, das nicht in $\mathfrak{A}_1$ vorkommt. Daher ist ein definiertes $\mathfrak{sa}$ stets Abkürzung für einen geschlossenen Satz. [Beispiele für Definitionen: § 27, 37.]

Da alle Definitionen explizit sind, so kann im allgemeinen ein in einem Satz $\mathfrak{S}_1$ vorkommendes definiertes Zeichen $\mathfrak{a}_1$ eliminiert werden. Ist jedoch $\mathfrak{a}_1$ ein $\mathfrak{pr}$ oder $\mathfrak{fu}$, so ist die Elimination dann nicht ohne weiteres möglich, wenn $\mathfrak{a}_1$ in $\mathfrak{S}_1$ mindestens einmal ohne nachfolgendes $\mathfrak{Arg}$ (also entweder als Argument oder als Wertglied oder neben ‚=') vorkommt. Um diese Schwierigkeit zu beseitigen, kann man $\mathfrak{S}_1$ in folgender Weise in $\mathfrak{S}_3$ umformen. Man bildet $\mathfrak{S}_2$ dadurch aus $\mathfrak{S}_1$, daß man $\mathfrak{a}_1$ an allen Stellen, an denen es in $\mathfrak{S}_1$ ohne $\mathfrak{Arg}$ vorkommt, durch eine sonst in $\mathfrak{S}_1$ nicht vorkommende Variable $\mathfrak{v}_n$ (ein $\mathfrak{p}$ oder $\mathfrak{f}$) vom gleichen Typus ersetzt. $\mathfrak{S}_3$ wird dann gebildet in der Form

$$(\mathfrak{v}_1)(\mathfrak{v}_2)\,..\,(\mathfrak{v}_m)\big(\mathfrak{v}_n(\mathfrak{v}_1,..\,\mathfrak{v}_m) = \mathfrak{a}_1(\mathfrak{v}_1,..\,\mathfrak{v}_m)\big) \supset \mathfrak{S}_2.$$

Beispiel. ‚P_3' sei definiert durch ‚$P_3(x) \equiv (P_1(x) \,.\, P_2(x))$'. In ‚$M(P_3)$' ($\mathfrak{S}_1$) kann ‚$P_3$' zunächst nicht eliminiert werden. Wir formen $\mathfrak{S}_1$ um in $\mathfrak{S}_3$: ‚$(x)(F(x) \equiv P_3(x)) \supset M(F)$'. Hier ist die Elimination möglich: ‚$(x)(F(x) \equiv [P_1(x) \,.\, P_2(x)]) \supset M(F)$'.

B. Umformungsbestimmungen für Sprache II.

30. Die Grundsätze der Sprache II.

Zum Wertbereich einer Variablen $\mathfrak{z}$, $\mathfrak{p}$ oder $\mathfrak{f}$ gehören diejenigen Ausdrücke, die denselben Typus haben wie die Variable (also zum Wertbereich eines $\mathfrak{z}$ die $\mathfrak{Z}$). Zum Wertbereich eines $\mathfrak{s}$ gehören die $\mathfrak{S}$.

Einfache Einsetzung. ‚$\mathfrak{A}_2\binom{\mathfrak{v}_1}{\mathfrak{A}_1}$' ist eine syntaktische Kennzeichnung für denjenigen Ausdruck, der aus $\mathfrak{A}_2$ dadurch entsteht, daß $\mathfrak{v}_1$ an allen Stellen, an denen es in $\mathfrak{A}_2$ frei vorkommt, durch $\mathfrak{A}_1$ ersetzt wird. Hierbei muß $\mathfrak{A}_1$ ein Ausdruck des Wertbereiches von $\mathfrak{v}_1$ sein, der keine freie Variable enthält, die an einer der Einsetzungsstellen in $\mathfrak{A}_2$ gebunden ist.

Einsetzung mit Argumenten. ,$\mathfrak{A}_m\left(\begin{smallmatrix}\mathfrak{p}_1(\mathfrak{Arg}_1)\\ \mathfrak{S}_1\end{smallmatrix}\right)$' ist eine syntaktische Kennzeichnung für denjenigen Ausdruck $\mathfrak{A}_n$, der in folgender Weise gebildet wird. $\mathfrak{p}_1(\mathfrak{Arg}_1)$ ist ein Satz. Die Glieder von $\mathfrak{Arg}_1$ sind ungleiche Variable, etwa $\mathfrak{v}_1$, $\mathfrak{v}_2$, .. $\mathfrak{v}_k$. Diese brauchen in $\mathfrak{S}_1$ nicht notwendig vorzukommen; andrerseits können in $\mathfrak{S}_1$ auch freie Variable vorkommen, die in $\mathfrak{Arg}_1$ nicht vorkommen, aber nur solche, die an den Einsetzungsstellen (d. h. an den Stellen, an denen $\mathfrak{p}_1$ in $\mathfrak{A}_m$ frei vorkommt) in $\mathfrak{A}_m$ nicht gebunden sind. $\mathfrak{p}_1$ darf an keiner Einsetzungsstelle in $\mathfrak{A}_m$ ohne nachfolgenden Argumentausdruck stehen. [Ein derartiges Vorkommen kann unter Umständen in der S. 80 beschriebenen Weise beseitigt werden.] An den verschiedenen Einsetzungsstellen können hinter $\mathfrak{p}_1$ ungleiche $\mathfrak{Arg}$ stehen. An einer bestimmten Einsetzungsstelle stehe hinter $\mathfrak{p}_1$ der Argumentausdruck $\mathfrak{A}_1$, $\mathfrak{A}_2$, .. $\mathfrak{A}_k$. Dann wird an dieser Stelle $\mathfrak{p}_1(\mathfrak{A}_1, .. \mathfrak{A}_k)$ ersetzt durch $\mathfrak{S}_1\binom{\mathfrak{v}_1}{\mathfrak{A}_1}\binom{\mathfrak{v}_2}{\mathfrak{A}_2}..\binom{\mathfrak{v}_k}{\mathfrak{A}_k}$. $\mathfrak{A}_n$ entsteht dadurch, daß eine derartige Ersetzung in $\mathfrak{A}_m$ an allen Einsetzungsstellen vorgenommen wird.

Beispiel. $\mathfrak{A}_m$ sei ,$(x)(F(x,3)) \vee F(0,z) \vee (\exists F)(\mathrm{M}(F))$'. Es soll die Einsetzung $\left(\begin{smallmatrix}F(x,y)\\ u=\mathrm{fu}(x)\end{smallmatrix}\right)$ vorgenommen werden, wo ,fu' ein $\mathfrak{fu}$ ist. ,F' ist in $\mathfrak{A}_m$ nur beim ersten und zweiten Vorkommen frei; nur dies sind also die Einsetzungsstellen. Daher macht es nichts aus, daß ,F' beim dritten und vierten Vorkommen ohne $\mathfrak{Arg}$ steht. $\mathfrak{S}_1$ ist ,$u = \mathrm{fu}(x)$'. An der ersten Einsetzungsstelle müssen wir ,$F(x,3)$' ersetzen durch $\mathfrak{S}_1\binom{x}{x}\binom{y}{3}$, das ist $\mathfrak{S}_1$ selbst. An der zweiten Einsetzungsstelle müssen wir ,$F(0,z)$' ersetzen durch $\mathfrak{S}_1\binom{x}{0}\binom{y}{z}$, das ist ,$u = \mathrm{fu}(0)$'. Ergebnis der Einsetzung: ,$(x)(u = \mathrm{fu}(x)) \vee (u = \mathrm{fu}(0)) \vee (\exists F)(\mathrm{M}(F))$'. Daß die an der ersten Einsetzungsstelle gebundene Variable ,x' in dem hier einzusetzenden Ausdruck frei vorkommt, macht nichts aus; nur die „überschießende" Variable ,u' darf in $\mathfrak{A}_m$ an keiner der Einsetzungsstellen gebunden sein.

Grundsätze von II. Da wir in II über die Variablen $\mathfrak{f}$ und $\mathfrak{p}$ verfügen, können wir hier in vielen Fällen anstatt eines Grundsatzschemas einen Grundsatz selbst aufstellen. GII 1—3, 7—14 entsprechen den Schemata GI 1—11 von I (§ 11); dabei sind GII 10, 11 auf die neuen Variablenarten ausgedehnt.

a) Grundsätze des Satzkalküls.

GII 1. $p \supset (\sim p \supset q)$

GII 2. $(\sim p \supset p) \supset p$

GII 3. $(p \supset q) \supset \big((q \supset r) \supset (p \supset r)\big)$

GII 4. $(p \supset q) \equiv (\sim p \vee q)$

GII 5. $(p \,.\, q) \equiv \sim (\sim p \vee \sim q)$

GII 6. $\big((p \supset q) \,.\, (q \supset p)\big) \supset (p \equiv q)$

b) Grundsätze der beschränkten Satzoperatoren.

GII 7. $(x)\,0\,\big(F(x)\big) \equiv F(0)$

GII 8. $(x)\,y'\,\big(F(x)\big) \equiv \big[(x)\,y\,\big(F(x)\big) \,.\, F(y')\big]$

GII 9. $(\exists\, x)\,y\,\big(F(x)\big) \equiv \sim (x)\,y\,\big(\sim F(x)\big)$

c) Grundsätze der Identität.

GII 10. Jeder Satz der Form $\mathfrak{v}_1 = \mathfrak{v}_1$

GII 11. Jeder Satz der Form $(\mathfrak{v}_1 = \mathfrak{v}_2) \supset \left[\mathfrak{S}_1 \supset \mathfrak{S}_1\binom{\mathfrak{v}_1}{\mathfrak{v}_2}\right]$

d) Grundsätze der Arithmetik.

GII 12. $\sim (0 = x')$

GII 13. $(x' = y') \supset (x = y)$

e) Grundsätze der K-Operatoren.

GII 14. $G\,\big((\mathrm{K}x)\,y\,[F(x)]\big) \equiv \Big[\big(\sim (\exists\, x)\,y\,[F(x)] \,.\, G(0)\big) \vee (\exists\, x)\,y$ $\big(F(x) \,.\, (z)\,x\,[\sim (z = x) \supset \sim F(z)] \,.\, G(x)\big)\Big]$

GII 15. $G\,\big((\mathrm{K}x)\,[F(x)]\big) \equiv \Big[\big(\sim (\exists\, x)\,[F(x)] \,.\, G(0)\big) \vee (\exists\, x)\,\big(F(x)$ $.\, (z)\,x\,[\sim (z = x) \supset \sim F(z)] \,.\, G(x)\big)\Big]$

f) Grundsätze der unbeschränkten Satzoperatoren.

GII 16. Jeder Satz von der Form $(\mathfrak{v}_1)\,(\mathfrak{S}_1) \supset \mathfrak{S}_1\binom{\mathfrak{v}_1}{\mathfrak{A}}$

GII 17. Jeder Satz von der Form $(\mathfrak{p}_1)\,(\mathfrak{S}_1) \supset \mathfrak{S}_1\binom{\mathfrak{p}_1(\mathfrak{Arg}_1)}{\mathfrak{S}_2}$

GII 18. Jeder Satz von der Form $(\exists\, \mathfrak{v}_1)\,(\mathfrak{S}_1) \equiv \sim (\mathfrak{v}_1)\,(\sim \mathfrak{S}_1)$

GII 19. Jeder Satz von der Form $(\mathfrak{v}_1)\,(\mathfrak{s}_1 \vee \mathfrak{S}_1) \supset [\mathfrak{s}_1 \vee (\mathfrak{v}_1)\,(\mathfrak{S}_1)]$

g) Grundsatz der vollständigen Induktion.

GII 20. $\big[F(0) \,.\, (x)\,\big(F(x) \supset F(x')\big)\big] \supset (x)\,\big(F(x)\big)$

h) Grundsatz der Auswahl.

GII 21. Jeder Satz von der Form $\Big((\mathfrak{p}_2)\,[\mathfrak{p}_1(\mathfrak{p}_2) \supset (\exists\, \mathfrak{v}_1)[\mathfrak{p}_2(\mathfrak{v}_1)]]$ $.\, (\mathfrak{p}_2)\,(\mathfrak{p}_3)\,\big[\big(\mathfrak{p}_1(\mathfrak{p}_2) \,.\, \mathfrak{p}_1(\mathfrak{p}_3) \,.\, (\exists\, \mathfrak{v}_1)\,[\mathfrak{p}_2(\mathfrak{v}_1) \,.\, \mathfrak{p}_3(\mathfrak{v}_1)]\big) \supset$ $(\mathfrak{p}_2 = \mathfrak{p}_3)\big]\Big) \supset (\exists\, \mathfrak{p}_4)\,(\mathfrak{p}_2)\,\big(\mathfrak{p}_1(\mathfrak{p}_2) \supset \big[(\exists\, \mathfrak{v}_1)\,[\mathfrak{p}_2(\mathfrak{v}_1) \,.\, \mathfrak{p}_4(\mathfrak{v}_1)]$ $.\, (\mathfrak{v}_1)\,(\mathfrak{v}_2)\,\big([\mathfrak{p}_2(\mathfrak{v}_1) \,.\, \mathfrak{p}_4(\mathfrak{v}_1) \,.\, \mathfrak{p}_2(\mathfrak{v}_2) \,.\, \mathfrak{p}_4(\mathfrak{v}_2)] \supset (\mathfrak{v}_1 = \mathfrak{v}_2)\big)\big]\big)$, wobei $\mathfrak{v}_1$ (und daher auch $\mathfrak{v}_2$) ein $\mathfrak{p}$ oder $\mathfrak{f}$ ist.

i) Grundsätze der Extensionalität.

GII 22. Jeder Satz von der Form $(\mathfrak{v}_1)\big(\mathfrak{p}_1(\mathfrak{v}_1) \equiv \mathfrak{p}_2(\mathfrak{v}_1)\big) \supset (\mathfrak{p}_1 = \mathfrak{p}_2)$

GII 23. Jeder Satz von der Form

$$(\mathfrak{v}_1)(\mathfrak{v}_2)\,..\,(\mathfrak{v}_n)\big(\mathfrak{f}_1(\mathfrak{v}_1,\,..\,\mathfrak{v}_n) = \mathfrak{f}_2(\mathfrak{v}_1,\,..\,\mathfrak{v}_n)\big) \supset (\mathfrak{f}_1 = \mathfrak{f}_2)$$

Die in den Schemata genannten Variablen dürfen beliebigen Typus haben; die Forderung, daß der ganze Ausdruck ein Satz sein soll, reicht hin, um das richtige Verhältnis der Typen der verschiedenen Variablen zueinander zu sichern. [Hat z. B. in GII 21 $\mathfrak{v}_1$ den Typus t_1 (beliebig, aber nicht 0), so ergibt sich, daß $\mathfrak{p}_2$, $\mathfrak{p}_3$ und $\mathfrak{p}_4$ den Typus (t_1), $\mathfrak{p}_1$ den Typus $((t_1))$ haben muß.] — GII 4—6 sind Ersatz für Definitionen der Verknüpfungszeichen ‚$\supset$', ‚.' und ‚=' (zwischen $\mathfrak{S}$); sie entsprechen RI 2a—c. GII 6 braucht nur als Implikation aufgestellt zu werden; die umgekehrte Implikation ergibt sich mit Hilfe von GII 11. — GII 16, 17 sind die wichtigsten Bestimmungen für den unbeschränkten Alloperator; durch diese Schemata wird die einfache Einsetzung bzw. die Einsetzung mit Argumenten ermöglicht. — GII 18 vertritt eine explizite Definition des unbeschränkten Existenzoperators. — GII 19 ermöglicht die sogenannte Verschiebung des Alloperators. — GII 20 ist das Prinzip der vollständigen Induktion; es war in I als Schlußregel (RI 4) formuliert, kann hier aber mit Hilfe des unbeschränkten Operators als Grundsatz formuliert werden. — GII 21 ist das Auswahlprinzip von Zermelo in verallgemeinerter Form (auf beliebige Typen bezogen); es besagt: „Wenn *M* eine Klasse (dritter oder höherer Stufe) ist, deren Elementklassen nicht leer und einander fremd sind, so gibt es mindestens eine Auswahlklasse *H* von *M*, d. h. eine Klasse *H*, die mit jeder Elementklasse von *M* genau Ein Element gemein hat." Wird dieser Satz auf Zahlen als Elemente bezogen, so ist er ohne GII 21 beweisbar (man kann in diesem Fall die Auswahlklasse z. B. dadurch bilden, daß man aus jeder Elementklasse von *M* die kleinste Zahl wählt). Deshalb wird in GII 21 bestimmt, daß $\mathfrak{v}_1$ und $\mathfrak{v}_2$ nicht $\mathfrak{z}$, sondern $\mathfrak{p}$ oder $\mathfrak{f}$ sind. — Die Aufstellung von GII 22 bewirkt (im Zusammenhang mit GII 11), daß zwei $\mathfrak{pr}$, die umfangsgleich sind, überall vertauschbar, also synonym sind. Daher sind alle Sätze von II extensional in bezug auf $\mathfrak{Pr}$ (vgl. § 66). GII 23 bewirkt Entsprechendes für die $\mathfrak{Fu}$. Man beachte, daß eine Gleichung der

Form $\mathfrak{Z}_1 = \mathfrak{Z}_2$ oder $\mathfrak{Pr}_1 = \mathfrak{Pr}_2$ oder $\mathfrak{Fu}_1 = \mathfrak{Fu}_2$ keineswegs besagt, daß die beiden Gleichungsglieder gleichbedeutend sind. Die beiden Ausdrücke sind dann und nur dann gleichbedeutend (synonym), wenn die Gleichung analytisch ist.

31. Die Schlußregeln der Sprache II.

Die *Schlußregeln* von II sind sehr einfach:

RII 1. Regel der *Implikation.* $\mathfrak{S}_3$ heißt *unmittelbar ableitbar* aus $\mathfrak{S}_1$ und $\mathfrak{S}_2$, wenn $\mathfrak{S}_2$ die Form $\mathfrak{S}_1 \supset \mathfrak{S}_3$ hat.

RII 2. Regel des *Alloperators.* $\mathfrak{S}_3$ heißt *unmittelbar ableitbar* aus $\mathfrak{S}_1$, wenn $\mathfrak{S}_3$ die Form $(\mathfrak{v})(\mathfrak{S}_1)$ hat.

Von den vier Schlußregeln von I (§ 12) bleibt hier nur RI 3 (= RII 1) bestehen. RI 1 wird durch GII 16, 17 und RII 2 ersetzt: aus $\mathfrak{S}_1$ ist nach RII 2 $(\mathfrak{v}_1)(\mathfrak{S}_1)$ bzw. $(\mathfrak{p}_1)(\mathfrak{S}_1)$ ableitbar, hieraus nach GII 16 bzw. 17 und RII 1 $\mathfrak{S}_1\binom{\mathfrak{v}_1}{\mathfrak{A}}$ bzw. $\mathfrak{S}_1\binom{\mathfrak{p}_1(\mathfrak{A}_1)}{\mathfrak{S}_2}$. RI 2 ist durch GII 4—6 ersetzt; RI 4 durch GII 20.

Bei der Aufstellung einer Sprache hat man häufig die *Wahl*, ob man für eine gewisse Bestimmung die Form eines *Grundsatzes* oder die einer *Schlußregel* wählen will. Falls es in einfacher Weise möglich ist, wird man meist die erstere Form vorziehen. [Beispiel. Das Prinzip der vollständigen Induktion kann in I nur als Regel formuliert werden, in II als Grundsatz oder als Regel; wir haben das erstere gewählt. Weitere Beispiele ergeben sich aus dem Vergleich mit anderen Systemen, s. § 33.] Doch ist die Auffassung unzutreffend, daß es einen prinzipiellen Unterschied folgender Art gebe: für die Aufstellung einer Regel sei die Syntaxsprache (gewöhnlich eine Wortsprache) nötig, zur Aufstellung eines Grundsatzes dagegen nicht. Vielmehr muß genau genommen die letztere auch in der Syntaxsprache formuliert werden, nämlich durch die Bestimmung „. . . soll ein Grundsatz sein“ (oder „. . . soll unmittelbar ableitbar aus der leeren Klasse sein“, vgl. S. 124).

Die Begriffe ‚*Ableitung*‘, ‚*ableitbar*‘, ‚*Beweis*‘, ‚*beweisbar*‘ haben hier dieselbe Definition wie für I (S. 27). Sind $\mathfrak{v}_1, \mathfrak{v}_2, .. \mathfrak{v}_n$ die freien Variablen von $\mathfrak{S}_1$ in der Reihenfolge ihres ersten Auftretens, so soll ‚$()(\mathfrak{S}_1)$‘ den geschlossenen Satz $(\mathfrak{v}_1)(\mathfrak{v}_2) .. (\mathfrak{v}_n)(\mathfrak{S}_1)$ bezeichnen; ist $\mathfrak{S}_1$ geschlossen, so ist $()(\mathfrak{S}_1)$

$\mathfrak{S}_1$ selbst. $\mathfrak{S}_1$ heißt **widerlegbar**, wenn $\sim ()(\mathfrak{S}_1)$ beweisbar ist. $\mathfrak{S}_1$ heißt **entscheidbar**, wenn $\mathfrak{S}_1$ beweisbar oder widerlegbar ist; andernfalls **unentscheidbar**. Die Begriffe ‚Folge', ‚analytisch' usw. werden später erörtert (§ 34).

32. Ableitungen und Beweise in II.

Es seien einige einfache Sätze über Beweisbarkeit und Ableitbarkeit in II angegeben. [Die Beweis- und Ableitungsschemata sind abgekürzt.]

Satz 32·1. Jeder Satz einer der folgenden Formen ist in II beweisbar:

a) $\mathfrak{S}_1 \binom{\mathfrak{v}_1}{\mathfrak{A}} \supset (\exists\, \mathfrak{v}_1)(\mathfrak{S}_1)$.

Beweisschema. GII 16	$(\mathfrak{v}_1)(\sim \mathfrak{S}_1) \supset (\sim \mathfrak{S}_1)\binom{\mathfrak{v}_1}{\mathfrak{A}_1}$	(1)
(1)	$(\mathfrak{v}_1)(\sim \mathfrak{S}_1) \supset \sim (\mathfrak{S}_1)\binom{\mathfrak{v}_1}{\mathfrak{A}_1}$	(2)
(2), Satzkalkül (Wendung)	$\mathfrak{S}_1 \binom{\mathfrak{v}_1}{\mathfrak{A}_1} \supset \sim (\mathfrak{v}_1)(\sim \mathfrak{S}_1)$	(3)
(3), GII 18	$\mathfrak{S}_1 \binom{\mathfrak{v}_1}{\mathfrak{A}_1} \supset (\exists\, \mathfrak{v}_1)(\mathfrak{S}_1)$	(4)

b) $(\mathfrak{v}_1)(\mathfrak{S}_1) \supset (\exists\, \mathfrak{v}_1)(\mathfrak{S}_1)$. Aus GII 16, Satz 1a.

c) $(\exists\, \mathfrak{z}_1)(\mathfrak{z}_1 = \mathfrak{z}_1)$. Aus GII 10, RII 2, Satz 1b.

Satz 32·2. In II ist ableitbar:

a) Aus $\mathfrak{S}_1 \supset \mathfrak{S}_2$, wo $\mathfrak{v}_1$ in $\mathfrak{S}_1$ nicht frei vorkommt: $\mathfrak{S}_1 \supset (\mathfrak{v}_1)(\mathfrak{S}_2)$.

Ableitungsschema. Prämisse: $\mathfrak{S}_1 \supset \mathfrak{S}_2$, $\mathfrak{v}_1$ kommt in $\mathfrak{S}_1$ nicht frei vor;		(1)
(1), Satzkalkül	$\sim \mathfrak{S}_1 \vee \mathfrak{S}_2$	(2)
(2), RII 2	$(\mathfrak{v}_1)(\sim \mathfrak{S}_1 \vee \mathfrak{S}_2)$	(3)
(3), GII 19	$\sim \mathfrak{S}_1 \vee (\mathfrak{v}_1)(\mathfrak{S}_2)$	(4)
(4), Satzkalkül	$\mathfrak{S}_1 \supset (\mathfrak{v}_1)(\mathfrak{S}_2)$	(5)

b) Aus $\mathfrak{S}_1 \supset \mathfrak{S}_2$, wo $\mathfrak{v}_1$ in $\mathfrak{S}_2$ nicht frei vorkommt: $(\exists\, \mathfrak{v}_1)(\mathfrak{S}_1) \supset \mathfrak{S}_2$.

Ableitungsschema. Prämisse: $\mathfrak{S}_1 \supset \mathfrak{S}_2$, $\mathfrak{v}_1$ kommt in $\mathfrak{S}_2$ nicht frei vor;		(1)
(1), Satzkalkül	$\mathfrak{S}_2 \vee \sim \mathfrak{S}_1$	(2)
(2), RII 2	$(\mathfrak{v}_1)(\mathfrak{S}_2 \vee \sim \mathfrak{S}_1)$	(3)
(3), GII 19	$\mathfrak{S}_2 \vee (\mathfrak{v}_1)(\sim \mathfrak{S}_1)$	(4)
(4), Satzkalkül	$\sim (\mathfrak{v}_1)(\sim \mathfrak{S}_1) \supset \mathfrak{S}_2$	(5)
(5), GII 18	$(\exists\, \mathfrak{v}_1)(\mathfrak{S}_1) \supset \mathfrak{S}_2$	(6)

c) Aus $\mathfrak{S}_1 \supset (\mathfrak{v})(\mathfrak{S}_2) : \mathfrak{S}_1 \supset \mathfrak{S}_2$.

Ableitungsschema. Prämisse:	$\mathfrak{S}_1 \supset (\mathfrak{v}_1)(\mathfrak{S}_2)$	(1)
GII 16	$(\mathfrak{v}_1)(\mathfrak{S}_2) \supset \mathfrak{S}_2$	(2)
(1), (2), Satzkalkül	$\mathfrak{S}_1 \supset \mathfrak{S}_2$	(3)

Satz 32·3. In II sind gegenseitig ableitbar:

a) $\mathfrak{S}_1$ und $(\mathfrak{v})(\mathfrak{S}_1)$; also auch $\mathfrak{S}_1$ und $()(\mathfrak{S}_1)$. Nach RII 2 und GII 16.

b) $(\mathfrak{v}_1)(\mathfrak{v}_2)(\mathfrak{S}_1)$ und $(\mathfrak{v}_2)(\mathfrak{v}_1)(\mathfrak{S}_1)$.

Ableitungsschema. Prämisse:	$(\mathfrak{v}_1)(\mathfrak{v}_2)(\mathfrak{S}_1)$	(1)
(1), zweimal GII 16	$\mathfrak{S}_1$	(2)
(2), zweimal RII 2	$(\mathfrak{v}_2)(\mathfrak{v}_1)(\mathfrak{S}_1)$	(3)

33. Vergleich der Grundsätze und Regeln von II mit denen anderer Systeme.

1. Das Verfahren, Grundsatzschemata an Stelle der Grundsätze selbst aufzustellen, stammt von v. Neumann [Beweisth.] und ist auch von Gödel [Unentscheidbare] und Tarski [Widerspruchsfr.] angewendet worden.

2. Satzkalkül. Russell [Princ. Math.] hatte fünf Grundsätze; diese wurden von Bernays [Aussagenkalkül] auf vier reduziert. Unser System von drei Grundsätzen GII 1—3 stammt von Lukasiewicz [Aussagenkalkül].

3. Funktionenkalkül. Hierunter wird gewöhnlich ein System verstanden, das etwa unseren Bestimmungen GII (1—3), 16—19, RII 1, 2 entspricht. Wir wollen diese Bestimmungen mit den entsprechenden einiger anderer Systeme vergleichen. Dabei soll kurz gezeigt werden, daß den abweichenden Grundsätzen und Regeln der andern Systeme (auf Grund einer geeignet zu wählenden Übersetzung) nachweisbare syntaktische Sätze über Beweisbarkeit bzw. Ableitbarkeit in II entsprechen. Allen beweisbaren Sätzen der anderen Systeme entsprechen daher ebensolche in II; jeder Ableitbarkeitsbeziehung in einem der andern Systeme eine solche in II. In den früheren Systemen (nicht nur den hier genannten) wird meist auch die Einsetzung mit Argumenten zugelassen und praktisch vorgenommen; für ihre Durchführung (vgl. S. 81) werden jedoch, wie es scheint, nirgends genaue Bestimmungen angegeben.

a) Russell ([Princ. Math.] ∗ 10, zweite Fassung des Funktionenkalküls) stellt GII 16 als Grundsatz auf (∗ 10·1: ‚$(x)(F(x)) \supset F(y)$'), nicht als Schema. Daher wäre eine Einsetzungsregel erforderlich, die aber nicht aufgestellt, sondern nur stillschweigend gehandhabt wird. Ferner wird GII 19 als Grundsatz (∗ 10·12) aufgestellt, GII 18 als Definition (∗ 10·01), RII 1, 2 als Regeln (∗ 1·1,

✱ 10·11). Für unseren Satz 32·3b (✱ 11·2) benötigt Russell einen in II nicht erforderlichen Grundsatz (✱ 11·07).

b) Hilbert [Logik] stellt wie Russell G II 16 als Grundsatz auf und fügt die erforderliche Einsetzungsregel (α) hinzu. Hilberts zweiter Grundsatz entspricht unserem Satz 32.1a. Hilbert hat noch drei weitere Regeln: Regel (β) entspricht RII 1, die Regeln (γ) den Sätzen 32·2a, b. GII 18 wird bei Hilbert bewiesen (Formel 33a), RII 2 als abgeleitete Regel (γ') gewonnen.

c) Gödel [Unentscheidbare] verwendet den Existenzoperator nicht; dadurch fällt GII 18 fort. Gödels Grundsatzschemata III 1, 2 entsprechen GII 16, 19. RII 1, 2 werden als Schlußregeln (Definition für ‚unmittelbare Folge') aufgestellt.

d) Tarski [Widerspruchsfr.] stellt für den Funktionenkalkül nicht Grundsätze, sondern nur Schlußregeln (Def. 9 für ‚Konsequenz') auf. 9 (2) ist eine Einsetzungsregel; Einsetzung mit Argumenten wird nicht zugelassen, so daß GII 17 fortfällt. 9 (3) entspricht RII 1. 9 (4) und 9 (5) entsprechen Satz 32·2a bzw. 2c. Durch 9 (5) wird RII 2 und (im Verein mit 9 (2)) GII 16 ersetzt. Da kein Existenzoperator verwendet wird, fällt GII 18 fort.

4. Arithmetik. Wir nehmen wie Peano ([Formulaire] II, § 2) ‚0' und ein Nachfolgerzeichen (‚'') als Grundzeichen. Peanos undefiniertes 𝔭𝔯 ‚Zahl' verwenden wir nicht, weil I und II Koordinatensprachen sind, so daß alle Ausdrücke des niedersten Typus Zahlausdrücke sind. Dadurch fallen von Peanos fünf Axiomen (1) und (2) fort; seinen Axiomen (3), (4), (5) entsprechen GII 13, 12, 20. — Über reelle Zahlen vgl. § 39.

5. Mengenlehre. Da wir die Mengen oder Klassen durch 𝔭𝔯 darstellen (vgl. § 37), so entsprechen den Axiomen der Mengenlehre Sätze mit Variablen 𝔭. — a) Ein Unendlichkeitsaxiom (Russell [Princ. Math.] II, 203; Fraenkel [Mengenlehre] 267, Ax. VII 307) ist in II nicht erforderlich; der entsprechende Satz (‚$(x)(\exists\, y)(y = x')$') ist beweisbar. Das beruht darauf, daß man bei Anwendung der Peanoschen Methode der Zahlenbezeichnung zu jedem Zahlausdruck einen Ausdruck für die nächsthöhere Zahl bilden kann (vgl. hierzu Bernays [Philosophie] 364). — b) Dem Auswahlaxiom von Zermelo (Russell [Princ. Math.] I, 561ff. [Math. Phil.] 123ff.; Fraenkel Ax. VI, 283ff.) entspricht GII 21. — c) Ein Axiom der Extensionalität (Fraenkel Def. 2, S. 272; Gödel [Unentscheidbare] Ax. V 1; Tarski· [Widerspruchsfr.] Def. 7 (3)) ist GII 22. — d) Ein Reduzibilitätsaxiom (Russell [Princ. Math.] I, 55) ist in II nicht erforderlich, da in der Syntax von II nur die sog. einfache Typeneinteilung, nicht Russells sog. verzweigte Typeneinteilung vorgenommen wird (vgl. S. 77). — e) Ein (dem Reduzibilitätsaxiom verwandtes) Komprehensionsaxiom (v. Neumann [Beweisth.] Ax. V 1; Gödel Ax. IV 1; Tarski Def. 7 (2); es entspricht etwa Fraenkels Aussonderungsaxiom V, 281) ist in II nicht erforderlich, da nach den syntaktischen Regeln für Definitionen durch jeden Satz mit n freien

Variablen ein $\mathfrak{pr}^n$ definiert werden kann. Dabei sind auch die sog. imprädikativen Definitionen nicht ausgeschlossen; über ihre Berechtigung vgl. § 44. — Es seien noch die im vorstehenden nicht genannten Axiome von Fraenkel ([Mengenlehre] § 16) untersucht. Das Axiom der Bestimmtheit (Fraenkel Ax. I) ist in II ein Sonderfall von GII 11. Fraenkels Axiome der Paarung, der Vereinigung, der Potenzmenge, der Aussonderung, der Ersetzung (II—V bzw. V', VIII) sind in II nicht erforderlich, da die durch diese Axiome geforderten Mengen ($\mathfrak{pr}$) stets definiert werden können; auch Prädikatfunktoren zur allgemeinen Bildung dieser Mengen können definiert werden (vgl. die Beispiele ‚ver' und ‚verkl', S. 77).

34. Folgebestimmungen für Sprache II.

Wir können hier wie früher (§ 14) zwei Deduktionsverfahren unterscheiden: das der Ableitung und das der Folgereihe. Die auf dem ersteren beruhenden Begriffe wollen wir a-Begriffe nennen; die wichtigsten sind: ‚ableitbar', ‚beweisbar', ‚widerlegbar', ‚unentscheidbar'. Ihnen stehen die f-Begriffe gegenüber: ‚Folge', ‚analytisch', ‚kontradiktorisch', ‚synthetisch'. Infolge des erheblich größeren Reichtums der Sprache II ($\mathfrak{pr}$ und $\mathfrak{fu}$ unendlich vieler Stufen) sind die Definitionen der f-Begriffe für II erheblich komplizierter als für I; sie erfordern die Einführung einer längeren Reihe von Hilfsbegriffen. Diese Definitionen sollen in einer Abhandlung aufgestellt werden, die an anderer Stelle veröffentlicht wird. Hier begnügen wir uns damit, die Methode der Definitionen anzudeuten.

Bei Sprache I haben wir mit Hilfe des Begriffes ‚Folge' die Begriffe ‚analytisch' und ‚kontradiktorisch' definiert. Für Sprache II erweist sich das umgekehrte Verfahren als technisch einfacher: es werden zunächst die Begriffe ‚analytisch' und ‚kontradiktorisch' definiert, und zwar für Sätze und für Satzklassen. Der Charakter der (hier nicht angegebenen) Definitionen sei an einigen Beispielen erläutert. Ein Satz mit definierten Zeichen heißt analytisch, wenn der durch Elimination dieser Zeichen entstehende Satz analytisch ist. Ein Satz $\mathfrak{S}_1$ mit der freien Variablen $\mathfrak{z}_1$ heißt analytisch, wenn alle Sätze von der Form $\mathfrak{S}_1\binom{\mathfrak{z}_1}{\mathfrak{St}}$ analytisch sind. Man könnte geneigt sein, analog zu bestimmen: ein Satz $\mathfrak{S}_1$ mit einer freien Variablen ${}^1\mathfrak{p}^1$, etwa $\mathfrak{p}_1$, heißt analytisch, wenn für jedes $\mathfrak{pr}_1$, das ein in II definierbares ${}^1\mathfrak{pr}^1_{\mathfrak{l}}$ ist, $\mathfrak{S}_1\binom{\mathfrak{p}_1}{\mathfrak{pr}_1}$ analytisch ist. Aber das würde die beabsichtigte Bedeutung für ‚analytisch‘ nicht treffen. Denn es ist möglich, daß $\mathfrak{S}_1$ die genannte Bedingung erfüllt, aber trotzdem nicht allgemeingültig ist, wenn nämlich $\mathfrak{S}_1$ unzutreffend ist für eine Zahleigenschaft, die durch kein in II definierbares $\mathfrak{pr}_{\mathfrak{l}}$ darstellbar ist. [*Für jede die Arithmetik enthaltende Sprache gibt es solche nicht-definierbaren Zahleigenschaften*, d. h. (formal gesprochen): in einer reicheren Sprache definierbare $\mathfrak{pr}_{\mathfrak{l}}$, für die kein umfangsgleiches $\mathfrak{pr}$ in dieser Sprache definiert werden kann. Denn die Klasse der in einer Sprache aufstellbaren Definitionen, also auch die der definierbaren Zeichen, ist höchstens abzählbar. Ist nun jedem $\mathfrak{pr}_{\mathfrak{l}}$ der Sprache eineindeutig eine Nummer zugeordnet (bei arithmetisierter Syntax z. B. die Gliedzahl), so ist, wie sich leicht zeigen läßt, die Klasse derjenigen Nummern, denen das zugeordnete $\mathfrak{pr}$ nicht zukommt, nicht durch eines der $\mathfrak{pr}$ dargestellt. (Dies ist der Gedankengang von Cantors Beweis der Überabzählbarkeit des Kontinuums.)] Wir müssen deshalb eine andere Bestimmung aufstellen. Wir wollen sie hier nur für den Fall angeben, daß $\mathfrak{p}_1$ in $\mathfrak{S}_1$ nur in Teilsätzen von der Form $\mathfrak{p}_1(\mathfrak{St})$ vorkommt. Dann heißt $\mathfrak{S}_1$ analytisch, wenn für jede beliebige Klasse $\mathfrak{K}_1$ (d. h. syntaktische Eigenschaft) von Ausdrücken $\mathfrak{St}$ derjenige Satz analytisch ist, der in folgender Weise aus $\mathfrak{S}_1$ gebildet wird: jeder Teilsatz $\mathfrak{p}_1(\mathfrak{St}_1)$ von $\mathfrak{S}_1$ wird, falls $\mathfrak{St}_1$ zu $\mathfrak{K}_1$ gehört, durch $\mathfrak{N}$ (das ist ‚$0 = 0$‘), und andernfalls durch $\sim \mathfrak{N}$ ersetzt. [Die Redewendung „für alle syntaktischen Eigenschaften“ kann in einer symbolischen Syntaxsprache formuliert werden, nämlich mit Hilfe eines Alloperators mit einer Prädikatvariablen.] Analoge Bestimmungen werden für $\mathfrak{p}$ und $\mathfrak{f}$ höherer Stufen aufgestellt; ferner auch für undefinierte $\mathfrak{pr}_{\mathfrak{b}}$ und $\mathfrak{fu}_{\mathfrak{b}}$.

Auf Grund der Begriffe ‚analytisch‘ und ‚kontradiktorisch‘ werden ‚*synthetisch*‘, ‚*unverträglich*‘ und ‚*verträglich*‘ hier analog definiert wie für I. Ferner nennen wir $\mathfrak{S}_2$ eine *Folge* von $\mathfrak{K}_1$ (in II), wenn $\mathfrak{K}_1 + \{\sim ()(\mathfrak{S}_2)\}$ kontradiktorisch ist. $\mathfrak{S}_1$ heißt *unabhängig* von $\mathfrak{K}_1$, wenn $\mathfrak{S}_1$ weder Folge von $\mathfrak{K}_1$ noch unverträglich mit $\mathfrak{K}_1$ ist. Es kommt vor, daß $\mathfrak{S}_1$ Folge einer unendlichen Satzklasse $\mathfrak{K}_1$ ist, ohne Folge irgendeiner echten Teilklasse von $\mathfrak{K}_1$ zu sein. [Beispiel. $\mathfrak{pr}_1$ sei ein undefiniertes $\mathfrak{pr}_{\mathfrak{b}}$; $\mathfrak{K}_1$ sei die Klasse der Sätze $\mathfrak{pr}_1(\mathfrak{St})$; $\mathfrak{S}_1$ sei $\mathfrak{pr}_1(\mathfrak{z}_1)$.] Daher ist es wesentlich, daß die Definition für ‚Folge‘ im Unterschied zu

‚ableitbar‘ sich nicht nur auf endliche, sondern auch auf unendliche Satzklassen bezieht.

Auf Grund der (hier nur angedeuteten) Definitionen läßt sich Folgendes beweisen. Jeder logische Satz ist entweder analytisch oder kontradiktorisch. (Es gibt jedoch kein allgemeines Entscheidungsverfahren.) Ist $\mathfrak{S}_1$ analytisch, so ist $\mathfrak{S}_1$ Folge jeder Satzklasse; und umgekehrt. Ist $\mathfrak{K}_1$ kontradiktorisch, so ist jeder Satz Folge von $\mathfrak{K}_1$; und umgekehrt. Ist $\mathfrak{S}_1 \supset \mathfrak{S}_2$ analytisch, so ist $\mathfrak{S}_2$ Folge von $\mathfrak{S}_1$. Ist $\mathfrak{S}_1$ geschlossen und ist $\mathfrak{S}_2$ Folge von $\mathfrak{S}_1$, so ist $\mathfrak{S}_1 \supset \mathfrak{S}_2$ analytisch. Ist ein Satz von II, der auch in I vorkommt, analytisch in I, so auch analytisch in II, und umgekehrt. Entsprechendes gilt für die übrigen f-Begriffe.

Es läßt sich ferner (unter Voraussetzung einer genügend reichhaltigen Syntaxsprache) Folgendes nachweisen. Jeder Grundsatz und jede Definition in II ist analytisch. Ist ein Satz unmittelbar ableitbar aus einem oder zwei andern, so auch Folge von ihnen. Daher ist jeder in II beweisbare Satz analytisch. Wir nennen eine Sprache S widerspruchsvoll, wenn jeder Satz von S in S beweisbar ist; andernfalls widerspruchsfrei (vgl. § 59). $\sim\mathfrak{N}$ ist kontradiktorisch und nicht analytisch, daher auch nicht beweisbar. Also ist Sprache II widerspruchsfrei. [Der hier angedeutete Widerspruchsfreiheitsbeweis für die Sprache II, die die klassische Mathematik enthält, verwendet wesentlich indefinite syntaktische Begriffe. Er stellt also keineswegs eine Lösung der Aufgabe dar, die Hilbert sich gestellt hat, nämlich einen derartigen Beweis mit „finiten Mitteln“ zu führen. Ob diese Aufgabe überhaupt lösbar ist, ist nach den Ergebnissen von Gödel (vgl. § 36) zumindest sehr zweifelhaft.]

Unter dem Gehalt von $\mathfrak{S}_1$ oder $\mathfrak{K}_1$ (in II) verstehen wir die Klasse der nicht-analytischen Sätze, die Folgen von $\mathfrak{S}_1$ bzw. $\mathfrak{K}_1$ sind. ‚Gehaltgleich‘ und ‚synonym‘ werden hier analog definiert wie für I.

C. Weitere Untersuchungen zur Sprache II.

35. Syntaktische Sätze, die sich auf sich selbst beziehen.

Ist die Syntax einer Sprache in dieser Sprache selbst formuliert, so kann unter Umständen ein syntaktischer Satz über sich selbst sprechen, genauer: über seine Gestalt (da ja die reine Syntax nicht von einzelnen Sätzen als physikalischen Gebilden, sondern nur von Gestalten und Formen sprechen kann). $\mathfrak{S}_1$ besagt z. B. „ein Satz der Form ... ist geschlossen (oder: offen, beweisbar, synthetisch od. dgl.)"; und dabei hat $\mathfrak{S}_1$ selbst die in ihm angegebene Gestalt. Man kann für jede vorgegebene syntaktische Eigenschaft einen Satz so konstruieren, daß er sich selbst diese Eigenschaft — zu Recht oder zu Unrecht — zuschreibt. Das Verfahren hierfür sei angegeben, da es zu wichtigen Folgerungen für die Fragen der Vollständigkeit der Sprache und der Möglichkeit eines Widerspruchsfreiheitsbeweises führt. Wir haben früher die Syntax der Sprache I in I formuliert. Ebenso kann man die Syntax von II in II formulieren, und zwar in noch weiterem Umfang, weil hier auch indefinite syntaktische Begriffe definiert werden können. Wir wollen die weiteren Überlegungen auf die Sprache II beziehen. Sie können leicht auf I übertragen werden, da wir hier nur definite Zeichen der in I schon vorkommenden Arten verwenden.

‚str (n)' soll heißen „das $^{RZ}\mathfrak{St}$, das den Wert n hat". [Z. B. ist str (4) das $^{RZ}\mathfrak{St}$ ‚0^{IIII}'.] Rekursive Definition:

$$\text{str}(0) = \text{reihe}(4) \qquad (1)$$

$$\text{str}(n^{I}) = \text{zus}[\text{str}(n), \text{reihe}(14)] \qquad (2)$$

Es sei eine beliebige syntaktische Eigenschaft von Ausdrücken gewählt (z. B. ‚deskriptiv' oder ‚nicht-beweisbar (in II)'). $\mathfrak{S}_1$ sei derjenige Satz mit der freien Variablen ‚x' (für die wir die Gliedzahl 3 nehmen wollen), der diese Eigenschaft ausdrückt [in den Beispielen: ‚DeskrA (x)', ‚$\sim$ BewSatzII (r, x)', vgl. S. 66]. $\mathfrak{S}_2$ entstehe aus $\mathfrak{S}_1$, indem für ‚x' ‚subst [x, 3, str (x)]' eingesetzt wird. [Im zweiten Beispiel ist $\mathfrak{S}_2$ ‚$\sim$ BewSatzII (r, subst [x, 3, str (x)])'.] Durch die früher aufgestellten Regeln (S. 59) ist für jedes definierte Zeichen die Gliedzahl eindeutig bestimmt. Ist $\mathfrak{S}_2$ aufgestellt, so kann daher die Reihenzahl von $\mathfrak{S}_2$ berechnet werden; sie sei mit ‚b' bezeichnet (‚b' ist ein definiertes $\mathfrak{z}\mathfrak{z}$). Der ^{RZ}Satz subst [b, 3, str (b)] sei $\mathfrak{S}_3$; $\mathfrak{S}_3$ ist also der Satz, der aus $\mathfrak{S}_2$ dadurch entsteht, daß für ‚x' das $\mathfrak{St}$ mit dem Wert b eingesetzt wird. Man kann sich leicht klarmachen, daß $\mathfrak{S}_3$ bei syntaktischer Deutung besagt, $\mathfrak{S}_3$ selbst habe die gewählte syntaktische Eigenschaft.

Am Beispiel der Eigenschaft ‚*nicht-beweisbar* (in II)‘ wollen wir uns das klarmachen. Anstatt ‚$\mathfrak{S}_3$‘ wollen wir hier ‚$\mathfrak{G}$‘ schreiben. [Dieser Satz bildet das Analogon in II zu dem von *Gödel* [Unentscheidbare] konstruierten Satz, aber mit freier anstatt unbeschränkt gebundener Variabler.] b_2 sei die Reihenzahl des (oben angegebenen) $\mathfrak{S}_2$ dieses Beispiels. str (b_2) ist ein $^{\mathrm{RZ}}\mathfrak{St}$; dieses $\mathfrak{St}$ wollen wir, um die folgenden Überlegungen anschaulicher zu machen, durch ‚$0^{\prime\prime\cdots}$‘ andeuten (dieses $\mathfrak{St}$ besteht aus ‚0‘ und b_2 Strichen und ist daher viel zu lang, als daß ein Mensch es ganz ausschreiben könnte). Hiernach ist $0^{\prime\prime\cdots} = \mathrm{b}_2$. $\mathfrak{G}$ sei der Satz, der die Reihenzahl subst [b_2, 3, str (b_2)] (oder subst [$0^{\prime\prime\cdots}$, 3, str ($0^{\prime\prime\cdots}$)]) hat. Hiernach ist $\mathfrak{G}$ der Satz, der aus $\mathfrak{S}_2$ dadurch entsteht, daß für ‚x‘ ‚$0^{\prime\prime\cdots}$‘ eingesetzt wird; $\mathfrak{G}$ ist also der Satz ‚$\sim$ BewSatzII (r, subst [$0^{\prime\prime\cdots}$, 3, str ($0^{\prime\prime\cdots}$)])‘. Hiermit haben wir den Wortlaut von $\mathfrak{G}$ festgestellt. Er besagt bei syntaktischer Deutung, daß derjenige Satz nicht-beweisbar ist, der die Reihenzahl subst [$0^{\prime\prime\cdots}$, 3, str ($0^{\prime\prime\cdots}$)] hat; das aber ist $\mathfrak{G}$ selbst. *$\mathfrak{G}$ besagt somit, daß $\mathfrak{G}$ nicht-beweisbar ist.*

Es sei nebenbei darauf hingewiesen, daß *ein Satz der deskriptiven Syntax sich* in einem noch prägnanteren Sinn *auf sich selbst beziehen kann*, nämlich nicht nur auf seine Gestalt, sondern auf sich selbst als physikalisches Gebilde aus Druckerschwärze. Ein an einem bestimmten Ort stehender Satz kann bei inhaltlicher Deutung besagen, daß der an diesem Ort stehende Ausdruck, also er selbst, die und die syntaktische Eigenschaft habe. Hier kann man in noch einfacherer Weise als bei den Sätzen der reinen Syntax zu jeder gegebenen syntaktischen Eigenschaft einen Satz konstruieren, der diese Eigenschaft — zu Recht oder zu Unrecht — sich selbst zuschreibt. Ist etwa die betreffende Eigenschaft durch das $\mathfrak{pr}$ ‚Q‘ ausgedrückt, so besagt der Satz ‚Q [ausdr (b, a)]‘: „Der Ausdruck, der an den Stellen von a bis a + b steht, hat die Eigenschaft Q“ (vgl. S. 68). [Beispiel. An den Stellen a bis a + 8 (etwa auf einem Papier mit numerierten Stellen) möge der Satz $\mathfrak{S}_1$ ‚DeskrA [ausdr (8, a)]‘ stehen. $\mathfrak{S}_1$ besagt bei syntaktischer Deutung, daß der an den Stellen a bis a + 8 stehende Ausdruck deskriptiv sei. Dieser Ausdruck ist aber $\mathfrak{S}_1$ selbst. $\mathfrak{S}_1$ ist übrigens wahr (empirisch-gültig), da $\mathfrak{S}_1$ das $\mathfrak{fu}_{\mathfrak{b}}$ ‚ausdr‘ enthält.]

36. Unentscheidbare Sätze.

Wir wollen (in Anlehnung an den Gedankengang von Gödel [Unentscheidbare]) zeigen, daß der vorhin konstruierte Satz 𝔊 in II unentscheidbar ist.

Wir haben Sprache II so aufgebaut, daß die syntaktischen Form- und Umformungsbestimmungen in Einklang stehen mit einer von uns beabsichtigten inhaltlichen Deutung der Zeichen und Ausdrücke von II. [Vom systematischen Gesichtspunkt aus betrachtet, ergibt sich das umgekehrte Verhältnis: es werden, logisch willkürlich, syntaktische Bestimmungen aufgestellt; und aus diesen formalen Bestimmungen läßt sich die Deutung entnehmen. Vgl. § 62.] Insbesondere wird die Definition für ‚analytisch (in II)' so aufgestellt, daß alle und nur die Sätze, die bei inhaltlicher Deutung logisch-gültig sind, analytisch heißen. Ferner sind wir bei der Aufstellung der arithmetisierten Syntax von I in I (D 1—125) so vorgegangen, daß ein Satz dieser Syntax, also ein syntaktisch deutbarer logischer, und zwar arithmetischer Satz von I, dann und nur dann arithmetisch zutrifft, wenn er bei inhaltlicher syntaktischer Deutung ein zutreffender syntaktischer Satz ist. [Z. B. ist ‚BewSatz (a, b)' dann und nur dann arithmetisch zutreffend, wenn a nach den getroffenen Bestimmungen Reihenreihenzahl eines Beweises ist, und b Reihenzahl des letzten Satzes in diesem Beweis.] Wir denken uns nun in gleicher Weise die arithmetisierte Syntax von II in II aufgestellt. [Beispiel: ‚BewSatzII (r, x)' wird so definiert, daß es besagt: „r ist ein RRZBeweis für den RZSatz x." Hierbei ist ‚BewSatzII' ein definites 𝔭𝔯.] Dann wird hier ein syntaktisch deutbarer arithmetischer Satz von II dann und nur dann logisch gültig sein, also auch dann und nur dann analytisch sein, wenn er bei inhaltlicher syntaktischer Deutung ein zutreffender syntaktischer Satz ist. Damit haben wir ein infolge seiner Anschaulichkeit leicht zu verwendendes und abkürzendes Verfahren, um für gewisse $\mathfrak{S}_{\mathrm{I}}$ den (in diesen Fällen sonst sehr umständlichen) Nachweis zu führen, daß sie analytisch (bzw. kontradiktorisch) sind; dieser Nachweis geschieht nämlich durch eine inhaltliche Überlegung über die Richtigkeit oder Falschheit des betreffenden Satzes bei syntaktischer Deutung. [Im Beispiel: können wir zeigen, daß die RRZSatzreihe a ein Beweis für den RZSatz b ist, so ist damit gezeigt, daß der Satz ‚BewSatzII (a, b)' in II analytisch ist.]

𝔖 war der Satz ‚∼ BewSatzII (r, subst [...])‘; wir schreiben hier der Kürze wegen ‚subst [...]‘ anstatt ‚subst [0''··, 3, str (0''··)]‘. Die Reihenzahl von 𝔖 war subst [...].

Satz 36·1. Falls II widerspruchsfrei ist, ist 𝔖 in II nicht beweisbar. — Angenommen, es gäbe einen ^{RRZ}Beweis a für 𝔖. Dann wäre der Satz von II, der dies besagt, also ‚BewSatzII (a, subst [...])‘, inhaltlich richtig, also analytisch und, weil definit, auch beweisbar. Wäre nun 𝔖 beweisbar, so auch 𝔖$\binom{,r'}{,a'}$, also ‚∼ BewSatzII (a, subst [...])‘. Dieser Satz ist aber die Negation des vorhin genannten Satzes. II wäre somit widerspruchsvoll.

Satz 36·2. 𝔖 ist in II nicht beweisbar. — Aus Satz 1 und § 34.

Satz 36·3. 𝔖 ist in II nicht widerlegbar. — Angenommen, 𝔖 wäre widerlegbar, also (vgl. S. 85), ‚∼ (r) (∼ BewSatzII (r, subst [...]))‘ beweisbar. Dann wäre auch ‚($\exists$ r) (BewSatzII (r, subst [...]))‘ beweisbar, also (vgl. § 34) analytisch, also inhaltlich richtig: es gäbe einen Beweis für den Satz mit der Reihenzahl subst [...], also für 𝔖. Das ist aber nach Satz 2 nicht der Fall.

Satz 36·4. 𝔖 ist in II unentscheidbar. — Nach Satz 2, 3.

Satz 36·5. 𝔖 ist analytisch. — 𝔖 besagt bei inhaltlich-syntaktischer Deutung dasselbe wie Satz 2, ist also inhaltlich richtig, also analytisch. 𝔖 ist somit ein Beispiel für einen analytischen, aber nicht beweisbaren Satz von II (siehe Figur S. 138). Jeder Satz der Form 𝔖 $\binom{\mathfrak{z}_1}{\mathfrak{St}}$, wo $\mathfrak{z}_1$ ‚r‘ ist, ist analytisch und definit und daher auch beweisbar; aber der generelle Satz 𝔖 selbst ist nicht beweisbar.

$\mathfrak{W}_{\mathrm{II}}$ sei der geschlossene Satz ‚($\exists$ x) (r) (∼ BewSatzII (r, x))‘. Er besagt bei inhaltlich-syntaktischer Deutung, daß es einen in II nicht-beweisbaren Satz gebe, daß also II widerspruchsfrei sei.

Satz 36·6. $\mathfrak{W}_{\mathrm{II}}$ ist analytisch. — $\mathfrak{W}_{\mathrm{II}}$ ist inhaltlich richtig (vgl. § 34).

Satz 36·7. $\mathfrak{W}_{\mathrm{II}}$ ist in II nicht beweisbar. — Satz 7 kann nachgewiesen werden durch Übertragung des Nachweises, den Gödel [Unentscheidbare] 196 gegeben hat. Der Gedankengang sei kurz angedeutet. Der Nachweis für Satz 36·1 kann mit den Mitteln von II geführt werden, d. h. der Satz $\mathfrak{W}_{\mathrm{II}} \supset$ 𝔖 ist in II beweisbar. Wäre nun $\mathfrak{W}_{\mathrm{II}}$ beweisbar, so nach RII 1 auch 𝔖.

Dies ist aber nach Satz 2 nicht möglich. Die Widerspruchsfreiheit von II kann mit den Mitteln von II nicht bewiesen werden. $\mathfrak{W}_{II}$ ist ein neues Beispiel für einen analytischen, aber nicht beweisbaren Satz.

Satz 7 besagt nicht, ein Nachweis der Widerspruchsfreiheit von II sei nicht möglich; wir haben ja früher einen solchen Nachweis angedeutet. Der Satz besagt vielmehr, daß dieser Nachweis nur möglich ist mit den Mitteln einer Syntax, die in einer reicheren Sprache als II formuliert ist. Der früher angedeutete Nachweis macht wesentlichen Gebrauch von dem Begriff ‚analytisch (in II)'; dieser Begriff kann aber (wie wir später sehen werden) in einer in II formulierten Syntax nicht definiert werden.

Entsprechende Ergebnisse gelten auch für Sprache I: ist $\mathfrak{S}_I$ der zu $\mathfrak{S}$ analog konstruierte Satz in I (‚$\sim$ BewSatz (r, subst [. . .])'), so ist $\mathfrak{S}_I$ analytisch, aber in I unentscheidbar. $\mathfrak{W}_I$ sei ein dem Satz $\mathfrak{W}_{II}$ ungefähr entsprechender Satz von I (etwa ‚$\sim$ BewSatz (r, c)', wobei c die Reihenzahl von $\sim \mathfrak{N}$ ist). Dann ist $\mathfrak{W}_I$ analytisch, aber in I unentscheidbar. Die Widerspruchsfreiheit von I (die Nichtbeweisbarkeit irgendeines Satzes in I) kann mit den Mitteln von I nicht nachgewiesen werden.

Daß die Widerspruchsfreiheit der Sprache nicht in einer Syntax, die sich auf die Mittel der Sprache selbst beschränkt, bewiesen werden kann, liegt nicht etwa an einer besonderen Schwäche der Sprachen I und II. Diese Eigenschaft kommt vielmehr, wie Gödel [Unentscheidbare] gezeigt hat, einer großen Klasse von Sprachen zu; dazu gehören alle bisher bekannten (und vielleicht überhaupt alle) Systeme, die die Arithmetik der natürlichen Zahlen enthalten. (Vgl. hierzu auch Herbrand [Non-contrad.] 5 f.)

37. Prädikate als Klassenzeichen.

Frege und Russell führen Klassenausdrücke in der Weise ein, daß aus jedem Ausdruck, der eine Eigenschaft bezeichnet (z. B. aus einem $\mathfrak{pr}^1$ oder aus einer sogenannten einstelligen Satzfunktion, d. h. einem Satz mit genau Einer freien Variablen), ein Klassenausdruck gebildet wird, der die Klasse derjenigen Gegenstände bezeichnen soll, die die betreffende Eigenschaft haben. Wir wollen in II keine besonderen Klassenausdrücke einführen; an ihrer Stelle verwenden wir die Prädikate selbst. Im folgenden soll angedeutet werden, wie man eine abkürzende Schreibweise einführen kann, bei der Argumente und Operatoren unter gewissen Bedingungen weggelassen werden können. Dadurch entsteht eine Symbolik, die der Russellschen Klassensymbolik vollkommen analog ist. Einen Satz dieser Symbolik kann man nach Belieben in der Wortsprache entweder so umschreiben, daß von „Eigenschaften" die Rede ist, oder so, daß von „Klassen" die Rede ist.

Eine Eigenschaft (oder Klasse) soll leer heißen, wenn sie keinem Gegenstand zukommt; universell, wenn sie jedem zukommt. Wir definieren also:

Def. 37·1. $\mathrm{Leer}_{(0)}(F) \equiv \sim (\exists x)\big(F(x)\big)$

Def. 37·2. $\mathrm{Un}_{(0)}(F) \equiv (x)\big(F(x)\big)$

Für andere Typen sind analoge Definitionen aufzustellen, wobei die Bezeichnung des Typus des Argumentes (hier: ‚(0)' für ‚F') als Index angehängt werden mag; z. B.

Def. 37·3. $\mathrm{Leer}_{(0,0)}(F) \equiv \sim (\exists x)(\exists y)\big(F(x, y)\big)$

Wir bilden nun mit Hilfe von Negations- und Verknüpfungszeichen zusammengesetzte $\mathfrak{Pr}$:

Def. 37·4. $\big(\sim F\big)(x) \equiv \sim F(x)$

Def. 37·5. $\big(F \vee G\big)(x) \equiv \big(F(x) \vee G(x)\big)$

Def. 37·6. $\big(F \,.\, G\big)(x) \equiv \big(F(x) \,.\, G(x)\big)$

Entsprechende Definitionen sollen für beliebige andere Typen, auch für mehrstellige $\mathfrak{pr}$ gelten. Analoge $\mathfrak{Pr}$ können mit Hilfe der übrigen Verknüpfungszeichen gebildet werden; doch werden solche praktisch kaum verwendet.

Wir definieren die $\mathfrak{pr}$ ‚Λ' und ‚V' für die leere bzw. die universelle Eigenschaft:

Def. 37·7. $\Lambda_0(x) \equiv \sim (x = x)$

Def. 37·8. $\mathrm{V}_0(x) \equiv (x = x)$

Entsprechende Definitionen sind für alle übrigen $\mathfrak{pr}$-Typen aufzustellen, wobei die Bezeichnung des Typus des zugehörigen $\mathfrak{Arg}$ als Index angehängt wird.

Satz 37·9. ‚$(F = G) \equiv (x)\big(F(x) \equiv G(x)\big)$' ist (mit Hilfe von GII 22 und 11) beweisbar. — In Analogie hierzu definieren wir jetzt:

Def. 37·10. $(F \subset G) \equiv (x)\big(F(x) \supset G(x)\big)$

Diese Definition soll entsprechend für zwei beliebige $\mathfrak{pr}$ von gleichem Typus gelten, insbesondere also auch für mehrstellige $\mathfrak{pr}$. [Im Rahmen der früher angegebenen Syntax für II wäre anstatt ‚$F \vee G$' zu schreiben ‚$\vee (F, G)$' oder ‚ver (F, G)', wobei ‚ver' (wie im Beispiel S. 77) ein $\mathfrak{fu}$ vom Typus $((0), (0) : (0))$ oder allgemein vom Typus $((t), (t) : (t))$ für beliebigen Typus t ist. Anstatt ‚$F \subset G$' wäre zu schreiben ‚$\subset (F, G)$' oder ‚Tl (F, G)', wobei ‚Tl' ein $\mathfrak{pr}$ vom Typus $((0), (0))$ (vgl. S. 77) oder allgemein vom Typus $((t), (t))$ ist. Wir wollen hier jedoch die Schreibweise ‚$F \vee G$' bzw. ‚$F \subset G$' verwenden, um in der Nähe der üblichen Russellschen Symbolik zu bleiben.] Nach Satz 9 und Def. 10 kann nun für einen Satz der Form $(\mathfrak{v}_1)(\mathfrak{v}_2)..(\mathfrak{v}_n)\left(\mathfrak{pr}_1(\mathfrak{v}_1, ..\mathfrak{v}_n) \equiv \mathfrak{pr}_2(\mathfrak{v}_1, ..\mathfrak{v}_n)\right)$ stets $\mathfrak{pr}_1 = \mathfrak{pr}_2$ geschrieben werden; und für einen Satz der Form $(\mathfrak{v}_1)..(\mathfrak{v}_n)\left(\mathfrak{pr}_1(\mathfrak{v}_1, ..\mathfrak{v}_n) \supset \mathfrak{pr}_2(\mathfrak{v}_1, ..\mathfrak{v}_n)\right)$ stets $\mathfrak{pr}_1 \subset \mathfrak{pr}_2$. Für diese Schreibweise ohne Argumente sind jetzt verschiedene Umschreibungen in Wortsprache möglich. ‚P' und ‚Q' seien z. B. $\mathfrak{pr}^1$; wir können ‚P $\subset$ Q' übersetzen: „Die Eigenschaft P impliziert die Eigenschaft Q"; oder, wenn wir wollen, auch: „die Klasse P ist Teilklasse von Q"; entsprechend: „Teilrelation", wenn es sich um mehrstellige $\mathfrak{pr}$ handelt. Ferner können wir das $\mathfrak{Pr}$ ‚P $\vee$ Q', wenn es ohne Argumente verwendet wird, als „Vereinigung der Klassen P und Q" interpretieren; und entsprechend ‚P . Q' als „Durchschnitt der Klassen P und Q"; analog: „Vereinigung" und „Durchschnitt von Relationen" bei mehrstelligen $\mathfrak{pr}$. ‚Λ' und ‚V', ohne Argumente verwendet, können wir interpretieren als „leere Klasse" und „Allklasse" (bzw. „leere Relation" und „Allrelation"). Als Beispiel einer Anwendung der Klassensymbolik sei das Auswahlprinzip GII 21 angegeben (die vorkommenden $\mathfrak{p}$ sind hier geeigneten Typen mindestens zweiter Stufe zuzuweisen):

$$\left[\left(M \subset \sim \text{Leer}\right) . (F)(G)\left([M(F) . M(G) . \sim \text{Leer}(F . G)] \supset (F = G)\right)\right] \\ \supset (\exists H)(F)\left[M(F) \supset \text{Al}(F . H)\right]$$

Hierbei ist ‚Al' („Anzahl 1") wie folgt zu definieren:

$$\text{Al}(F) \equiv (\exists x)(y)\left(F(y) \equiv (y = x)\right)$$

Die Schreibweise, deren Einführung im vorstehenden angedeutet ist, ist vollkommen analog der Russellschen Klassensymbolik; die gesamte Klassen- und Relationstheorie von [Princ. Math.] kann ohne weiteres in diese vereinfachte Form übertragen werden. Hier sei darauf verzichtet, da dabei keine grundsätzlichen Probleme mehr auftreten.

38. Die Ausschaltung der Klassen.

Die geschichtliche Entwicklung der Verwendung der Klassenzeichen in der modernen Logik enthält einige bemerkenswerte Phasen, deren Betrachtung auch für die gegenwärtige Problemlage fruchtbar ist. Wir greifen die beiden wichtigsten Entwicklungsschritte heraus, die Frege und Russell zu verdanken sind. Frege [Grundgesetze] hat als erster der traditionellen Unterscheidung zwischen Inhalt und Umfang eines Begriffes eine exakte Form gegeben. Der Inhalt des Begriffes wird nach ihm dargestellt durch die Satzfunktion (d. h. durch einen offenen Satz, in dem die freien Variablen nicht zum Ausdruck der Allgemeinheit, sondern der Unbestimmtheit dienen). Der Umfang (z. B. bei einem Eigenschaftsbegriff, also einer einstelligen Satzfunktion, die entsprechende Klasse) wird dargestellt durch einen besonderen Ausdruck, der die Satzfunktion enthält, oder durch ein neues Zeichen, das als Abkürzung für diesen Ausdruck eingeführt wird. Dabei besagt ein Identitätssatz mit Klassenausdrücken die Umfangsgleichheit der entsprechenden Eigenschaften (sind z. B. ‚k_1' und ‚k_2' die zu den pr ‚P_1' und ‚P_2' gehörenden Klassenzeichen, so ist ‚$k_1 = k_2$' gleichbedeutend mit ‚$(x)\,[P_1(x) \equiv P_2(x)]$'). In derselben Weise ist später Russell vorgegangen. Frege machte jedoch in Anlehnung an die traditionelle Denkweise an einer bestimmten Stelle einen Fehler, der erst von Russell entdeckt und später behoben wurde.

Es war ein entscheidender Augenblick in der Geschichte der Logik, als Frege im Jahre 1903 durch einen Brief Russells auf einen Widerspruch in seinem System aufmerksam gemacht wurde. Frege hatte in jahrzehntelanger mühevoller Tätigkeit Logik und Arithmetik auf völlig neue Grundlagen gestellt. Dabei blieb er einsam und verkannt; die führenden Mathematiker seiner Zeit, gegen deren Grundlegung der Mathematik er sich mit schonungsloser Kritik wandte, schwiegen ihn tot; seine Bücher wurden nicht einmal rezensiert. Unter großen persönlichen Opfern brachte er den ersten Band seines Hauptwerkes [Grundgesetze] 1893 zur Veröffentlichung; der zweite folgte nach langer Pause im Jahre 1903. Endlich kam ein Echo, nicht von den deutschen Mathematikern (von Philosophen ganz zu schweigen), sondern aus dem Ausland: Russell maß Freges Gedanken die größte Wichtigkeit bei. Bei manchen Problemen war er selbst inzwischen, viele Jahre später als Frege, aber ohne noch von ihm zu wissen, auf die gleiche oder eine ähnliche Lösung gekommen; bei manchen andern konnte er Freges Lösungen für sein System verwerten. Aber nun erfuhr Frege, als der zweite Band beinahe fertig gedruckt war, durch Russells Brief, daß sein Klassenbegriff zu einem Widerspruch führt. Hinter dem nüchternen Bericht, den Frege hierüber im Nachwort zum zweiten Band gegeben hat, spürt man die tiefe Erschütterung. Allerdings konnte Frege sich damit trösten, daß der nachgewiesene Fehler nicht eine Besonderheit seines Systems betraf; er teilte nur das Schicksal aller, die sich bis dahin mit Begriffsumfängen, Klassen, Mengen beschäftigt hatten, Dedekind und Cantor einbegriffen.

Der von Russell aufgefundene Widerspruch ist die inzwischen berühmt gewordene Antinomie der Klasse derjenigen Klassen, die nicht Elemente ihrer selbst sind. Frege hat in seinem Nachwort verschiedene Möglichkeiten für einen Ausweg untersucht, ohne jedoch einen geeigneten zu finden. Russell hat dann in einem Anhang seines Werkes [Principles], das noch im gleichen Jahr 1903 erschienen ist, einen Ausweg angegeben; dieser besteht in der Aufstellung der Typenregel: als Element einer Klasse erster Stufe kann nur ein Individuum auftreten, als Element einer Klasse $(n + 1)$-ter Stufe eine Klasse n-ter Stufe; darnach ist ein Satz von der Form ‚$k \varepsilon k$' oder ‚$\sim (k \varepsilon k)$' weder wahr noch falsch, sondern sinnlos. Russell hat später gezeigt, daß die genannte Antinomie auch so formuliert werden kann, daß sie sich nicht auf Klassen, sondern auf Eigenschaften bezieht (Antinomie ‚Imprädikabel'). Auch hier wird der Widerspruch durch die Typenregel ausgeschaltet; auf $\mathfrak{pr}^1$ (als Zeichen für Eigenschaften) bezogen, lautet sie so: Argument eines ${}^1\mathfrak{pr}$ kann nur ein Individualzeichen sein, Argument eines ${}^{n+1}\mathfrak{pr}$ nur ein ${}^n\mathfrak{pr}$.

Es ist nun sehr bemerkenswert, daß Frege selbst schon eine derartige Einteilung aller Satzfunktionen in Stufen und Arten vorgenommen hat, die sich nach der Art der Argumente richtet ([Grundgesetze] I, 37ff.). Damit hat er eine wichtige Vorarbeit für die Russellsche Typeneinteilung geleistet. Aber in zwei Punkten machte er — ebenso wie die traditionelle Logik und die Cantorsche Mengenlehre — Fehler, die durch Russells Typenregel korrigiert wurden. Durch diese Fehler entstehen trotz der vollständig richtigen Einteilung der Funktionen die Antinomien. Der erste Fehler Freges besteht darin, daß bei ihm alle Ausdrücke (genauer: alle, die mit dem Urteilsstrich beginnen) entweder wahr oder falsch sind. So muß er einen Ausdruck, in dem zu irgendeinem Prädikat ein nicht passendes Argument gefügt wird, als falsch rechnen. Erst Russell nimmt die für die weitere Entwicklung der Logik und ihre Anwendung auf empirische Wissenschaft und Philosophie so bedeutsam gewordene Dreiteilung in wahre, falsche und sinnlose Ausdrücke vor; nach ihm sind jene Ausdrücke mit nicht passenden Argumenten weder wahr noch falsch, sondern sinnlos (in unserer Terminologie: es sind keine Sätze). Wird dieser erste Fehler Freges korrigiert, so kann in seinem System die Antinomie „Imprädikabel" nicht mehr hergestellt werden; denn die Definition müßte den syntaxwidrigen Ausdruck ‚$F(F)$' enthalten. Trotzdem aber kann noch jene auf

Klassen bezogene Antinomie hergestellt werden. Frege machte nämlich den zweiten Fehler, die von ihm so scharfsinnig und klar aufgestellte Stufenordnung der Prädikate (Satzfunktionen) nicht auf die den einzelnen Prädikaten entsprechenden Klassen zu übertragen; er rechnete vielmehr die Klassen — und ebenso die mehrstelligen Extensionen (Wertverläufe) — einfach zu den Individuen (Gegenständen), unabhängig von der Stufe und Art der die betreffende Klasse definierenden Satzfunktion. Er glaubte auch noch nach der Aufdeckung des Widerspruches hiervon nicht abgehen zu können (II, 254f.); er sah es nämlich als unterscheidendes Merkmal zwischen Gegenstandsnamen und Funktionsnamen an, daß jene für sich eine Bedeutung hätten, während diese ungesättigte Symbole seien, die erst nach Sättigung durch andere Zeichen bedeutungsvoll würden. Da Frege nun die Zahlzeichen ‚0', ‚1', ‚2', ... als für sich selbst bedeutungsvoll ansah, anderseits aber diese Zeichen als Klassenzeichen zweiter Stufe definierte, so mußte er Klassenzeichen im Gegensatz zu Prädikaten als Individualnamen betrachten. Heute neigen wir dazu, sämtliche Teilausdrücke eines Satzes, die nicht selbst wieder Sätze sind, als unselbständig zu betrachten und höchstens den Sätzen selbständige Bedeutung zuzuerkennen.

Um die Anzahl im Fregeschen Sinne zu definieren, ohne von Klassen Gebrauch zu machen, braucht man nur die Fregesche Klasse von Eigenschaften durch eine Eigenschaft von Eigenschaften (bezeichnet durch ein $^2\mathfrak{pr}$) zu ersetzen. Merkwürdig ist, daß Frege selbst in einem früheren Zeitpunkt (1884 [Grundlagen], S. 80, Anm.) diese Ansicht schon äußert: „Ich glaube, daß [in der Definition von ‚Anzahl'] für ‚Umfang des Begriffes' einfach ‚Begriff' gesagt werden könnte. Aber man würde zweierlei einwenden: ... Ich bin nun zwar der Meinung, daß beide Einwände gehoben werden können; aber das möchte hier zu weit führen." Später hat er diese Ansicht anscheinend aufgegeben. Dann war — so scheint es dem rückschauenden Betrachter — Russell wiederum ganz nah an dem entscheidenden Punkt, nämlich der Ausschaltung der Klassen. Während es für Frege wichtig war, neben den Prädikaten die Klassenzeichen einzuführen, da sie bei ihm andern Regeln folgten, lag die Sache für Russell ganz anders. Um Freges Fehler zu vermeiden, nahm Russell die Klassenzeichen nicht als Individualzeichen, sondern teilte sie in Typen ein, die genau den Typen der Prädikate entsprechen. Dadurch aber entstand eine Verdopplung, die vollständig unnötig ist; Russell selbst erkannte schon, daß es für die Logik überhaupt nichts ausmacht, ob es „Klassen", d. h. etwas durch die Klassenzeichen Bezeichnetes, „wirklich gibt" oder nicht („no-class-theory"). Die weitere Entwicklung ging dann immer deutlicher in die Richtung der Einsicht, daß Klassenzeichen überflüssig sind. In Anknüpfung an Wittgensteins Darlegungen hat Russell selbst später (1925 [Princ. Math.] I², Übersetzung: [Math. Logik]) die Auffassung, daß Klassen und Eigenschaften dasselbe seien, erörtert, aber noch nicht anerkannt. Die Frage hängt zusammen mit dem Problem der Extensionalitätsthese (vgl. § 67). Behmann [Logik] führt die Klassensymbolik als eine bloß abkürzende Schreibweise ein, bei der die Prädikate ohne Argumente geschrieben werden; er will aber dabei zwischen extensionalen und intensionalen Sätzen unterscheiden, wobei jene Schreibweise nur für die ersteren zulässig sei. v. Neumann [Beweistheorie] und Gödel [Unentscheidbare] machen auch symbolisch keinen Unterschied mehr zwischen Prädikaten und den entsprechenden Klassenzeichen; an Stelle der letzteren werden einfach die ersteren verwendet. Bemerkenswert sind auch die kritischen Ausführungen von Kaufmann ([Unendliche], [Bemerkungen]) gegen den Russellschen Klassenbegriff; diese Kritik dürfte aber wohl weniger das Russellsche System selbst treffen als die nicht zum System gehörenden philosophischen Erörterungen von Russell und andern über den Klassenbegriff.

Die betrachtete Entwicklung werde kurz zusammengefaßt. Frege hat die Klassenausdrücke eingeführt, um neben den Prädikaten etwas zu haben, das wie ein Gegenstandsname behandelt werden kann. Russell hat die Unzulässigkeit einer derartigen Behandlung erkannt, aber die Klassenausdrücke trotzdem beibehalten. Doch sind sie jetzt überflüssig, nachdem jener Grund zu ihrer Einführung weggefallen ist. Deshalb werden sie schließlich ausgeschaltet.

39. Reelle Zahlen.

Im Rahmen der für II angegebenen Syntax lassen sich die reellen Zahlen und die auf sie bezogenen Eigenschaften, Beziehungen und Funktionen darstellen. Eine bestimmte (absolute) reelle Zahl bestehe aus dem ganzen Teil a und der reellen Zahl b (< 1); sie kann dargestellt werden durch einen Funktor ‚k', der so definiert ist, daß $\mathrm{k}(0) = \mathrm{a}$ und für $n > 0$ $\mathrm{k}(n) = 0$ bzw. 1 wird, je nachdem an der n-ten Stelle der Dualbruchentwicklung für b ‚0' oder ‚1' steht. Damit die Dualbruchentwicklung eindeutig ist, schließen wir diejenigen Dualbrüche aus, bei denen von irgend einer Stelle ab nur noch ‚0' vorkommt. Die gerichteten (positiven oder negativen) reellen Zahlen können in ähnlicher Weise dargestellt werden.

Die angedeutete Methode der Darstellung der reellen Zahlen hat Hilbert [Grundl. 1923] angegeben, vgl. auch v. Neumann [Beweisth.]. Hilbert hat einen Aufbau der Theorie der reellen Zahlen auf dieser Grundlage in Aussicht gestellt, aber bisher noch nicht gegeben.

Da das System von Russell [Princ. Math.] und die Entwürfe von Brouwer und Heyting den Anforderungen an formale Strenge nicht genügen, so liegt bisher noch keine logisch einwandfreie, durchgeführte Theorie der reellen Zahlen vor.

Eine reelle Zahl wird somit dargestellt durch ein ${}^1\mathfrak{fu}^1$ vom Typus (0 : 0); diesen Typus wollen wir abkürzend mit ‚r' bezeichnen. Dann wird eine Eigenschaft (oder Menge) reeller Zahlen (z. B. „algebraisch", „transzendent") ausgedrückt durch ein ${}^2\mathfrak{pr}^1$ vom Typus (r), eine Beziehung zwischen zwei reellen Zahlen (z. B. „ist größer als", „ist Quadratwurzel aus") durch ein ${}^2\mathfrak{pr}^2$ vom Typus (r, r), eine Funktion einer reellen Zahl (z. B. „Quadratwurzel", „Sinus") durch ein ${}^2\mathfrak{fu}^1$ vom Typus (r : r), eine Funktion zweier reeller Zahlen (z. B. „Produkt", „Potenz") durch ein ${}^2\mathfrak{fu}^2$ vom Typus (r, r : r) usf. Die arithmetische Gleichheit zweier reeller Zahlen $\mathfrak{fu}_1$, $\mathfrak{fu}_2$ wird durch $\mathfrak{fu}_1 = \mathfrak{fu}_2$ ausgedrückt; denn dieser Satz gilt nach GII 23 und 11 dann und nur dann, wenn die Werte der beiden Funktoren für jedes Argument übereinstimmen, wenn also die beiden Dualbrüche in allen Stellen übereinstimmen. Im Unterschied zur Gleichheit zweier (durch $\mathfrak{St}$ dargestellter) natürlicher Zahlen ist die Gleichheit zweier reeller Zahlen, auch wenn diese in möglichst einfacher Form angegeben sind, im allgemeinen indefinit, da sie auf eine unbeschränkte Allgemeinheit zurückgeht. Eine komplexe Zahl ist ein geordnetes Paar reeller Zahlen, also ein Ausdruck vom Typus r, r; eine Funktion einer oder zweier komplexer Zahlen ist ein ${}^2\mathfrak{fu}$ vom Typus (r, r : r, r) bzw. (r, r, r, r : r, r).

In solcher Weise können alle in der klassischen Mathematik (Analysis, Funktionentheorie) gebräuchlichen Begriffe dargestellt, alle in diesem Gebiet aufgestellten Sätze formuliert werden. Die üblichen Axiome für die Arithmetik der reellen Zahlen brauchen hier nicht etwa als neue Grundsätze aufgestellt zu werden. Diese Axiome — und daher auch die aus ihnen ableitbaren Lehrsätze — sind in Sprache II beweisbar.

Es werde kurz gezeigt, wie sich die wichtigsten logischen Arten, die sich bei Folgen natürlicher Zahlen und daher auch bei reellen Zahlen unterscheiden lassen, durch syntaktische Begriffe fassen lassen. Zunächst ist zu unterscheiden, ob eine Folge durch ein mathematisches Gesetz oder durch Anweisung auf die Empirie gegeben ist. Bei der Darstellung durch

${}^1\mathfrak{fu}^1$ drückt sich dieser Unterschied aus durch den Unterschied zwischen $\mathfrak{fu}_\mathfrak{l}$ und $\mathfrak{fu}_\mathfrak{b}$. Der Begriff „freie Wahlfolge“ bei Brouwer und Weyl wird somit durch den syntaktischen Begriff ‚$\mathfrak{fu}_\mathfrak{b}$‘ erfaßt. Bei den gesetzmäßigen Folgen kann man berechenbare (siehe unten Beispiele 1a, b) und nicht-berechenbare (Beispiel 2) unterscheiden. Syntaktisch ist dieser Unterschied zu charakterisieren als der zwischen definiten und indefiniten $\mathfrak{fu}_\mathfrak{l}$: für jene kann nach festem Verfahren für eine beliebige Stelle der Wert berechnet werden, für diese im allgemeinen nicht. Bei den durch Hinweis auf Empirie bestimmten Folgen kann man weiter unterscheiden: 1. die analytisch-gesetzmäßigen; bei ihnen ist der Hinweis auf Empirie unwesentlich, indem er gleichbedeutend ist mit einem bestimmten mathematischen Gesetz (Beispiel 3); 2. die empirisch-gesetzmäßigen; ihre Bestimmung ist zwar nicht umformbar in ein Gesetz, aber sie haben empirisch denselben Wertverlauf wie eine gesetzmäßige Folge, sei es durch Zufall (Beispiel 4a), sei es auf Grund eines Naturgesetzes (Beispiel 4b); 3. die ungesetzmäßigen oder ungeordneten; für sie gibt es kein mathematisches Gesetz, dem sie auch nur empirisch folgen würden. Diese drei Arten sind für ein $\mathfrak{fu}_\mathfrak{b}$ $\mathfrak{fu}_1$ syntaktisch in folgender Weise zu charakterisieren: 1. es gibt ein $\mathfrak{fu}_\mathfrak{l}$ $\mathfrak{fu}_2$ derart, daß $\mathfrak{fu}_2$ synonym mit $\mathfrak{fu}_1$ ist, daß also $\mathfrak{fu}_1 = \mathfrak{fu}_2$ ein analytischer Satz ist; 2. es gibt ein $\mathfrak{fu}_\mathfrak{l}$ $\mathfrak{fu}_2$ derart, daß $\mathfrak{fu}_1 = \mathfrak{fu}_2$ ein synthetischer, aber wissenschaftlich anerkannter Satz ist (d. h. in II: eine Folge von wissenschaftlich anerkannten Prämissen; in einer P-Sprache: P-gültig (vgl. S. 137); 3. Bedingung (2) ist nicht erfüllt. [Bei den drei Begriffen kann man außerdem noch danach unterteilen, ob das betreffende mathematische Gesetz berechenbar ist oder nicht; d. h. ob das betreffende $\mathfrak{fu}_\mathfrak{l}$ definit ist oder nicht.] Es ist zu beachten, daß man in der Definition des Begriffs der ungeordneten Folgen die Art der auszuschließenden Gesetze angeben muß; genauer in syntaktischer Terminologie: daß man die Formbestimmungen für die Definitionen der auszuschließenden $\mathfrak{fu}_\mathfrak{l}$ angeben muß, etwa durch Bezugnahme auf eine bestimmte Sprache. [Eine Folge $\mathfrak{fu}_1$ heiße z. B. ungeordnet in bezug auf II, wenn es kein in II definierbares $\mathfrak{fu}_\mathfrak{l}$ $\mathfrak{fu}_2$ gibt derart, daß $\mathfrak{fu}_1 = \mathfrak{fu}_2$ in einer II umfassenden widerspruchsfreien Sprache gültig wäre (Beispiel 5).] Dasselbe gilt für den Begriff „regelloses Kollektiv“ in der Wahrscheinlichkeitsrechnung von v. Mises.

Beispiele. 1. Berechenbare gesetzmäßige Folgen: a) der Dualbruch mit der Periode ,011'; b) der Dualbruch für π. — 2. Nichtberechenbare gesetzmäßige Folge ,k_1': es sei $k_1(n) = 1$, wenn es eine Fermatsche Gleichung mit dem Exponenten n gibt, und andernfalls $k_1(n) = 0$. — 3. Analytisch-gesetzmäßige Folge ,k_2': es sei $k_3(n) = m$, wenn der n-te Wurf mit einem bestimmten Würfel m Augen zeigt; wir definieren: $k_2(n) = k_3(n) + 2 - k_3(n)$; hiernach ist das $\mathfrak{fu}_\mathfrak{d}$,k_2' synonym mit dem $\mathfrak{fu}_\mathfrak{l}$,k_4', dessen Definition ist: $k_4(n) = 2$. — 4. Empirisch-gesetzmäßige Folgen: a) $k_5(n)$ sei die Augenzahl des n-ten Würfelwurfes, wobei aber der Würfel zufällig immer abwechselnd 3 und 4 wirft (allerdings kann dies niemals vollständig festgestellt werden, sondern ist nur als Annahme denkbar). b) Es sei $k_6(n) = 1$, wenn eine bestimmte als Roulettezeiger benutzte Kompaßnadel in der Ruhelage nach dem n-ten Anstoß gegen Süden zeigt, $k_6(n) = 2$, wenn gegen Norden; es gilt naturgesetzlich $k_6 = k_4$. — 5. In bezug auf II ungeordnete Folge ,k_7': es sei $k_7(n) = 1$, wenn n Reihenzahl eines analytischen Satzes von II ist, und andernfalls $k_7(n) = 0$; da ,analytisch in II' in II nicht definierbar ist (vgl. S. 164), so gibt es in II kein $\mathfrak{fu}_\mathfrak{l}$, das denselben Wertverlauf hätte wie k_7.

40. Die Sprache der Physik.

Da in II nicht nur logische, sondern auch deskriptive Zeichen ($\mathfrak{pr}$ und $\mathfrak{fu}$) der verschiedenen Typen vorkommen können, so besteht hier die Möglichkeit zur Darstellung der physikalischen Begriffe. Eine physikalische Zustandsgröße ist ein $\mathfrak{fu}_\mathfrak{d}$; der Argumentausdruck enthält vier reelle Zahlausdrücke, nämlich die Raum-Zeit-Koordinaten; der Wertausdruck enthält einen oder mehrere reelle Zahlausdrücke (z. B. bei einem Skalar einen, bei einem gewöhnlichen Vektor drei). Ein Koordinatenquadrupel ist ein Ausdruck vom Typus r, r, r, r; diesen Typus wollen wir abkürzend mit ,q' bezeichnen. [Beispiele. 1. „Am Ort k_1, k_2, k_3, zur Zeit k_4 besteht die Temperatur k_5" wird etwa ausgedrückt durch ,$\mathrm{temp}(k_1, k_2, k_3, k_4) = k_5$', wobei ,temp' ein ${}^2\mathfrak{fu}^4$ vom Typus (q : r) ist. — 2. „An der Raum-Zeit-Stelle k_1, k_2, k_3, k_4 besteht ein elektrisches Feld mit den Komponenten k_5, k_6, k_7" wird etwa ausgedrückt durch ,$\mathrm{el}(k_1, k_2, k_3, k_4) = (k_5, k_6, k_7)$', wobei ,el' ein ${}^2\mathfrak{fu}^4$ vom Typus (q : r, r, r) ist.]

Eine empirische Aussage bezieht sich gewöhnlich nicht auf einen einzelnen Raum-Zeit-Punkt, sondern auf ein endliches Raum-Zeit-Gebiet. Ein solches Gebiet wird angegeben durch ein ${}^2\mathfrak{pr}^4$ vom Typus (q), nämlich durch eine mathematische ($\mathfrak{pr}_\mathfrak{l}$) oder physikalische ($\mathfrak{pr}_\mathfrak{d}$) Eigenschaft, die nur den und allen den Raum-Zeit-Punkten des betreffenden Gebietes zukommt. Eine

Zustandsgröße, die nicht auf einzelne Raum-Zeit-Stellen, sondern auf endliche Gebiete bezogen ist (z. B. Temperatur, Dichte, Ladungsdichte, Energie), kann somit dargestellt werden durch ein ${}^3\mathfrak{fu}^1_\mathfrak{b}$, dessen Argument ein $\mathfrak{pr}$ der angegebenen Art ist; der Typus ist im Fall eines Skalars ((q) : r), im Falle mehrerer Komponenten: ((q) : r, . . r). Eine *Gebieteigenschaft* wird dargestellt durch ein ${}^3\mathfrak{pr}^1_\mathfrak{b}$ vom Typus ((q)); Argument ist wieder das gebietbestimmende $\mathfrak{pr}$. Die meisten Begriffe des täglichen Lebens und der Wissenschaft sind solche Gebieteigenschaften oder -beziehungen. [*Beispiele*. 1. Dingarten, z. B. „Pferd“; „da und da ist ein Pferd“ bedeutet „das und das Raum-Zeit-Gebiet hat die und die Beschaffenheit“. 2. Stoffarten, z. B. „Eisen“. 3. Direkt wahrgenommene Qualitäten, z. B. „warm“, „süß“. „leise“. 4. Dispositionsbegriffe, z. B. „zerbrechlich“. 5. Zustände und Vorgänge aller Arten, z. B. „Gewitter“, „Typhus“.]

Aus den gegebenen Andeutungen ergibt sich, daß *alle Sätze der Physik in einer Sprache der Form II formuliert werden können*; hierzu ist erforderlich, daß geeignete $\mathfrak{fu}_\mathfrak{b}$ und $\mathfrak{pr}_\mathfrak{b}$ der angegebenen Typen als Grundzeichen eingeführt und mit ihrer Hilfe die weiteren Begriffe definiert werden. (Über die Form der physikalischen Sprache, bei der auch synthetische physikalische Sätze, z. B. die allgemeinsten Naturgesetze, als Grundsätze aufgestellt werden, vgl. § 82.)

Nach der Behauptung des *Physikalismus*, die an anderer Stelle (S. 248) wiedergegeben, aber innerhalb dieses Buches nicht begründet wird, sind alle Begriffe der Wissenschaft, auch die der Psychologie und Sozialwissenschaft, auf Begriffe der physikalischen Sprache zurückführbar. Auch sie drücken im einfachsten Fall Eigenschaften (oder Beziehungen) von Raum-Zeit-Gebieten aus. [Beispiele. „A ist zornig“ oder „A denkt“ besagt: „Der Körper A (also: das und das Raum-Zeit-Gebiet) ist in dem und dem Zustand“; „Bei dem und dem Volk besteht Geldwirtschaft“ besagt: „In dem und dem Raum-Zeit-Gebiet finden die und die Vorgänge statt.“] Für den, der auf dem Boden des Physikalismus steht, folgt, daß die Sprache II einen vollständigen syntaktischen Rahmen für die Wissenschaft bildet.

Es wäre eine lohnende Aufgabe, die Syntax der Sprache der Physik und der Gesamtwissenschaft genauer zu untersuchen und die wichtigsten Begriffsformen darzustellen; hier muß darauf verzichtet werden.

IV. Allgemeine Syntax.

A. Objektsprache und Syntaxsprache.

Wir haben früher die Syntax der Sprachen I und II aufgestellt und damit zwei Beispiele aus der speziellen Syntax gegeben. In Kapitel IV wollen wir Untersuchungen zur allgemeinen Syntax anstellen, d. h. solche, die nicht auf bestimmte einzelne Sprachen bezogen sind, sondern entweder auf alle Sprachen oder auf die Sprachen einer bestimmten Art. Bevor wir in Abschnitt B den Entwurf einer allgemeinen Syntax beliebiger Sprachen aufstellen, wollen wir in Abschnitt A einige vorbereitende Überlegungen anstellen über den Charakter syntaktischer Bezeichnungen und gewisser in der Syntax vorkommender Begriffe.

41. Über syntaktische Bezeichnungen.

Eine Bezeichnung irgend eines Gegenstandes kann ein Eigenname oder eine Kennzeichnung für den Gegenstand sein. Die selbstverständliche Forderung, den Unterschied zwischen einer Bezeichnung und dem bezeichneten Gegenstand (z. B. zwischen der Stadt Paris und dem Wort ‚Paris') zu beachten, wird in der Logik zwar häufig erhoben, aber nicht immer erfüllt. Ist das Bezeichnete etwa eine Stadt und die Bezeichnung ein (geschriebenes oder gesprochenes) Wort, so ist der Unterschied augenfällig. Gerade darum aber richtet in diesem Fall eine Nichtunterscheidung keinen Schaden an.

Wenn wir anstatt ‚‚Paris' ist zweisilbig' schreiben ‚Paris ist zweisilbig', so ist diese Schreibung unkorrekt, da wir das Wort ‚Paris' in zwei verschiedenen Bedeutungen verwenden: in andern Sätzen als Bezeichnung für die Stadt, in dem genannten Satz als Bezeichnung für das Wort ‚Paris' selbst. [In der zweiten Verwendungsweise ist das Wort ‚Paris' autonym, vgl. S. 109.] Trotzdem wird in diesem Falle keine Unklarheit entstehen, da jeder versteht, daß hier vom Wort und nicht von der Stadt die Rede ist.

Anders, wenn das Bezeichnete selbst auch ein Sprachausdruck ist, wie es ja bei syntaktischen Bezeichnungen der Fall ist. Hier führt die Nichtbeachtung des Unterschiedes leicht zu Unklarheiten und Irrtümern. In metamathematischen Darstellungen — auch der größte Teil des Worttextes mathematischer Abhandlungen ist Metamathematik, also Syntax — wird die geforderte Unterscheidung häufig nicht gemacht.

Spricht ein (Schrift-) Satz über ein Ding, z. B. über meinen Schreibtisch, so muß an der Subjektstelle dieses Satzes eine Bezeichnung des Dinges stehen; man darf nicht einfach statt dessen das Ding selbst, z. B. den Schreibtisch, auf das Papier stellen (es sei denn auf Grund einer besonderen Festsetzung, siehe unten). Bei einem Schreibtisch und vielleicht auch noch bei einem Streichholz erscheint das jedem selbstverständlich, dagegen nicht, wenn es sich um Dinge handelt, die man besonders leicht auf das Papier bringen kann, nämlich um Schreibfiguren. Um z. B. zu sagen, daß die arabische Ziffer Drei eine Ziffer ist, schreibt man häufig etwa: ‚3 ist eine Ziffer'; hier steht nun das Ding selbst, von dem die Rede ist, an der Subjektstelle auf dem Papier. Die korrekte Schreibung wäre: ‚Die Drei ist..' oder ‚‚3' ist ..'. Spricht ein Satz über einen Ausdruck, so steht an der Subjektstelle des Satzes nicht dieser Ausdruck, sondern eine Bezeichnung für ihn, nämlich eine syntaktische Bezeichnung in der jeweils verwendeten Syntaxsprache; diese kann eine Wortsprache oder eine Symbolsprache oder eine aus Wörtern und Symbolen (z. B. in unserem Text: aus deutschen Wörtern und Frakturzeichen) gebildete Sprache sein. Die wichtigsten Arten syntaktischer Bezeichnungen für Ausdrücke seien zusammengestellt:

A. Bezeichnung für einen Ausdruck als ein einzelnes, raum-zeitlich bestimmtes Ding (nur in der deskriptiven Syntax):

1. Name für einen Ausdruck. [Kommt selten vor; Beispiel etwa: ‚die Bergpredigt' (kann auch als Kennzeichnung aufgefaßt werden).]

2. Kennzeichnung für einen Ausdruck. [Beispiel: ‚Cäsars Ausspruch beim Überschreiten des Rubikon (wurde von dem und dem gehört)'.]

3. Bezeichnung für einen Ausdruck, gebildet aus einem gleichen Ausdruck mit Anführungszeichen. [Beispiele: ‚der Ausspruch ‚alea iacta est' '; ‚die Inschrift ‚nutrimentum spiritus' '.]

B. Bezeichnung für eine Ausdrucksgestalt (vgl. S. 14).

1. Name für eine Ausdrucksgestalt (z. B. für eine Zeichengestalt). [Beispiele: ‚Die Drei'; ‚Omega'; ‚das Vaterunser'; ‚der

Fermatsche Satz' (kann auch als Kennzeichnung aufgefaßt werden); ,$\mathfrak{nu}$'; ,$\mathfrak{N}$'.]

2. Kennzeichnung für eine Ausdrucksgestalt durch Angabe einer Raum-Zeit-Stelle (indirekte Kennzeichnung; sogenannte Aufweisung, vgl. S. 71). [Beispiele: ,Cäsars Ausspruch am Rubikon (besteht aus drei Wörtern)'; ,ausdr (b, a)' (vgl. S. 68).]

3. Kennzeichnung für eine Ausdrucksgestalt durch syntaktische Bestimmungen. [Beispiele: ,Der aus einer Drei, einem Pluszeichen und einer Vier bestehende Ausdruck'; ,$(\mathfrak{z}_1 = \mathfrak{z}_1) \binom{\mathfrak{z}_1}{\mathfrak{nu}}$'; ,$\sim \mathfrak{N}$'.]

4. Bezeichnung für eine Ausdrucksgestalt, gebildet aus einem Ausdruck von dieser Gestalt mit Anführungszeichen. [Beispiele: , ,3' '; , ,ω' '; , ,3 + 4' '; , ,alea iacta est' (besteht aus drei Wörtern)'.]

C. Bezeichnung für eine allgemeinere Form (d. h. eine solche, die auch ungleichen Ausdrücken zukommen kann, vgl. S. 15).

1. Name für eine Form (z. B. für eine Zeichenart). [Beispiele: ,Variable'; ,Zahlausdruck'; ,Gleichung'; ,$\mathfrak{v}$'; ,$\mathfrak{pr}$'; ,$\mathfrak{Z}$'.]

2. Kennzeichnung für eine Form. [Beispiele: ,Ein aus zwei Zahlzeichen und dazwischenstehendem Pluszeichen bestehender Ausdruck'; ,$\mathfrak{Z} = \mathfrak{Z}$'.]

3. Kennzeichnung für eine Form, gebildet aus einem Ausdruck von dieser Form in Anführungszeichen mit Angabe der erlaubten Modifikationen. [Beispiel: ,Ein Ausdruck von der Form ,$x = y$', wo an Stelle von ,x' und ,y' zwei beliebige, ungleiche Variable stehen'.]

Es wird häufig nicht beachtet, daß die Bezeichnung einer Form mit Hilfe eines Ausdrucks in Anführungszeichen zu Unklarheiten führt, wenn die erlaubten Modifikationen nicht oder nicht genau angegeben werden. Man schreibt etwa: „Für Sätze von der Form ,$(x)\,(p \vee F(x))$' gilt das und das." Dabei bleiben z. B. folgende Fragen offen: muß das $\mathfrak{f}$,p' in dem Satz vorkommen? oder darf statt dessen ein beliebiges $\mathfrak{f}$ stehen? oder ein beliebiger Satz? muß das $\mathfrak{p}$,F' vorkommen? oder darf dort ein beliebiges $\mathfrak{p}$ stehen? oder ein beliebiges $\mathfrak{pr}$? oder darf an Stelle von ,$F(x)$' ein beliebiger Satz mit der einzigen freien Variablen ,x' stehen? oder auch mit mehreren freien Variablen? Jene Formulierung ist also unklar und mehrdeutig (ganz abgesehen davon, daß man meist die Anführungszeichen wegläßt und daß man zuweilen anstatt „für Sätze von der Form..." schreibt „für den Satz...").

42. Notwendigkeit der Unterscheidung zwischen einem Ausdruck und seiner Bezeichnung.

Wie wichtig es ist, zwischen einem Ausdruck und seiner syntaktischen Bezeichnung deutlich zu unterscheiden, kann man sich leicht etwa an folgenden Beispielen klarmachen; würde man in diesen fünf Sätzen anstatt der Ausdrücke ‚ω', ‚‚ω' ', ‚Omega', ‚‚Omega' ', ‚‚‚Omega' ' ' stets denselben, etwa das Wort ‚Omega', gebrauchen, so entstände eine arge Verwirrung. 1. „ω ist ein Ordnungstypus". — 2. „‚ω' ist ein Buchstabe". — 3. „Omega ist ein Buchstabe". — 4. „‚Omega' ist nicht ein Buchstabe, sondern ein Wort, das aus fünf Buchstaben besteht". — 5. „Der vierte Satz handelt nicht von Omega, also nicht von ‚ω', sondern von ‚Omega'; in diesem Satze steht daher an Subjektstelle nicht ‚Omega', wie im dritten Satz, sondern ‚‚Omega' '".

Da für einen gegebenen Gegenstand ein Name willkürlich gewählt werden kann, ist es auch durchaus möglich, als Namen für ein Ding das Ding selbst zu wählen oder als Bezeichnung für eine Dingart die Dinge dieser Art. Wir können z. B. festsetzen, daß an Stelle des Wortes ‚Streichholz' jeweils ein Streichholz auf das Papier gelegt werden soll. Häufiger als bei einem außersprachlichen Ding kommt es bei einem Sprachausdruck vor, daß man als Bezeichnung für ihn ihn selbst nimmt. Einen derart verwendeten Sprachausdruck nennen wir autonym. Hierbei wird also der Ausdruck an einigen Stellen als Bezeichnung für sich selbst verwendet, an anderen Stellen als Bezeichnung für etwas anderes. Um diese Zweideutigkeit aller Ausdrücke, die auch autonym vorkommen, zu beheben, muß eine Regel darüber aufgestellt werden, unter welchen Bedingungen die eine und unter welchen die andere Bedeutung gemeint ist. Beispiel. Wir haben früher die Zeichen ‚$\sim$', ‚v', ‚$=$' u. a. zuweilen nicht-autonym, zuweilen autonym verwendet; dabei haben wir festgesetzt, daß sie dann und nur dann autonym sein sollen, wenn sie in einem Ausdruck stehen, der Frakturzeichen enthält (vgl. S. 16). Gegenbeispiel. Man findet Formulierungen folgender Art: „Wir setzen a + 3 für x ein; wenn a + 3 eine Primzahl ist, ..." Hier ist der Ausdruck ‚a + 3' an der ersten Stelle autonym verwendet, an der zweiten Stelle nicht-autonym, nämlich (in inhaltlicher Redeweise gesprochen) als Bezeichnung einer Zahl. Eine Regel wird hier nicht gegeben. Die korrekte Schreibung wäre: „Wir setzen ‚a + 3' für ‚x' ein; wenn a + 3 eine Primzahl ist, ..." — Über die Anwendung autonymer Bezeichnungen in andern Systemen vgl. §§ 68, 69.

Zuweilen wird (auch von guten Logikern!) eine Abkürzung für einen Ausdruck mit einer Bezeichnung für den Ausdruck verwechselt. Der Unterschied ist aber wesentlich; handelt es sich um einen Ausdruck der Objektsprache, so gehört die Abkürzung ebenfalls zur Objektsprache, die Bezeichnung aber zur Syntaxsprache. Eine Abkürzung bedeutet nicht den ursprünglichen Ausdruck, sondern bedeutet dasselbe wie der ursprüngliche Ausdruck.

Beispiele. Kürzen wir ‚Konstantinopel' durch ‚Konst.' ab, so bedeutet diese Abkürzung nicht jenen langen Namen, sondern die Stadt. Wird ‚2' als Abkürzung für ‚1 + 1' eingeführt, so ist ‚1 + 1' nicht die Bedeutung von ‚2'; vielmehr haben beide Ausdrücke (inhaltlich gesprochen:) dieselbe Bedeutung; (formal gesprochen:) sie sind synonym. Ein Ausdruck darf in einem Satz durch seine Abkürzung ersetzt werden (und umgekehrt), nicht aber durch seine Bezeichnung. Die Bezeichnung eines Ausdrucks ist nicht Stellvertreter für ihn, wie es die Abkürzung ist. Häufig entstehen dadurch Unklarheiten, daß man in bezug auf einen bestimmten Ausdruck ein neues Zeichen einführt, ohne deutlich zu sagen, ob dieses Zeichen als Abkürzung oder als Name für den Ausdruck dienen soll. Zuweilen wird die Unklarheit dadurch unlösbar, daß man das eingeführte Zeichen in beiden Bedeutungen verwendet: einmal im Worttext, also als syntaktische Bezeichnung, ein andermal in den symbolischen Formeln der Objektsprache.

Vielleicht wird mancher Leser nun denken, wenn auch die Forderung, Bezeichnung und bezeichneten Ausdruck zu unterscheiden, berechtigt sei, so seien doch die üblichen Verstöße gegen diese Forderung harmlos. Das ist gewiß häufig der Fall (z. B. in dem vorhin genannten Beispiel mit ‚a + 3'), aber die übliche dauernde Nichtbeachtung des Unterschiedes hat schon viel Verwirrung angerichtet. Diese Nichtbeachtung dürfte auch mit schuld daran sein, daß noch so viel Unklarheit über den Charakter aller logischen Untersuchungen als syntaktischer Theorien der Sprachformen besteht. Vielleicht ist eine Verwechslung zwischen Bezeichnung und Bezeichnetem auch mit schuld daran, daß der prinzipielle Unterschied zwischen den Satzverknüpfungen (z. B. Implikation) und den syntaktischen Satzbeziehungen (z. B. Folgebeziehung) häufig übersehen wird (vgl. § 69). Auch die Unklarheit in der Deutung mancher formaler Systeme und logischer Untersuchungen ist darauf zurückzuführen; wir werden später verschiedene Beispiele hierfür kennenlernen.

Frege hat mit besonderem Nachdruck die Unterscheidung zwischen einem Objektzeichen und seiner Bezeichnung gefordert (auch in der witzigen, aber sehr ernst zu nehmenden Satire [Zahlen]). Er selbst hat in den ausführlichen Erläuterungen über seine Symbolik und über die Arithmetik diese Unterscheidung stets streng durchgeführt. Frege hat hiermit das erste Beispiel einer genauen syntaktischen Sprechweise gegeben. Er verwendet als Syntaxsprache keine besondere Symbolik, sondern einfach die Wortsprache. Von den vorhin genannten Methoden benutzt er hauptsächlich A3, B4 und C2: Ausdrücke der Symbolik in Anführungszeichen und Kennzeichnungen von Formen mit Hilfe der Wortsprache. Er sagt [Grundgesetze] I, 4: „Man wird sich vielleicht über den häufigen Gebrauch des Anführungszeichens wundern; ich unterscheide damit die Fälle, wo ich vom Zeichen selbst spreche, von denen, wo ich von seiner Bedeutung spreche. So pedantisch dies auch scheinen mag, ich halte es doch für notwendig. Es ist merkwürdig, wie eine ungenaue Rede- oder Schreibweise, die ursprünglich vielleicht nur aus Bequemlichkeit und der Kürze halber, aber mit vollem Bewußtsein ihrer Ungenauigkeit gebraucht wurde, zuletzt das Denken verwirren kann, nachdem jenes Bewußtsein verschwunden ist.“

Die von Frege vor 40 Jahren erhobene Forderung geriet für lange Zeit in Vergessenheit. Allerdings lernte man allgemein ein exaktes Arbeiten mit logistischen Formeln, auf Grund der Werke von Frege, Peano, Schröder und besonders durch das Werk [Princ. Math.] von Whitehead und Russell. Aber der Textteil fast aller logischen Schriften nach Frege läßt die Korrektheit von Freges Vorbild vermissen. Zwei Beispiele mögen auf die dadurch entstehenden Mehrdeutigkeiten hinweisen.

1. Beispiel. Im Text der meisten Lehrbücher und Abhandlungen zur Logistik (darunter auch Russell [Princ. Math.], Hilbert [Logik], Carnap [Logistik]) wird eine Satzvariable in drei oder vier verschiedenen Bedeutungen gebraucht: 1. Als Satzvariable der Objektsprache (als ein ſ, z. B. ‚p‘). 2. Als Abkürzung (also Konstante) für einen zusammengesetzten Satz der Objektsprache (als ein konstantes ſa, z. B. ‚A‘). 3. Als autonyme syntaktische Bezeichnung für eine Satzvariable (‚ſ‘). 4. Als syntaktische Bezeichnung für einen beliebigen Satz (‚$\mathfrak{S}$‘). Hier ist es daher in vielen Fällen nicht möglich, durch bloße Einfügung von Anführungszeichen die korrekte Schreibweise herzustellen. Die übliche Schreibweise „Ist p falsch, so ist für beliebiges q $p \supset q$ wahr“ kann man nicht ersetzen durch „Ist ‚p‘ falsch, ...“; ‚p‘ ist ja sicher falsch (durch Einsetzung ist jeder Satz ableitbar). Wir müssen entweder schreiben: „Ist ‚A‘ falsch, so ist für beliebiges ‚B‘ ‚A $\supset$ B‘ wahr“, wo ‚A‘ und ‚B‘ abkürzende Konstanten der Objektsprache (mit hier unbestimmt gelassener Bedeutung) sind; oder: „Ist $\mathfrak{S}_1$ falsch, so ist für beliebiges $\mathfrak{S}_2$ die Implikation von $\mathfrak{S}_1$ und $\mathfrak{S}_2$ wahr.“ Sind geeignete Festsetzungen getroffen (wie bei uns S. 16), so kann hier anstatt „die Implikation von $\mathfrak{S}_1$ und $\mathfrak{S}_2$“ kürzer „$\mathfrak{S}_1 \supset \mathfrak{S}_2$“ geschrieben werden.

2. Beispiel. In der Abhandlung eines ausgezeichneten Logi-

kers findet sich der Satz: „$\binom{p}{x}$ *a* ist die Formel, welche aus der Formel *a* entsteht, indem man die Variable *x* (wenn diese in *a* vorkommt) überall durch die Zeichenkombination *p* ersetzt.“ Hier sind wir über die Deutung zunächst ganz im unklaren. Welche der vorkommenden symbolischen Ausdrücke sind als autonyme Bezeichnungen verwendet und daher in Anführungszeichen einzuschließen, wenn die korrekte Schreibung für das vom Autor Gemeinte hergestellt werden soll? Wir werden vielleicht zunächst geneigt sein, ‚*a*‘, ‚*x*‘ und ‚*p*‘ in Anführungszeichen zu schließen, dagegen ‚$\binom{p}{x}$ *a*‘ als syntaktische Schreibweise aufzufassen, also nicht als Ganzes einzuschließen, sondern nur die vorkommenden Buchstaben: ‚$\binom{‚p‘}{‚x‘}$,*a*‘ ‘. (Dies würde etwa unserer Schreibweise ‚$\mathfrak{S}_1\binom{\mathfrak{z}_1}{\mathfrak{A}_1}$‘ oder genauer ‚‚*p*‘ $\binom{‚x‘}{‚0‘}$‘ entsprechen.) Aber gegen diese Deutung spricht das Vorkommen der Wendungen ‚Zeichenkombination *p*‘ und ‚wenn *x* in *a* vorkommt‘; denn ‚*p*‘ ist ja keine zusammengesetzte Kombination, und ‚*x*‘ kommt in ‚*a*‘ offensichtlich nicht vor. Vielleicht ist nur ‚*x*‘ autonym, während ‚*p*‘, ‚*a*‘ und ‚$\binom{p}{x}$ *a*‘ (für das wir dann ‚$\binom{p}{‚x‘}$ *a*‘ schreiben müßten) nicht-autonyme syntaktische Bezeichnungen sein sollen? Aber dagegen spricht der Umstand, daß in den symbolischen Formeln der Objektsprache, die in der Abhandlung behandelt wird, ‚*p*‘, ‚*a*‘ und sogar auch ‚$\binom{p}{x}$ *a*‘ vorkommen (z. B. in dem Axiom ‚$(x)\, a \supset \binom{p}{x} a$‘). Vielleicht sind sämtliche symbolischen Zeichen und Ausdrücke, nicht nur innerhalb der deutschen Textsätze, sondern auch in den symbolischen Formeln des Systems als nicht-autonyme syntaktische Bezeichnungen gemeint? In diesem Falle wäre die Schreibweise jenes Textsatzes einwandfrei; und das genannte Axiom würde unserem syntaktischen Schema GII 16 entsprechen. Aber das ist mit dem übrigen Text der Abhandlung, so wie er da steht, nicht gut in Einklang zu bringen. Man weiß nicht, auf welche Objektsprache sich alle Formeln, als syntaktische, beziehen sollten. — Für unseren Zusammenhang hier kommt es nicht darauf an, welche der verschiedenen Deutungen eigentlich gemeint ist. Es soll nur gezeigt werden, welche Unklarheiten entstehen, wenn nicht deutlich gemacht wird, ob ein Ausdruck zur Objektsprache gehört oder syntaktische Bezeichnung ist, und in letzterem Falle, ob autonym oder nicht.

Freges Forderung der Unterscheidung zwischen Bezeichnung und bezeichnetem Ausdruck ist, so viel ich sehe, nur in den Schriften der Warschauer Schule (Lukasiewicz, Leśniewski, Tarski und deren Schüler), die sich Frege bewußt zum Vorbild genommen hat, streng erfüllt. Diese Logiker verwenden besondere syntaktische Zeichen. Dieses Verfahren ist (wie das Beispiel von Frege zeigt) zwar zur Korrektheit nicht notwendig; aber es hat doch große Vorzüge. Die deutliche symbolische Trennung zwischen Objektzeichen und Syntaxzeichen erleichtert nicht nur die korrekte Formulierung, sondern hat sich bei den Warschauer Logikern auch durch die Fruchtbarkeit ihrer Untersuchungen bewährt, die zu einer Fülle wichtiger Ergebnisse geführt haben. Die Verwendung besonderer syntaktischer Zeichen innerhalb des Worttextes dürfte in den meisten Fällen die zweckmäßigste Methode sein; sie erlaubt Beweglichkeit und Leichtverständlichkeit bei hinreichender Strenge. [Diese Methode ist im Textteil dieses Buches angewendet: Wortsprache mit Frakturzeichen. Ansätze hierzu bilden Frakturbuchstaben bei Hilbert und fett gedruckte Buchstaben bei Church.] In besonderen Fällen kann es geboten erscheinen, die Sätze und Definitionen der Syntax vollständig zu symbolisieren, also die Wortsprache auszuschalten. Hierdurch wird eine erhöhte Strenge erreicht, allerdings auf Kosten der Leichtigkeit im Handhaben und Verstehen. Solche ganz symbolisierten syntaktischen Definitionen sind von Leśniewski und von Gödel aufgestellt worden. Leśniewski behandelt als Objektsprache in [Neues System] den Satzkalkül (mit Verknüpfungsvariablen, auch in Operatoren; „Protothetik") und in [Ontologie] das System der ε-Sätze („Ontologie"); als Syntaxsprache, die aber nur als Abkürzung für die Wortsprache dienen soll, verwendet er die Russellsche Symbolik. Gödel behandelt in [Unentscheidbare] als Objektsprache die Arithmetik der natürlichen Zahlen in einer modifizierten Russellschen Symbolik; als Syntaxsprache verwendet er die Symbolik von Hilbert. (Wir haben im formalen Aufbau, Kapitel II, auch diese strengere Methode angewendet; hier ist Sprache I zugleich Objektsprache und Syntaxsprache.)

43. Über die Zulässigkeit indefiniter Begriffe.

Wir haben ein definiertes Zeichen der Sprache II definit genannt, wenn in seiner Definitionenkette kein unbeschränkter Operator vorkommt; andernfalls indefinit (§ 15). Ist $\mathfrak{pr}_1$ ein definites $^1\mathfrak{pr}_{\mathrm{I}}$, so ist die durch $\mathfrak{pr}_1$ ausgedrückte Eigenschaft entscheidbar; jeder Satz von der Form $\mathfrak{pr}_1$ ($\mathfrak{Arg}_1$), wo die Argumente definite $\mathfrak{Z}$, im einfachsten Fall $\mathfrak{St}$ sind, kann nach einem festen Verfahren entschieden werden. Für ein indefinites $\mathfrak{pr}_{\mathrm{I}}$ gilt das im allgemeinen nicht. Für gewisse indefinite $\mathfrak{pr}_{\mathrm{I}}$ kann es vorkommen, daß man ein synonymes definites $\mathfrak{pr}_{\mathrm{I}}$, und damit ein Entscheidungsverfahren findet. Aber das ist im allgemeinen nicht möglich.

Beispiele. Den Begriff ‚Primzahl' können wir sowohl durch ein indefinites $\mathfrak{pr}$ ‚Prim$_1$' als auch durch ein synonymes definites $\mathfrak{pr}$ ‚Prim$_2$' erfassen. Wir definieren etwa (vgl. D 11, S. 52): ‚$\mathrm{Prim}_1(x) \equiv [\sim(x = 0) \,.\, \sim(x = 1) \,.\, (u)((u = 1) \vee (u = x) \vee \sim \mathrm{Tlb}(x, u))]$'; ebenso für ‚Prim$_2$', aber mit beschränktem Operator ‚$(u)\,x$' anstatt ‚(u)'. Dann ist ‚$\mathrm{Prim}_1 = \mathrm{Prim}_2$' beweisbar; die beiden $\mathfrak{pr}$ sind also synonym. Dagegen ist für das in II definierte, indefinite $\mathfrak{pr}$ ‚BewbII' (wobei

‚BewbII (a)' bei syntaktischer Deutung besagen soll: „Der ${}^{\mathrm{RZ}}$Satz a ist beweisbar in II", vgl. S. 66) kein synonymes definites $\mathfrak{pr}$ bekannt; es besteht Grund zu der Vermutung (die jedoch bisher nicht nachgewiesen ist), daß es überhaupt kein solches gibt. (Die Auffindung eines solchen würde die Auffindung eines allgemeinen Entscheidungsverfahrens für II und damit auch für die klassische Mathematik bedeuten.)

Das Fehlen eines Entscheidungsverfahrens für die indefiniten Begriffe wird von manchen (z. B. von Poincaré, Brouwer, Wittgenstein, Kaufmann) zum Anlaß genommen, diese Begriffe als sinnlos abzulehnen. Betrachten wir als Beispiel zwei indefinite ${}^{1}\mathfrak{pr}_{\mathfrak{l}}^{1}$, ‚$P_1$' und ‚$P_2$' (etwa in II), die auf Grund eines definiten ${}^{1}\mathfrak{pr}_{\mathfrak{l}}^{2}$ ‚Q' in folgender Weise definiert sein mögen:

$$P_1(x) \equiv (\exists y)\big(Q(x, y)\big) \tag{1}$$

$$P_2(x) \equiv (y)\big(Q(x, y)\big) \tag{2}$$

Man argumentiert nun etwa so: schon die Frage, ob z. B. ‚$P_1(5)$' (bzw. ‚$P_2(5)$') wahr ist oder nicht, habe keinen Sinn, da wir keinen Weg wissen, um die Antwort auf die Frage methodisch zu suchen; der Sinn eines Begriffes liege aber einzig in der Methode der Feststellung seines Vorliegens oder Nichtvorliegens. Hierauf ist zu erwidern: wir kennen zwar kein Verfahren, um die Antwort zu suchen; wohl aber wissen wir, wie das Finden der Antwort aussieht, d. h. wir wissen, unter welchen Bedingungen wir sagen werden, die Antwort sei gefunden. Dies ist z. B. dann der Fall, wenn wir einen Beweis finden, dessen letzter Satz ‚$P_1(5)$' ist; und dabei ist für eine vorgelegte Satzreihe die Frage, ob sie ein solcher Beweis ist oder nicht, eine definite Frage. Die Möglichkeit des Auffindens einer Antwort ist somit gegeben; ein zwingender Grund zur Ablehnung der Frage ist daher nicht zu sehen.

Von manchen wird die Auffassung vertreten, eine Frage der genannten Art sei zunächst sinnlos, werde aber sinnvoll, sobald eine Entscheidung gefunden sei. Ein solches Vorgehen halten wir für sehr unzweckmäßig. Es führt dazu, daß man etwa ‚$P_1(5)$?' als eine sinnvolle Frage ansieht, ‚$P_1(6)$?' dagegen als sinnlos; genauer: als heute sinnlos, morgen vielleicht sinnvoll. Dieses Vorgehen ist nicht zu verwechseln mit dem durchaus zweckmäßigen und überall angewendeten Verfahren, daß man früher festgesetzte Syntaxbestimmungen abändert, sobald gewisse neue Einsichten gefunden werden (etwa über gegenseitige Abhängigkeit der Grundsätze, Widersprüche od. dgl.). Im Unterschied hierzu wird bei jenem Vorgehen in die Syntaxbestimmungen (über Sinn und Sinnlosigkeit) die Bezugnahme auf historische Vorgänge mit hineingenommen.

Zuweilen wird bei der Ablehnung indefiniter $\mathfrak{pr}$ noch ein Unterschied zwischen dem Vorkommen eines Existenzoperators und dem eines Alloperators gemacht. Das wird so begründet: während zum Nachweis von ‚$P_1(5)$' das Auffinden einer einzelnen Zahl genügt, die die durch ‚$Q(5, y)$' bezeichnete Eigenschaft besitzt, muß zum Nachweis von ‚$P_2(5)$' gezeigt werden, daß jede Zahl diese Eigenschaft besitzt. Es besteht aber kein wesentlicher Unterschied zwischen diesen beiden Fällen. Das Auffinden einer Zahl, die eine bestimmte definite Eigenschaft hat, und das Auffinden eines Beweises für einen gegebenen Satz, d. h. das Auffinden einer Satzreihe, die eine bestimmte definite Eigenschaft hat, sind im wesentlichen gleichartige Operationen: es handelt sich in beiden Fällen um das Auffinden eines Elementes mit einer vorgegebenen definiten Eigenschaft aus einer abzählbaren Klasse (d. h. aus einer endlosen, nach gegebenem Gesetz fortschreitenden Reihe).

44. Über die Zulässigkeit imprädikativer Begriffe.

Manche Logiker lehnen zwar nicht alle indefiniten Begriffe ab, wohl aber einen Teil von ihnen, nämlich die sogenannten imprädikativen (oder nichtprädikativen) Begriffe (z. B. Russell in seinem sogenannten Circulus-vitiosus-Prinzip; vgl. Fraenkel [Mengenlehre] 247ff.). Man pflegt etwa (in inhaltlicher Redeweise) etwas imprädikativ zu nennen, wenn es definiert ist (oder: nur definiert werden kann) mit Hilfe einer Gesamtheit, zu der es selbst gehört. Dies besagt etwa (in die formale Redeweise übertragen): ein definiertes Zeichen $\mathfrak{a}_1$ heißt imprädikativ, wenn in seiner Definitionenkette ein unbeschränkter Operator vorkommt mit einer Variablen, zu deren Wertbereich $\mathfrak{a}_1$ gehört. Beispiel [(3) dient nur zur Abkürzung]:

$$M(F, x) \equiv \left[\left(F(7) \,.\, (y)\,[F(y) \supset F(y')]\right) \supset F(x)\right] \tag{3}$$

$$P_3(x) \equiv (F)\left[M(F, x)\right] \tag{4}$$

[‚$P_3(a)$' besagt „a besitzt alle erblichen Eigenschaften von 7".] Im Unterschied zu ‚P_1' und ‚P_2' (Beispiele in § 43) ist ‚P_3' nicht nur indefinit, sondern auch imprädikativ, weil von gleichem Typus wie ‚*F*'. Gegen die Zulässigkeit eines derartigen Begriffes pflegt man nun Folgendes vorzubringen. Angenommen, es soll ein konkreter Fall entschieden werden, etwa ‚$P_3(5)$', also ‚$(F)\left[M(F,5)\right]$'. Hierzu müsse man feststellen, ob jede Eigenschaft die Beziehung M zu 5 hat; unter anderem müsse man also wissen, ob dies für P_3 gilt, d. h. ob ‚$M(P_3, 5)$' wahr ist. Dies aber ist nach (3) gleichbedeutend mit ‚$(P_3(7) \ldots) \supset P_3(5)$'. Zur Feststellung des Wahrheitswertes einer Implikation muß man die Wahrheitswerte der beiden Glieder feststellen; hier also auch den von ‚$P_3(5)$'. Kurz: um festzustellen, ob ‚$P_3(5)$' wahr ist, müsse man zuvor eine Reihe anderer Feststellungen machen, darunter auch die, ob ‚$P_3(5)$' wahr ist. Dies sei ein offenbarer Zirkel. ‚$P_3(5)$' sei somit sinnlos, und daher auch ‚P_3'.

Diese Argumentation dürfte jedoch unzutreffend sein (Carnap [Logizismus]): zum Nachweis eines generellen Satzes ist es nicht notwendig, die Sätze nachzuweisen, die aus ihm durch Einsetzung von Konstanten entstehen; vielmehr geschieht der Nachweis durch Aufstellung Eines Beweises für den generellen Satz selbst. Jene Durchprüfung aller Einzelfälle ist allerdings schon wegen ihrer unendlichen Anzahl unmöglich; wäre die Durchprüfung erforderlich, so wären alle generellen Sätze und alle indefiniten 𝔭𝔯 (nicht nur die imprädikativen) unentscheidbar und damit (nach jener Argumentation) sinnlos. Dagegen ist erstens die Aufstellung des Beweises eine endliche Operation; und zweitens ist die Möglichkeit des Beweises ganz unabhängig davon, ob unter den konstanten Werten für die betreffende Variable auch das betreffende definierte Zeichen vorkommt. In unserem Beispiel kann ‚$M(P_3, 5)$' auch vor der Entscheidung über ‚$P_3(5)$' entschieden werden: man kann nämlich leicht ‚$\sim M(P_3, 5)$' beweisen. Wir definieren zur Abkürzung: ‚$P_4(x) \equiv (x \geq 6)$'. Dann ist zunächst ‚$\sim\left[(P_4(7) \,.\, (y)\,[P_4(y) \supset P_4(y^{\prime})]) \supset P_4(5)\right]$' beweisbar; hieraus weiter ‚$\sim M(P_4, 5)$', ‚$\sim (F)\left[M(F,5)\right]$', also ‚$\sim P_3(5)$'; ebenso für jedes 𝔷𝔷 von ‚0' bis ‚6' an Stelle von ‚5'. Ferner ist ‚$P_3(8)$' leicht beweisbar; und ebenso für jedes 𝔷𝔷 von ‚7' ab.

Allgemein: da überhaupt Sätze mit unbeschränkten Operatoren beweisbar sind, so besteht auch für die indefiniten Begriffe, also auch für die imprädikativen Begriffe, die Möglichkeit, eine Entscheidung über ihr Vorliegen oder Nichtvorliegen in einem bestimmten Einzelfall zu *finden*, wenn wir auch kein Verfahren haben, um dieses Finden stets herbeizuführen. Damit sind *derartige Begriffe* auch für diejenige Auffassung *gerechtfertigt*, die für die Zulässigkeit eines Begriffes fordert, daß in jedem Einzelfall die Möglichkeit einer Entscheidung besteht. [Übrigens ist nach meiner Ansicht auch diese Forderung zu eng und nicht zwingend begründet.]

Die Frage ist nicht so zu stellen: „Sind indefinite (bzw. imprädikative) Zeichen zulässig?“; denn was soll mit „zulässig“ gemeint sein, da es hier doch keine Moral gibt (vgl. § 17)? Die Frage kann nur lauten: „Wie wollen wir eine bestimmte Sprache aufbauen? Wollen wir Zeichen jener Art zulassen oder nicht? Und welche Folgen hat das eine oder andere Vorgehen?“ Es handelt sich also um die Wahl einer Sprachform, d. h. um die Festsetzung von Syntaxbestimmungen, und um die Untersuchung ihrer Konsequenzen. Hier kommen vor allem zwei Punkte in Betracht: erstens ist festzusetzen, ob unbeschränkte Operatoren zugelassen werden oder nicht, und zweitens, ob für die verschiedenen Typen durchlaufende Prädikatvariable zugelassen werden oder nicht. Wir wollen $\mathfrak{p}_1$ *durchlaufend* nennen, wenn alle Konstanten des Typus von $\mathfrak{p}_1$ zum Wertbereich von $\mathfrak{p}_1$ gehören (d. h. für $\mathfrak{p}_1$ einsetzbar sind). In II sind alle $\mathfrak{p}$ durchlaufend; z. B. kann für ein ${}^1\mathfrak{p}^1$ jedes ${}^1\mathfrak{pr}^1$ eingesetzt werden. Dagegen ist in [Princ. Math.] der Typus (0) auf Grund der verzweigten Typenregel noch in Ordnungen unterteilt derart, daß für ein bestimmtes $\mathfrak{p}$ jeweils nur die $\mathfrak{pr}$ einer bestimmten Ordnung eingesetzt werden dürfen. — 1. Wird der erste Punkt negativ entschieden, also *unbeschränkte Operatoren* ausgeschaltet (wie z. B. in I), so sind damit alle indefiniten und somit auch alle imprädikativen Zeichen ausgeschaltet. Läßt man aber unbeschränkte Operatoren zu, so ist das Definiens einer indefiniten Definition (vgl. die Beispiele (1) bis (4)) syntaxgemäß; dann aber ist es naheliegend, das Definiendum als Abkürzung für das Definiens zuzulassen. — 2. Man kann die imprädikativen Definitionen für $\mathfrak{pr}$ irgendwelcher Typen dadurch ausschalten, daß man im zweiten Punkt eine negative Entscheidung trifft, indem man durchlaufende $\mathfrak{p}$ für diese Typen nicht zuläßt. [So lehnt z. B. *Russell* alle durchlaufenden $\mathfrak{p}$, *Kaufmann* überhaupt alle $\mathfrak{p}$ ab.] Läßt man aber durchlaufende $\mathfrak{p}$ zu, und zwar auch in Operatoren, so ist das Definiens einer imprädikativen

Definition (vgl. Beispiel (4)) syntaxgemäß. Dann aber liegt es nahe, das Definiendum als Abkürzung für das Definiens zuzulassen. — Jedenfalls sind die bisher vorgebrachten inhaltlichen Begründungen der Ablehnung indefiniter oder imprädikativer Definitionen nicht stichhaltig. Man kann solche Definitionen zulassen oder ausschließen, ohne eine Begründung zu geben. Will man aber das eine oder andere Vorgehen begründen, so muß man zunächst die formalen Konsequenzen dieses Vorgehens aufzeigen.

45. Indefinite Begriffe in der Syntax.

Unsere Einstellung in der Frage der indefiniten Begriffe entspricht dem Toleranzprinzip: man kann in einer aufzustellenden Sprache entweder solche Begriffe ausschließen (wie wir es in I getan haben) oder auch zulassen (wie in II); das ist eine Sache des Entschlusses, der Festsetzung. Läßt man indefinite Begriffe zu, so muß der Unterschied zwischen ihnen und den definiten Begriffen genau beachtet werden, besonders wenn es sich um Fragen der Entscheidbarkeit handelt. Das gilt nun auch für die Begriffe der Syntax. Verwenden wir zur Formalisierung einer Syntax eine definite Sprache (z. B. Sprache I in unserem formalen Aufbau), so können nur definite syntaktische Begriffe definiert werden. Wichtige Begriffe der Syntax der Umformungen sind aber (im allgemeinen) indefinit, z. B. ‚ableitbar‘ und ‚beweisbar‘, und erst recht ‚analytisch‘, ‚kontradiktorisch‘, ‚synthetisch‘, ‚Folge‘, ‚Gehalt‘ u. a. Will man auch diese Begriffe einführen, so muß man eine indefinite Syntaxsprache verwenden (z. B. II).

In bezug auf die *Verwendung indefiniter syntaktischer Begriffe bei der Aufstellung einer bestimmten Sprache* ist vor allem zwischen den Form- und den Umformungsbestimmungen zu unterscheiden. Die Aufgabe der *Formbestimmungen* ist die Aufstellung der Definition für ‚*Satz*‘. Häufig wird dabei so vorgegangen, daß ein Begriff ‚elementarer Satz‘ definiert und einige satzbildende Operationen bestimmt werden; ein Ausdruck heißt dann ein Satz, wenn er von elementaren Sätzen aus durch endlichmalige Anwendung von satzbildenden Operationen konstruiert werden kann. Meist sind hierbei die Bestimmungen so beschaffen, daß nicht nur die Begriffe ‚elementarer Satz' und ‚satzbildende Operation', sondern auch noch der Begriff ‚Satz' definit wird; für einen vorgelegten Ausdruck kann stets entschieden werden, ob er ein Satz ist oder nicht. Die Aufstellung eines indefiniten Begriffes ‚Satz' ist zwar nicht unzulässig, dürfte aber im allgemeinen unzweckmäßig sein.

Beispiele für indefinite Begriffe ‚Satz': 1. Heyting [Math. I] 5; die Definition für ‚Satz' (dort ‚Ausdruck') wird durch die Bestimmungen 5.3 und 5.32 abhängig von dem indefiniten Begriff ‚beweisbar' (dort ‚richtig'), und daher selbst indefinit. — 2. Dürr [Leibniz] 87; ob eine gewisse Verbindung zweier Sätze (‚Generalwert' und ‚Hauptwert des Restes') ein Satz ist oder nicht (dort: ‚sinnvoll' oder ‚sinnlos'), hängt von den Wahrheitswerten der beiden Sätze ab; hier ist also der Begriff ‚Satz' nicht nur nicht logisch-definit, sondern deskriptiv (von synthetischen Sätzen abhängig). — Werden in einer Sprache (wie z. B. bei Peano) bedingte Definitionen zugelassen ($\mathfrak{S}_1 \supset (\mathfrak{A}_1 = \mathfrak{A}_2)$, wo $\mathfrak{A}_1$ das Definiendum ist), so ist i. a. der Begriff ‚Satz' nicht logisch-definit. — Ein indefiniter Begriff ‚Satz' wäre vielleicht dann am wenigsten Bedenken ausgesetzt, wenn er auf definite Begriffe ‚elementarer Satz' und ‚satzbildende Operation' zurückgeht. — v. Neumann ([Beweisth.] 7) hält die Definitheit des Begriffes ‚Satz' für unerläßlich; das System werde sonst „unverständlich und unbrauchbar".

Die Hauptbegriffe der Umformungsbestimmungen, nämlich ‚ableitbar' und ‚beweisbar', sind bei den meisten Sprachen indefinit; definit nur bei ganz einfachen Systemen, z. B. beim Satzkalkül. Trotzdem kann man die Umformungsbestimmungen definit formulieren, indem man, wie es allgemein üblich ist, nicht direkt jene Begriffe definiert, sondern zunächst die definiten Begriffe ‚unmittelbar ableitbar' (gewöhnlich formuliert durch Schlußregeln) und ‚Grundsatz'. [Hierbei kann ‚Grundsatz' gefaßt werden als ‚unmittelbar ableitbar aus der leeren Prämissenreihe'; die Definitionen können als Grundsätze bestimmter Form genommen werden]. ‚Ableitbar' wird durch eine endliche Kette der Beziehung ‚unmittelbar ableitbar' bestimmt; ‚beweisbar' wird definiert als ‚ableitbar aus der leeren Prämissenreihe'. — Mit dem Begriff ‚Folge' (der bei den bisher üblichen Sprachen nicht definiert worden ist) verhält es sich anders; hier sind die Bestimmungen auch dann indefinit, wenn sie zunächst nicht ‚Folge', sondern nur ‚unmittelbare Folge' definieren (wie z. B. für I in § 14).

B. Syntax beliebiger Sprachen.

a) Allgemeines.

46. Formbestimmungen.

In diesem Abschnitt wollen wir versuchen, eine Syntax für beliebige Sprachen aufzustellen, d. h. ein System von Definitionen syntaktischer Begriffe, die so weit gefaßt sind, daß sie auf beliebige Sprachen bezogen werden können. [Allerdings wird dabei hauptsächlich an solche Sprachen als Beispiele gedacht, die den gebräuchlichen symbolischen Sprachen in den Hauptzügen ähnlich sind; dadurch ist in manchen Punkten die Wahl der Definitionen veranlaßt. Die definierten Begriffe sind aber auch auf ganz andersartige Sprachen anwendbar.]

Der im folgenden dargestellte Entwurf einer allgemeinen Syntax ist nur als ein erster Versuch anzusehen. Die aufgestellten Definitionen werden sicherlich in mancher Hinsicht verbessert und ergänzt werden müssen; und vor allem werden die Zusammenhänge näher untersucht (d. h. syntaktische Lehrsätze bewiesen) werden müssen. — Bisher liegen nur wenige Ansätze zu allgemein-syntaktischen Untersuchungen vor; die wichtigsten sind: Tarski [Methodologie] und Ajdukiewicz.

Unter einer Sprache ist hier allgemein irgend ein Kalkül verstanden, also ein System von Formbestimmungen und Umformungsbestimmungen über die sogenannten Ausdrücke, d. h. endliche geordnete Reihen irgendwelcher Elemente, der sogenannten Zeichen (vgl. § 1, 2). In der (reinen) Syntax werden nur syntaktische Eigenschaften der Ausdrücke behandelt, d. h. solche, die nur von Art und Reihenfolge der Zeichen des Ausdrucks abhängen.

Im Unterschied zu den symbolischen Sprachen der Logistik und zu streng wissenschaftlichen Sprachen enthalten die üblichen Wortsprachen auch Sätze, deren logischer Charakter (z. B. logische Gültigkeit oder logisches Folgen aus einem bestimmten andern Satz oder dergleichen) nicht nur von ihrer syntaktischen Struktur abhängt, sondern auch noch von außersyntaktischen Umständen. Z. B. ist in der deutschen Sprache der logische Charakter der Sätze ‚ja' und ‚nein' und der Sätze, die Wörter wie ‚er', ‚der', ‚dieser' (im Sinne von „der vorhin genannte") oder ähnliche enthalten, auch noch abhängig davon, welche Sätze in demselben Zusammenhang (Abhandlung, Rede, Gespräch od. dgl.) vorangegangen sind. Bei Sätzen, in denen Wörter vorkommen wie ‚ich', ‚du', ‚hier', ‚jetzt', ‚heute',

‚gestern', ‚dieser' (im Sinne von „der hier befindliche") oder ähnliche, ist der logische Charakter nicht nur von den vorangegangenen Sätzen, sondern von der außersprachlichen Situation abhängig, und zwar von der raum-zeitlichen Stellung des Sprechenden. *Wir wollen im folgenden nur Sprachen behandeln, die keine Ausdrücke mit außersyntaktischer Abhängigkeit enthalten.* Der logische Charakter aller Sätze dieser Sprachen ist dann invariant gegenüber raum-zeitlichen Verschiebungen: zwei gleichlautende Sätze haben denselben Charakter, unabhängig davon, wo, wann und von wem sie gesprochen sind. Bei jenen Sätzen mit außersyntaktischer Abhängigkeit kann diese Invarianz durch Hinzufügung von Personen-, Orts- und Zeitbezeichnungen erreicht werden.

Den *Begriff* ‚Folge' haben wir bei der Behandlung der Sprachen I und II erst an später Stelle eingeführt. Vom systematischen Gesichtspunkt aus *steht er aber am Anfang der ganzen Syntax. Ist in bezug auf irgendeine Sprache der Begriff ‚Folge' bestimmt, dann ist damit alles festgelegt,* was über die *logischen Zusammenhänge innerhalb dieser Sprache* zu sagen ist. Wir nehmen im folgenden an, die Umformungsbestimmungen irgendeiner Sprache S seien gegeben, also die Definition des Begriffes ‚unmittelbare Folge in S'. [Den Zusatz ‚von S' oder ‚in S' bei den syntaktischen Begriffen lassen wir im folgenden der Kürze wegen meist fort.] Wir wollen dann zeigen, wie die *wichtigsten syntaktischen Begriffe auf Grund des Begriffes ‚unmittelbare Folge' definiert werden können.* Dabei wird sich herausstellen, daß nicht nur Begriffe wie ‚gültig' und ‚widergültig' durch die Umformungsbestimmungen festgelegt sind, sondern auch die *Unterscheidung zwischen logischen und deskriptiven Zeichen, zwischen Variablen und Konstanten, ferner die Unterscheidung zwischen logischen und außerlogischen (physikalischen) Umformungsbestimmungen,* woraus sich die Unterscheidung zwischen ‚gültig' und ‚analytisch' ergibt; auch die *verschiedenen Arten von Operatoren* und die *verschiedenen Satzverknüpfungen* lassen sich kennzeichnen; das Vorkommen einer *Arithmetik* und einer *Analysis* in S läßt sich bestimmen.

Als *syntaktische Frakturzeichen* verwenden wir (wie früher) ‚$\mathfrak{a}$' für Zeichen, ‚$\mathfrak{A}$' für (endliche) Ausdrücke, ‚$\mathfrak{K}$' für (endliche oder unendliche) Klassen von Ausdrücken (und zwar meist von Sätzen). Alle weiteren Frakturzeichen für die allgemeine Syntax (auch die früher für I und II schon verwendeten) werden im folgenden definiert. Wir sagen von einem Ausdruck, er habe die Form $\mathfrak{A}_1 \left[\frac{\mathfrak{A}_2}{\mathfrak{A}_3}\right]$, wenn er aus $\mathfrak{A}_1$ dadurch entsteht, daß an irgendeiner Stelle in $\mathfrak{A}_1$ ein Teilausdruck $\mathfrak{A}_2$ durch $\mathfrak{A}_3$ ersetzt wird. (Über den Unterschied zwischen Ersetzung und Einsetzung vgl. S. 33.)

Wir beschränken uns nur deshalb auf endliche Ausdrücke, weil sich bisher noch kein Anlaß zur Behandlung unendlicher Ausdrücke ergeben hat. Es bestehen keine grundsätzlichen Bedenken gegen die Einführung unendlicher Ausdrücke und Sätze. Ihre Behandlung ist in einer arithmetisierten Syntax leicht möglich. Während ein endlicher Ausdruck dargestellt wird durch eine Reihe von Zahlen, die durch eine einzige Reihenzahl vertreten werden kann, würde ein unendlicher Ausdruck darzustellen sein durch eine unendliche Zahlenfolge oder eine reelle Zahl. Eine solche Folge ist zu erfassen durch einen (definiten oder indefiniten) Funktor. Nach unseren früheren Überlegungen (§ 39) kann man dann nicht nur von gesetzmäßig gebauten unendlichen Ausdrücken sprechen, sondern auch von solchen, die durch kein mathematisches Gesetz bestimmt sind. Den ersteren entspricht ein $\mathfrak{fu}_\mathfrak{l}$, den letzteren ein $\mathfrak{fu}_\mathfrak{b}$.

Wir denken uns die Definition für ‚unmittelbare Folge' in folgender Form aufgestellt: „$\mathfrak{A}_1$ heißt unmittelbare Folge von $\mathfrak{K}_1$ in S, wenn 1. $\mathfrak{A}_1$ und jeder Ausdruck von $\mathfrak{K}_1$ eine der folgenden Formen hat: ..., und 2. $\mathfrak{A}_1$ und $\mathfrak{K}_1$ eine der folgenden Bedingungen erfüllen: ...". Die Definition enthält somit unter (1) die Formbestimmungen, unter (2) die Umformungsbestimmungen von S. Wir nennen nun $\mathfrak{A}_2$ einen **Satz** ($\mathfrak{S}$), wenn $\mathfrak{A}_2$ eine der Formen (1) hat. Die $\mathfrak{a}$, die $\mathfrak{S}$ sind, heißen **Satzzeichen** ($\mathfrak{sa}$).

$\mathfrak{A}_1$ und $\mathfrak{A}_2$ (ein $\mathfrak{a}$ ist auch ein $\mathfrak{A}$!) heißen (syntaktisch) verwandt, wenn es ein $\mathfrak{S}_1$ gibt derart, daß $\mathfrak{A}_1$ in $\mathfrak{S}_1$ vorkommt und $\mathfrak{S}_1 \left[\frac{\mathfrak{A}_1}{\mathfrak{A}_2}\right]$ ein Satz ist. Zwei verwandte Ausdrücke $\mathfrak{A}_1$, $\mathfrak{A}_2$ heißen **gattungsgleich,** wenn für beliebiges $\mathfrak{S}_1$ $\mathfrak{S}_1 \left[\frac{\mathfrak{A}_1}{\mathfrak{A}_2}\right]$ ein Satz ist. Eine Klasse $\mathfrak{K}_1$ von Ausdrücken heißt eine **Gattung,** wenn je zwei Ausdrücke von $\mathfrak{K}_1$ gattungsgleich sind und kein Ausdruck von $\mathfrak{K}_1$ gattungsgleich ist mit einem Ausdruck, der nicht zu $\mathfrak{K}_1$ gehört. [Verwandtschaft ist eine Ähnlichkeit (über diesen und die folgenden Begriffe vgl.: Carnap [Logistik] 48); Gattungsgleichheit ist überdies transitiv, also eine Gleichheit; die Gattungen sind die Abstraktionsklassen in bezug auf Gattungsgleichheit; daher sind verschiedene Gattungen stets fremd zueinander.] Die Teilklasse einer (Ausdrucks-) Gattung, die alle und nur die Zeichen dieser Gattung enthält, heißt eine **Zeichengattung.** Jedes $\mathfrak{A}$ von S gehört zu genau Einer Gattung; ist die Gattung von $\mathfrak{A}_1$ $\{\mathfrak{A}_1\}$, also $\mathfrak{A}_1$ nicht gattungsgleich mit irgendeinem ungleichen $\mathfrak{A}$, so heißt $\mathfrak{A}_1$ **isoliert.** Zwei Ausdrucksgattungen oder zwei Zeichengattungen heißen verwandt, wenn mindestens ein Ausdruck der einen mit einem der andern verwandt ist; in diesem Fall ist jeder Ausdruck der einen mit jedem Ausdruck der andern verwandt.

Definitionen weiterer syntaktischer Formbegriffe werden sich im folgenden aus den Umformungsbegriffen ergeben.

Beispiele. In I und in II ist jedes $\mathfrak{z}$ isoliert; denn $(\mathfrak{z}_1)\,\mathfrak{z}_2\,(\mathfrak{S}_1)\left[\begin{smallmatrix}\mathfrak{z}_2\\ \mathfrak{z}_1\end{smallmatrix}\right]$ ist kein Satz. Auch in der Hilbertschen Sprache ist jedes $\mathfrak{z}$ isoliert; hier ist nämlich $(\mathfrak{z}_1)\,(\mathfrak{pr}_1(\mathfrak{z}_1))\left[\begin{smallmatrix}\mathfrak{z}_1\\ \mathfrak{z}_2\end{smallmatrix}\right]$ für ungleiche $\mathfrak{z}_1$ und $\mathfrak{z}_2$ kein Satz. In I und in II bilden alle konstanten $\mathfrak{zz}$ zusammen eine Gattung. Dagegen sind in I und in II etwa $\mathfrak{z}_1$ und $\mathfrak{nu}$ zwar verwandt, aber nicht gattungsgleich, da in einem Operator $\mathfrak{z}_1$ nicht durch $\mathfrak{nu}$ ersetzt werden kann.

Die $\mathfrak{Pr}$ oder $\mathfrak{Fu}$ irgendeines Typus *t* in II sind einzuteilen in zwei miteinander verwandte Gattungen: die der $\mathfrak{p}$ (bzw. $\mathfrak{f}$) von *t* und die der übrigen $\mathfrak{Pr}$ (bzw. $\mathfrak{Fu}$). Also sind die $\mathfrak{pr}$ oder $\mathfrak{fu}$ von *t* einzuteilen in zwei miteinander verwandte Zeichengattungen: die der $\mathfrak{p}$ (bzw. $\mathfrak{f}$) von *t* und die der konstanten $\mathfrak{pr}$ (bzw. $\mathfrak{fu}$) von *t*.

47. Umformungsbestimmungen; a-Begriffe.

Wir denken uns die irgendwie gegebenen Umformungsbestimmungen von S in die früher angegebene Form einer Definition für ‚unmittelbare Folge in S' gebracht. Es ist dabei gleichgültig, in welcher Terminologie die Bestimmungen ursprünglich gegeben sind; es muß nur deutlich sein, auf welche Ausdrucksformen sich die Bestimmungen überhaupt anwenden lassen (damit ist ‚Satz' definiert) und unter welchen Bedingungen eine Umformung, ein Schluß zulässig sein soll (damit ist ‚unmittelbare Folge' definiert).

Anstatt ‚unmittelbare Folge' wird z. B. zuweilen gesagt: ‚unmittelbar ableitbar', ‚ableitbar', ‚deduzierbar', ‚erschließbar', ‚folgt aus', ‚darf gefolgert (geschlossen, abgeleitet, ...) werden aus' od. dgl.; anstatt ‚unmittelbare Folge aus der leeren Klasse' wird gewöhnlich gesagt: ‚Grundsatz‘, ‚Axiom‘, ‚wahr‘, ‚richtig‘, ‚beweisbar‘, ‚logisch gültig‘ od. dgl. Auch die als ‚*Definitionen*‘ bezeichneten Bestimmungen über Zeichen von S denken wir uns (z. B. als Grundsätze oder Schlußregeln besonderer Art) in die Bestimmungen über ‚unmittelbare Folge‘ mit aufgenommen; die Definitionen können entweder in endlicher Anzahl einzeln aufgestellt sein oder in unbeschränkter Anzahl durch ein allgemeines Gesetz bestimmt sein (wie z. B. in I und II).

Den zweiten Teil der Definition für ‚unmittelbare Folge‘ bildet eine Reihe von Bestimmungen von folgender Form: „$\mathfrak{S}_1$ ist dann (aber nicht nur dann) unmittelbare Folge der Satzklasse $\mathfrak{K}_1$, wenn $\mathfrak{S}_1$ und $\mathfrak{K}_1$ die und die syntaktischen Eigenschaften haben.“ Diese Reihe wollen wir durch folgende Bestimmung ergänzen (die unter Umständen schon zur ursprünglichen Reihe gehört): „$\mathfrak{S}_1$ ist stets unmittelbare Folge von $\{\mathfrak{S}_1\}$.“ Die Bestimmungen der ganzen Reihe nennen wir *Folgebestimmungen* oder kurz **f-Bestimmungen.** Diejenigen dieser Bestimmungen, bei denen die für $\mathfrak{S}_1$ und $\mathfrak{K}_1$ geforderten Eigenschaften definit sind, nennen wir *Ableitungsbestimmungen* oder kurz **a-Bestimmungen.** $\mathfrak{S}_1$ heißt *unmittelbar ableitbar* aus $\mathfrak{K}_1$, wenn $\mathfrak{S}_1$ und $\mathfrak{K}_1$ einer a-Bestimmung genügen. $\mathfrak{S}_1$ heißt ein *Grundsatz*, wenn $\mathfrak{S}_1$ unmittelbar ableitbar aus der leeren Klasse ist. Eine endliche Reihe von Sätzen heißt eine **Ableitung** mit der Prämissenklasse $\mathfrak{K}_1$, wenn jeder Satz der Reihe entweder zu $\mathfrak{K}_1$ gehört oder unmittelbar ableitbar ist aus einer Klasse $\mathfrak{K}_2$, deren Sätze ihm in der Reihe vorangehen. Eine Ableitung mit leerer Prämissenklasse heißt ein **Beweis.** $\mathfrak{S}_1$ heißt (a-Folge von oder) **ableitbar** aus der Satzklasse $\mathfrak{K}_1$, wenn $\mathfrak{S}_1$ letzter Satz einer Ableitung mit der Prämissenklasse $\mathfrak{K}_1$ ist. $\mathfrak{S}_1$ (bzw. $\mathfrak{K}_1$) heißt (a-gültig oder) **beweisbar,** wenn $\mathfrak{S}_1$ (bzw. jeder Satz von $\mathfrak{K}_1$) aus der leeren Klasse ableitbar ist, also letzter Satz eines Beweises ist. $\mathfrak{S}_1$ (bzw. $\mathfrak{K}_1$) heißt (a-widergültig oder) **widerlegbar,** wenn jeder Satz von S ableitbar aus $\{\mathfrak{S}_1\}$ (bzw. aus $\mathfrak{K}_1$) ist. $\mathfrak{S}_1$ (bzw. $\mathfrak{K}_1$) heißt (a-determiniert oder) **entscheidbar,** wenn $\mathfrak{S}_1$ (bzw. $\mathfrak{K}_1$) entweder beweisbar oder widerlegbar ist; andernfalls (a-indeterminiert oder) **unentscheidbar.**

$\mathfrak{K}_1$ sei die größte Zeichenklasse in S von der folgenden Beschaffenheit. Wir nennen die Zeichen von $\mathfrak{K}_1$ **definiert,** die übrigen **undefiniert.** Die Zeichen von $\mathfrak{K}_1$ lassen sich (nicht notwendig eindeutig) in eine Reihe ordnen. Gehört $\mathfrak{a}_1$ zu $\mathfrak{K}_1$, so gibt es auf Grund der a-Bestimmungen eine definite Konstruktionsvorschrift (das bedeutet in einer arithmetisierten Syntax: einen definiten syntaktischen Funktor), nach der zu jedem Satz $\mathfrak{S}_1$, in dem $\mathfrak{a}_1$ vorkommt, ein Satz $\mathfrak{S}_2$ konstruiert werden kann derart, daß $\mathfrak{S}_2$ nicht $\mathfrak{a}_1$ enthält, sondern nur undefinierte Zeichen und solche definierte, die in jener Reihe dem $\mathfrak{a}_1$ vorangehen, und daß $\mathfrak{S}_1$ und $\mathfrak{S}_2$ aus einander ableitbar sind. Wir nennen diese Vorschrift eine **Definition** für $\mathfrak{a}_1$. Die Umformung von $\mathfrak{S}_1$ in $\mathfrak{S}_2$ nennen wir Elimination von $\mathfrak{a}_1$.

Wir teilen die syntaktischen Begriffe in **a-** und **f-Begriffe** ein, je nachdem ihre Definition sich nur auf die a-Bestimmungen bezieht (wie z. B. die vorhin aufgestellten Definitionen) oder allgemein auf f-Bestimmungen.

48. f-Begriffe.

Es seien einige f-Begriffe definiert, die zu dem Begriff ‚Folge' führen, einem der wichtigsten syntaktischen Begriffe. Die $\mathfrak{K}$ sind im folgenden stets Satzklassen. Eine endliche Reihe von (nicht notwendig endlichen) Satzklassen heißt eine **Folgereihe** mit der Prämissenklasse $\mathfrak{K}_1$, wenn folgendes gilt: 1. $\mathfrak{K}_1$ ist erste Klasse der Reihe; 2. folgt $\mathfrak{K}_{i+1}$ in der Reihe unmittelbar auf $\mathfrak{K}_i$, so ist jeder Satz von $\mathfrak{K}_{i+1}$ unmittelbare Folge einer Teilklasse von $\mathfrak{K}_i$. $\mathfrak{K}_n$ heißt eine **Folgeklasse** von $\mathfrak{K}_1$, wenn $\mathfrak{K}_n$ letzte Klasse einer Folgereihe mit der Prämissenklasse $\mathfrak{K}_1$ ist. $\mathfrak{S}_1$ heißt **Folge** von $\mathfrak{K}_1$, wenn $\{\mathfrak{S}_1\}$ Folgeklasse von $\mathfrak{K}_1$ ist. Sind nur a-Bestimmungen gegeben, so fallen die Begriffe ‚ableitbar' und ‚Folge' zusammen. Hat der Begriff ‚unmittelbare Folge' schon eine gewisse Art von Transitivität, so fällt er mit ‚Folge' zusammen.

Über den grundsätzlichen Unterschied zwischen ‚ableitbar in S' und ‚Folge in S' gilt allgemein das, was wir früher in bezug auf Sprache I gesagt haben (S. 35f.). Analoges gilt für jedes Paar, das aus einem a-Begriff und dem entsprechenden f-Begriff besteht; vgl. die zweite und dritte Kolonne in der Übersicht S. 136.

In fast allen bekannten Systemen werden nur definite Umformungsbestimmungen aufgestellt, also nur a-Bestimmungen. Wir haben aber früher überlegt, daß es möglich ist, auch indefinite syntaktische Begriffe zu verwenden (§ 45). Wir werden deshalb auch die Möglichkeit zulassen, indefinite Umformungsbestimmungen aufzustellen und die auf ihnen beruhenden f-Begriffe einzuführen. Bei Behandlung der Syntax der Sprachen I und II haben wir die Wichtigkeit und Fruchtbarkeit von f-Begriffen (z. B. ‚Folge', ‚analytisch', ‚Gehalt' u. a.) kennengelernt. Ein wichtiger Vorzug der f-Begriffe vor den a-Begriffen liegt z. B. darin, daß mit ihrer Hilfe die vollständige Zweiteilung der $\mathfrak{S}_I$ in analytische und kontradiktorische möglich ist, während die entsprechende Einteilung in beweisbare und widerlegbare $\mathfrak{S}_I$ i. a. unvollständig ist.

In den Systemen von Russell [Princ. Math.], Hilbert [Logik], v. Neumann [Beweisth.], Gödel [Unentscheidbare], Tarski [Widerspruchsfr.] werden nur a-Bestimmungen aufgestellt.

Hilbert [Grundl. 1931] [Tertium] hat neuerdings eine Umformungsbestimmung angegeben, die (in unserer Terminologie) etwa so lautet: „Enthält $\mathfrak{S}_1$ genau Eine freie Variable $\mathfrak{z}_1$ und ist jeder Satz von der Form $\mathfrak{S}_1\left(\frac{\mathfrak{z}_1}{\mathfrak{St}}\right)$ beweisbar, so darf $(\mathfrak{z}_1)(\mathfrak{S}_1)$ als Grundsatz aufgestellt werden." Hilbert nennt diese Bestimmung eine „finite neue Schlußregel". Was unter ‚finit' verstanden wird, wird nicht genau gesagt; nach den Andeutungen von Bernays [Philosophie] 343 ist etwa das gemeint, was wir ‚definit' nennen. Jene Bestimmung ist jedoch offenbar indefinit. Den Anlaß zu ihrer Aufstellung hat vermutlich die vorhin angedeutete Unvollständigkeit jeder Arithmetik, die sich auf a-Bestimmungen beschränkt, gegeben. Die angegebene Bestimmung, die sich nur auf Zahlvariable $\mathfrak{z}$ bezieht, genügt jedoch nicht zur Erreichung der vollständigen Zweiteilung.

Herbrand [Non-contrad.] 5 verwendet die Hilbertsche Regel, jedoch mit gewissen Beschränkungen; $\mathfrak{S}_1$ und die Definitionen der in $\mathfrak{S}_1$ vorkommenden $\mathfrak{fu}$ dürfen keine Operatoren enthalten.

Tarski bespricht die Hilbertsche Regel („Regel der unendlichen Induktion" [Widerspruchsfr.] 111) und schreibt ihr mit Recht einen „infinitistischen Charakter" zu. Er meint, „daß sie mit der bisherigen Auffassung der deduktiven Methode nicht leicht in Einklang gebracht werden kann"; hieran ist richtig, daß diese Regel sich grundsätzlich von den bisher allein verwendeten a-Bestimmungen unterscheidet. Aber die weiterhin von Tarski geäußerten Zweifel an der Möglichkeit einer praktischen Anwendung einer derartigen Regel möchte ich nicht teilen.

In Sprache I geht UF 1 auf die definiten Bestimmungen GI 1—11 und RI 1—3 zurück, UF 2 ist indefinit.

$\mathfrak{K}_1$ heißt **gültig**, wenn $\mathfrak{K}_1$ Folgeklasse der leeren Klasse (und daher jeder Klasse) ist. [Wir verwenden hier nicht den Terminus ‚analytisch', weil wir die Möglichkeit offen lassen wollen, daß S nicht nur, wie I und II, logische Umformungsbestimmungen enthält, sondern auch physikalische, z. B. Naturgesetze; vgl. § 51. In bezug auf Sprachen wie I und II fallen die Begriffe ‚gültig' und ‚analytisch' zusammen.] $\mathfrak{K}_1$ heißt **widergültig,** wenn jede Klasse Folgeklasse (und daher jeder Satz Folge) von $\mathfrak{K}_1$ ist. $\mathfrak{K}_1$ heißt **determiniert,** wenn $\mathfrak{K}_1$ gültig oder widergültig ist; andernfalls **indeterminiert.** In der Wortsprache ist es bequem, für Eigenschaften von Satzklassen und von Sätzen in vielen Fällen dieselben Termini zu verwenden. Wir wollen einen Satz $\mathfrak{S}_1$ gültig (bzw. widergültig, determiniert, indeterminiert) nennen, wenn $\{\mathfrak{S}_1\}$ gültig (bzw....) ist. Ebenso wollen wir bei den später zu definierenden Begriffen verfahren.

Satz 48·1. $\mathfrak{K}_2$ sei Folgeklasse von $\mathfrak{K}_1$; ist $\mathfrak{K}_1$ gültig, so auch $\mathfrak{K}_2$; ist $\mathfrak{K}_2$ widergültig, so auch $\mathfrak{K}_1$.

Satz 48·2. $\mathfrak{S}_2$ sei Folge von $\mathfrak{S}_1$; ist $\mathfrak{S}_1$ gültig, so auch $\mathfrak{S}_2$; ist $\mathfrak{S}_2$ widergültig, so auch $\mathfrak{S}_1$.

Satz 48·3. Ist jeder Satz von $\mathfrak{K}_1$ gültig, so auch $\mathfrak{K}_1$; und umgekehrt.

Satz 48·4. Ist mindestens ein Satz von $\mathfrak{K}_1$ widergültig, so auch $\mathfrak{K}_1$. Die Umkehrung gilt nicht allgemein.

Zwei oder mehrere Sätze heißen **unverträglich** (bzw. a-unverträglich) miteinander, wenn ihre Klasse widergültig (bzw. widerlegbar) ist; andernfalls **verträglich** (bzw. a-verträglich). Zwei oder mehrere Satzklassen heißen unverträglich (bzw. a-unverträglich) miteinander, wenn ihre Vereinigung widergültig (bzw. widerlegbar) ist; andernfalls verträglich (bzw. a-verträglich).

$\mathfrak{K}_2$ heißt **abhängig** von $\mathfrak{K}_1$, wenn $\mathfrak{K}_2$ Folgeklasse von $\mathfrak{K}_1$ oder unverträglich mit $\mathfrak{K}_1$ ist; andernfalls **unabhängig** von $\mathfrak{K}_1$. $\mathfrak{K}_2$ heißt a-abhängig von $\mathfrak{K}_1$, wenn entweder jeder Satz von $\mathfrak{K}_2$ ableitbar aus $\mathfrak{K}_1$ ist oder $\mathfrak{K}_2$ a-unverträglich mit $\mathfrak{K}_1$ ist; andernfalls a-unabhängig von $\mathfrak{K}_1$. (Für $\mathfrak{S}_1$ und $\mathfrak{S}_2$ wird analog definiert.)

Satz 48·5. Ist $\mathfrak{K}_1$ abhängig (bzw. a-abhängig) von der leeren Klasse, so ist $\mathfrak{K}_1$ determiniert (bzw. entscheidbar); und umgekehrt.

Wir sagen, innerhalb $\mathfrak{K}_1$ bestehe (gegenseitige) Unabhängigkeit, wenn je zwei Sätze von $\mathfrak{K}_1$ unabhängig voneinander sind. Wir sagen, innerhalb $\mathfrak{K}_1$ bestehe vollständige Unabhängigkeit, wenn jede echte, nicht-leere Teilklasse von $\mathfrak{K}_1$ unabhängig von ihrer Restklasse in $\mathfrak{K}_1$ ist.

Satz 48·6. Ist $\mathfrak{K}_1$ nicht widergültig und nicht Folgeklasse einer echten Teilklasse, so besteht innerhalb $\mathfrak{K}_1$ vollständige Unabhängigkeit; und umgekehrt.

$\mathfrak{K}_1$ heißt **vollständig** (bzw. a-vollständig), wenn jedes $\mathfrak{K}$ (und daher auch jedes $\mathfrak{S}$) von S abhängig (bzw. a-abhängig) von $\mathfrak{K}_1$ ist; andernfalls **unvollständig.**

Satz 48·7. Ist $\mathfrak{K}_2$ vollständig und Folgeklasse von $\mathfrak{K}_1$, so ist auch $\mathfrak{K}_1$ vollständig.

Satz 48·8. Ist in S die leere Satzklasse vollständig (oder a-vollständig), so ist jedes $\mathfrak{K}$ in S vollständig (bzw. a-vollständig).

Über die Abhängigkeit zwischen den definierten a- und f-Begriffen orientieren die Pfeile in der Übersicht S. 136. Wenn auch das a-Verfahren das grundlegende ist und die a-Begriffe die einfacheren Definitionen haben, so sind doch die f-Begriffe für gewisse allgemeine Betrachtungen wichtiger. Sie stehen in näherem Zusammenhang mit der inhaltlichen Deutung der Sprache; formal zeigt sich das darin, daß zwischen ihnen einfachere Zusammenhänge bestehen. Im folgenden werden wir vorwiegend f-Begriffe behandeln und nur gelegentlich die entsprechenden a-Begriffe mit angeben (ist kein besonderer Terminus angegeben, so bilde man ihn aus dem des f-Begriffes durch Vorsetzen von ‚a-').

49. Gehalt.

Unter dem **Gehalt** von $\mathfrak{K}_1$ (oder übertragen: von $\mathfrak{S}_1$, vgl. S. 127) in S verstehen wir die Klasse der nicht-gültigen Sätze, die Folgen von $\mathfrak{K}_1$ (bzw. $\mathfrak{S}_1$) sind. Diese Definition ist analog den früheren für I (S. 38) und II (S. 90); hierbei ist zu berücksichtigen, daß in I und II ‚gültig' mit ‚analytisch' zusammenfällt.

Andere Möglichkeiten der Definition. Anstatt der Klasse der nicht-gültigen Folgen könnte man etwa die Klasse aller Folgen als ‚Gehalt' bezeichnen. Demgegenüber hat unsere Definition den Vorteil, daß bei ihr die analytischen Sätze in reinen L-Sprachen (s. u.), wie z. B. I und II, gehaltleer werden. — Ferner könnte man die Klasse aller indeterminierten Folgen nehmen, oder auch die Klasse aller nicht-widergültigen Folgen. S sei eine nicht-deskriptive Sprache (z. B. ein mathematischer Kalkül). Dann gibt es in S keine indeterminierten oder synthetischen Sätze. Auf Grund unserer Definition sind dann die analytischen Sätze miteinander gehaltgleich, und ebenso die kontradiktorischen, nicht aber jene mit diesen. Dagegen würden auf Grund jeder der beiden eben erwähnten Definitionen alle Sätze miteinander gehaltgleich, obwohl sie sich wesentlich unterscheiden: Folgen eines analytischen Satzes sind nur die analytischen Sätze, Folgen eines kontradiktorischen Satzes aber alle Sätze. — *Ajdukiewicz* gibt eine beachtenswerte formale Definition für ‚Sinn', die von unserer Definition für ‚Gehalt' stark abweicht; nach ihr wird der Begriff ‚Sinngleichheit' erheblich enger als der Begriff ‚Gehaltgleichheit' bei uns.

$\mathfrak{K}_1$ und $\mathfrak{K}_2$ heißen *gehaltgleich*, wenn ihre Gehalte übereinstimmen. Ist der Gehalt von $\mathfrak{K}_2$ eine echte Teilklasse des Gehaltes von $\mathfrak{K}_1$, so heißt $\mathfrak{K}_2$ gehaltschwächer als $\mathfrak{K}_1$, und $\mathfrak{K}_1$ *gehaltstärker* als $\mathfrak{K}_2$. $\mathfrak{K}_1$ heißt *gehaltleer*, wenn der Gehalt von $\mathfrak{K}_1$ leer ist. Wir sagen, $\mathfrak{K}_1$ habe den *Gesamtgehalt*, wenn der Gehalt von $\mathfrak{K}_1$ die Klasse aller nicht-gültigen Sätze ist. Zwei oder mehrere Klassen heißen *gehaltfremd* zueinander, wenn der Durchschnitt ihrer Gehalte leer ist. Alle diese Begriffe werden *auch auf Sätze angewendet* (vgl. S. 127). Wir sagen, in $\mathfrak{K}_1$ bestehe *gegenseitige Gehaltfremdheit*, wenn je zwei Sätze von $\mathfrak{K}_1$ gehaltfremd zueinander sind.

Satz 49·1. Ist $\mathfrak{K}_2$ *Folgeklasse* von $\mathfrak{K}_1$, so ist der Gehalt von $\mathfrak{K}_2$ enthalten in dem von $\mathfrak{K}_1$; und umgekehrt. — *Beim Übergang zur Folge tritt niemals Gehaltvermehrung ein.* Hierin besteht der sogenannte *tautologische Charakter der Folgebeziehung*.

Satz 49·2. Sind $\mathfrak{K}_1$ und $\mathfrak{K}_2$ Folgeklassen voneinander, so sind sie *gehaltgleich*; und umgekehrt.

Satz 49·3. Ist $\mathfrak{K}_2$ Folgeklasse von $\mathfrak{K}_1$, $\mathfrak{K}_1$ aber nicht von $\mathfrak{K}_2$, so ist $\mathfrak{K}_1$ *gehaltstärker* als $\mathfrak{K}_2$; und umgekehrt.

Satz 49·4. Ist $\mathfrak{K}_1$ *gültig*, so ist $\mathfrak{K}_1$ *gehaltleer*; und umgekehrt.

Satz 49·5. Ist $\mathfrak{K}_1$ *widergültig*, so hat $\mathfrak{K}_1$ den *Gesamtgehalt*; und umgekehrt.

Die Sätze 1 bis 5 gelten ebenso für $\mathfrak{S}_1$ und $\mathfrak{S}_2$.

$\mathfrak{K}_1$ heißt *abgeschlossen*, wenn der Gehalt von $\mathfrak{K}_1$ in $\mathfrak{K}_1$ enthalten ist. Hiernach ist jeder Gehalt abgeschlossen. Der Durchschnitt zweier abgeschlossener Klassen ist auch abgeschlossen; für die Vereinigung gilt das i. a. nicht.

$\mathfrak{A}_1$ heißt ersetzbar durch $\mathfrak{A}_2$, wenn $\mathfrak{S}_1$ stets gehaltgleich mit $\mathfrak{S}_1 \left[\begin{smallmatrix}\mathfrak{A}_1\\ \mathfrak{A}_2\end{smallmatrix}\right]$ ist. $\mathfrak{A}_1$ und $\mathfrak{A}_2$ heißen **synonym** (miteinander), wenn sie gegenseitig ersetzbar sind. Nur gattungsgleiche Ausdrücke können synonym sein. [Ist $\mathfrak{A}_1$ ersetzbar durch $\mathfrak{A}_2$, so meist auch synonym mit $\mathfrak{A}_2$.]

$\mathfrak{A}_1$ heißt ein **Hauptausdruck**, wenn $\mathfrak{A}_1$ nicht leer ist und es einen mit $\mathfrak{A}_1$ verwandten, aber nicht synonymen Ausdruck gibt. Zu den **Hauptzeichen** rechnen wir erstens jedes Zeichen, das ein Hauptausdruck ist, und zweitens die Zeichen gewisser Arten, die später erläutert werden (z. B. $\mathfrak{B}$, $\mathfrak{v}$, ${}^0\mathfrak{a}$, $\mathfrak{pr}$, $\mathfrak{vk}$, $\mathfrak{zz}$); die übrigen Zeichen nennen wir **Nebenzeichen**. [Beispiel. Die Hauptzeichen von II sind die $\mathfrak{sa}$, $\mathfrak{zz}$, $\mathfrak{pr}$, $\mathfrak{fu}$, $\mathfrak{verkn}$, ferner ‚$\sim$‘, ‚=‘, ‚'‘, ‚∃‘ (auf Grund der Definitionen der allgemeinen Syntax ist nämlich ‚$\sim$‘ ein $\mathfrak{vk}$, ‚=‘ ein $\mathfrak{pr}$, ‚'‘ ein $\mathfrak{zfu}$, mit ‚∃‘ ist der leere Ausdruck verwandt, aber nicht synonym; die übrigen Zeichen sind Nebenzeichen, also Klammern, Komma und ‚K‘ (weil es in II keine andern Zahloperatoren gibt als die K-Operatoren).]

50. Logische und deskriptive Ausdrücke; Teilsprache.

Ist für die Sprache S eine inhaltliche Deutung gegeben, so kann man die Zeichen, Ausdrücke und Sätze von S in logische und deskriptive einteilen, nämlich in solche mit rein logisch-mathematischer Bedeutung und solche, die etwas Außerlogisches, z. B. empirische Gegenstände oder Eigenschaften od. dgl., bezeichnen. Diese Einteilungsbestimmung ist nicht nur unscharf, sondern auch nicht-formal, also für die Syntax nicht verwendbar. Wenn wir aber überlegen, daß alle Zusammenhänge logisch-mathematischer Begriffe von außersprachlichen Bestimmungen, z. B. von empirischen Beobachtungen, unabhängig sind und allein durch die Umformungsbestimmungen der Sprache schon vollständig festgelegt sein müssen, so finden wir als formal erfaßbare kennzeichnende Eigentümlichkeit der logischen Zeichen und Ausdrücke die, daß jeder allein aus ihnen gebildete Satz determiniert ist. Dies gibt den Anlaß zur Aufstellung der folgenden Definition. [Sie muß auf Ausdrücke und nicht nur auf Zeichen bezogen werden; denn es kann vorkommen, daß in S $\mathfrak{a}_1$ in bestimmten Verbindungen logisch, in anderen deskriptiv ist.]

$\mathfrak{K}_1$ sei der Durchschnitt aller Ausdrucksklassen $\mathfrak{K}_i$ von S, die die folgenden Bedingungen (1) bis (4) erfüllen. [In den meisten üblichen Sprachen gibt es nur Eine derartige Klasse $\mathfrak{K}_i$; diese ist dann $\mathfrak{K}_1$.] 1. Gehört $\mathfrak{A}_1$ zu $\mathfrak{K}_i$, so ist $\mathfrak{A}_1$ nicht leer und es gibt einen Satz, der so in Teilausdrücke zerlegt werden kann, daß alle zu $\mathfrak{K}_i$ gehören und einer $\mathfrak{A}_1$ ist. 2. Jeder in Ausdrücke von $\mathfrak{K}_i$ zerlegbare Satz ist determiniert. 3. Die Ausdrücke von $\mathfrak{K}_i$ sind möglichst klein, d. h. kein Ausdruck gehört zu $\mathfrak{K}_i$, der in mehrere Ausdrücke von $\mathfrak{K}_i$ zerlegt werden kann. 4. $\mathfrak{K}_i$ ist möglichst umfassend, d. h. nicht eine echte Teilklasse einer Klasse, die ebenfalls (1) und (2) erfüllt. Ein Ausdruck heißt **logisch** ($\mathfrak{A}_{\mathfrak{l}}$), wenn er zerlegbar ist in Ausdrücke von $\mathfrak{K}_1$; andernfalls **deskriptiv** ($\mathfrak{A}_{\mathfrak{d}}$). Eine Sprache heißt logisch, wenn sie nur $\mathfrak{a}_{\mathfrak{l}}$ enthält; andernfalls deskriptiv.

Bei einer praktisch angewendeten Sprache, z. B. der eines bestimmten Wissenschaftsgebietes, ist man sich meist ohne weiteres klar darüber, ob ein bestimmtes Zeichen eine logisch-mathematische oder eine außerlogische, etwa physikalische Bedeutung hat. In solchen zweifelsfreien Fällen stimmt die gegebene formale Unterscheidung mit der üblichen überein. Es gibt aber auch Fälle, in denen man bei bloß inhaltlicher Überlegung Zweifel über den Charakter eines Zeichens haben wird. Hier verhilft das angegebene formale Kriterium zu einer klaren Entscheidung, die man bei näherer Überlegung auch als inhaltlich angemessen ansehen wird.

Beispiel. Ist der metrische Fundamentaltensor $g_{\mu\nu}$, durch den die metrische Struktur des physikalischen Raumes bestimmt wird, ein mathematischer oder ein physikalischer Begriff? Auf Grund unseres formalen Kriteriums sind hier zwei Fälle zu unterscheiden. S_1 und S_2 seien physikalische Sprachen; jede von ihnen enthalte die Mathematik, aber auch die physikalischen Gesetze als Umformungsbestimmungen (das wird in § 51 näher besprochen werden). In S_1 werde ein homogener Raum angenommen: $g_{\mu\nu}$ hat überall denselben Wert, an jeder Stelle ist in jeder Richtung das Krümmungsmaß dasselbe (im einfachsten Falle: 0; euklidische Struktur). In S_2 werde dagegen der Einsteinsche inhomogene Raum angenommen: $g_{\mu\nu}$ hat verschiedene Werte; und zwar sind diese Werte abhängig von der Verteilung der Materie im Raum; sie sind daher — das ist für unsere Unterscheidung wesentlich — nicht durch ein allgemeines Gesetz bestimmt. Dann ist ‚$g_{\mu\nu}$' in S_1 ein logisches, in S_2 ein deskriptives Zeichen. Denn die Sätze, die die Werte dieses Tensors für die verschiedenen Raum-Zeit-Punkte angeben, sind in S_1 sämtlich determiniert; dagegen ist in S_2 mindestens ein Teil dieser Sätze indeterminiert. Auf den ersten Blick mag es seltsam erscheinen, daß der Fundamentaltensor nicht in allen Sprachen denselben Charakter haben sollte. Bei näherer Überlegung wird man aber zugeben, daß zwischen S_1 und S_2 hier ein grundsätzlicher Unterschied besteht. Die metrischen Berechnungen (z. B. eines Dreiecks aus geeigneten Bestimmungsstücken) geschehen in S_1 auf Grund mathematischer Ansetzungen, die allerdings in gewisser Hinsicht (z. B. in der Wahl des Betrages einer Grundkonstanten, etwa des konstanten Krümmungsmaßes) in Anlehnung an die Empirie vorgenommen werden (vgl. § 82). Dagegen sind für solche Berechnungen in S_2 im allgemeinen empirische Bestimmungen erforderlich, nämlich solche über die Werteverteilung des Fundamentaltensors (bzw. der Dichte) in dem betreffenden Raum-Zeit-Gebiet.

Satz 50·1. Jeder logische Satz ist determiniert; jeder indeterminierte Satz ist deskriptiv. — Bei der angegebenen Form der Definition für ‚logisch' ergibt sich dies unmittelbar. Wird ‚$\mathfrak{A}_\mathfrak{l}$' anders definiert (z. B. durch Angabe der logischen Grundzeichen, wie in I und II), so müssen die Definitionen der Begriffe ‚gültig' und ‚widergültig' (die in I und II mit ‚analytisch' bzw. ‚kontradiktorisch' zusammenfallen) so eingerichtet werden, daß jedes $\mathfrak{S}_\mathfrak{l}$ determiniert ist.

Satz 50·2. a) Ist S logisch, so ist jedes $\mathfrak{K}$ in S determiniert; und umgekehrt. — b) Ist S deskriptiv, so gibt es in S ein indeterminiertes $\mathfrak{K}$; und umgekehrt.

S_2 heißt eine **Teilsprache** von S_1, wenn Folgendes gilt: 1. jeder Satz von S_2 ist ein Satz von S_1; 2. ist $\mathfrak{K}_2$ Folgeklasse von $\mathfrak{K}_1$ in S_2, so auch in S_1. S_2 heißt eine folgeerhaltende Teilsprache von S_1, wenn außerdem gilt: 3. ist $\mathfrak{K}_2$ Folgeklasse von $\mathfrak{K}_1$ in S_1, und gehören $\mathfrak{K}_2$ und $\mathfrak{K}_1$ auch zu S_2, so ist $\mathfrak{K}_2$ auch Folgeklasse von $\mathfrak{K}_1$ in S_2. Ist S_2 Teilsprache von S_1, S_1 aber nicht von S_2, so heißt S_2 eine echte Teilsprache von S_1. Unter der logischen Teilsprache von S verstehen wir die folgeerhaltende Teilsprache von S, die durch Weglassen aller $\mathfrak{S}_\mathfrak{d}$ entsteht.

S_2 sei Teilsprache von S_3. $\mathfrak{K}_1$, $\mathfrak{K}_2$ seien Satzklassen von S_2. Die Tabelle S. 168 gibt an, unter welchen Bedingungen eine syntaktische Eigenschaft von $\mathfrak{K}_1$ oder Beziehung zwischen $\mathfrak{K}_1$ und $\mathfrak{K}_2$, die in S_2 gilt, auch in S_3 gilt (Rubrik 3), oder umgekehrt (Rubrik 5). Hieraus ist z. B. zu entnehmen: Ist $\mathfrak{K}_1$ in S_2 gültig, so auch in S_3; ist $\mathfrak{K}_1$ in S_3 gültig und S_2 folgeerhaltende Teilsprache von S_3, so ist $\mathfrak{K}_1$ auch in S_2 gültig.

Beispiele. I ist echte, folgeerhaltende Teilsprache von II. I′ sei die Sprache, die aus I entsteht, wenn unbeschränkte Operatoren mit $\mathfrak{z}$ zugelassen werden; dann ist I echte Teilsprache von I′, obwohl beide Sprachen dieselben Zeichen besitzen.

51. Logische und physikalische Bestimmungen.

Wir haben früher für die Sprachen I und II nur solche Umformungsbestimmungen aufgestellt, die man bei inhaltlicher Deutung als logisch-mathematisch begründet auffassen kann. Dasselbe gilt für die meisten bisher aufgestellten symbolischen Sprachen. Man kann jedoch auch eine Sprache mit *außerlogischen Umformungsbestimmungen* aufstellen. Besonders naheliegend erscheint es, unter die Grundsätze auch sogenannte *Naturgesetze* aufzunehmen, d. h. allgemeine Sätze der Physik (‚Physik' hier im weitesten Sinn verstanden). Man kann auch noch weiter gehen, nicht nur allgemeine, sondern auch konkrete Sätze aufnehmen, z. B. empirische *Beobachtungssätze*. Im äußersten Fall kann man so weit gehen, daß man die Umformungsbestimmungen von S so ausbaut, daß jeder augenblicklich (von einem bestimmten Einzelnen oder von der Wissenschaft) anerkannte Satz in S gültig ist. Wir wollen der Kürze wegen alle logisch-mathematischen Umformungsbestimmungen von S logische oder *L-Bestimmungen* nennen, alle übrigen physikalische oder *P-Bestimmungen*. Ob man bei der Aufstellung einer Sprache S nur L-Bestimmungen oder auch P-Bestimmungen aufstellt und in welchem Umfang, ist kein logisch-philosophisches Problem, sondern Sache der Festsetzung, also höchstens eine Frage der Zweckmäßigkeit. Bei der Aufstellung von P-Bestimmungen kann man leichter in die Lage kommen, zu einer Änderung der Sprache gedrängt zu werden; und wenn man gar alle anerkannten Sätze als gültig nehmen will, so muß man in jedem Augenblick die Sprache erweitern. Grundsätzliche Bedenken hiergegen bestehen aber nicht. — Nimmt man gewisse anerkannte Sätze nicht in S als gültig auf, so sind sie dadurch nicht aus S ausgeschaltet. Sie können in S als indeterminierte Prämissen für die Ableitung anderer Sätze auftreten (wie z. B. alle synthetischen Sätze in I und II).

Wie ist nun der soeben nur inhaltlich angedeutete *Unterschied zwischen L- und P-Bestimmungen formal zu erfassen?* Dieser Unterschied, bezogen auf Grundsätze, fällt nicht etwa mit dem zwischen $\mathfrak{S}_{\mathfrak{l}}$ und $\mathfrak{S}_{\mathfrak{b}}$ zusammen. Ein $\mathfrak{S}_{\mathfrak{l}}$ als Grundsatz ist stets eine L-Bestimmung; aber ein $\mathfrak{S}_{\mathfrak{b}}$ als Grundsatz muß nicht eine P-Bestimmung sein. [*Beispiel.* ‚Q' sei ein $\mathfrak{pr}_{\mathfrak{b}}$ von I. Dann ist z. B. ‚$Q(3) \supset (\sim Q(3) \supset Q(5))$' ($\mathfrak{S}_1$) ein deskriptiver

Grundsatz der Art GI 1. Aber $\mathfrak{S}_1$ ist offenbar rein logisch richtig; die weiteren Definitionen müssen wir so einrichten, daß $\mathfrak{S}_1$ zu den L-Bestimmungen gerechnet wird und nicht P-gültig, sondern analytisch (L-gültig) heißt. Daß $\mathfrak{S}_1$ logisch richtig ist, zeigt sich formal darin, daß jeder Satz, der aus $\mathfrak{S}_1$ dadurch entsteht, daß ‚Q' durch ein beliebiges anderes $\mathfrak{pr}_\mathfrak{d}$ ersetzt wird, ebenfalls ein Grundsatz GI 1 ist.] Das Beispiel macht uns klar, daß wir als definitorisches Merkmal der L-Bestimmungen die allgemeine Ersetzbarkeit der $\mathfrak{A}_\mathfrak{d}$ nehmen müssen.

$\mathfrak{K}_2$ sei Folgeklasse von $\mathfrak{K}_1$ in S. Wir unterscheiden hier drei Fälle: 1. $\mathfrak{K}_1$ und $\mathfrak{K}_2$ sind $\mathfrak{K}_\mathfrak{l}$. 2. In $\mathfrak{K}_1$ oder $\mathfrak{K}_2$ kommen $\mathfrak{A}_\mathfrak{d}$ vor, aber nur als undefinierte $\mathfrak{a}_\mathfrak{d}$; wir unterscheiden zwei Fälle: 2a) für beliebige $\mathfrak{K}_3$ und $\mathfrak{K}_4$, deren Sätze aus denen von $\mathfrak{K}_1$ bzw. $\mathfrak{K}_2$ dadurch gebildet sind, daß alle $\mathfrak{a}_\mathfrak{d}$ von $\mathfrak{K}_1$ und $\mathfrak{K}_2$ durch gattungsgleiche $\mathfrak{A}$ ersetzt sind, und zwar gleiche $\mathfrak{a}_\mathfrak{d}$ stets durch gleiche $\mathfrak{A}$, gilt: $\mathfrak{K}_4$ ist Folgeklasse von $\mathfrak{K}_3$; 2b) nicht für jedes $\mathfrak{K}_3$ und $\mathfrak{K}_4$ ist die genannte Bedingung erfüllt. 3. In $\mathfrak{K}_1$ und $\mathfrak{K}_2$ kommen auch definierte $\mathfrak{a}_\mathfrak{d}$ vor; $\overline{\mathfrak{K}_1}$ und $\overline{\mathfrak{K}_2}$ seien aus $\mathfrak{K}_1$ bzw. $\mathfrak{K}_2$ dadurch gebildet, daß jedes vorkommende definierte $\mathfrak{a}_\mathfrak{d}$ (einschließlich derer, die durch eine Elimination neu auftreten) eliminiert wird; 3a) die in 2a für $\mathfrak{K}_1$ und $\mathfrak{K}_2$ angegebene Bedingung ist für $\overline{\mathfrak{K}_1}$ und $\overline{\mathfrak{K}_2}$ erfüllt; 3b) die genannte Bedingung ist nicht erfüllt. Liegt einer der Fälle (1), (2a), (3a) vor, so nennen wir $\mathfrak{K}_2$ eine **L-Folgeklasse** von $\mathfrak{K}_1$; in den Fällen (2b), (3b) nennen wir $\mathfrak{K}_2$ eine **P-Folgeklasse** von $\mathfrak{K}_1$. Hiermit ist die Unterscheidung zwischen L- und P-Bestimmungen formal durchgeführt.

Enthält S nur L-Bestimmungen (d. h. ist jede Folgeklasse in S eine L-Folgeklasse), so nennen wir S eine **L-Sprache;** andernfalls eine **P-Sprache.** Unter der L-Teilsprache von S wollen wir diejenige Teilsprache von S verstehen, die dieselben Sätze besitzt wie S, aber als Umformungsbestimmungen nur die L-Bestimmungen von S.

Satz 51·1. Jede logische Sprache ist eine L-Sprache. Die Umkehrung gilt nicht allgemein.

Der Unterschied zwischen L- und P-Sprachen ist nicht zu verwechseln mit dem zwischen logischen und deskriptiven Sprachen. Der letztere bezieht sich auf den Zeichenbestand (allerdings auf eine Beschaffenheit des Zeichenbestandes, die sich in den Umformungsbestimmungen zeigt), jener auf die Art der Umformungsbestimmungen. Die Sprachen I und II sind z. B. deskriptive Sprachen (sie enthalten $\mathfrak{a}_\mathfrak{b}$, was sich im Vorkommen indeterminierter, nämlich synthetischer Sätze zeigt), aber L-Sprachen: jede Folgebeziehung in ihnen ist eine L-Folge; nur analytische Sätze sind in ihnen gültig. — Ebenso ist der Unterschied zwischen der L-Teilsprache von S und der logischen Teilsprache von S zu beachten. Ist z. B. S eine deskriptive L-Sprache (wie I und II), so ist die L-Teilsprache von S S selbst, dagegen die logische Teilsprache von S eine echte Teilsprache.

52. L-Begriffe; ‚analytisch‘ und ‚kontradiktorisch‘.

Den früher definierten a- und f-Begriffen stellen wir nun **L-Begriffe** an die Seite (und zwar L-a- und L-f-Begriffe). Hat $\mathfrak{K}_1$ in der L-Teilsprache von S eine bestimmte (a- oder f-)Eigenschaft, so schreiben wir ihm in S die entsprechende L-Eigenschaft zu. $\mathfrak{S}_1$ heißt z. B. L-beweisbar in S, wenn $\mathfrak{S}_1$ in der L-Teilsprache von S beweisbar ist; $\mathfrak{K}_2$ heißt der L-Gehalt von $\mathfrak{K}_1$ in S, wenn $\mathfrak{K}_2$ der Gehalt von $\mathfrak{K}_1$ in der L-Teilsprache von S ist usw. Anstatt ‚L-gültig‘, ‚L-widergültig‘, ‚L-indeterminiert‘ wollen wir meist sagen: **‚analytisch‘, ‚kontradiktorisch‘, ‚synthetisch‘**. In der folgenden Tabelle stehen die einander entsprechenden Begriffe in derselben Zeile. Ein Pfeil zwischen zwei Begriffen zeigt an, daß von dem einen auf den andern geschlossen werden kann. [Beispiel. Ist $\mathfrak{S}_2$ L-ableitbar aus $\mathfrak{S}_1$, so auch ableitbar; wenn ableitbar, so auch Folge. — Zwischen einem L-a- und einem L-f-Begriff gilt stets der Schluß in derselben Richtung wie zwischen den entsprechenden a- und f-Begriffen.] Auch hier sind die a- und L-a-Begriffe grundlegender für das Beweisverfahren; dagegen sind für viele Anwendungsfälle die f- und L-f-Begriffe wichtiger.

Da I und II L-Sprachen sind, fällt bei ihnen jeder syntaktische Begriff mit dem entsprechenden L-Begriff zusammen (z. B. ‚beweisbar‘ mit ‚L-beweisbar‘, ‚Folge‘ mit ‚L-Folge‘, ‚gültig‘ mit ‚analytisch‘, ‚Gehalt‘ mit ‚L-Gehalt‘ usw.). Die früher auf I und II bezogenen L-a- und L-f-Begriffe stimmen mit den jetzt definierten überein, auch wo die frühere Definition eine ganz andere Form hat (wie z. B. bei ‚analytisch in II‘).

Satz 52·1. a) Jeder analytische Satz ist gültig. — b) Jeder gültige logische Satz ist analytisch. — Zu b. $\mathfrak{S}_1$ sei ein gültiges $\mathfrak{S}_\mathfrak{l}$. Dann ist $\mathfrak{S}_1$ Folge der leeren Klasse, also auch L-Folge von ihr, also analytisch.

L-a-Begriffe:		a-Begriffe:		f-Begriffe:		L-f-Begriffe:
		Ableitung		Folgereihe		
		Beweis		(Folgereihe mit Anfangsklasse)	leerer	
				Folgeklasse	←	L-Folgeklasse
L-ableitbar	→	(a-Folge) ableitbar	→	Folge	←	L-Folge
L-beweisbar	→	(a-gültig) beweisbar	→	gültig	←	(L-gültig) analytisch
L-widerlegbar	→	(a-widergültig) widerlegbar	→	widergültig	⇠	(L-widergültig) kontradiktorisch
L-entscheidbar	→	(a-determiniert) entscheidbar	→	determiniert	←	L-determiniert
L-unentscheidbar	←	(a-indeterminiert) unentscheidbar	←	indeterminiert	→	(L-indeterminiert) synthetisch
L-a-unverträglich	→	a-unverträglich	→	(f-)unverträglich	←	L-unverträglich
L-a-verträglich	←	a-verträglich	←	(f-)verträglich	→	L-verträglich
L-a-abhängig	→	a-abhängig	→	abhängig	←	L-abhängig
L-a-unabhängig	←	a-unabhängig	←	unabhängig	→	L-unabhängig
L-a-vollständig	→	a-vollständig	→	vollständig	←	L-vollständig
L-a-unvollständig	←	a-unvollständig	←	unvollständig	→	L-unvollständig
				Gehalt		L-Gehalt
				gehaltgleich	←	L-gehaltgleich
				abgeschlossen	→	L-abgeschlossen
				synonym	←	L-synonym

Satz 52·2. a) Jeder kontradiktorische Satz ist widergültig. — b) Jeder widergültige logische Satz ist kontradiktorisch. — Zu b. $\mathfrak{S}_1$ sei ein widergültiges $\mathfrak{S}_{\mathfrak{l}}$. Dann ist jeder Satz Folge von $\mathfrak{S}_1$. Also ist erstens jedes $\mathfrak{S}_{\mathfrak{l}}$, zweitens für jedes $\mathfrak{S}_{\mathfrak{b}}$ auch jedes nach Bestimmung 2 a oder 3 a (S. 134) umgeformte $\mathfrak{S}_{\mathfrak{b}}$ Folge von $\mathfrak{S}_1$. Daher ist jeder Satz L-Folge von $\mathfrak{S}_1$. Also ist $\mathfrak{S}_1$ kontradiktorisch.

Satz 52·3. Jeder logische Satz ist L-determiniert; es gibt keine synthetischen logischen Sätze. — Nach Satz 50·1, 52·1 b, 2 b.

Satz 52·4. Ist jeder Satz von $\mathfrak{K}_1$ analytisch, so auch $\mathfrak{K}_1$; und umgekehrt.

Satz 52·5. Ist mindestens ein Satz von $\mathfrak{K}_1$ kontradiktorisch, so auch $\mathfrak{K}_1$. Ist $\mathfrak{K}_1$ logisch, so gilt auch die Umkehrung.

Satz 52·6. $\mathfrak{K}_2$ sei L-Folgeklasse von $\mathfrak{K}_1$. a) Ist $\mathfrak{K}_1$ analytisch, so auch $\mathfrak{K}_2$. — b) Ist $\mathfrak{K}_2$ kontradiktorisch, so auch $\mathfrak{K}_1$.

Satz 52·7. Ist $\mathfrak{S}_1$ L-Folge der leeren (und daher jeder) Satzklasse, so ist $\mathfrak{S}_1$ analytisch; und umgekehrt.

Satz 52·8. Ist $\mathfrak{K}_1$ kontradiktorisch, so ist jeder Satz L-Folge von $\mathfrak{K}_1$; und umgekehrt.

Satz 52·9. Der L-Gehalt von $\mathfrak{K}_1$ ist die Klasse der nicht-analytischen Sätze, die L-Folgen von $\mathfrak{K}_1$ sind.

Der übliche Begriff der Sinngleichheit zweier Sätze ist mehrdeutig. Wir erfassen ihn durch zwei verschiedene formale Begriffe: Gehaltgleichheit und L-Gehaltgleichheit. Analog ersetzen wir den üblichen Begriff der Bedeutungsgleichheit zweier Ausdrücke durch zwei verschiedene Begriffe: Synonymität und L-Synonymität. (Vgl. § 75, Beispiele 6 bis 9.)

Die L-Begriffe ergeben sich bei Beschränkung auf die L-Bestimmungen der Sprache. Zu einigen dieser Begriffe wollen wir entsprechende **P-Begriffe** definieren; sie sind dadurch charakterisiert, daß für sie auch die P-Bestimmungen mit in Betracht kommen. In L-Sprachen sind sie leer. $\mathfrak{K}_2$ soll P-Folgeklasse von $\mathfrak{K}_1$ heißen, wenn $\mathfrak{K}_2$ Folgeklasse, aber nicht L-Folgeklasse von $\mathfrak{K}_1$ ist. $\mathfrak{S}_2$ ist P-Folge von $\mathfrak{K}_1$, wenn Folge, aber nicht L-Folge. $\mathfrak{K}_1$ (oder $\mathfrak{S}_1$) ist **P-gültig**, wenn gültig, aber nicht analytisch. $\mathfrak{K}_1$ (oder $\mathfrak{S}_1$) ist P-widergültig, wenn widergültig, aber nicht kontradiktorisch. $\mathfrak{K}_1$ und $\mathfrak{K}_2$ sind P-gehaltgleich, wenn gehaltgleich, aber nicht L-gehaltgleich. $\mathfrak{A}_1$ und $\mathfrak{A}_2$ sind P-synonym, wenn synonym, aber nicht L-synonym. — Von den P-Begriffen werden wir im folgenden nur wenig Gebrauch machen.

Für eine P-Sprache ergibt sich die folgende Einteilung der deskriptiven Sätze (für die $\mathfrak{S}_{\mathfrak{l}}$ vgl. S. 163):

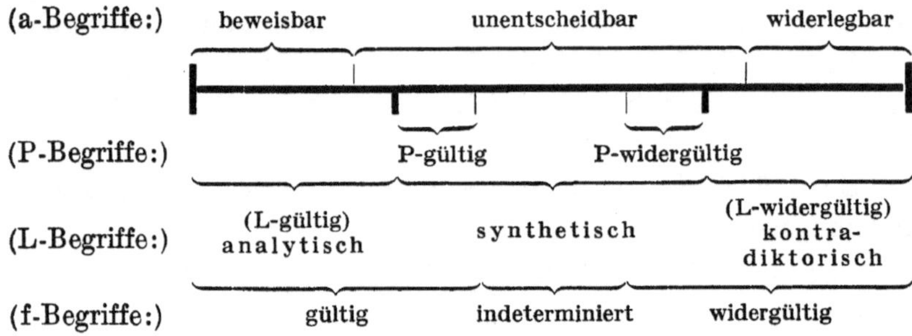

Für eine L-Sprache (z. B. I und II) ist die Einteilung der deskriptiven Sätze einfacher, da f- und L-f-Begriffe zusammenfallen:

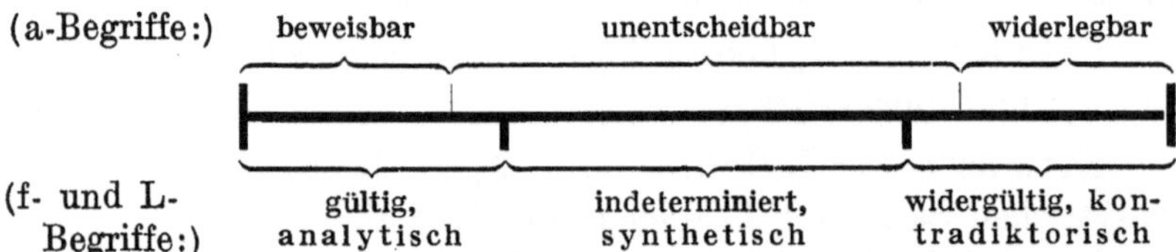

Beispiele. S sei eine P-Sprache, mit deutschen Wörtern in üblicher Bedeutung. Die wichtigsten physikalischen Gesetze seien als Grundsätze von S aufgestellt. $\mathfrak{S}_1$ laute: ‚dieser Körper a ist aus Eisen'; $\mathfrak{S}_2$: ‚a ist aus Metall'; $\mathfrak{S}_3$: ‚a kann nicht auf dem Wasser schwimmen'. $\mathfrak{S}_2$ und $\mathfrak{S}_3$ sind Folgen von $\mathfrak{S}_1$, und zwar ist $\mathfrak{S}_2$ eine L-Folge, $\mathfrak{S}_3$ aber nicht, also eine P-Folge. — $\mathfrak{S}_4$ laute: ‚In diesem Gefäß b vom Volumen 5000 cm³ sind 2 g Wasserstoff unter dem und dem Druck'; $\mathfrak{S}_5$: ‚In b (Volumen 5000 cm³) sind 2 g Wasserstoff mit der und der Temperatur.' $\mathfrak{S}_4$ und $\mathfrak{S}_5$ sind Folgen voneinander, und zwar P-Folgen, da jeder dieser Sätze aus dem andern mit Hilfe der Naturgesetze erschlossen werden kann. $\mathfrak{S}_4$ und $\mathfrak{S}_5$ sind gehaltgleich, aber nicht L-gehaltgleich, also P-gehaltgleich. Wenn man (in inhaltlicher Redeweise) fragt, ob $\mathfrak{S}_3$ (wie $\mathfrak{S}_2$) durch $\mathfrak{S}_1$ schon mit besagt ist, und ob $\mathfrak{S}_4$ und $\mathfrak{S}_5$ dasselbe besagen oder nicht, so sind diese Fragen nicht eindeutig. Die Antwort hängt davon ab, was als Voraussetzung für das Mitbesagen gilt. Setzen wir nur Logik und Mathematik voraus, so sind die Fragen zu verneinen; setzen wir aber auch die physikalischen Gesetze voraus, so sind sie zu bejahen. Z. B. besagen $\mathfrak{S}_4$ und $\mathfrak{S}_5$ uns im letzteren Falle dasselbe, auch wenn wir sonst nichts über die beschriebene Gasmenge wissen. Dem inhaltlichen Unterschied zwischen den beiden Voraussetzungen entspricht formal der Unterschied zwischen Gehaltgleichheit (in einer P-Sprache) und L-Gehaltgleichheit.

Die Einsicht, daß die Begriffe ‚analytisch' und ‚kontradiktorisch' rein formal sind und daß die analytischen Sätze gehaltleer sind, ist von Weyl [Kontinuum] 2, 10 ausgesprochen worden: (daß ein logisch widersinniges Urteil) „als unwahr erkannt wird, unabhängig von seinem materialen Gehalt, rein auf Grund seiner logischen Struktur"; „solche rein ihres formalen (logischen) Baues wegen wahren Urteile (die daher auch keinen materialen Gehalt besitzen) wollen wir (logisch) selbstverständlich nennen". Später hat Wittgenstein die gleiche Einsicht zur Grundlage seiner ganzen Philosophie gemacht. „Es ist das besondere Merkmal der logischen Sätze, daß man am Symbol allein erkennen kann, daß sie wahr sind, und diese Tatsache schließt die ganze Philosophie der Logik in sich" ([Tractatus] 156). W. fährt nun fort: „Und so ist es auch eine der wichtigsten Tatsachen, daß sich die Wahrheit und Falschheit der nichtlogischen Sätze nicht am Satz allein erkennen läßt." Diese Bemerkung, in der W.s absolutistische Auffassung der Sprache zum Ausdruck kommt, bei der das konventionelle Moment im Aufbau einer Sprache übersehen wird, trifft nicht zu. Daß ein Satz analytisch ist, kann man allerdings an seiner Form allein erkennen, aber nur, wenn die Syntaxbestimmungen der Sprache gegeben sind; sind aber diese Bestimmungen gegeben, so kann auch die Wahrheit und Falschheit gewisser synthetischer Sätze, nämlich der determinierten, an ihrer Form allein erkannt werden. Es ist Sache der Festsetzung, ob man nur L-Bestimmungen oder auch P-Bestimmungen aufstellt; und die P-Bestimmungen können ebenso streng formal aufgestellt werden wie die L-Bestimmungen.

b) Variable.

53. Stufensystem; Prädikate und Funktoren.

Unter einem **Stufensystem** in S verstehen wir eine geordnete Reihe $\mathfrak{R}_1$ von nicht-leeren Ausdrucksklassen, die die später folgenden Bedingungen (1) bis (6) erfüllt. Da die Anzahl der Ausdrücke einer Sprache höchstens abzählbar-unendlich ist, so auch die Anzahl der Klassen von $\mathfrak{R}_1$. Diese Klassen nennen wir **Stufen**; sie seien der Reihe nach numeriert mit den endlichen und gegebenenfalls auch mit den transfiniten Ordnungszahlen (der zweiten Zahlenklasse): Stufe 0 (oder nullte Stufe), Stufe 1, 2,... ω, $\omega + 1$, ... Die zu den Klassen von $\mathfrak{R}_1$ gehörenden Ausdrücke bezeichnen wir mit ‚$\mathfrak{Stu}$', und zwar die der Stufe a (wobei mit ‚a' eine Ordnungszahl bezeichnet ist) mit ‚${}^{a}\mathfrak{Stu}$'. [Den

Zusatz „in bezug auf $\mathfrak{R}_1$" bei diesem und den folgenden definierten Wörtern und Frakturbezeichnungen lassen wir der Kürze wegen fort.] Alle Zeichen $\mathfrak{Stu}$ rechnen wir zu den Hauptzeichen.

Eine geordnete Reihe von $m+1$ (unter Umständen leeren) Ausdrücken $\mathfrak{A}_1$, $\mathfrak{A}_2$, ..$\mathfrak{A}_{m+1}$ heißt ein **Ausdrucksgerüst** ($\mathfrak{Ag}$), und zwar ein m-stelliges ($\mathfrak{Ag}^m$), für eine bestimmte Ausdrucksform, wenn es mindestens einen Ausdruck $\mathfrak{A}_n$ von dieser Form gibt, der als Teilausdruck in einem Satz vorkommen kann und der aus den Ausdrücken $\mathfrak{A}_1$, ..$\mathfrak{A}_{m+1}$ des Gerüstes, etwa $\mathfrak{Ag}_1$, und m Hauptausdrücken $\mathfrak{A}'_1$, $\mathfrak{A}'_2$, ..$\mathfrak{A}'_m$ in abwechselnder Reihenfolge zusammengesezt ist. $\mathfrak{A}_n$ hat also die Form $\mathfrak{A}_1\mathfrak{A}'_1\mathfrak{A}_2\mathfrak{A}'_2$ ... $\mathfrak{A}_m\mathfrak{A}'_m\mathfrak{A}_{m+1}$. Die Ausdrücke $\mathfrak{A}'_1$, ... $\mathfrak{A}'_m$ heißen erstes, ...m-tes **Argument** von $\mathfrak{Ag}_1$ in $\mathfrak{A}_n$; ihre Reihe (in der richtigen Reihenfolge) heißt m-stellige **Argumentreihe** ($\mathfrak{Arg}$, und zwar $\mathfrak{Arg}^m$) von $\mathfrak{Ag}_1$ in $\mathfrak{A}_n$. $\mathfrak{A}_n$ bezeichnen wir auch mit ‚$\mathfrak{Ag}_1$ ($\mathfrak{A}'_1$, .. $\mathfrak{A}'_m$)‘ oder, wenn $\mathfrak{Arg}_1$ die Reihe jener Argumente ist, mit ‚$\mathfrak{Ag}_1$ ($\mathfrak{Arg}_1$)‘. $\mathfrak{A}_n$ heißt ein **Vollausdruck** von $\mathfrak{Ag}_1$. — Wir sagen, $\mathfrak{Ag}_1^m$ und $\mathfrak{Ag}_2^m$ haben gleichen Wertverlauf, wenn je zwei Vollausdrücke von $\mathfrak{Ag}_1$ und $\mathfrak{Ag}_2$ mit gleichen $\mathfrak{Arg}$ synonym sind.

Die $\mathfrak{Ag}^m$ für die Form $\mathfrak{S}$ heißen m-stellige **Satzgerüste** ($\mathfrak{Sg}$; $\mathfrak{Sg}^m$). Das ist die wichtigste Art der $\mathfrak{Ag}$. Ein Vollausdruck von $\mathfrak{Sg}_1$ ist ein $\mathfrak{S}$; er heißt ein **Vollsatz** von $\mathfrak{Sg}_1$. — $\mathfrak{Sg}_1^m$ heißt umfangsgleich mit $\mathfrak{Sg}_2^m$, wenn je zwei Vollsätze von $\mathfrak{Sg}_1$ und $\mathfrak{Sg}_2$ mit gleichen $\mathfrak{Arg}$ gehaltgleich sind.

Satz 53·1. Haben $\mathfrak{Sg}_1$ und $\mathfrak{Sg}_2$ gleichen Wertverlauf, so sind sie umfangsgleich; die Umkehrung gilt nicht allgemein (vgl. jedoch Satz 65·4b).

$\mathfrak{Ag}_1^m$ sei zusammengesetzt aus ${}^a\mathfrak{Stu}_1$ und unter Umständen Nebenzeichen; $\mathfrak{A}_n$ sei der Vollausdruck $\mathfrak{Ag}_1$ ($\mathfrak{Arg}_1$); hierbei sei jedes Argument und $\mathfrak{A}_n$ selbst entweder ein $\mathfrak{S}$ oder ein ${}^\beta\mathfrak{Stu}$ mit $\beta < a$. Dann heißt $\mathfrak{A}_n$ auch Vollausdruck von $\mathfrak{Stu}_1$; $\mathfrak{Arg}_1$ heißt auch Argumentenreihe von $\mathfrak{Stu}_1$ in $\mathfrak{A}_n$; $\mathfrak{Stu}_1$ heißt (in $\mathfrak{A}_n$) m-stellig ($\mathfrak{Stu}^m$); $\mathfrak{A}_n$ bezeichnen wir dann auch mit ‚$\mathfrak{Stu}_1$ ($\mathfrak{Arg}_1$)‘. Ist hierbei $\mathfrak{Ag}_1$ ein $\mathfrak{Sg}$, also $\mathfrak{A}_n$ ein $\mathfrak{S}$, so heißt $\mathfrak{Stu}_1$ ein **Prädikatausdruck** ($\mathfrak{Pr}$, $\mathfrak{Pr}^m$, ${}^a\mathfrak{Pr}$); ein Zeichen $\mathfrak{Pr}$ heißt ein **Prädikat** ($\mathfrak{pr}$, $\mathfrak{pr}^m$, ${}^a\mathfrak{pr}$). Ist dagegen $\mathfrak{A}_n$ ein $\mathfrak{Stu}$, so heißt $\mathfrak{Stu}_1$ ein **Funktorausdruck** ($\mathfrak{Fu}$, $\mathfrak{Fu}^m$, ${}^a\mathfrak{Fu}$); ein Zeichen $\mathfrak{Fu}$ heißt ein **Funktor** ($\mathfrak{fu}$, $\mathfrak{fu}^m$, ${}^a\mathfrak{fu}$). — $\mathfrak{Pr}_1$

und $\mathfrak{Pr}_2$, die gattungsgleich und daher von gleicher Stufe sind, heißen **umfangsgleich**, wenn die entsprechenden $\mathfrak{Sg}$ umfangsgleich sind. Wir sagen, $\mathfrak{Fu}_1$ und $\mathfrak{Fu}_2$, die gattungsgleich und daher von gleicher Stufe sind, haben **gleichen Wertverlauf**, wenn die entsprechenden $\mathfrak{Ag}$ gleichen Wertverlauf haben. — Die $^0\mathfrak{Stu}$ heißen **Individualausdrücke**, als Zeichen: Individualzeichen.

Satz 53·2. a) Sind $\mathfrak{Pr}_1$ und $\mathfrak{Pr}_2$ synonym, so auch umfangsgleich. — b) Sind $\mathfrak{Fu}_1$ und $\mathfrak{Fu}_2$ synonym, so haben sie gleichen Wertverlauf. — Die Umkehrungen gelten nicht allgemein. (Vgl. jedoch Satz 66·1.)

$\mathfrak{Pr}_1$ und $\mathfrak{Pr}_2$ sind nur dann synonym, wenn **jeder** Satz $\mathfrak{S}_1$ gehaltgleich mit $\mathfrak{S}_1\left[\frac{\mathfrak{Pr}_1}{\mathfrak{Pr}_2}\right]$ ist. Dagegen sind sie umfangsgleich schon dann, wenn dieselbe Bedingung für jeden Vollsatz $\mathfrak{S}_1$ erfüllt ist. Es kann etwa sein, daß ‚P‘ und ‚Q‘ umfangsgleich sind, aber für ein bestimmtes $^2\mathfrak{pr}$ ‚M‘, ‚M(P)‘ und ‚M(Q)‘ nicht gehaltgleich sind, so daß ‚P‘ und ‚Q‘ nicht synonym sind. (In diesem Falle ist ‚M(P)‘ intensional in bezug auf P, vgl. § 66.)

Bedingungen: 1. Ein $\mathfrak{Stu}$ ist kein $\mathfrak{S}$. — 2. Ist $\mathfrak{A}_1$ gattungsgleich mit einem $^\alpha\mathfrak{Stu}$, so ist auch $\mathfrak{A}_1$ ein $^\alpha\mathfrak{Stu}$. — 3. Jedes $^\alpha\mathfrak{Stu}$ für $\alpha > 0$ ist entweder ein $\mathfrak{Pr}$ oder ein $\mathfrak{Fu}$. — 4. Für jedes $^0\mathfrak{Stu}_1$ gibt es ein $^1\mathfrak{Pr}$ mit einem Vollsatz, von dem ein Argument $\mathfrak{Stu}_1$ ist. — 5. $\mathfrak{Stu}_1$ sei ein $^\alpha\mathfrak{Stu}$, wobei $\alpha > 1$, also ein $\mathfrak{Pr}$ oder $\mathfrak{Fu}$. a) Es gebe eine größte Ordnungszahl kleiner als α, etwa β (so daß also $\alpha = \beta + 1$); dann gibt es für das $\mathfrak{Pr}$ oder $\mathfrak{Fu}$ $\mathfrak{Stu}_1$ einen Vollausdruck $\mathfrak{A}_1$, so daß eines der Argumente oder $\mathfrak{A}_1$ selbst ein $^\beta\mathfrak{Stu}$ ist. b) Es gebe keine größte Ordnungszahl kleiner als α (z. B. für $\alpha = \omega$); dann gibt es für jedes $\beta < \alpha$ ein γ, so daß $\beta < \gamma < \alpha$, und einen Vollausdruck $\mathfrak{A}_1$ für $\mathfrak{Stu}_1$ derart, daß eines der Argumente oder $\mathfrak{A}_1$ selbst ein $^\gamma\mathfrak{Stu}$ ist. — 6. $\mathfrak{R}_1$ ist möglichst umfassend, d. h. die Klasse $\mathfrak{Stu}$ in bezug auf $\mathfrak{R}_1$ ist nicht echte Teilklasse der Klasse $\mathfrak{Stu}$ in bezug auf eine Reihe $\mathfrak{R}_2$, die ebenfalls die Bedingungen (1) bis (5) erfüllt. — $\mathfrak{A}_1$ heißt ein **passendes Argument** (allgemein oder für die i-te Argumentstelle) für $\mathfrak{Sg}_1$, $\mathfrak{Pr}_1$ oder $\mathfrak{Fu}_1$ (später auch für $\mathfrak{Sfu}_1$ oder $\mathfrak{Afu}_1$), wenn es einen Vollausdruck oder Vollsatz gibt, in dem $\mathfrak{A}_1$ an irgendeiner (bzw. an der i-ten) Argumentstelle steht.

Beispiele. In Sprache II (wie in allen üblichen Sprachen mit höherem Funktionenkalkül) gibt es genau Ein Stufensystem. Dazu gehören die $\mathfrak{Z}$ als $^0\mathfrak{Stu}$, ferner die $\mathfrak{Pr}$ und $\mathfrak{Fu}$. Die hier in der allgemeinen Syntax definierten Begriffe ‚$\mathfrak{Pr}$‘ und ‚$\mathfrak{Fu}$‘ sind jedoch weiter als die früher auf II bezogenen. Nach den neuen Begriffen sind die $\mathfrak{verkn}$ ${}^1\mathfrak{pr}^2$; ‚$\sim$‘ ist ein ${}^1\mathfrak{pr}^1$; ‚'‘ ist ein ${}^1\mathfrak{fu}^1$. Ferner ist ‚=‘ ein $\mathfrak{pr}^2$; es sei $\mathfrak{pr}_1$; es ist ein ${}^\omega\mathfrak{pr}$, da es zu jeder natürlichen Zahl n (> 0) einen Vollsatz $\mathfrak{pr}_1$ (${}^n\mathfrak{pr}$, ${}^n\mathfrak{pr}$) gibt (z. B. ‚P = Q‘). Würden wir bestimmen, daß für die verschiedenen Typen das Zeichen ‚$\subset$‘ (Def. 37·10) nicht mit jeweils entsprechendem Typusindex versehen würde, sondern für alle Typen von $\mathfrak{Pr}$ unterschiedslos gebraucht würde, so wäre auch ‚$\subset$‘ ein ${}^\omega\mathfrak{pr}^2$. Unter gleichen Voraussetzungen würde ‚$\vee$‘ in ‚$F \vee G$‘ (Def. 37·5) ein ${}^\omega\mathfrak{fu}^2$ sein.

Russell hat in [Princ. Math.] auch das Zeichen ‚$\subset$‘ und viele andere mit Argumenten beliebig hoher (endlicher) Stufe verwendet, so daß sie nach unserer Definition zur Stufe ω gehören. Russell weist jedoch diese Zeichen nicht einer transfiniten Stufe zu, sondern deutet ihre Verwendungsweise als „systematische Mehrdeutigkeit“. Erst Hilbert [Unendliche] 184 und Gödel [Unentscheidbare] 191 haben auf die Möglichkeit der Einführung transfiniter Stufen hingewiesen.

54. Einsetzung; Variable und Konstanten.

Was ist eine Variable? Man hat die alte Antwort: „eine veränderliche Größe“ oder: „ein veränderlicher Begriff“ längst als unzutreffend erkannt. Ein Begriff, eine Größe, eine Zahl, eine Eigenschaft kann sich nicht ändern (wohl aber kann ein Ding zu verschiedenen Zeiten verschiedene Eigenschaften haben). Eine Variable ist vielmehr ein Zeichen mit bestimmter Beschaffenheit. Mit welcher Beschaffenheit? Die Antwort: „ein Zeichen mit veränderlicher Bedeutung“ ist ebenfalls unzutreffend; denn eine Änderung der Bedeutung eines Zeichens ist nicht innerhalb Einer Sprache möglich, sondern ist ein Übergang von einer Sprache zu einer andern. Richtiger ist die häufig gegebene Antwort: „Ein Zeichen mit bestimmter Bedeutung ist eine Konstante, mit unbestimmter Bedeutung eine Variable.“ Aber auch diese ist nicht ganz richtig. Denn man kann Konstanten mit unbestimmter Bedeutung verwenden; sie unterscheiden sich von den Variablen wesentlich dadurch, daß für sie keine Einsetzung vorgenommen werden kann.

Beispiele. Man kann in einer Namensprache außer den Namen mit bestimmter Bedeutung, etwa ‚Prag‘, auch Namen mit unbestimmter Bedeutung, etwa ‚a‘, ‚b‘, ... verwenden; ist ‚Q‘ ein konstantes $\mathfrak{pr}$ (gleichgültig, ob mit bestimmter oder unbestimmter Bedeutung), so sind aus ‚Q (x)‘ die Sätze ‚Q (Prag)‘, ‚Q (a)‘, ‚Q (b)‘ und so weiter ableitbar, aus ‚Q (a)‘ dagegen nicht. Darin zeigt sich, daß ‚x‘ eine Variable, ‚a‘ aber trotz unbestimmter Bedeutung eine Konstante ist. Bei inhaltlicher Deutung: ‚a‘ bezeichnet ein gewisses Ding, nur wird vorläufig nicht (vielleicht jedoch später) angegeben, welches. — In den Beispielen dieses Buches sind häufig Konstanten mit unbestimmter Bedeutung verwendet worden, z. B. ‚a‘, ‚b‘ S. 11 f.; ‚P‘ und ‚Q‘ an vielen Stellen, z. B. S. 23, 42. Besonders deutlich wird der Unterschied zwischen der Variablen ‚p‘ und der Konstanten ‚A‘ mit unbestimmter Bedeutung in den Beispielen S. 111.

Variable und Konstanten unterscheiden sich durch ihren syntaktischen Charakter; Variable sind solche Zeichen von S, für die nach den Umformungsbestimmungen von S unter gewissen Bedingungen *eine Einsetzung vorgenommen werden kann.* Diese grobe Abgrenzung stimmt bei den üblichen symbolischen Sprachen. Die genaue Definition für ‚Variable‘ kann aber nicht so einfach sein, da sie die verschiedenen möglichen Arten der Einsetzung berücksichtigen muß, vor allem die Hauptarten: Einsetzung für freie Variable, für gebundene Variable, für Konstante.

W. V. *Quine* hat (laut mündlicher Mitteilung) gezeigt, daß man anstatt einer Operatorvariablen eine *Operatorkonstante* verwenden kann; anstatt ‚$(x)\,(x = x)$‘ schreibt man etwa ‚$(0)\,(0 = 0)$‘. — Man kann übrigens diese Methode derart erweitern, daß eine Sprache (auch eine solche, die die Arithmetik und Analysis umfaßt) überhaupt *keine Variablen* mehr enthält. Man bilde z. B. aus Sprache II zunächst eine Sprache II′, in der keine freien $\mathfrak{v}$ in Sätzen auftreten. Hierbei werden GII 16, 17 durch Einsetzungsregeln ersetzt: $(\mathfrak{v}_1)(\mathfrak{S}_1)$ darf in $\mathfrak{S}_1\binom{\mathfrak{v}_1}{\mathfrak{A}_1}$ umgeformt werden, $(\mathfrak{p}_1)(\mathfrak{S}_1)$ in $\mathfrak{S}_1\left(\begin{smallmatrix}\mathfrak{p}_1(\mathfrak{Arg}_1)\\ \mathfrak{S}_2\end{smallmatrix}\right)$. RII 2 fällt fort; es müssen aber einige neue Regeln aufgestellt werden. Aus II′ bilde man dann II″, indem man anstatt eines gebundenen $\mathfrak{v}_1$ im Operator und an den Einsetzungsstellen irgendeinen Ausdruck aus dem Wertbereich von $\mathfrak{v}_1$ schreibt. [In II″ sind, im Unterschied zu den üblichen Sprachen, verwandte Zeichen stets gattungsgleich.] In den bisher üblichen Sprachen kommt die Einsetzung für Konstante nicht vor. — Von derartigen Sprachen ohne $\mathfrak{v}$ (aber mit $\mathfrak{f}$ als $\mathfrak{V}$) sind zu unterscheiden die *Sprachen ohne Einsetzung* (also überhaupt ohne $\mathfrak{V}$); vgl. das Beispiel I_k S. 147.

Beispiele für die drei Hauptarten der Einsetzung: ‚$2 = 2$‘ ist in I und II ableitbar aus ‚$x = x$‘; in II aus ‚$(x)\,(x = x)$‘; in II″ aus ‚$(3)\,(3 = 3)$‘.

Wir sagen, in S komme *Einsetzung* vor, wenn es in S Ausdrücke gibt — wir nennen sie **Variabelausdrücke** ($\mathfrak{V}$) —, für die das im folgenden Gesagte zutrifft und die insbesondere die später

(S. 146) anzugebende Bedingung erfüllen. [Die Bedingung kann später mit Hilfe der inzwischen definierten Begriffe einfacher formuliert werden.] [Zum leichteren Verständnis des Folgenden beachte man, daß in den üblichen symbolischen Sprachen alle $\mathfrak{V}$ Zeichen sind, und zwar Variable.] Jedem $\mathfrak{V}$, etwa $\mathfrak{V}_1$, ist eine (unter Umständen leere) Klasse von Ausdrücken zugeordnet, die wir **Operatoren** ($\mathfrak{Op}$), und zwar Operatoren mit $\mathfrak{V}_1$ ($\mathfrak{Op}_{\mathfrak{V}_1}$) nennen. $\mathfrak{Op}_1$ sei ein $\mathfrak{Op}_{\mathfrak{V}_1}$; dann ist dem $\mathfrak{Op}_1$ eine Klasse von Hauptausdrücken zugeordnet, die wir **Einsetzungswerte** für $\mathfrak{V}_1$ in bezug auf $\mathfrak{Op}_1$ nennen; diese Klasse enthält mindestens einen mit $\mathfrak{V}_1$ nicht synonymen Ausdruck. Ferner ist dem $\mathfrak{V}_1$ selbst eine Klasse von Hauptausdrücken zugeordnet, die wir Einsetzungswerte für freies $\mathfrak{V}_1$ nennen; diese Klasse enthält, wenn sie nicht leer ist, mindestens zwei miteinander nicht-synonyme Ausdrücke. $\mathfrak{K}_1$ sei diejenige Klasse, zu der alle Einsetzungswerte für freies $\mathfrak{V}_1$ und alle Einsetzungswerte für $\mathfrak{V}_1$ in bezug auf irgendwelche $\mathfrak{Op}_{\mathfrak{V}_1}$ gehören, sowie alle Ausdrücke, die mit irgendeinem der genannten gattungsgleich sind. Die Ausdrücke von $\mathfrak{K}_1$ nennen wir die **Werte** für $\mathfrak{V}_1$. $\mathfrak{Op}_{1\mathfrak{V}_1}$ heißt unbeschränkt, wenn jeder Wert für $\mathfrak{V}_1$ auch Einsetzungswert für $\mathfrak{V}_1$ in bezug auf $\mathfrak{Op}_1$ ist; andernfalls beschränkt.

$\mathfrak{A}_1$ sei ein Vollausdruck von $\mathfrak{Ag}_1^m$, und zwar entweder ein $\mathfrak{S}$ oder ein $\mathfrak{Stu}$; $\mathfrak{A}_2$ werde aus $\mathfrak{A}_1$ dadurch gebildet, daß jedes Argument $\mathfrak{A}_i$ ($i = 1$ bis m) durch ein $\mathfrak{V}_i$ ersetzt wird, zu dessen Werten $\mathfrak{A}_i$ gehört; dabei sei $\mathfrak{A}_2$ so beschaffen, daß es als Teilausdruck in einem Satz vorkommen kann; dann heißt $\mathfrak{A}_2$ eine m-stellige **Ausdrucksfunktion** ($\mathfrak{Afu}$, $\mathfrak{Afu}^m$); $\mathfrak{V}_i$ heißt i-tes Argument in $\mathfrak{A}_2$. Ein $\mathfrak{Afu}^m$ heißt bei $m = 0$ uneigentlich, bei $m > 0$ eigentlich. Ist hierbei $\mathfrak{A}_1$ ein $\mathfrak{S}$, so heißt $\mathfrak{A}_2$ eine m-stellige **Satzfunktion** ($\mathfrak{Sfu}$, $\mathfrak{Sfu}^m$). Die $\mathfrak{Sfu}$ bilden die wichtigste Art der $\mathfrak{Afu}$.

Man beachte den Unterschied zwischen Satzgerüst, Satzfunktion und Prädikatausdruck, der häufig verwischt wird, indem der Terminus ‚Satzfunktion' in allen drei Bedeutungen verwendet wird. Beispiele für $\mathfrak{Sg}$ in II (wir trennen die Ausdrücke der Ausdrucksreihe hier durch Striche): ‚P (3, —) ∨ Q (—)', ‚Q (—)' [aber auch ‚(A) — (B)' (mit dem Argument ‚∨') und ‚(— x) (P (x))' (wozu als Argumente ‚∃' und der leere Ausdruck passen)]; für $\mathfrak{Sfu}$: ‚P (3, x) ∨ Q (x)', ‚Q (x)'; für $\mathfrak{Pr}$: ‚Q' [aber auch ‚ver (P, Q)', vgl. S. 77]. — Analoges gilt für den Unterschied zwischen den übrigen $\mathfrak{Ag}$, den übrigen $\mathfrak{Afu}$ und den $\mathfrak{Fu}$. — Wir müssen nur deshalb neben den $\mathfrak{Afu}$ und $\mathfrak{Sfu}$ auch die $\mathfrak{Ag}$ und $\mathfrak{Sg}$ behandeln, weil nicht allgemein vorausgesetzt werden kann, daß in S für die betreffenden Argumente stets auch $\mathfrak{V}$ vorkommen.

Die $\mathfrak{Sfu}^0$ sind $\mathfrak{S}$. In I und II sind alle $\mathfrak{Sfu}$ $\mathfrak{S}$, und zwar die eigentlichen offene $\mathfrak{S}$, die uneigentlichen geschlossene $\mathfrak{S}$. Auch in den meisten der andern üblichen symbolischen Sprachen sind alle $\mathfrak{Sfu}$ $\mathfrak{S}$; für manche Sprachen sind jedoch die Bestimmungen in diesem Punkt nicht klar.

In $\mathfrak{S}_1$ stehe an einer bestimmten Stelle $\mathfrak{Op}_1$; dann ist diesem $\mathfrak{Op}_1$ durch definite Formbestimmungen (die wie alle Formbestimmungen in den Umformungsbestimmungen enthalten sind, siehe oben) ein Teilausdruck $\mathfrak{Afu}_1$ von $\mathfrak{S}_1$ zugeordnet, der aus $\mathfrak{Op}_1$, einem $\mathfrak{Sfu}_1$ und unter Umständen Nebenzeichen besteht; $\mathfrak{Sfu}_1$ heißt der **Operand** von $\mathfrak{Op}_1$ (an dieser Stelle) in $\mathfrak{S}_1$. [Gewöhnlich steht hierbei $\mathfrak{Sfu}_1$ hinter $\mathfrak{Op}_1$; zuweilen sind Anfang oder Ende des Operanden $\mathfrak{Sfu}_1$ oder beide außer durch $\mathfrak{Op}_1$ noch durch besondere Nebenzeichen (z. B. Klammern in I und II, Punktzeichen bei Russell) kenntlich gemacht.] $\mathfrak{Afu}_1$ bezeichnen wir auch mit ‚$\mathfrak{Op}_1(\mathfrak{Sfu}_1)$'. — Kann $\mathfrak{Sfu}_1$ zugehöriger Operand zu $\mathfrak{Op}_1$ sein, d. h. gibt es ein $\mathfrak{Afu}$ von der Form $\mathfrak{Op}_1(\mathfrak{Sfu}_1)$, so nennen wir $\mathfrak{Sfu}_1$ **operabel** in bezug auf $\mathfrak{Op}_1$. — $\mathfrak{V}_1$ heißt in $\mathfrak{A}_2$ an einer bestimmten Stelle **gebunden,** wenn diese Stelle zu einem Teilausdruck von $\mathfrak{A}_2$ gehört, der die Form $\mathfrak{Op}_{1\mathfrak{V}_1}(\mathfrak{Sfu})$ hat; und zwar *beschränkt* (bzw. *unbeschränkt*) *gebunden*, wenn $\mathfrak{Op}_1$ beschränkt (bzw. unbeschränkt) ist. Steht $\mathfrak{V}_1$ in $\mathfrak{A}_2$ an einer Stelle, an der $\mathfrak{V}_1$ nicht gebunden ist, so heißt $\mathfrak{V}_1$ an dieser Stelle in $\mathfrak{A}_2$ **frei.** Die Stellen, an denen $\mathfrak{V}_1$ in $\mathfrak{A}_2$ frei steht, heißen *Einsetzungsstellen* für $\mathfrak{V}_1$ in $\mathfrak{A}_2$. Mit ‚$\mathfrak{Afu}_1\binom{\mathfrak{V}_1}{\mathfrak{A}_1}$' bezeichnen wir den Ausdruck, der aus $\mathfrak{Afu}_1$ dadurch entsteht, daß $\mathfrak{V}_1$ an allen Einsetzungsstellen in $\mathfrak{Afu}_1$ durch $\mathfrak{A}_1$ ersetzt wird; hierbei muß $\mathfrak{A}_1$ ein Wert von $\mathfrak{V}_1$ sein, und es darf kein $\mathfrak{V}_2$ geben, das in $\mathfrak{A}_1$ frei vorkommt und in $\mathfrak{Afu}_1$ an einer der Einsetzungsstellen für $\mathfrak{V}_1$ gebunden ist. [Erfüllt $\mathfrak{A}_1$ diese Bedingungen nicht oder kommt $\mathfrak{V}_1$ in $\mathfrak{Afu}_1$ nicht frei vor, so soll ‚$\mathfrak{Afu}_1\binom{\mathfrak{V}_1}{\mathfrak{A}_1}$' $\mathfrak{Afu}_1$ selbst bezeichnen.] Wir nennen $\mathfrak{Afu}_1\binom{\mathfrak{V}_1}{\mathfrak{A}_1}$ eine **Variante** von $\mathfrak{Afu}_1$ (in $\mathfrak{V}_1$). Ein Satz von der Form $\mathfrak{Sfu}_1\binom{\mathfrak{V}_1}{\mathfrak{A}_1}$ heißt eine *Variante* von $\mathfrak{Sfu}_1$ *in bezug auf* $\mathfrak{Op}_{1\mathfrak{V}_1}$, wenn $\mathfrak{Sfu}_1$ operabel in bezug auf $\mathfrak{Op}_1$ und $\mathfrak{A}_1$ ein Einsetzungswert für $\mathfrak{V}_1$ in bezug auf $\mathfrak{Op}_1$ ist.

Wir unterscheiden *zwei Arten von Operatoren*: Satzoperatoren und Kennzeichnungsoperatoren. Ist $\mathfrak{Op}_1\left(\mathfrak{Sfu}_1\right)$ ein $\mathfrak{Sfu}$, etwa $\mathfrak{Sfu}_2$, so heißt $\mathfrak{Op}_1$ ein Satzoperator in $\mathfrak{Sfu}_2$; ist jeder Ausdruck von der Form $\mathfrak{Op}_1\left(\mathfrak{Sfu}\right)$ ein $\mathfrak{Sfu}$, so heißt $\mathfrak{Op}_1$ ein **Satzoperator.** — $\mathfrak{Op}_1\left(\mathfrak{Sfu}_1\right)$ sei kein $\mathfrak{Sfu}$, also ein anderes $\mathfrak{Afu}$, etwa $\mathfrak{Afu}_2$; dann heißt $\mathfrak{Afu}_2$ eine *Kennzeichnungsfunktion* oder, wenn es geschlossen ist, eine **Kennzeichnung.** Eine Kennzeichnung ist hiernach stets ein $\mathfrak{Stu}$. $\mathfrak{Op}_1$ heißt dann ein Kennzeichnungsoperator in $\mathfrak{Afu}_2$; ist jeder Ausdruck der Form $\mathfrak{Op}_1\left(\mathfrak{Sfu}\right)$ eine Kennzeichnungsfunktion, so heißt $\mathfrak{Op}_1$ ein **Kennzeichnungsoperator.**

$\mathfrak{S}_1$ sei $\mathfrak{Op}_{1\mathfrak{B}_1}\left(\mathfrak{Sfu}_1\right)$; $\mathfrak{Op}_1$ ist also ein Satzoperator in $\mathfrak{S}_1$; kommt hierbei $\mathfrak{B}_1$ in $\mathfrak{Sfu}_1$ frei vor und ist jede Variante von $\mathfrak{Sfu}_1$ in bezug auf $\mathfrak{Op}_1$ Folge von $\mathfrak{S}_1$, so heißt $\mathfrak{Op}_1$ ein Alloperator in $\mathfrak{S}_1$. Ist $\mathfrak{Op}_{1\mathfrak{B}_1}$ ein Alloperator in jedem Satz von der Form $\mathfrak{Op}_1\left(\mathfrak{Sfu}_2\right)$, wo $\mathfrak{Sfu}_2$ ein beliebiges $\mathfrak{Sfu}$ ist, in dem $\mathfrak{B}_1$ frei vorkommt, so heißt $\mathfrak{Op}_1$ ein **Alloperator.**

$\mathfrak{B}_1$ komme in $\mathfrak{S}_1$ frei vor; ist dann jede Variante $\mathfrak{S}_1\left(\begin{smallmatrix}\mathfrak{B}_1\\ \mathfrak{A}_2\end{smallmatrix}\right)$, wo $\mathfrak{A}_2$ ein beliebiger Einsetzungswert für freies $\mathfrak{B}_1$ ist, Folge von $\mathfrak{S}_1$, so sagen wir, es gebe in $\mathfrak{S}_1$ Einsetzung für freies $\mathfrak{B}_1$. Gibt es in jedem Satz, in dem $\mathfrak{B}_1$ frei vorkommt, Einsetzung für freies $\mathfrak{B}_1$, so sagen wir, es gebe (in S) *Einsetzung für freies* $\mathfrak{B}_1$.

Die *vorstehenden Definitionen* (von ‚$\mathfrak{B}$' ab) sollen dann und nur dann gelten, wenn die folgende Bedingung erfüllt ist: für jedes $\mathfrak{B}_1$ gibt es mindestens ein $\mathfrak{S}_1$ derart, daß es entweder *Einsetzung für freies* $\mathfrak{B}_1$ in $\mathfrak{S}_1$ gibt oder daß $\mathfrak{S}_1$ die Form $\mathfrak{Op}_{1\mathfrak{B}_1}\left(\mathfrak{Sfu}_1\right)$ hat, wobei $\mathfrak{B}_1$ in $\mathfrak{Sfu}_1$ frei vorkommt und $\mathfrak{Op}_1$ ein *Alloperator* in $\mathfrak{S}_1$ ist.

$\mathfrak{A}_1$ heißt ein *Einsetzungswert* für $\mathfrak{B}_1$, wenn mindestens eine der folgenden Bedingungen erfüllt ist: 1. in S gibt es Einsetzung für freies $\mathfrak{B}_1$, und $\mathfrak{A}_1$ ist ein Einsetzungswert für freies $\mathfrak{B}_1$. — 2. Es gibt in S einen Alloperator $\mathfrak{Op}_{1\mathfrak{B}_1}$, und $\mathfrak{A}_1$ ist ein Einsetzungswert in bezug auf $\mathfrak{Op}_1$.

Kommt $\mathfrak{B}_1$ in $\mathfrak{S}_1$ frei vor, gibt es aber keine Einsetzung für freies $\mathfrak{B}_1$ in $\mathfrak{S}_1$, so sagen wir, $\mathfrak{B}_1$ sei in $\mathfrak{S}_1$ *konstant* (in den üblichen Sprachen kommt das nicht vor). Ist $\mathfrak{B}_1$ konstant in jedem Satz, in dem es frei vorkommt, und gibt es mindestens einen solchen Satz, so nennen wir $\mathfrak{B}_1$ *konstant*. Ist $\mathfrak{a}_1$ ein $\mathfrak{B}$ und (in $\mathfrak{S}_1$

oder allgemein) konstant, so nennen wir $\mathfrak{a}_1$ (in $\mathfrak{S}_1$ oder allgemein) eine **Variabelkonstante**; ist $\mathfrak{a}_1$ ein $\mathfrak{V}$ und in keinem Satz konstant, so heißt $\mathfrak{a}_1$ eine **Variable** ($\mathfrak{v}$). Alle Zeichen, die $\mathfrak{V}$ sind, also auch alle $\mathfrak{v}$, rechnen wir zu den Hauptzeichen. Ist $\mathfrak{a}_1$ kein $\mathfrak{v}$, (also entweder kein $\mathfrak{V}$ oder ein $\mathfrak{V}$, das in mindestens einem Satz konstant ist), so heißt $\mathfrak{a}_1$ eine **Konstante** ($\mathfrak{k}$). Ist $\mathfrak{k}_1$ ein ${}^{\alpha}\mathfrak{Stu}$, so heißt $\mathfrak{k}_1$ eine Konstante der Stufe α (${}^{\alpha}\mathfrak{k}$).

$\mathfrak{S}_1$ heißt **offen**, wenn es ein $\mathfrak{V}_1$ gibt derart, daß $\mathfrak{V}_1$ in $\mathfrak{S}_1$ frei vorkommt und daß es in $\mathfrak{S}_1$ Einsetzung für freies $\mathfrak{V}_1$ gibt; andernfalls **geschlossen.** Ist $\mathfrak{A}_1$ kein $\mathfrak{S}$, so heißt $\mathfrak{A}_1$ offen, wenn es ein $\mathfrak{V}_1$ und $\mathfrak{S}_1$ gibt derart, daß $\mathfrak{A}_1$ Teilausdruck von $\mathfrak{S}_1$ ist und daß $\mathfrak{V}_1$ an einer Stelle in $\mathfrak{A}_1$ vorkommt, an der es in $\mathfrak{S}_1$ frei ist, und daß es in $\mathfrak{S}_1$ Einsetzung für freies $\mathfrak{V}_1$ gibt; andernfalls geschlossen. — Gibt es in S keine Einsetzung für freie $\mathfrak{V}$, so sind alle $\mathfrak{A}$ geschlossen; S heißt dann eine geschlossene Sprache.

Beispiel einer geschlossenen Sprache: II′, S. 143.

Man kann leicht eine Sprache ohne Variabelausdrücke aufstellen; eine solche ist offenbar auch geschlossen. Ein Beispiel ist die Sprache I_k, die in folgender Weise als echte, folgeerhaltende Teilsprache von I gebildet wird. Zeichen von I_k sind die $\mathfrak{k}$ von I. Die $\mathfrak{Z}$ bzw. $\mathfrak{S}$ von I_k sind die $\mathfrak{Z}$ bzw. $\mathfrak{S}$ ohne $\mathfrak{v}$ von I. Als Grundsatzschemata bleiben GI 1—3 unverändert, GI 4—6 und 11 fallen fort; GI 7—10 werden durch folgende ersetzt: 7. $\mathfrak{Z}_1 = \mathfrak{Z}_1$. — 8. $(\mathfrak{Z}_1 = \mathfrak{Z}_2) \supset (\mathfrak{S}_1 \supset \mathfrak{S}_1\left[\genfrac{}{}{0pt}{}{\mathfrak{Z}_1}{\mathfrak{Z}_2}\right])$. — 9. $\sim (\mathfrak{nu} = \mathfrak{Z}_1{}')$. — 10. $(\mathfrak{Z}_1{}' = \mathfrak{Z}_2{}') \supset (\mathfrak{Z}_1 = \mathfrak{Z}_2)$. Von den Regeln bleiben RI 2, 3 unverändert; RI 1, 4 fallen fort. Die Definitionen werden nicht in Form von Sätzen aufgestellt, sondern als syntaktische Bestimmungen über Synonymität. Alle Definitionen in I können entsprechend in I_k übertragen werden. Z. B. tritt an die Stelle von D 3 (S. 51) die Bestimmung: „Ist $\mathfrak{fu}_1$ ‚prod‘, so soll $\mathfrak{fu}_1(\mathfrak{nu}, \mathfrak{Z}_2)$ für beliebiges $\mathfrak{Z}_2$ synonym sein mit $\mathfrak{nu}$, und $\mathfrak{fu}_1(\mathfrak{Z}_1{}', \mathfrak{Z}_2)$ soll für beliebige $\mathfrak{Z}_1$ und $\mathfrak{Z}_2$ synonym sein mit $\mathfrak{fu}_2[\mathfrak{fu}_1(\mathfrak{Z}_1, \mathfrak{Z}_2), \mathfrak{Z}_2]$, wobei $\mathfrak{fu}_2$ ‚sum‘ ist.“ Einem syntaktischen Satz über einen offenen Satz von I entspricht ein solcher über Sätze einer bestimmten Form von I_k. Z. B. entspricht dem Satz „‚prod $(x, y) =$ prod (y, x)‘ ist beweisbar in I“ der Satz „Jeder Satz der Form $\mathfrak{fu}_1(\mathfrak{Z}_1, \mathfrak{Z}_2) = \mathfrak{fu}_1(\mathfrak{Z}_2, \mathfrak{Z}_1)$, wo $\mathfrak{fu}_1$ ‚prod‘ ist, ist beweisbar in I_k“. In dieser Weise läßt sich die Arithmetik in I_k formulieren. Es ist jedoch zu beachten, daß hierbei nur für I_k auf $\mathfrak{V}$ verzichtet ist; für die Syntaxsprache sind dagegen $\mathfrak{V}$ erforderlich, um die Grundsätze und Regeln als allgemeine Bestimmungen formulieren zu können.

Ist $\mathfrak{S}_1$ geschlossen und enthält kein $\mathfrak{Sfu}$ (also auch kein $\mathfrak{S}$) als echten Teil, so nennen wir $\mathfrak{S}_1$ einen elementaren Satz.

In einem elementaren Satz kommen keine $\mathfrak{v}$, $\mathfrak{Op}$ und $\mathfrak{Vk}$ (§ 57) vor.

Ist $\mathfrak{v}_1$ ein $\mathfrak{sa}$, so heißt $\mathfrak{v}_1$ eine *Satzvariable* ($\mathfrak{s}$). Sind alle Einsetzungswerte für $\mathfrak{v}_1$ (in $\mathfrak{S}_1$ oder allgemein) $\mathfrak{Pr}$, so heißt $\mathfrak{v}_1$ (in $\mathfrak{S}_1$ bzw. allgemein) eine *Prädikatvariable* ($\mathfrak{p}$); sind alle Einsetzungswerte $\mathfrak{Pr}^m$, so heißt $\mathfrak{v}_1$ ein $\mathfrak{p}^m$. Entsprechend für $\mathfrak{Fu}$: *Funktorvariable* ($\mathfrak{f}$, $\mathfrak{f}^m$). — Alle Einsetzungswerte für $\mathfrak{V}_1$ (in $\mathfrak{S}_1$ oder allgemein) seien ${}^{a}\mathfrak{Stu}$; dann heißt $\mathfrak{V}_1$ (in $\mathfrak{S}_1$ oder allgemein) ein ${}^{a}\mathfrak{V}$ (entsprechend: ${}^{a}\mathfrak{v}$, ${}^{a}\mathfrak{p}$, ${}^{a}\mathfrak{f}$). Ein ${}^{0}\mathfrak{v}$ heißt eine *Individualvariable*, ein ${}^{0}\mathfrak{k}$ eine *Individualkonstante*. — Alle Einsetzungswerte für $\mathfrak{V}_1$ (in $\mathfrak{S}_1$ oder allgemein) seien $\mathfrak{Stu}$, aber von verschiedenen Stufen; dann heißt $\mathfrak{V}_1$ (in $\mathfrak{S}_1$ bzw. allgemein) ein ${}^{(a)}\mathfrak{V}$, wenn es für jedes $\beta < \alpha$ ein γ gibt, so daß $\beta \leqq \gamma < \alpha$, und mindestens einer der Einsetzungswerte (in $\mathfrak{S}_1$ bzw. allgemein) zur Stufe γ gehört, aber keiner zur Stufe α oder einer höheren. [Hiernach ist z. B. in dem $\mathfrak{Sfu}$ $\mathfrak{Pr}_1(\mathfrak{p}_1)$ $\mathfrak{p}_1$ dann und nur dann ein ${}^{(\omega)}\mathfrak{p}$, wenn $\mathfrak{Pr}_1$ ein ${}^{\omega}\mathfrak{Pr}$ ist.] — ${}^{a}\mathfrak{V}_1$ ist nicht notwendig ein $\mathfrak{Stu}$; ${}^{a}\mathfrak{V}_1$ ist dann und nur dann (in $\mathfrak{S}_1$ oder allgemein) ein $\mathfrak{Stu}$, und zwar ein ${}^{a}\mathfrak{Stu}$, wenn $\mathfrak{V}_1$ (in $\mathfrak{S}_1$ bzw. in mindestens Einem $\mathfrak{S}$) frei vorkommt. Ein ${}^{(a)}\mathfrak{V}$ ist kein $\mathfrak{Stu}$.

Beispiele. 1. *Die Sprachen I und II.* Alle $\mathfrak{V}$ sind $\mathfrak{v}$. ${}^{0}\mathfrak{v}$ sind die $\mathfrak{z}$. Einsetzungswerte für freies ‚x' sind die $\mathfrak{Z}$; Einsetzungswerte für ‚x' in bezug auf ‚$(\exists\, x)\, 2\, (\mathrm{P}\,(x))$' sind die $\mathfrak{Z}$, die mit ‚0', ‚1' oder ‚2' synonym sind. Jedes $\mathfrak{p}$ (oder $\mathfrak{f}$) ist ein $\mathfrak{Stu}$ einer bestimmten Stufe; Werte und Einsetzungswerte sind alle $\mathfrak{Pr}$ (bzw. $\mathfrak{Fu}$) desselben Typus. $\mathfrak{Sfu}$ sind die $\mathfrak{S}$. Jedes $\mathfrak{S}$ ist operabel in bezug auf jeden Operator. Einsetzung für freies $\mathfrak{v}$: ‚$\mathrm{P}\,(3)$' ist Folge von ‚$\mathrm{P}\,(x)$'; für gebundenes $\mathfrak{v}$: ‚$\mathrm{P}\,(3)$' ist Folge von ‚$(x)\, 5\, (\mathrm{P}\,(x))$'. Satzoperatoren sind die All- und die Existenzoperatoren; Kennzeichnungsoperatoren sind die K-Operatoren. — 2. *In Russells Sprache* gibt es erstens Kennzeichnungen ${}^{0}\mathfrak{Stu}$, zweitens auch $\mathfrak{Pr}$. Z. B. ist ‚$\hat{x}\,(\mathrm{P}\,(x))$' ein Klassenausdruck, also ein ${}^{1}\mathfrak{Pr}^{1}$; es ist eine Kennzeichnung mit dem Kennzeichnungsoperator ‚$\hat{x}$'. Entsprechend ist ‚$\hat{x}\hat{y}$' Kennzeichnungsoperator für ein ${}^{1}\mathfrak{Pr}^{2}$.

55. All- und Existenzoperatoren.

Wir überlegen zunächst in inhaltlicher Redeweise. Ein Bereich enthalte m Gegenstände; eine bestimmte Eigenschaft werde durch die Sätze $\mathfrak{S}_1$, $\mathfrak{S}_2$, . . $\mathfrak{S}_m$ je Einem der Gegenstände zugeschrieben. Besagt nun $\mathfrak{S}_n$ mindestens soviel, wie die Sätze $\mathfrak{S}_1$ bis $\mathfrak{S}_m$ zusammen, so kann man $\mathfrak{S}_n$ einen zugehörigen *Allsatz* im weiteren Sinne nennen; und zwar einen eigentlichen Allsatz, wenn $\mathfrak{S}_n$ auch nicht mehr besagt als alle jene Einzelsätze zusammen, also genau dasselbe wie sie. Ist der Allsatz mit einem Alloperator gebildet, so sind die geschlossenen Varianten des Operanden die zugehörigen Einzelsätze. Wir definieren deshalb: ein (beschränkter oder unbeschränkter) Alloperator $\mathfrak{Op}_1$ heißt ein **eigentlicher Alloperator**, wenn jeder geschlossene Satz von der Form $\mathfrak{Op}_1(\mathfrak{Sfu}_1)$ für beliebiges $\mathfrak{Sfu}_1$ Folge von (also gehaltgleich mit) der Klasse der geschlossenen Varianten von $\mathfrak{Sfu}_1$ in bezug auf $\mathfrak{Op}_1$ ist; andernfalls ein **uneigentlicher Alloperator** (wenn es nämlich einen geschlossenen Satz $\mathfrak{Op}_1(\mathfrak{Sfu}_2)$ gibt, der nicht Folge der Klasse der geschlossenen Varianten von $\mathfrak{Sfu}_2$ in bezug auf $\mathfrak{Op}_1$ ist).

Ein **Existenzsatz** folgt aus jedem der zugehörigen Einzelsätze. (Inhaltlich gesprochen:) Sein Inhalt ist im Inhalt jedes der Einzelsätze enthalten, also auch in ihrem gemeinsamen Inhalt. Besagt er dabei nicht weniger, also genau diesen gemeinsamen Inhalt, so mag man ihn einen eigentlichen Existenzsatz nennen. Wir definieren deshalb in folgender Weise.

$\mathfrak{S}_1$ sei $\mathfrak{Op}_{1\mathfrak{V}_1}(\mathfrak{Sfu}_1)$; $\mathfrak{Op}_1$ ist also ein Satzoperator in $\mathfrak{S}_1$; kommt hierbei $\mathfrak{V}_1$ in $\mathfrak{Sfu}_1$ frei vor und ist $\mathfrak{S}_1$ Folge jeder Variante von $\mathfrak{Sfu}_1$ in bezug auf $\mathfrak{Op}_1$, so heißt $\mathfrak{Op}_1$ ein Existenzoperator in $\mathfrak{S}_1$. Ist $\mathfrak{Op}_{1\mathfrak{V}_1}$ ein Existenzoperator in jedem Satz von der Form $\mathfrak{Op}_1(\mathfrak{Sfu}_2)$, wo $\mathfrak{Sfu}_2$ ein beliebiges $\mathfrak{Sfu}$ ist, in dem $\mathfrak{V}_1$ frei vorkommt, so heißt $\mathfrak{Op}_1$ ein **Existenzoperator.** [Diese Definition ist analog zu der für ‚Alloperator', S. 146.] — $\mathfrak{Op}_1$ sei ein Existenzoperator. Stimmt der Gehalt jedes geschlossenen Satzes von der Form $\mathfrak{Op}_1(\mathfrak{Sfu}_1)$ überein mit dem Durchschnitt der Gehalte der geschlossenen Varianten von $\mathfrak{Sfu}_1$ in bezug auf $\mathfrak{Op}_1$, so heißt $\mathfrak{Op}_1$ ein **eigentlicher** Existenzoperator; andernfalls ein **uneigentlicher** (wenn es nämlich einen geschlossenen Satz $\mathfrak{Op}_1(\mathfrak{Sfu}_2)$ gibt, dessen Gehalt eine echte Teilklasse des Durchschnittes der Gehalte der geschlossenen Varianten von $\mathfrak{Sfu}_2$ in bezug auf $\mathfrak{Op}_1$ ist).

Beispiele. In den Sprachen von **Frege**, **Russell**, **Hilbert**, **Behmann**, **Gödel**, **Tarski** kommen Alloperatoren vor (vgl. § 33); sie haben meist die Form $(\mathfrak{b})$. In jeder dieser Sprachen kommen auch Existenzoperatoren vor; in den Sprachen von Russell, Hilbert und Behmann einfache (z. B. mit ‚∃' oder ‚E' gebildete), in allen aber solche, die aus Alloperator und zwei Negationszeichen zusammengesetzt sind (solche nennt man gewöhnlich nicht Existenzoperatoren). (In II ist z. B. auch ‚$\sim((x)(\sim$‘ ein Existenzoperator.) In den genannten Sprachen sind die einfachen All- und Existenzoperatoren unbeschränkt; man kann aber auch beschränkte Operatoren bilden (z. B. ‚$(x)((x < 3) \supset$‘ und ‚$(\exists\, x)((x < 3)\,.$‘). In den Sprachen I und II gibt es auch beschränkte Operatoren, die einfach sind, d. h. keinen Teilsatz enthalten.

Die Alloperatoren mit $\mathfrak{z}$ sind in I und II *eigentlich.* Denn es ist nicht nur jeder Satz, also auch jeder geschlossene Satz von der Form $\mathfrak{pr}_1(\mathfrak{Z})$ Folge von $(\mathfrak{z}_1)(\mathfrak{pr}_1(\mathfrak{z}_1))$, sondern es ist auch umgekehrt dieser Allsatz eine Folge der Klasse jener geschlossenen Sätze (nach UF 2, S. 35), also gehaltgleich mit ihr. *In den andern genannten Sprachen* gilt dagegen das Entsprechende für die Alloperatoren mit ${}^0\mathfrak{v}$ oder mit $\mathfrak{z}$ nicht (falls nicht die neue Hilbertsche Regel aufgestellt wird, vgl. S. 126); diese Operatoren sind daher *uneigentlich.*

Die All- und *Existenzoperatoren höherer Stufe,* d. h. mit $\mathfrak{p}$ (oder $\mathfrak{f}$) sind anscheinend in den meisten Sprachen *uneigentlich.* Für die früheren Sprachen ergibt sich das aus dem gleichen Grunde wie vorhin, nämlich aus dem Fehlen indefiniter Umformungsbestimmungen. Für II gilt es aus einem andern Grunde. Wir beschränken uns der Einfachheit halber auf die logische Teilsprache $II_\mathfrak{l}$ von II. Das ${}^2\mathfrak{pr}_\mathfrak{l}$ $\mathfrak{pr}_2$ von $II_\mathfrak{l}$ bezeichne (inhaltlich gesprochen) eine Eigenschaft, die allen in $II_\mathfrak{l}$ definierbaren Zahleigenschaften zukommt, dagegen nicht allen in $II_\mathfrak{l}$ nicht definierbaren Zahleigenschaften (vgl. S. 89). Dann ist $(\mathfrak{p}_1)(\mathfrak{pr}_2(\mathfrak{p}_1))$ kontradiktorisch; die Klasse aller geschlossenen Varianten des Operanden ist aber analytisch; daher kann jener kontradiktorische Satz nicht Folge von ihr sein. Ferner ist unter den gleichen Voraussetzungen $(\exists\, \mathfrak{p}_1)(\sim \mathfrak{pr}_2(\mathfrak{p}_1))$ analytisch; alle geschlossenen Varianten des Operanden sind hier kontradiktorisch; der Gehalt des Existenzsatzes ist leer, der Durchschnitt der Gehalte der Varianten ist der Gesamtgehalt; also ist jener eine echte Teilklasse von diesem.

$\mathfrak{V}_1$ stehe an einer bestimmten Stelle in $\mathfrak{S}_1$ entweder frei oder durch $\mathfrak{Op}_1$ gebunden. $\mathfrak{K}_1$ sei im ersten Fall die Klasse der Einsetzungswerte für freies $\mathfrak{V}_1$, im zweiten Fall die Klasse der Einsetzungswerte für $\mathfrak{V}_1$ in bezug auf $\mathfrak{Op}_1$. $\mathfrak{K}_1$ sei eingeteilt in die größten (nicht-leeren) Teilklassen untereinander synonymer Ausdrücke. Die Anzahl dieser Teilklassen nennen wir die *Variabilitätszahl* von $\mathfrak{V}_1$ an der betreffenden Stelle in $\mathfrak{S}_1$; bei endlicher bzw. unendlicher Anzahl sprechen wir von *endlicher* bzw. *unendlicher Variabilität.* Wir sagen, $\mathfrak{V}_1$ habe an einer bestimmten Stelle in $\mathfrak{S}_1$ *unendliche Allgemeinheit,* wenn $\mathfrak{V}_1$ dort unendliche Variabilität hat und dort entweder frei oder durch Alloperator gebunden ist.

Beispiele. ‚x' hat in ‚($\exists$ x) 5 (P (x))' die Variabilitätszahl 6, in ‚P (x)' und in ‚(x) (P (x))' unendliche Variabilität und unendliche Allgemeinheit. — In einem Satzkalkül der üblichen Form, mit nur freien $\mathfrak{s}$, ohne Konstanten $\mathfrak{sa}$, ist jeder Satz entweder analytisch oder kontradiktorisch. Hier hat daher jedes $\mathfrak{s}$ die Variabilitätszahl 2. Dasselbe gilt auch noch, wenn man All- und Existenzoperatoren einführt; die $\mathfrak{s}$ sind dann unbeschränkt gebunden, haben aber nur endliche Variabilität.

Wir nennen $\mathfrak{K}_1$ eine größte definite Ausdrucksklasse, wenn die folgenden Bedingungen erfüllt sind. 1. Für jedes $\mathfrak{A}_1$ von $\mathfrak{K}_1$ gibt es einen Satz, der zerlegbar ist in Ausdrücke von $\mathfrak{K}_1$, von denen einer $\mathfrak{A}_1$ ist. 2. Ist $\mathfrak{S}_1$ determiniert und zerlegbar in Ausdrücke von $\mathfrak{K}_1$ und enthält $\mathfrak{S}_1$ keinen Ausdruck mit unendlicher Variabilität, so ist $\mathfrak{S}_1$ entscheidbar. 3. $\mathfrak{K}_1$ ist nicht echte Teilklasse einer Ausdrucksklasse, die ebenfalls die Bedingungen (1) und (2) erfüllt. Den Durchschnitt $\mathfrak{K}_2$ aller größten definiten Ausdrucksklassen von S nennen wir die definite Ausdrucksklasse von S. $\mathfrak{S}_1$ heißt definit, wenn $\mathfrak{S}_1$ zerlegbar ist in Ausdrücke von $\mathfrak{K}_2$ und keinen Ausdruck mit unendlicher Variabilität enthält; andernfalls indefinit. [Die hiermit definierten Begriffe ‚definit' und ‚indefinit' sind selbst indefinit. Wir haben früher in der Syntax von I und II definite Begriffe ‚definit' und ‚indefinit' definiert; derartige Definitionen können (wenn sie einigermaßen das Gemeinte treffen sollen) wohl kaum allgemein aufgestellt werden, sondern nur jeweils für bestimmte Sprachen. Die hier definierten Begriffe ‚definit' und ‚indefinit' werden im folgenden nicht verwendet. — Kommt in der allgemeinen Syntax das Wort ‚definit' (oder ‚indefinit') in bezug auf die Syntaxsprache vor (wie z. B. S. 124), so denke man dabei etwa Sprache II (oder eine ähnliche) als Syntaxsprache und nehme die frühere Definition für ‚definit' (§ 15).]

56. Spielraum.

Wir haben $\mathfrak{K}_1$ vollständig genannt, wenn jeder Satz abhängig von $\mathfrak{K}_1$ ist. Ein vollständiges $\mathfrak{K}$ läßt sozusagen keine Frage offen, jeder Satz wird bejaht oder verneint (aber im allgemeinen nicht nach definitem Verfahren). Ist $\mathfrak{K}_1$ widergültig, so ist $\mathfrak{K}_1$ in trivialer Weise vollständig: jeder Satz wird bejaht und zugleich verneint. Wir wollen nun $\mathfrak{K}_1$ eine Grundklasse nennen, wenn $\mathfrak{K}_1$ vollständig, aber nicht widergültig ist, und wenn es keine vollständige Klasse gibt, die echte Teilklasse von $\mathfrak{K}_1$ oder gehaltschwächer als $\mathfrak{K}_1$ ist.

Satz 56·1. a) Ist S inkonsistent (§ 59), so gibt es in S keine Grundklassen. — b) Ist S konsistent und logisch, so ist die leere Satzklasse die einzige Grundklasse. — c) Ist S deskriptiv (und daher konsistent), so ist jede Grundklasse nicht-leer und indeterminiert und jeder ihrer Sätze ist indeterminiert.

Satz 56·2. Zwei verschiedene Grundklassen sind stets unverträglich miteinander.

Bei inhaltlicher Deutung stellt jede nicht-leere Grundklasse einen der möglichen Zustände des in S behandelten Gegenstandsbereiches dar. $\mathfrak{K}_1$ heißt eine Grundklasse von $\mathfrak{K}_2$ — so genannt als Korrelat zu ‚Folgeklasse' —, wenn $\mathfrak{K}_1$ eine Grundklasse ist und $\mathfrak{K}_2$ Folgeklasse von $\mathfrak{K}_1$ ist. Daß $\mathfrak{K}_1$ eine Grundklasse von $\mathfrak{S}_1$ ist, besagt bei inhaltlicher Deutung: $\mathfrak{K}_1$ ist einer der möglichen Fälle, in denen $\mathfrak{S}_1$ wahr ist. Unter einem **Spielraum** verstehen wir eine Klasse $\mathfrak{M}_1$ von Grundklassen derart, daß jede mit einer Grundklasse von $\mathfrak{M}_1$ gehaltgleiche Klasse auch zu $\mathfrak{M}_1$ gehört. Unter dem Spielraum von $\mathfrak{K}_1$ verstehen wir die Klasse der Grundklassen von $\mathfrak{K}_1$. Daß $\mathfrak{M}_1$ der Spielraum von $\mathfrak{S}_1$ ist, besagt bei inhaltlicher Deutung: $\mathfrak{M}_1$ ist die Klasse aller möglichen Fälle, in denen $\mathfrak{S}_1$ wahr ist; mit anderen Worten: der Bereich von Möglichkeiten, den $\mathfrak{S}_1$ offenläßt.

Hierin liegt der Anlaß zur Wahl des Terminus ‚Spielraum'; wir wählen ihn in Anlehnung an Wittgenstein [Tractatus] 98: „Die Wahrheitsbedingungen bestimmen den Spielraum, der den Tatsachen durch den Satz gelassen wird"; W. gibt jedoch keine syntaktische Definition.

Unter dem Gesamtspielraum verstehen wir die Klasse aller Grundklassen.

Die Begriffe ‚Spielraum' und ‚Gehalt' weisen in gewisser Hinsicht eine Dualität auf, wie z. B. die folgenden Sätze 3 bis 6 zeigen, die in Analogie zu 49·1, 2, 4, 5 stehen, ferner die Sätze 8 und 9.

Satz 56·3. Ist $\mathfrak{K}_2$ Folgeklasse von $\mathfrak{K}_1$, so ist der Spielraum von $\mathfrak{K}_1$ enthalten in dem von $\mathfrak{K}_2$; und umgekehrt.

Satz 56·4. Sind $\mathfrak{K}_1$ und $\mathfrak{K}_2$ Folgeklassen voneinander, so haben sie denselben Spielraum; und umgekehrt.

Satz 56·5. Ist $\mathfrak{K}_1$ gültig, so ist der Spielraum von $\mathfrak{K}_1$ der Gesamtspielraum; und umgekehrt.

Satz 56·6. Ist $\mathfrak{K}_1$ widergültig, so ist der Spielraum von $\mathfrak{K}_1$ leer; und umgekehrt.

Die Sätze 3 bis 6 gelten entsprechend für $\mathfrak{S}_1$ und $\mathfrak{S}_2$.

Satz 56·7. a) Der Spielraum von $\mathfrak{K}_1 + \mathfrak{K}_2$ ist der Durchschnitt der Spielräume von $\mathfrak{K}_1$ und $\mathfrak{K}_2$. — b) Der Spielraum von $\mathfrak{K}_1$ ist der Durchschnitt der Spielräume der einzelnen Sätze von $\mathfrak{K}_1$.

Satz 56·8. Ist der Spielraum von $\mathfrak{K}_1$ enthalten in dem von $\mathfrak{K}_2$, so ist der Gehalt von $\mathfrak{K}_2$ enthalten in dem von $\mathfrak{K}_1$; und umgekehrt. — Nach Satz 56·3. 49·1.

Satz 56·9. Haben $\mathfrak{K}_1$ und $\mathfrak{K}_2$ denselben Spielraum, so auch denselben Gehalt; und umgekehrt.

Unter dem **Ergänzungsspielraum** von $\mathfrak{K}_1$ verstehen wir die Klasse der Grundklassen, die nicht Grundklassen von $\mathfrak{K}_1$ sind. Der Ergänzungsspielraum von $\mathfrak{K}_1$ ist stets auch ein Spielraum, aber nicht stets Spielraum eines $\mathfrak{K}$. Ist der Ergänzungsspielraum von $\mathfrak{K}_1$ Spielraum von $\mathfrak{K}_2$, so nennen wir $\mathfrak{K}_2$ eine Kontraklasse zu $\mathfrak{K}_1$. Entsprechend heißt $\mathfrak{S}_2$ ein Kontrasatz zu $\mathfrak{S}_1$, wenn $\{\mathfrak{S}_2\}$ eine Kontraklasse zu $\{\mathfrak{S}_1\}$ ist. Ist $\mathfrak{S}_2$ ein Kontrasatz zu $\mathfrak{S}_1$, so auch $\mathfrak{S}_1$ zu $\mathfrak{S}_2$. Ist $\mathfrak{S}_2$ ein Kontrasatz zu $\mathfrak{S}_1$, so ist bei inhaltlicher Deutung $\mathfrak{S}_2$ in allen und nur den möglichen Fällen wahr, in denen $\mathfrak{S}_1$ falsch ist; $\mathfrak{S}_2$ besagt somit das Gegenteil von $\mathfrak{S}_1$. Gibt es in S keine Negation, so kann man als Ersatz für $\sim \mathfrak{S}_1$ einen Kontrasatz zu $\mathfrak{S}_1$ oder eine Kontraklasse zu $\mathfrak{S}_1$ nehmen. Falls es beides nicht gibt, so gibt es zwar keinen Ersatz für $\sim \mathfrak{S}_1$, wohl aber einen Ersatz für den Spielraum von $\sim \mathfrak{S}_1$, nämlich den Ergänzungsspielraum von $\mathfrak{S}_1$; es gibt stets genau Einen solchen. — Die Begriffe ‚Spielraum' und ‚Ergänzungsspielraum' werden uns die Möglichkeit geben, die einzelnen Satzverknüpfungen zu charakterisieren.

57. Satzverknüpfungen.

Gibt es einen Vollsatz $\mathfrak{S}_1$ von $\mathfrak{Sg}_1^n$, in dem alle n Argumente $\mathfrak{S}$ sind, so heißt $\mathfrak{Sg}_1^n$ eine n-stellige Satzverknüpfung in $\mathfrak{S}_1$. Bildet $\mathfrak{Sg}_1^n$ mit n beliebigen Sätzen als Argumenten einen Vollsatz, so heißt $\mathfrak{Sg}_1^n$ eine n-stellige **Satzverknüpfung** ($\mathfrak{Vk}$, $\mathfrak{Vk}^n$). Ist $\mathfrak{Sg}_1^n$ zusammengesetzt aus $\mathfrak{Pr}_1^n$ und unter Umständen Nebenzeichen, so heißt $\mathfrak{Pr}_1^n$ ein n-stelliger Satz-Prädikatausdruck; ist $\mathfrak{a}_1$ ein Satz-Prädikatausdruck, so heißt $\mathfrak{a}_1$ ein Satzprädikat oder ein **Verknüpfungszeichen** ($\mathfrak{vk}$, $\mathfrak{vk}^n$). Ein $\mathfrak{vk}^n$ ist hiernach ein ${}^1\mathfrak{pr}^n$, zu dem Sätze als Argumente passen.

Um die Definitionen bestimmter Verknüpfungsarten vorzubereiten, wollen wir eine Überlegung anstellen, die sich an das Verfahren der Werttafeln anlehnt (vgl. § 5), aber nicht voraussetzt, daß S eine Negation enthält. Betrachten wir eine Werttafel etwa für drei Glieder $\mathfrak{S}_1$, $\mathfrak{S}_2$, $\mathfrak{S}_3$; hier lautet die zweite Zeile: ‚WWF‘; dem hierdurch bezeichneten Fall entspricht der Satz $\mathfrak{S}_1 . \mathfrak{S}_2 . \sim \mathfrak{S}_3$. $\mathfrak{S}_4$ sei irgendein Verknüpfungssatz $\mathfrak{Vk}_1^3$ ($\mathfrak{S}_1, \mathfrak{S}_2, \mathfrak{S}_3$). Für diesen werde die Kolonne in der Werttafel aufgestellt; sie ist in der zweiten Zeile entweder mit ‚W‘ oder mit ‚F‘ besetzt. ‚W‘ würde besagen, daß $\mathfrak{S}_4$ im zweiten Fall wahr ist, daß also $\mathfrak{S}_4$ Folge von $\mathfrak{S}_1 . \mathfrak{S}_2 . \sim \mathfrak{S}_3$ ist; ‚F‘ würde besagen, daß $\mathfrak{S}_4$ im zweiten Fall falsch ist, daß also $\sim \mathfrak{S}_4$ Folge von $\mathfrak{S}_1 . \mathfrak{S}_2 . \sim \mathfrak{S}_3$ ist. Diese Beziehungen wollen wir jetzt ohne Verwendung der Negation ausdrücken; das ist mit Hilfe der Spielräume möglich. Wir wollen (nur hier) den Spielraum von $\mathfrak{S}_1$ mit ‚[$\mathfrak{S}_1$]‘ bezeichnen, den Ergänzungsspielraum von $\mathfrak{S}_1$ mit ‚— [$\mathfrak{S}_1$]‘. $\mathfrak{S}_1 . \mathfrak{S}_2$ hat denselben Gehalt, also nach Satz 56·9 auch denselben Spielraum wie $\{\mathfrak{S}_1, \mathfrak{S}_2\}$. Daher ist [$\mathfrak{S}_1 . \mathfrak{S}_2$] nach Satz 56·7 b der Durchschnitt von [$\mathfrak{S}_1$] und [$\mathfrak{S}_2$]. Den Spielraum von $\sim \mathfrak{S}_3$ ersetzen wir durch — [$\mathfrak{S}_3$]; also ersetzen wir [$\mathfrak{S}_1 . \mathfrak{S}_2 . \sim \mathfrak{S}_3$] durch den Durchschnitt der Klassen [$\mathfrak{S}_1$], [$\mathfrak{S}_2$], — [$\mathfrak{S}_3$]. Daß $\mathfrak{S}_4$ (bzw. $\sim \mathfrak{S}_4$) Folge jener Konjunktion ist, drückt sich (nach Satz 56·3) dadurch aus, daß [$\mathfrak{S}_1 . \mathfrak{S}_2 . \sim \mathfrak{S}_3$] in [$\mathfrak{S}_4$] (bzw. in — [$\mathfrak{S}_4$]) enthalten ist. Auf Grund dieser Überlegungen stellen wir die folgenden Definitionen auf.

$\mathfrak{S}_1$, $\mathfrak{S}_2$, .. $\mathfrak{S}_n$ seien n geschlossene Sätze. Wir bilden (entsprechend den Zeilen der Werttafel) die m ($= 2^n$) möglichen Reihen $\mathfrak{R}_1$, .. $\mathfrak{R}_m$ von je n Spielräumen, wobei jeweils der i-te Spielraum ($i = 1$ bis n) [$\mathfrak{S}_i$] oder — [$\mathfrak{S}_i$] ist. Die Indizes der $\mathfrak{R}$ seien nach einer gewissermaßen lexikographischen Anordnung der Spielräume bestimmt: stimmen $\mathfrak{R}_k$ und $\mathfrak{R}_l$ in den ersten $i - 1$ Reihengliedern (Spielräumen) überein, während das i-te Glied von $\mathfrak{R}_k$ [$\mathfrak{S}_i$] und von $\mathfrak{R}_l$ — [$\mathfrak{S}_i$] ist, so soll $\mathfrak{R}_k$ vor $\mathfrak{R}_l$ stehen, d. h. $k < l$ genommen werden. Nun bilden wir eine Reihe von m Spielräumen $\mathfrak{M}_1$, .. $\mathfrak{M}_m$ (die ebenfalls den Zeilen, und zwar den Konjunktionen entsprechen) derart, daß für jedes k ($k = 1$ bis m) $\mathfrak{M}_k$ der Durchschnitt der Spielräume der Reihe $\mathfrak{R}_k$ ist. Ist für ein bestimmtes $\mathfrak{Vk}_1^n$ und für ein bestimmtes k ($1 \leqq k \leqq m$) für n beliebige geschlossene Sätze $\mathfrak{S}_1, ..\mathfrak{S}_n$ die (in der vorher beschriebenen Weise für $\mathfrak{S}_1, .. \mathfrak{S}_n$ gebildete) Klasse $\mathfrak{M}_k$ stets Teilklasse von $[\mathfrak{Vk}_1(\mathfrak{S}_1, .. \mathfrak{S}_n)]$, so sagen wir, der k-te charakteristische Buchstabe für $\mathfrak{Vk}_1$ sei ‚W'. Ist dagegen für beliebige geschlossene $\mathfrak{S}_1, ..\mathfrak{S}_n$ $\mathfrak{M}_k$ stets Teilklasse von $-[\mathfrak{Vk}_1(\mathfrak{S}_1, ..\mathfrak{S}_n)]$, so sagen wir, der k-te charakteristische Buchstabe für $\mathfrak{Vk}_1$ sei ‚F'. Ist keine der beiden Bedingungen erfüllt, so besitzt $\mathfrak{Vk}_1$ keinen k-ten charakteristischen Buchstaben. Besitzt $\mathfrak{Vk}_1$ für jedes k ($k = 1$ bis m) einen charakteristischen Buchstaben, so nennen wir die Reihe dieser m Buchstaben die **Charakteristik** für $\mathfrak{Vk}_1$. — $\mathfrak{S}_1, ..\mathfrak{S}_n$ seien n beliebige geschlossene Sätze; $\mathfrak{M}_1, ..\mathfrak{M}_m$ seien die aus ihnen in der angegebenen Weise gebildeten Spielräume. Dann gehört jede Grundklasse von S zu genau Einem dieser $\mathfrak{M}$. Für irgend ein $\mathfrak{Vk}_1^n$, das eine Charakteristik besitzt, ist $[\mathfrak{Vk}_1(\mathfrak{S}_1, ..\mathfrak{S}_n)]$ die Vereinigung derjenigen $\mathfrak{M}_k$, für die der k-te charakteristische Buchstabe ‚W' ist. — Für die $\mathfrak{Vk}^n$ gibt es 2^{2^n} mögliche Charakteristiken.

Mit Hilfe der Charakteristik können wir jetzt die verschiedenen speziellen Verknüpfungsarten definieren; wir beschränken uns hier auf die wichtigsten. Ein $\mathfrak{Vk}^1$ mit der Charakteristik ‚FW' nennen wir eine e i g e n t l i c h e **Negation.** Ein $\mathfrak{Vk}^2$ mit der Charakteristik ‚WWWF' (bzw. ‚WFFF', ‚WFWW', ‚WFFW', ‚FWWF') nennen wir eine e i g e n t l i c h e **Disjunktion** (bzw. **Konjunktion, Implikation, Äquivalenz, trennende Disjunktion**).

Ist $\mathfrak{Vk}_1^1(\mathfrak{S}_1)$ für jedes $\mathfrak{S}_1$ unverträglich mit $\mathfrak{S}_1$, so nennen wir $\mathfrak{Vk}_1$ eine N e g a t i o n. Wir nennen $\mathfrak{Vk}_2^2$ eine D i s j u n k t i o n, wenn für beliebige $\mathfrak{S}_1$ und $\mathfrak{S}_2$ stets $\mathfrak{Vk}_2(\mathfrak{S}_1, \mathfrak{S}_2)$ Folge von $\mathfrak{S}_1$ und Folge von $\mathfrak{S}_2$ ist. Wir nennen $\mathfrak{Vk}_3^2$ eine K o n j u n k t i o n, wenn für beliebige $\mathfrak{S}_1$ und $\mathfrak{S}_2$ stets $\mathfrak{S}_1$ und $\mathfrak{S}_2$ Folgen von $\mathfrak{Vk}_3(\mathfrak{S}_1, \mathfrak{S}_2)$ sind. Wir nennen $\mathfrak{Vk}_4^2$ eine I m p l i k a t i o n, wenn für beliebige $\mathfrak{S}_1$ und $\mathfrak{S}_2$ stets $\mathfrak{S}_2$ Folge von $\{\mathfrak{S}_1, \mathfrak{Vk}_4(\mathfrak{S}_1, \mathfrak{S}_2)\}$ ist. Ist eine Verknüpfung dieser Arten keine eigentliche, so nennen wir sie eine u n e i g e n t l i c h e. Gibt es zu einer der genannten Verknüpfungen ein V e r k n ü p f u n g s z e i c h e n, so nennen wir es ein (eigentliches oder uneigentliches) N e g a t i o n s z e i c h e n bzw. Disjunktionszeichen usw.

S a t z 57·1. Ist $\mathfrak{Vk}_1$ eine Negation, so ist für beliebiges $\mathfrak{S}_1$ jeder Satz Folge von $\{\mathfrak{S}_1, \mathfrak{Vk}_1(\mathfrak{S}_1)\}$. — Die genannte Klasse ist widergültig.

Satz 57·2. Ist $\mathfrak{Vk}_1$ eine eigentliche Negation, $\mathfrak{Vk}_2$ eine eigentliche Disjunktion, $\mathfrak{Vk}_3$ eine eigentliche Konjunktion, so gilt für beliebiges $\mathfrak{S}_1$: a) ist $\mathfrak{S}_1$ geschlossen, so ist $\mathfrak{Vk}_1(\mathfrak{S}_1)$ ein Kontrasatz zu $\mathfrak{S}_1$. — b) $\mathfrak{Vk}_1(\mathfrak{Vk}_1(\mathfrak{S}_1))$ ist gehaltgleich mit $\mathfrak{S}_1$. — c) $\mathfrak{Vk}_2(\mathfrak{Vk}_1(\mathfrak{S}_1), \mathfrak{S}_1)$ ist gültig. — d) $\mathfrak{Vk}_3(\mathfrak{Vk}_1(\mathfrak{S}_1), \mathfrak{S}_1)$ ist widergültig. — Nach b), c), d) *gelten die Prinzipien* der traditionellen Logik *von der doppelten Negation, vom ausgeschlossenen Dritten und vom Widerspruch in jeder Sprache* S für die eigentlichen Verknüpfungen, falls solche in S vorkommen.

Satz 57·3. a) Verknüpfungen mit *derselben Charakteristik* sind umfangsgleich. — b) Hat $\mathfrak{Vk}_1$ eine Charakteristik und ist $\mathfrak{Vk}_2$ umfangsgleich mit $\mathfrak{Vk}_1$, so hat $\mathfrak{Vk}_2$ dieselbe Charakteristik. — Zu a. Haben zwei Verknüpfungen dieselbe Charakteristik, so haben zwei Vollsätze mit gleichen Argumenten denselben Spielraum, also auch (nach Satz 56·9) denselben Gehalt.

Beispiele. Die als ‚Negation' oder ‚Verneinung' bezeichneten Verknüpfungen in den meisten Systemen (z. B. in denen von *Frege*, *Russell*, *Hilbert*, in unseren Sprachen I und II) sind *Negationen* im hier definierten Sinne. In I ist ‚$\sim$ Prim (x)' nicht Kontrasatz zu ‚Prim (x)'; beide Sätze sind kontradiktorisch, ihr Spielraum ist daher leer. Trotzdem ist ‚$\sim\sim$ Prim (x)' gehaltgleich und spielraumgleich mit ‚Prim (x)'. Ist ‚Q' ein undefiniertes $\mathfrak{pr}_b$, so gibt es in II einen Kontrasatz zu ‚Q (x)', nämlich ‚$\sim (x)$ (Q (x))'. In I gibt es dagegen weder einen Kontrasatz noch eine Kontraklasse zu ‚Q (x)', wohl aber einen Ergänzungsspielraum.

In den Systemen von Russell, Hilbert und in unseren Sprachen I, II ist ‚v' ein *eigentliches Disjunktionszeichen*. Bei Hilbert ist auch die aus drei leeren Ausdrücken bestehende Verknüpfung eine eigentliche Disjunktion ($\mathfrak{S}_1\, \mathfrak{S}_2$ ist gehaltgleich mit $\mathfrak{S}_1 \vee \mathfrak{S}_2$). Die aus den Wörtern ‚entweder' und ‚oder' ($\mathfrak{A}_3$ ist leer) bestehende Ausdrucksreihe der deutschen Sprache (und ebenso ‚aut', ‚aut' in der lateinischen Sprache) ist eine eigentliche trennende Disjunktion. Die Zeichen ‚&' bei Hilbert, ‚.' in I und II und bei Russell (bei diesem außerdem die mehrfachen Punktzeichen) sind *eigentliche Konjunktionszeichen*. Bei Russell und in I und II ist ‚$\supset$', bei Hilbert ‚$\rightarrow$' ein *eigentliches Implikationszeichen*.

Bei Russell, Hilbert und den Sprachen I und II haben alle $\mathfrak{vk}$ eine Charakteristik. Bei *Heyting* und *Lewis* kommen auch $\mathfrak{vk}$ ohne Charakteristik vor. Z. B. ist das Negationszeichen von *Heyting* (wir wollen es hier ‚—' schreiben) ein *uneigentliches Negationszeichen ohne Charakteristik*. $\mathfrak{S}_1$ und $-\mathfrak{S}_1$ sind zwar stets unverträglich miteinander, aber $-\mathfrak{S}_1$ ist im allgemeinen kein Kontrasatz zu $\mathfrak{S}_1$. Während Kontrasätze stets gehaltfremd zueinander sind, besitzen $\mathfrak{S}_1$ und $-\mathfrak{S}_1$ die gemeinsame Folge $\mathfrak{S}_1 \vee -\mathfrak{S}_1$, die im allgemeinen nicht gültig, sondern indeterminiert ist. ——$\mathfrak{S}_1$ ist im allgemeinen nicht gehaltgleich mit $\mathfrak{S}_1$. Bei Lewis ist das Zeichen für strict implication ein uneigentliches Implikationszeichen ohne Charakteristik (vgl. § 69). (Über die Intensionalität der $\mathfrak{vk}$ ohne Charakteristik vgl. § 65.)

$\mathfrak{Op}_{1\mathfrak{B}_1}$ sei ein Alloperator, $\mathfrak{Op}_{2\mathfrak{B}_1}$ ein Existenzoperator; die Einsetzungswerte für $\mathfrak{B}_1$ seien dieselben in bezug auf $\mathfrak{Op}_2$ wie in bezug auf $\mathfrak{Op}_1$; $\mathfrak{Vk}_1$ sei eine Negation. Wir nennen $\mathfrak{Op}_1$, $\mathfrak{Op}_2$ und $\mathfrak{Vk}_1$ zusammengehörig, wenn für jedes $\mathfrak{Sfu}_1$, das in bezug auf $\mathfrak{Op}_1$ und $\mathfrak{Op}_2$ operabel ist, $\mathfrak{Vk}_1(\mathfrak{Op}_1(\mathfrak{Sfu}_1))$ gehaltgleich ist mit $\mathfrak{Op}_2(\mathfrak{Vk}_1(\mathfrak{Sfu}_1))$. Sind sowohl die beiden Operatoren wie die Negation eigentlich, so sind sie auch zusammengehörig.

Beispiel. In II sind $(\mathfrak{p}_1)$ und $(\exists\, \mathfrak{p}_1)$ zwar uneigentlich; aber diese Operatoren und ‚$\sim$' sind zusammengehörig, da $\sim (\mathfrak{p}_1)(\mathfrak{Sfu}_1)$ stets gehaltgleich mit $(\exists\, \mathfrak{p}_1)(\sim \mathfrak{Sfu}_1)$ ist.

c) Arithmetik; Widerspruchsfreiheit.

58. Arithmetik.

$\mathfrak{A}_0$ sei ein ${}^a\mathfrak{Stu}$, $\mathfrak{Fu}_1$ sei ein ${}^{a+1}\mathfrak{Fu}^1$; $\mathfrak{R}_1$ sei die in folgender Weise gebildete unendliche Reihe von Ausdrücken: das erste Glied ist $\mathfrak{A}_0$, für jedes n ist das $(n+1)$-te Glied der Vollausdruck von $\mathfrak{Fu}_1$ mit dem n-ten Glied als Argument. $\mathfrak{R}_1$ hat also die Form $\mathfrak{A}_0$; $\mathfrak{Fu}_1(\mathfrak{A}_0)$; $\mathfrak{Fu}_1(\mathfrak{Fu}_1(\mathfrak{A}_0))$; ...$\mathfrak{A}_n$; $\mathfrak{Fu}_1(\mathfrak{A}_n)$;... Sind nun je zwei verschiedene Ausdrücke von $\mathfrak{R}_1$ gattungsgleich (also jeder ein ${}^a\mathfrak{Stu}$), aber nicht synonym, so nennen wir $\mathfrak{R}_1$ eine Zahlausdruck-Reihe oder $\mathfrak{Z}$-Reihe. Die Ausdrücke von $\mathfrak{R}_1$ und die mit ihnen synonymen nennen wir **Zahlausdrücke** ($\mathfrak{Z}$) von $\mathfrak{R}_1$. Die mit $\mathfrak{A}_0$ synonymen $\mathfrak{Z}$ nennen wir Null-Ausdrücke oder 0-$\mathfrak{Z}$ von $\mathfrak{R}_1$; die mit $\mathfrak{Fu}_1(\mathfrak{A}_0)$ synonymen nennen wir 1-$\mathfrak{Z}$ von $\mathfrak{R}_1$ usf. Ein mit $\mathfrak{Fu}_1(\mathfrak{Z}_1)$ synonymes $\mathfrak{Z}$ nennen wir einen Nachfolgerausdruck von $\mathfrak{Z}_1$. [Diese und die folgenden Begriffe beziehen sich jeweils auf eine bestimmte $\mathfrak{Z}$-Reihe $\mathfrak{R}_1$; den Zusatz „von $\mathfrak{R}_1$“ oder „in bezug auf $\mathfrak{R}_1$“ bei den definierten Wörtern und Frakturzeichen lassen wir der Kürze wegen gewöhnlich fort.]

Ist $\mathfrak{a}_1$ ein $\mathfrak{Z}$, so heißt es ein **Zahlzeichen** ($\mathfrak{zz}$). Ist $\mathfrak{a}_1$ ein 0-$\mathfrak{Z}$, so heißt es ein Nullzeichen ($\mathfrak{nu}$). — $\mathfrak{B}_1$ heißt ein Zahl-$\mathfrak{B}$, wenn die $\mathfrak{Z}$ zu den Einsetzungswerten für $\mathfrak{B}_1$ gehören. Ist $\mathfrak{v}_1$ ein Zahl-$\mathfrak{B}$, so heißt $\mathfrak{v}_1$ eine Zahlvariable ($\mathfrak{z}$).

Gibt es für $\mathfrak{Sg}_1^n$ (bzw. $\mathfrak{Pr}_1^n$) einen Vollsatz mit nur $\mathfrak{Z}$ als Argumenten, so heißt $\mathfrak{Sg}_1$ (bzw. $\mathfrak{Pr}_1$) ein Zahl-$\mathfrak{Sg}$ (bzw. -$\mathfrak{Pr}$). Gibt es für $\mathfrak{Fu}^n_1$ einen Vollausdruck derart, daß dieser selbst und alle Argumente $\mathfrak{Z}$ sind, so heißt $\mathfrak{Fu}_1$ ein *Zahl*-$\mathfrak{Fu}$. Ist $\mathfrak{pr}_1$ (bzw. $\mathfrak{fu}_1$) ein Zahl-$\mathfrak{Pr}$ (bzw. -$\mathfrak{Fu}$), so heißt $\mathfrak{pr}_1$ (bzw. $\mathfrak{fu}_1$) ein **Zahlprädikat** ($\mathfrak{zpr}$) bzw. **Zahlfunktor** ($\mathfrak{zfu}$).

$\mathfrak{Sg}^3_1$ (bzw. $\mathfrak{Pr}^3_1$) heißt ein *Summen*-$\mathfrak{Sg}$ (bzw. -$\mathfrak{Pr}$) für die k-te Stelle ($k = 1, 2$ oder 3), wenn für beliebige m und n folgendes gilt: ist $\mathfrak{Z}_1$ ein m-$\mathfrak{Z}$, $\mathfrak{Z}_2$ ein n-$\mathfrak{Z}$ und $\mathfrak{Z}_3$ ein $(m+n)$-$\mathfrak{Z}$, so ist der Vollsatz von $\mathfrak{Sg}_1$ (bzw. $\mathfrak{Pr}_1$), in dem $\mathfrak{Z}_3$ k-tes Argument und $\mathfrak{Z}_1$ und $\mathfrak{Z}_2$ die beiden andern Argumente sind, gültig. $\mathfrak{Fu}^2_1$ heißt ein *Summen*-$\mathfrak{Fu}$, wenn $\mathfrak{Fu}_1$ ein Zahl-$\mathfrak{Fu}$ ist und für beliebige m und n gilt: ist $\mathfrak{Z}_1$ ein m-$\mathfrak{Z}$ und $\mathfrak{Z}_2$ ein n-$\mathfrak{Z}$, so ist $\mathfrak{Fu}_1(\mathfrak{Z}_1, \mathfrak{Z}_2)$ ein $(m+n)$-$\mathfrak{Z}$. — Analog sind zu definieren ‚*Produkt*-$\mathfrak{Sg}$', ‚-$\mathfrak{Pr}$', ‚-$\mathfrak{Fu}$', wobei $\mathfrak{Z}_3$ bzw. $\mathfrak{Fu}_1(\mathfrak{Z}_1, \mathfrak{Z}_2)$ ein $(m \,.\, n)$-$\mathfrak{Z}$ ist. — Ist $\mathfrak{zpr}_1$ ein Summen-$\mathfrak{Pr}$ (bzw. Produkt-$\mathfrak{Pr}$), so heißt $\mathfrak{zpr}_1$ ein *Summenprädikat* (bzw. *Produktprädikat*). Ist $\mathfrak{zfu}_1$ ein Summen-$\mathfrak{Fu}$ (bzw. Produkt-$\mathfrak{Fu}$), so heißt $\mathfrak{zfu}_1$ ein *Summenfunktor* (bzw. *Produktfunktor*). — Man erkennt leicht, daß sich in ähnlicher Weise alle sonstigen arithmetischen Begriffe, die in der in S enthaltenen Arithmetik vorkommen, syntaktisch charakterisieren lassen; d. h. es lassen sich die Arten derjenigen $\mathfrak{Sg}$, $\mathfrak{Pr}$ oder $\mathfrak{Fu}$ definieren, denen eine bestimmte arithmetische Bedeutung zukommt. Wir wollen uns hier mit den vorstehenden Beispielen begnügen.

Wir sagen, S enthalte eine **Arithmetik,** wenn es in S mindestens eine $\mathfrak{Z}$-Reihe $\mathfrak{R}_1$ und ein Summen-$\mathfrak{Sg}$ und ein Produkt-$\mathfrak{Sg}$ in bezug auf $\mathfrak{R}_1$ gibt. — S enthalte eine Arithmetik in bezug auf $\mathfrak{R}_1$. Gibt es ein $\mathfrak{S}_1$ und $\mathfrak{V}_1$ derart, daß es zu jedem $\mathfrak{Z}$ von $\mathfrak{R}_1$ einen synonymen Einsetzungswert für $\mathfrak{V}_1$ in $\mathfrak{S}_1$ gibt und daß $\mathfrak{V}_1$ in $\mathfrak{S}_1$ unendliche Allgemeinheit hat, so sagen wir, S enthalte eine *generelle Arithmetik* (in bezug auf $\mathfrak{R}_1$).

$\mathfrak{Z}_1$ und $\mathfrak{Z}_2$ heißen *entsprechende* $\mathfrak{Z}$ in $\mathfrak{R}_1$ und $\mathfrak{R}_2$, wenn es ein n gibt derart, daß $\mathfrak{Z}_1$ ein n-$\mathfrak{Z}$ von $\mathfrak{R}_1$ und $\mathfrak{Z}_2$ ein n-$\mathfrak{Z}$ von $\mathfrak{R}_2$ ist. Hierbei können $\mathfrak{R}_1$ und $\mathfrak{R}_2$ auch verschiedenen Stufen angehören, ja sogar auch verschiedenen Sprachen. Wir sagen, zwei Zahl-$\mathfrak{Sg}^n$ (oder zwei Zahl-$\mathfrak{Pr}^n$) (in einer oder zwei Sprachen) haben *entsprechenden Umfang*, wenn je zwei Vollsätze mit entsprechenden $\mathfrak{Z}$ als Argumenten entweder beide gültig oder beide widergültig sind.

Gibt es in S eine Arithmetik, so gibt es in jedem Fall Ausdrücke, die sich als Bezeichnungen **reeller Zahlen** deuten lassen, nämlich die Zahl-$\mathfrak{Sg}^1$; ferner kann es Zahl-$\mathfrak{Pr}^1$ und Zahl-$\mathfrak{Fu}^1$, deren Vollausdrücke $\mathfrak{Z}$ sind, geben (vgl. § 39). Wir wollen $\mathfrak{B}_1$ ein $\mathfrak{B}$ für reelle Zahlen nennen, wenn es unendlich viele Zahl-$\mathfrak{Pr}^1$ (oder Zahl-$\mathfrak{Fu}^1$ der genannten Art) gibt, die zu den Einsetzungswerten für $\mathfrak{B}_1$ gehören. Ist $\mathfrak{B}_1$ ein $\mathfrak{B}$ für reelle Zahlen und hat $\mathfrak{B}_1$ in $\mathfrak{S}_1$ unendliche Allgemeinheit, so nennen wir $\mathfrak{S}_1$ einen allgemeinen Satz über reelle Zahlen. — Die arithmetische Gleichheit zweier reeller Zahlen, die dargestellt sind durch zwei $\mathfrak{Sg}^1$ (oder zwei $\mathfrak{Pr}^1$) in bezug auf dieselbe $\mathfrak{Z}$-Reihe $\mathfrak{R}_1$, wird syntaktisch erfaßt durch die Umfangsgleichheit der beiden $\mathfrak{Sg}$ (bzw. $\mathfrak{Pr}$) (bei $\mathfrak{Fu}$ durch Gleichheit des Wertverlaufes); handelt es sich um verschiedene $\mathfrak{R}_1$ und $\mathfrak{R}_2$, die auch verschiedenen Sprachen angehören können, so wird die arithmetische Gleichheit erfaßt durch die Umfangsentsprechung. Auf diese Weise können reelle Zahlen verschiedener Sprachen miteinander verglichen werden; ein Ausdruck kann als Ausdruck einer bestimmten reellen Zahl (z. B. ‚π-Ausdruck in bezug auf $\mathfrak{R}_1$‘) charakterisiert werden. — Man erkennt leicht, wie sich syntaktisch bestimmen läßt, ob eine Analysis und eine Funktionentheorie engeren oder weiteren Umfanges in S enthalten ist. Hier soll darauf nicht näher eingegangen werden.

Beispiele. 1. Sprache I. $\mathfrak{Z}$-Reihen sind z. B. folgende Reihen. $\mathfrak{R}_1$: ‚0‘, ‚0'‘, ‚0''‘, ...; $\mathfrak{R}_2$: ‚0‘, ‚0''‘, ‚0''''‘, ...; $\mathfrak{R}_3$: ‚3‘, ‚3'‘, ...; $\mathfrak{R}_4$: ‚0‘, ‚nf (0)‘, ‚nf (nf (0))‘, ...; $\mathfrak{R}_5$: ‚3‘, ‚fak (3)‘, ‚fak (fak (3))‘, ... Die $\mathfrak{fu}$ von I sind $\mathfrak{z}\mathfrak{fu}$ in bezug auf jede dieser Reihen; ferner ist aber auch ‚'‘ ein $\mathfrak{z}\mathfrak{fu}$ in bezug auf jede dieser Reihen, und zwar reihebildendes $\mathfrak{z}\mathfrak{fu}$ in $\mathfrak{R}_1$. ‚sum‘ ist ein Summen-$\mathfrak{fu}$, ‚prod‘ ein Produkt-$\mathfrak{fu}$. I enthält eine generelle Arithmetik, da es Sätze mit freien $\mathfrak{z}$ gibt. Reelle Zahlen können in I durch $\mathfrak{pr}^1$ oder $\mathfrak{fu}^1$ dargestellt werden; es gibt jedoch keine $\mathfrak{B}$ für reelle Zahlen und keine $\mathfrak{Pr}$ für reelle Argumente.

2. Sprache II (vgl. § 39). Die genannten Reihen $\mathfrak{R}_1, \ldots \mathfrak{R}_5$ sind auch hier $\mathfrak{Z}$-Reihen; hier gibt es jedoch auch ganz andersartige. — Die ${}^2\mathfrak{pr}$ können als $\mathfrak{pr}$ für reelle Zahlen verwendet werden. Da es ${}^1\mathfrak{p}$, ${}^2\mathfrak{p}$ und ${}^2\mathfrak{f}$ mit unendlicher Allgemeinheit gibt, so gibt es allgemeine Sätze über reelle Zahlen und über Funktionen reeller Zahlen usf.

59. Widerspruchsfreiheit und Vollständigkeit einer Sprache.

S heißt (a-inkonsistent oder) **widerspruchsvoll,** wenn jeder Satz von S beweisbar ist; andernfalls (a-konsistent oder) **wider-**

spruchsfrei. Diesen a-Begriffen entsprechen die folgenden f-Begriffe. S heißt **inkonsistent,** wenn jeder Satz von S gültig ist; andernfalls **konsistent.** — Ist die L-Teilsprache von S widerspruchsvoll (bzw. widerspruchsfrei, inkonsistent, konsistent), so nennen wir S L-widerspruchsvoll (bzw. L-...). Die Verhältnisse zwischen den definierten a-, f- und L-Begriffen sind aus den Pfeilen in der Tabelle S. 162 zu ersehen.

Satz 59·1. Ist S widerspruchsvoll (bzw. inkonsistent), so ist jedes $\mathfrak{K}$ und jedes $\mathfrak{S}$ zugleich beweisbar und widerlegbar (bzw. gültig und widergültig); es gibt kein unentscheidbares (bzw. indeterminiertes) $\mathfrak{K}$ oder $\mathfrak{S}$.

Satz 59·2. Gibt es in S ein $\mathfrak{K}$ oder $\mathfrak{S}$, das nicht-beweisbar (bzw. nicht-gültig) oder nicht-widerlegbar (bzw. nicht-widergültig) ist, so ist S widerspruchsfrei (bzw. konsistent). — Aus Satz 1.

Satz 59·3. Gibt es in S ein $\mathfrak{K}$ oder $\mathfrak{S}$, das zugleich beweisbar und widerlegbar (bzw. gültig und widergültig) ist, so ist S widerspruchsvoll (bzw. inkonsistent); und umgekehrt.

Satz 59·4. Enthält S den üblichen Satzkalkül (mit der Negation ‚$\sim$'), so ist in S aus $\mathfrak{S}_1$ und $\sim\mathfrak{S}_1$ jeder Satz ableitbar. — In I und II ergibt sich dies mit Hilfe von GI 1 bzw. GII 1.

Satz 59·5. Enthält S den üblichen Satzkalkül, so ist S dann und nur dann widerspruchsvoll, wenn es ein $\mathfrak{S}_1$ gibt derart, daß $\mathfrak{S}_1$ und $\sim\mathfrak{S}_1$ in S beweisbar sind. — Aus Satz 4.

Satz 59·6. Enthält S eine Negation $\mathfrak{Vk}_1$, so ist S dann und nur dann inkonsistent, wenn es ein $\mathfrak{S}_1$ gibt derart, daß $\mathfrak{S}_1$ und $\mathfrak{Vk}_1(\mathfrak{S}_1)$ in S gültig sind. — Aus Satz 57·1.

Die Definitionen für ‚widerspruchsvoll' und ‚widerspruchsfrei' entsprechen, wie Satz 5 zeigt, dem üblichen Sprachgebrauch, ohne aber die Negation vorauszusetzen (vgl. Tarski [Methodologie] I, 27f., Post [Introduction]).

Eine widerspruchsfreie Sprache kann doch noch inkonsistent sein. Sie enthält dann zwar keinen Widerspruch zwischen einzelnen Sätzen, wohl aber zwischen Satzklassen. Wir führen deshalb den engeren Begriff ‚konsistent' ein; er kommt nur Sprachen zu, die keinerlei Widerspruch enthalten.

Satz 59·7. Ist S inkonsistent oder widerspruchsvoll, so gilt: a) Je zwei Sätze von S sind gehaltgleich. — b) Je zwei gattungsgleiche Ausdrücke von S sind synonym.

Satz 59·8. Ist S inkonsistent oder widerspruchsvoll, so enthält S keine $\mathfrak{Z}$-Reihe, also auch keine Arithmetik. — Aus Satz 7b; verschiedene Glieder einer $\mathfrak{Z}$-Reihe sind nicht-synonym.

Beispiel einer widerspruchsfreien, aber inkonsistenten Sprache. $\mathfrak{S}\mathfrak{fu}_1$ sei ‚$[(x > 0) . (y > 0) . (z > 0) . (u > 2)] \supset (x^u + y^u \neq z^u)$'. $\mathfrak{S}_1$ sei $() (\mathfrak{S}\mathfrak{fu}_1)$, also der Fermatsche Satz. In S sei jede geschlossene logische Variante von $\mathfrak{S}\mathfrak{fu}_1$ beweisbar (also für jedes einzelne Zahlenquadrupel die Fermatsche Eigenschaft). $\mathfrak{S}_1$ selbst sei zwar nicht beweisbar, aber analytisch; S enthalte nämlich eine indefinite Bestimmung analog UF 2 (S. 35), auf Grund deren $\mathfrak{S}_1$ unmittelbare Folge der Klasse jener Varianten ist. Ferner aber sei in S der Satz $\sim \mathfrak{S}_1$ (obwohl er vielleicht in der klassischen Mathematik kontradiktorisch ist) beweisbar (z. B. als Grundsatz aufgestellt, unter Streichung anderer, etwa mit ihm a-unverträglicher Sätze). Dann ist S inkonsistent (und zwar L-inkonsistent). Dabei kann aber S widerspruchsfrei sein, da ja $\mathfrak{S}_1$ und $\sim \mathfrak{S}_1$ nicht beide beweisbar sind. Es besteht zwar kein a-Widerspruch, aber ein f-Widerspruch, nämlich zwischen der Klasse jener Varianten und $\sim \mathfrak{S}_1$. Dieser f-Widerspruch ist offenkundig bei der üblichen inhaltlichen Deutung: der beweisbare Satz $\sim \mathfrak{S}_1$ besagt, daß nicht alle Zahlenquadrupel die Fermatsche Eigenschaft haben, während für jedes Zahlenquadrupel eine beweisbare Variante vorliegt, die besagt, daß dieses Quadrupel die Fermatsche Eigenschaft habe. Aber der f-Widerspruch, die Inkonsistenz, besteht auch rein formal, ohne Rücksicht auf inhaltliche Deutung: die Klasse, die aus jenen Varianten und $\sim \mathfrak{S}_1$ besteht, enthält nur beweisbare Sätze, ist aber kontradiktorisch, d. h. jeder Satz ist Folge von ihr; daher ist jeder Satz von S zugleich analytisch und kontradiktorisch.

Für solche Sprachen, die keine andern $\mathfrak{v}$ haben als die $\mathfrak{z}$, entspricht unser Begriff ‚konsistent' dem Begriff ‚ω-widerspruchsfrei' von Gödel [Unentscheidbare] 187; vgl. auch Tarski [Widerspruchsfr.].

Die Sprache S heißt **vollständig** (bzw. a-vollständig), wenn die leere Satzklasse (und daher nach Satz 48·8 jedes $\mathfrak{K}$) vollständig (bzw. a-vollständig) ist; andernfalls unvollständig (bzw. a-unvollständig). — Die Sprache S heißt **determiniert** (bzw. **entscheidbar**), wenn jedes $\mathfrak{K}$ (und daher auch jedes $\mathfrak{S}$) in S determiniert (bzw. entscheidbar) ist; andernfalls indeterminiert (bzw. unentscheidbar). — Die entsprechenden L-Begriffe (‚L-vollständig' usw.) schreiben wir der Sprache S dann und nur dann zu, wenn der L-Teilsprache von S der ursprüngliche Begriff (‚vollständig' usw.) zukommt.

Satz 59·9. Ist S vollständig, so determiniert; und umgekehrt. — Aus Satz 48·5.

Satz 59·10. Ist S vollständig, so logisch; und umgekehrt. — Aus Satz 50·2a.

Satz 59·11. Ist S vollständig, so L-vollständig; und umgekehrt. — Aus Satz 10 und 51·1.

Satz 59·12. a) Die Begriffe ‚vollständige Sprache', ‚L-vollständige Sprache', ‚determinierte Sprache', ‚logische Sprache' fallen zusammen. — b) Die Begriffe ‚unvollständige Sprache', ‚L-unvollständige Sprache', ‚indeterminierte Sprache', ‚deskriptive Sprache' fallen zusammen.

Satz 59·13. Ist S a-vollständig, so entscheidbar; und umgekehrt. — Aus Satz 48·5.

Für die a-Begriffe gelten die zu Satz 11 und 12 analogen Sätze nicht.

Satz 59·14. a) Ist S widerspruchsvoll, so ist S a-vollständig und vollständig. — b) Ist S inkonsistent, so ist S vollständig. — Aus Satz 1.

Wie sich die hier definierten Eigenschaften von Sprachen von einer Sprache auf eine andere übertragen, ist aus der Tabelle S. 168 (B) zu ersehen. — Das Verhältnis der Begriffe zueinander ist aus den Pfeilen in der folgenden Tabelle zu ersehen (wie S. 136).

Eigenschaften von Sprachen.

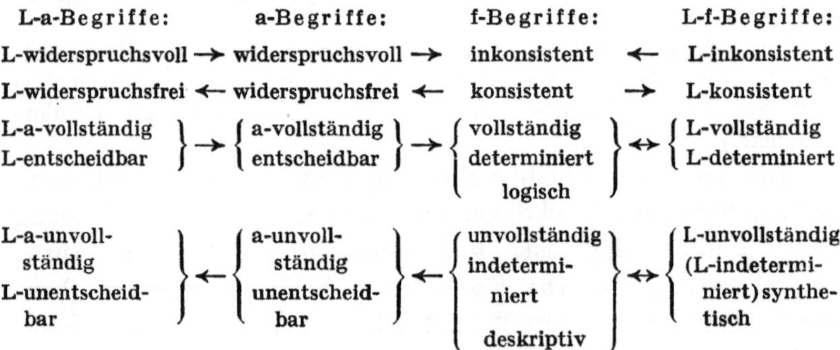

L-a-Begriffe:		a-Begriffe:		f-Begriffe:		L-f-Begriffe:
L-widerspruchsvoll	→	widerspruchsvoll	→	inkonsistent	←	L-inkonsistent
L-widerspruchsfrei	←	widerspruchsfrei	←	konsistent	→	L-konsistent
L-a-vollständig L-entscheidbar	→	a-vollständig entscheidbar	→	vollständig determiniert logisch	↔	L-vollständig L-determiniert
L-a-unvollständig L-unentscheidbar	←	a-unvollständig unentscheidbar	←	unvollständig indeterminiert deskriptiv	↔	L-unvollständig (L-indeterminiert) synthetisch

Wir werden sehen, daß jede konsistente Sprache, die eine generelle Arithmetik enthält, unentscheidbar ist. Entscheidbar sind nur ärmere Sprachen, z. B. der Satzkalkül. Eine reichere Sprache kann, wenn auch nicht entscheidbar, so doch determiniert und vollständig sein, wenn hinreichende indefinite Umformungsbestimmungen aufgestellt sind. Das ist z. B. bei den Sprachen I und II der Fall. Für eine solche unentscheidbare, aber vollständige Sprache gilt die folgende Einteilung der logischen Sätze (zur Einteilung der $\mathfrak{S}_b$ vgl. S. 138):

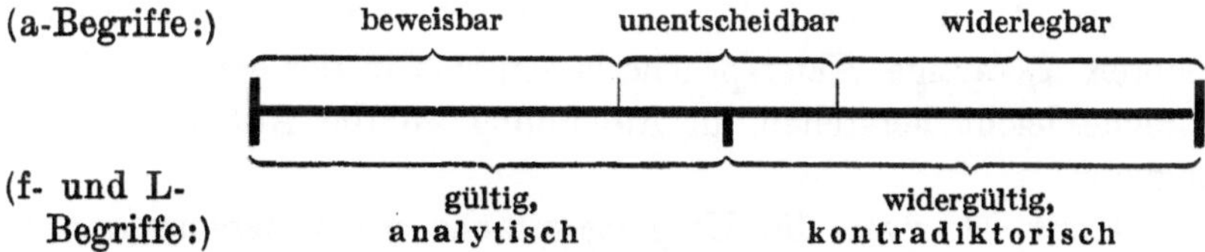

60. Die Antinomien.

Eine besondere, vielfach erörterte Klasse von Widersprüchen sind die sogenannten Antinomien (oder Paradoxien), die in den früheren Systemen der Mengenlehre und der Logik auftraten. Das Problem dieser Antinomien wird in einer Abhandlung, die an anderer Stelle veröffentlicht wird, ausführlich untersucht. Hier seien nur die Ergebnisse dieser Untersuchung angegeben.

Man kann (nach Peano und Ramsey) die bekannten Antinomien in zwei Arten einteilen; wir wollen sie logische (im engeren Sinne) und syntaktische Antinomien nennen. Zur ersten Art gehört z. B. die Antinomie von Russell („Imprädikabel"), zur zweiten Art gehören die Antinomie von Grelling („Heterologisch"), die von Richard, die des Lügners. In den syntaktischen Antinomien wird über die Sprachausdrücke gesprochen. Sie treten (zunächst) nicht in den symbolischen Systemen, sondern nur im Begleittext auf. Die Antinomien erster Art werden schon durch die einfache Typeneinteilung ausgeschlossen; das ist der Grund, weshalb wir uns in Sprache II mit dieser Einteilung begnügen (vgl. S. 76, 99). Wenn nun eine Sprache S die Syntax von S selbst zu formulieren gestattet — und jede Sprache, die eine Arithmetik enthält, enthält damit auch eine arithmetisierte Syntax von sich selbst (vgl. S. 178) —, so erhebt sich die Frage, ob nicht vielleicht in S die syntaktischen Antinomien auftreten.

Dies ist die Ansicht von Chwistek [Nom. Grundl.], der deshalb wieder auf die verzweigte Typenregel zurückgreift. Daß diese in seinem System erforderlich ist, liegt aber nach meiner Meinung daran, daß er die autonyme Redeweise anwendet (vgl. § 68).

Es ist charakteristisch für die syntaktischen Antinomien, daß sie mit den Begriffen ‚wahr' und ‚falsch' operieren. Diese Begriffe führen tatsächlich zu Widersprüchen, wenn man sie so anwendet, wie es die übliche Sprache tut, nämlich derart, daß ein Satz ‚A' und der Satz ‚‚A' ist wahr' zu derselben Sprache gehören. Derartige Widersprüche lassen sich in der gewöhnlichen Sprache leicht herstellen, in Anlehnung an die Antinomie des Lügners.

Damit ist zwar die Umgangssprache als widerspruchsvoll erwiesen, nicht aber jede Sprache, die ihre eigene Syntax enthält. Denn ‚wahr' und ‚falsch' sind keine echten syntaktischen Begriffe. Aus den Formeigenschaften eines Satzes allein ist ja im allgemeinen nicht zu ersehen, ob er wahr oder falsch ist. [Man hat das meist übersehen, weil man sich gewöhnlich nicht mit deskriptiven, sondern nur mit logischen Sprachen befaßt hat; in bezug auf diese fallen allerdings ‚wahr' und ‚falsch' mit ‚analytisch' bzw. ‚kontradiktorisch' zusammen, sind also syntaktische Begriffe.]

S enthalte seine eigene Syntax. Man kann nun versuchen, Widersprüche in S dadurch zu bilden, daß man die syntaktischen Antinomien nachbildet, indem man für ‚wahr' einen verwandten syntaktischen Begriff einsetzt (z. B. einen der f-Begriffe ‚gültig' oder ‚analytisch' oder einen der a-Begriffe ‚beweisbar' oder ‚L-beweisbar') und entsprechend für ‚falsch' (etwa ‚widergültig', ‚kontradiktorisch', ‚widerlegbar', ‚L-widerlegbar'). Dabei zeigt sich folgendes. Verwendet man als Ersatzbegriffe a-Begriffe, so tritt kein Widerspruch auf. Z. B. wird „Ich lüge" oder „Dieser Satz ist falsch" ersetzt durch „Dieser Satz ist widerlegbar"; es zeigt sich, daß dieser Satz nicht-widerlegbar, aber kontradiktorisch ist. Da diese beiden Eigenschaften verträglich sind, entsteht kein Widerspruch.

Nehmen wir aber an, wir hätten in der in S enthaltenen Syntax von S die Begriffe ‚analytisch in S' und ‚kontradiktorisch in S' definiert. Es läßt sich leicht zeigen, daß dann die verschiedenen syntaktischen Antinomien gebildet werden könnten. Daraus folgt: ist S konsistent oder wenigstens widerspruchsfrei, so kann ‚analytisch (in S)' in S nicht definiert werden. Dasselbe gilt für ‚kontradiktorisch', ‚gültig', ‚Folge'. So kann z. B. ‚analytisch in I' nicht in I definiert werden, wohl aber in II; ‚analytisch in II' kann nicht in II definiert werden, sondern nur in einer noch reicheren Sprache.

Diese Überlegungen beruhen auf Ergebnissen von Gödel [Unentscheidbare]. Ebenso der folgende Satz: Ist S (konsistent oder wenigstens) widerspruchsfrei, so kann in einer in S enthaltenen Syntax von S kein Beweis (für die Konsistenz oder) für die Widerspruchsfreiheit von S aufgestellt werden.

In einer arithmetisierten Syntax sind ‚analytisch', ‚Folge' usw. 𝔷𝔭𝔯. Das Ergebnis ist also: Für jede widerspruchsfreie Sprache S lassen sich erstens 𝔷𝔭𝔯 (einer andern Sprache), und damit auch reelle Zahlen angeben, die in S nicht definiert werden können; und zweitens Sätze von S, die in S unentscheidbar sind (z. B. solche, die in Analogie zu dem Satz 𝔊 von II gebildet sind; vgl. § 36).

Jedes arithmetische System ist also lückenhaft. Zwar kann jeder mathematische Begriff in einem geeigneten System definiert werden, und jeder mathematische Satz kann in einem geeigneten System entschieden werden. Aber es gibt kein einzelnes System, das alle mathematischen Begriffe und die Beweise aller gültigen mathematischen Sätze enthielte. Die Mathematik erfordert eine unendliche Reihe immer reicherer Sprachen.

d) Übersetzung und Deutung.

61. Übersetzung einer Sprache in eine andere.

Wir nennen $\mathfrak{Q}_1$ eine syntaktische Zuordnung zwischen den syntaktischen Gegenständen ($\mathfrak{A}$ oder $\mathfrak{K}$) einer Art und denen einer zweiten Art, wenn $\mathfrak{Q}_1$ eine mehreindeutige Beziehung ist, durch die jedem Gegenstand der ersten Art genau Einer der zweiten Art zugeordnet wird und jeder Gegenstand der zweiten Art mindestens einem der ersten. Dasjenige $\mathfrak{A}$ (oder $\mathfrak{K}$), das dem $\mathfrak{A}_1$ (bzw. $\mathfrak{K}_1$) durch $\mathfrak{Q}_1$ zugeordnet wird, wird $\mathfrak{Q}_1$-Korrelat von $\mathfrak{A}_1$ (bzw. $\mathfrak{K}_1$) genannt und mit ‚$\mathfrak{Q}_1[\mathfrak{A}_1]$' (bzw. ‚$\mathfrak{Q}_1[\mathfrak{K}_1]$') bezeichnet. Ist $\mathfrak{A}_n$ zerlegbar in die Ausdrücke $\mathfrak{A}_1$, $\mathfrak{A}_2$, .. $\mathfrak{A}_m$, so bezeichnen wir den aus $\mathfrak{Q}_1[\mathfrak{A}_1]$, $\mathfrak{Q}_1[\mathfrak{A}_2]$, .. $\mathfrak{Q}_1[\mathfrak{A}_m]$ zusammengesetzten Ausdruck mit ‚$\mathfrak{Q}_1[\mathfrak{A}_n]$'. Die Klasse, die alle und nur die $\mathfrak{Q}_1$-Korrelate der Sätze von $\mathfrak{K}_1$ enthält, bezeichnen wir mit ‚$\mathfrak{Q}_1[\mathfrak{K}_1]$'. Hiernach sind durch eine Zuordnung zwischen Ausdrücken auch die Korrelate von Sätzen bestimmt, durch eine Zuordnung zwischen Sätzen auch die Korrelate der Satzklassen. — [In einer formalisierten Syntax kann $\mathfrak{Q}_1$ z. B. ein $\mathfrak{Sg}^2$, ein $\mathfrak{Pr}^2$, ein $\mathfrak{Ag}^1$ oder ein $\mathfrak{Fu}^1$ sein.] — Wir sagen, durch $\mathfrak{Q}_1$ werde eine bestimmte syntaktische Beziehung auf eine bestimmte andere abgebildet, wenn folgendes gilt: besteht die erste Beziehung zwischen irgend zwei Gegenständen, so besteht die zweite zwischen den $\mathfrak{Q}_1$-Korrelaten dieser Gegenstände.

Eine syntaktische Zuordnung $\mathfrak{Q}_1$ zwischen allen Satzklassen (bzw. allen Sätzen, bzw. den Ausdrücken der Ausdrucksklasse $\mathfrak{K}_1$, bzw. allen Zeichen) von S_1 und denen von S_2 heißt eine *klassenweise* (bzw. *satzweise*, bzw. *ausdrucksweise*, bzw. *zeichenweise*) **Abbildung** von S_1 auf S_2, wenn durch $\mathfrak{Q}_1$ die Folgeklassenbeziehung in S_1 auf die Folgeklassenbeziehung in S_2 abgebildet wird. Für $\mathfrak{K}_1$ wird hierbei vorausgesetzt, daß jeder Satz von S_1 eindeutig zerlegbar ist in Ausdrücke von $\mathfrak{K}_1$. $\mathfrak{Q}_1$ heißt eine *Abbildung* von S_1 auf S_2, wenn $\mathfrak{Q}_1$ eine Abbildung einer der genannten Arten von S_1 auf S_2 ist. — In analoger Weise wird ‚klassenweise (bzw. ...) *L-Abbildung*' definiert, wobei gefordert wird, daß die Beziehung ‚L-Folgeklasse' abgebildet wird.

Satz 61·1. Ist $\mathfrak{Q}_1$ eine Abbildung von S_1 auf S_2, so ist $\mathfrak{Q}_1$ auch eine L-Abbildung von S_1 auf S_2.

Satz 61·2. Ist $\mathfrak{Q}_1$ eine satzweise Abbildung von S_1 auf S_2, so wird durch $\mathfrak{Q}_1$ die Folgebeziehung zwischen Sätzen in S_1 auf die Folgebeziehung zwischen Sätzen in S_2 abgebildet. Die Umkehrung gilt nicht allgemein.

Eine Abbildung von S_1 auf S_2 heißt **umkehrbar,** wenn ihre Konverse (d. h. die in umgekehrter Richtung bestehende Beziehung) eine Abbildung von S_2 auf S_1 ist; andernfalls *nicht-umkehrbar*.

Satz 61·3. $\mathfrak{Q}_1$ sei eine Abbildung von S_1 auf S_2; ist $\mathfrak{Q}_1$ umkehrbar, so ist $\mathfrak{Q}_1$ eineindeutig. Die Umkehrung gilt nicht allgemein.

Beispiel für eine *nicht-umkehrbare* satzweise Abbildung: die von *Lewis* [Logic] 178 angegebene Abbildung seines Systems der strikten Implikation (ohne Existenzpostulat) auf den gewöhnlichen Satzkalkül. Hierbei ist das Korrelat der drei Sätze des ersten Systems ‚A', ‚M (A)' und ‚∼M (∼ A)' (wobei wir ‚M' anstatt des Möglichkeitszeichens schreiben) derselbe Satz ‚A'. Die Abbildung ist also nicht eineindeutig und daher nicht umkehrbar.

Gibt es eine (klassenweise bzw. ...) Abbildung von S_1 auf S_2, so heißt S_1 (klassenweise bzw. ...) abbildbar auf S_2. Ist S_1 umkehrbar zeichenweise abbildbar auf S_2, so heißen S_1 und S_2 **isomorph** (miteinander).

Satz 61·4. Gibt es in S_2 einen gültigen Satz $\mathfrak{S}_1$ und einen widergültigen Satz $\mathfrak{S}_2$, so ist jede beliebige Sprache S_1 satzweise abbildbar auf S_2. — Man kann z. B. als Korrelat jedes widergültigen Satzes von S_1 $\mathfrak{S}_2$ nehmen, und als Korrelat jedes andern Satzes $\mathfrak{S}_1$. Satz 4 läßt erkennen, daß der Begriff der Abbildbarkeit sehr weit ist; enger ist der Begriff der umkehrbaren Abbildbarkeit, noch enger der der Isomorphie.

Satz 61·5. S_1 und S_2 seien isomorph auf Grund von $\mathfrak{Q}_1$; ist $\mathfrak{a}_1$ ein $\mathfrak{vk}^n$ in S_1 mit einer Charakteristik, so ist $\mathfrak{Q}_1[\mathfrak{a}_1]$ ein $\mathfrak{vk}^n$ in S_2 mit derselben Charakteristik. — Ist z. B. $\mathfrak{a}_1$ ein eigentliches Negationszeichen (bzw. Disjunktionszeichen, ..), so auch $\mathfrak{Q}_1[\mathfrak{a}_1]$.

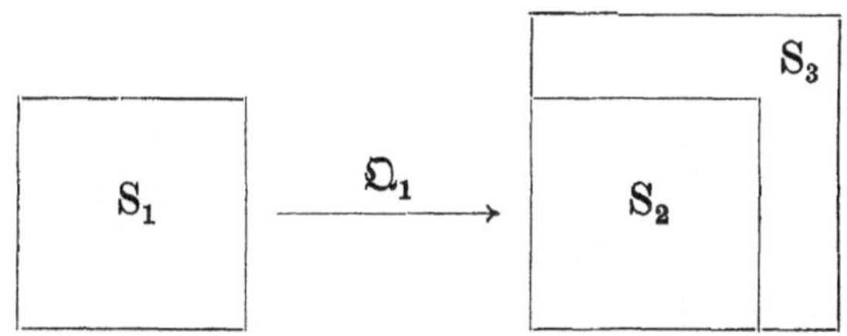

$\mathfrak{Q}_1$ sei eine (klassenweise bzw. ...) Abbildung von S_1 auf S_2; S_2 sei Teilsprache von S_3 (siehe Figur). Dann heißt $\mathfrak{Q}_1$ eine (klassenweise bzw. ...) **Übersetzung** von S_1 in S_3; S_1 heißt (klassenweise bzw. ...) übersetzbar in S_3. Die folgende Tabelle gibt für einige syntaktischen Eigenschaften und Beziehungen von $\mathfrak{K}$ oder $\mathfrak{S}$ (Rubrik 1, A) und für einige Eigenschaften von Sprachen (Rubrik 1, B) an, unter welchen (hinreichenden, aber nicht notwendigen) Bedingungen sie von einer der drei Sprachen, die in dem angegebenen Verhältnis zueinander stehen, auf eine andere übertragen werden: in Richtung der Abbildung (d. h. von $\mathfrak{K}_1$ auf $\mathfrak{Q}_1[\mathfrak{K}_1]$) (Rubrik 2), und umgekehrt (6), von der Teilsprache auf die ganze (3) und umgekehrt (5), in Richtung der Übersetzung (4) und umgekehrt (7).

(1)	(2)	(3)	(4)	(5)	(6)	(7)
	Die in Rubrik (1) stehende Eigenschaft oder Beziehung wird unter folgenden Bedingungen übertragen:					
	von S_1 auf S_2 (mit der Abbildung)	von S_2 auf S_3 (von der Teilsprache)	von S_1 auf S_3 (mit der Übersetzung)	von S_3 auf S_2 (auf die Teilsprache)	von S_2 auf S_1 (gegen die Abbildung)	von S_3 auf S_1 (gegen die Übersetzung)
A. Eigenschaften und Beziehungen von Satzklassen (oder Sätzen).						
Folgeklasse; Folge; gehaltgleich; gültig	allg. [L]	allg. [—]	allg. [—]	f [f]	U [U, L]	U, f [U, L, f]
widergültig; determiniert; unverträglich; abhängig	allg. [L]	r [—]	r [—]	f [f]	U [U, L]	U, f [U, L, f]
indeterminiert; verträglich; unabhängig	U [U, L]	f [f]	U, f [U, L, f]	r [—]	allg. [L]	r [—]
vollständig	allg. [L]	— [—]	— [—]	f [f]	U [U, L]	U, f [U, L, f]
unvollständig	U [U, L]	f [f]	U, f [U, L, f]	— [—]	allg. [L]	— [—]
B. Eigenschaften von Sprachen.						
inkonsistent	allg. [L]	r [—]	r [—]	f [f]	U [U, L]	U, f [U, L, f]
konsistent	U [U, L]	f [f]	U, f [U, L, f]	r [—]	allg. [L]	r [—]
vollständig (L-vollständig; determiniert; L-determiniert; logisch)	allg.	—	—	f	U	U, f
unvollständig (L-unvollständig; indeterminiert; L-indeterminiert; deskriptiv)	U	f	U, f	—	allg.	—

Abkürzungen für die Bedingungen.

L: falls $\mathfrak{Q}_1$ eine *L-Abbildung* ist;
U: falls $\mathfrak{Q}_1$ eine *umkehrbare* Abbildung ist;
f: falls S_2 eine *folgeerhaltende* Teilsprache von S_3 ist (vgl. S. 132);
r: falls S_2 eine *genügend reiche* Teilsprache von S_3 ist, nämlich eine solche, die ein in S_3 widergültiges $\mathfrak{K}$ enthält oder alle Sätze von S_3 enthält.

Die in der Tabelle in *eckigen Klammern* angegebenen Bedingungen beziehen sich auf den L-Begriff, der dem in Rubrik (1) stehenden Begriff entspricht.

Beispiele. Ist $\mathfrak{K}_1$ in S_1 gültig, so auch in S_3. — Ist $\mathfrak{K}_1$ in S_2 analytisch, so auch in S_1, falls $\mathfrak{Q}_1$ eine umkehrbare L-Abbildung ist. — Ist S_3 inkonsistent, so auch S_2, falls S_2 eine folgeerhaltende Teilsprache von S_3 ist.

Da jede Abbildung auch eine Übersetzung ist (nämlich in eine unechte Teilsprache), so können die folgenden Sätze und Definitionen auch auf Abbildungen bezogen werden.

Satz 61·6. Ist S_1 zeichenweise übersetzbar in S_2, so auch ausdrucksweise; wenn ausdrucksweise, so auch satzweise, und umgekehrt; wenn satzweise, so auch klassenweise.

$\mathfrak{Q}_1$ und $\mathfrak{Q}_2$ seien Übersetzungen von S_1 in S_2. Wir sagen, $\mathfrak{Q}_1$ und $\mathfrak{Q}_2$ *stimmen gehaltmäßig überein*, wenn für jedes $\mathfrak{K}_1$ in S_1 $\mathfrak{Q}_1[\mathfrak{K}_1]$ und $\mathfrak{Q}_2[\mathfrak{K}_1]$ in S_2 gehaltgleich sind.

S_1 und S_2 seien Teilsprachen von S_3; $\mathfrak{Q}_1$ sei eine Übersetzung von S_1 in S_2. Sind hierbei $\mathfrak{K}_1$ und $\mathfrak{Q}_1[\mathfrak{K}_1]$ stets gehaltgleich in S_3, so nennen wir $\mathfrak{Q}_1$ eine in bezug auf S_3 **gehalttreue** *Übersetzung*. Analog wird ‚L-gehalttreu' durch Bezug auf ‚L-gehaltgleich' definiert. Ist ferner $\mathfrak{Q}_1$ eine zeichen- oder ausdrucksweise Übersetzung derart, daß $\mathfrak{A}_1$ und $\mathfrak{Q}_1[\mathfrak{A}_1]$ stets synonym in S_3 sind, so nennen wir $\mathfrak{Q}_1$ eine in bezug auf S_3 **synonyme** *Übersetzung*. Eine synonyme Übersetzung ist auch gehalttreu.

Satz 61·7. Ist S_1 eine folgeerhaltende Teilsprache von S_2, so bildet die Zeichengleichheit eine synonyme Übersetzung von S_1 in S_2 in bezug auf S_2.

Beispiele. I′ sei die aus I durch Ausschaltung der Variablen gebildete Teilsprache. Dann ist I′ durch die Zeichengleichheit synonym übersetzbar in I. Anderseits ist I in I′ klassenweise übersetzbar, obwohl I′ eine echte Teilsprache von I ist. Ist z. B. $\mathfrak{S}_1$ ein offener Satz von I mit genau Einer freien Variablen $\mathfrak{z}_1$, so wird man als Korrelat von $\{\mathfrak{S}_1\}$ die Klasse der Sätze von der Form $\mathfrak{S}_1\left(\frac{\mathfrak{z}_1}{\mathfrak{St}}\right)$

nehmen. Diese Übersetzung ist gehalttreu in bezug auf I. Es gibt keine gehalttreue satzweise Übersetzung von I in I'; dieses Beispiel zeigt somit die *Wichtigkeit* des Begriffs der *klassenweisen Übersetzung*.

S_1 sei der *intuitionistische Satzkalkül* von *Heyting* [Logik]; S_3 sei der übliche Satzkalkül (z. B. von II). Die übliche Übersetzung $\mathfrak{Q}_1$ von S_1 in S_3 (d. h. diejenige, bei der das Negationszeichen $\mathfrak{Q}_1$-Korrelat des Negationszeichens, das Disjunktionszeichen $\mathfrak{Q}_1$-Korrelat des Disjunktionszeichens ist usw.) ist eine Abbildung von S_1 auf eine echte Teilsprache S_2 von S_3. Diese Abbildung ist eine zeichenweise (wenn wir in S_1 und S_3 alle Klammern schreiben wie in II). S_2 ist eine *echte* Teilsprache von S_3, da z. B. ‚$p \vee \sim p$' in S_2 nicht gültig ist. Trotzdem ist auch umgekehrt S_3 übersetzbar in S_1. $\mathfrak{Q}_2$ sei die Konverse von $\mathfrak{Q}_1$; $\mathfrak{Q}_3[\mathfrak{S}_1]$ sei $\sim\ \sim \mathfrak{Q}_2[\mathfrak{S}_1]$ (hat $\mathfrak{S}_1$ die Form $\sim \mathfrak{S}_2$, so kann man als $\mathfrak{Q}_3[\mathfrak{S}_1]$ auch $\mathfrak{S}_1$ selbst nehmen). Dann ist $\mathfrak{Q}_3$ eine satzweise Übersetzung von S_3 und S_1. [Diese Übersetzung stammt von *Glivenko*; in Anknüpfung an sie gibt *Gödel* [Koll. 4] 34 eine andere Übersetzung.]

Zum Begriff der *Übersetzung* vgl. auch *Ajdukiewicz*.

62. Die Deutung einer Sprache.

Wenn jemand die formalen Bestimmungen in bezug auf eine Sprache, z. B. die Sprache II oder die lateinische Sprache, kennt, so kann er zwar syntaktische Fragen in bezug auf diese Sprache beantworten, z. B. ob ein vorgelegter Satz gültig, widergültig, deskriptiv, ein Existenzsatz ist od. dgl., aber er kann die Sprache nicht als Mitteilungssprache verwenden; es fehlt ihm die *Deutung* der Sprache. Es gibt zwei Wege, um einen Menschen dahin zu bringen, daß er eine bestimmte Sprache als Mitteilungssprache anwenden kann: das rein praktische Verfahren, das bei kleinen Kindern und in der Berlitz School verwendet wird, und das Verfahren durch theoretische Angaben, wie es z. B. in einem Lehrbuch ohne Illustrationen angewendet wird. Unter einer *Deutung* wollen wir hier stets das zweite Verfahren, also ausdrückliche Angaben verstehen. Welche Form werden solche deutenden Angaben haben? Wenn wir z. B. in deutscher Sprache angeben wollen, was ein bestimmter lateinischer Satz besagt, so werden wir das dadurch tun, daß wir ihn als gleichbedeutend mit einem andern Satz hinstellen; dabei wird dieser zweite Satz häufig ebenfalls der lateinischen Sprache angehören (z. B. wenn wir eine neue Vokabel durch eine synonyme alte erläutern); meist wird es ein Satz der deutschen Sprache sein; es kann aber auch ein Satz einer beliebigen andern, etwa der französischen Sprache, sein. Die Deutung der Ausdrücke einer Sprache S_1 wird somit angegeben durch eine Übersetzung in eine Sprache S_2, wobei die Angabe der Übersetzung in einer Syntaxsprache S_3 geschieht; dabei können zwei dieser Sprachen oder auch alle drei zusammenfallen. Unter Umständen stellt man dabei an die Übersetzung noch besondere Forderungen, z. B. daß sie auf einer umkehrbaren Abbildung beruhen soll, oder daß sie in bezug auf eine bestimmte Sprache gehalttreu sein soll od. dgl.

Die Deutung einer Sprache ist eine Übersetzung und daher etwas formal Erfaßbares; die Aufstellung und Untersuchung von Deutungen gehört zur formalen Syntax. Das gilt auch noch, wenn man etwa von einer Deutung der französischen Sprache in deutscher Sprache fordert, daß sie nicht nur irgendeine satzweise Abbildung sein soll, sondern, wie man zu sagen pflegt, den Sinn der französischen Sätze wiedergeben soll. Wir haben früher schon in bezug auf eine einzelne Sprache, etwa die deutsche, folgendes überlegt: die Syntax der deutschen Sprache aufstellen, heißt einen Kalkül aufstellen, der die Forderung erfüllt, daß er in Einklang steht mit den historisch vorliegenden Sprechgewohnheiten der Deutsch-Sprechenden. Dabei geschieht die Aufstellung des Kalküls vollständig innerhalb des Gebietes der formalen Syntax, obwohl die Feststellung, ob der Kalkül die angegebene Forderung erfüllt, keine logische, sondern eine historische, empirische Feststellung ist, die außerhalb der reinen Syntax liegt. Analoges gilt nun für die Beziehung zwischen zwei Sprachen, die wir als Übersetzung oder Deutung bezeichnen. Von einer Übersetzung der französischen in die deutsche Sprache pflegt man zu fordern, daß sie sinngemäß ist; d. h. nichts anderes als: die Übersetzung soll in Einklang stehen mit den historisch bekannten Sprechgewohnheiten der Französisch-Sprechenden und der Deutsch-Sprechenden. Die Aufstellung jeder Übersetzung, also auch einer sogenannten sinngemäßen Übersetzung, geschieht innerhalb des Bereiches der formalen Syntax, obwohl die Feststellung, ob eine vorgelegte Übersetzung die angegebene Forderung erfüllt und daher als sinngemäß anzuerkennen ist oder nicht, eine historische, außer-syntaktische Feststellung ist. Man kann dabei so vorgehen, daß die außer-syntaktische Forderung hier von derselben Art ist wie im ersten Fall, nämlich die Übereinstimmung eines syntaktisch angegebenen Kalküls mit einer bestimmten historisch gegebenen Sprache betrifft. Man fordert etwa zunächst, daß die französische Sprache durch den Kalkül S_1 und die deutsche durch S_2 dargestellt werde; ferner aber, daß die aus der deutschen und der französischen Sprache als Teilsprachen bestehende Sprache durch den Kalkül S_3 dargestellt werde, von dem S_1 und S_2 Teilsprachen sind. Dann ist eine syntaktisch gegebene Übersetzung $\mathfrak{Q}_1$ von S_1 in S_2 sinngemäß, wenn sie gehalttreu in bezug auf S_3 ist. Unter Umständen wird man auch noch fordern, daß $\mathfrak{Q}_1$ eine in bezug auf S_3 synonyme ausdrucksweise Übersetzung ist.

Zuweilen gibt man die Deutung einer Sprache S_1 in bezug auf eine schon vorhandene Sprache S_2 dadurch an, daß man aus S_2 durch Einfügung einer mit S_1 isomorphen oder sogar gestaltgleichen Teilsprache eine erweiterte Sprache S_3 herstellt. Besonders bei der Deutung eines symbolischen, z. B. mathematischen Kalküls auf Grund einer vorhandenen Wissenschaftssprache geschieht die Deutung häufig in dieser Weise.

Beispiele. Ist etwa das System der *Vektorrechnung* zunächst als ungedeuteter mathematischer Kalkül aufgestellt, so kann die Deutung so vorgenommen werden, daß man die frühere Sprache der Physik durch Eingliederung der Vektorrechnung erweitert. Dadurch, daß die Vektorsymbole in der neuen Sprache in Verbindung mit den übrigen Sprachzeichen verwendet werden, haben sie eine Bedeutung innerhalb der physikalischen Sprache gewonnen. Ebenso kann etwa ein Axiomensystem der Geometrie zunächst als isolierter Kalkül gegeben sein; die verschiedenen möglichen Deutungen können dargestellt werden als verschiedene Übersetzungen in die Sprache der Physik; wird dabei die Terminologie der Geometrie beibehalten, so handelt es sich um eine Übersetzung in eine gestaltgleiche Teilsprache einer neuen Sprache, die aus der alten Sprache der Physik durch Eingliederung der Geometrie hergestellt ist.

Um eine bestimmte Deutung der Sprache S_1, d. h. eine bestimmte Übersetzung von S_1 in S_2 festzulegen, müssen nicht etwa die Korrelate aller Zeichen oder aller Sätze von S_1 angegeben werden. *Es genügt die Angabe der Korrelate gewisser Ausdrücke*, in manchen Fällen z. B. die der Korrelate gewisser deskriptiver Sätze von einfacher Form, in denen nicht einmal alle undefinierten Zeichen von S_1 vorzukommen brauchen. Damit ist dann, in Verbindung mit den Umformungsbestimmungen von S_1, die ganze Übersetzung eindeutig festgelegt; genauer: je zwei Übersetzungen, die jene Korrelate gemein haben, stimmen gehaltmäßig überein. Es ist bei der Aufstellung einer symbolischen Sprache, besonders in der Logistik, üblich, eine Deutung durch Texterläuterungen, also durch eine Übersetzung in die gewöhnliche Wortsprache zu geben. Dabei pflegt man im allgemeinen weit mehr Korrelate als notwendig anzugeben. Das ist sicherlich zur Erleichterung des Verständnisses zweckmäßig; auch wir sind z. B. bei der Einführung der Sprache I so vorgegangen. Es ist aber wichtig, daß man sich klarmacht, daß derartige deutende Angaben im allgemeinen eine Überbestimmung enthalten.

Beispiele. 1. Die **deskriptive Sprache** II enthalte als undefinierte $\mathfrak{a}_\mathfrak{b}$ etwa k $\mathfrak{pr}^1$ ‚P_1', ... ‚P_k'. Dann würden z. B. folgende Angaben für eine vollständige Deutung der Sprache II genügen: 1. ‚0' soll die Anfangsstelle, ein $\mathfrak{St}$ ‚$0^{||\cdots}$' mit m Strichen soll die $(m+1)$-te Stelle der und der Stellenreihe bezeichnen. 2. ‚P_1' soll gleichbedeutend sein mit ‚rot', ... ‚P_k' mit ‚blau'. 3. Ein atomarer deskriptiver Satz von der Form $\mathfrak{pr}_1(\mathfrak{St}_1)$, wo $\mathfrak{pr}_1$ ein undefiniertes $\mathfrak{pr}_\mathfrak{b}$ ist, soll besagen, daß die durch $\mathfrak{St}_1$ bezeichnete Stelle die durch $\mathfrak{pr}_1$ bezeichnete Eigenschaft hat. In den Sätzen, für die die Übersetzung hiermit bestimmt ist, kommen überhaupt keine definierten Zeichen vor, ferner keine Variablen ($\mathfrak{p}$, $\mathfrak{f}$, $\mathfrak{z}$, $\mathfrak{f}$), daher auch keine Operatoren; auch die undefinierten logischen Konstanten ‚=', ‚$\exists$', ‚K', ‚$\sim$', ‚$\vee$', ‚.', ‚$\supset$' kommen nicht vor. Trotzdem ist durch jene Angaben auch die Deutung aller übrigen Sätze von II bestimmt; d. h. man hat für das Korrelat irgendeines andern Satzes von II nur die Wahl zwischen gehaltgleichen Sätzen derjenigen Teilsprache der deutschen Sprache, auf die die Sprache II umkehrbar abgebildet wird. So muß z. B. ‚$P_1(0) \vee P_1(0')$' übersetzt werden in ‚die erste oder die zweite Stelle oder beide sind rot' (oder in einen hiermit gehaltgleichen Satz); ferner z. B. ‚$(x)(P_1(x))$' in ‚alle Stellen sind rot'; denn aus den Umformungsbestimmungen für Sprache II ergibt sich, daß ‚$\vee$' ein eigentliches Disjunktionszeichen und ‚(x)' ein eigentlicher Alloperator ist.

2. $\mathrm{II}_\mathfrak{l}$ sei die **logische** Teilsprache von II. $\mathrm{II}_\mathfrak{l}$ soll gedeutet werden durch eine ausdrucksweise Übersetzung in eine geeignete andere Sprache; dabei soll es für jedes $\mathfrak{pr}$ und jedes $\mathfrak{fu}$ ein Korrelat geben. [Diese Forderung wird aufgestellt, damit $\mathfrak{Q}_1$ eine Übersetzung im üblichen Sinne ist; wird diese Forderung nicht erhoben, so kann z. B. die triviale Übersetzung genommen werden, bei der das Korrelat jedes analytischen Satzes ‚$0 = 0$' und das Korrelat jedes kontradiktorischen Satzes ‚$\sim(0 = 0)$' ist.] Wir geben nur die Korrelate zweier Zeichen an: ‚0' soll in ‚0' übersetzt werden, ‚$'$' in ‚$+ 1$'. Damit ist die Deutung der ganzen Sprache $\mathrm{II}_\mathfrak{l}$, die die klassische Mathematik enthält, festgelegt.

Vom Gesichtspunkt der Deutung aus gesehen, ist es charakteristisch für die *undefinierten deskriptiven Zeichen*, daß ihre *Deutung* auch nach Deutung der übrigen Zeichen noch innerhalb eines weiten Bereiches *willkürlich* ist (gemeint ist: willkürlich bei bloßer Berücksichtigung der Syntax der isolierten Sprache; die Wahl kann dann durch weitere Forderungen eingeschränkt werden). So ist z. B. durch die Umformungsbestimmungen von Sprache II und die Deutung der übrigen Zeichen nicht festgelegt, ob ‚P_1‘ etwa durch ‚rot‘ oder durch ‚grün‘ oder durch die Bezeichnung irgendeiner sonstigen Stelleneigenschaft gedeutet werden soll. Bei den meisten symbolischen Sprachen gehören zu den deskriptiven Ausdrücken im Sinn der allgemeinen Syntax auch solche Ausdrücke, die von den Autoren als logische Ausdrücke gedeutet werden. Die meisten der üblichen Systeme werden von ihren Verfassern als logische Sprachen gedeutet; da aber gewöhnlich nur a-Bestimmungen aufgestellt sind, so sind diese Sprachen meist indeterminiert und daher deskriptiv. Infolgedessen bleiben für gewisse Ausdrücke dieser Sprachen, auch wenn die übrigen Ausdrücke nach den Angaben der Verfasser gedeutet werden, noch Deutungsmöglichkeiten offen, die sich wesentlich voneinander unterscheiden.

Beispiel. Der *Alloperator* mit einer *Zahlvariablen* $\mathfrak{z}$ ist zwar in I und II ein eigentlicher, dagegen in den üblichen Sprachen, z. B. in [Princ. Math.], ein uneigentlicher (vgl. S. 150), weil diese Sprachen nur a-Bestimmungen enthalten. Es gibt daher in den üblichen Sprachen Sätze, die indeterminiert sind und daher von uns als deskriptiv bezeichnet werden, obwohl sie von den Verfassern als logische Sätze gedeutet werden. Um im Rahmen unserer Symbolik zu bleiben, wollen wir die Betrachtung anstatt auf ein früheres System auf diejenige Sprache II_a richten, die aus II durch Beschränkung auf die a-Bestimmungen entsteht (die aber alle früher in I aufgestellten Definitionen enthalten soll). Der in II analytische, aber unentscheidbare Satz $\mathfrak{G}$ (§ 36) ist dann in II_a indeterminiert. *Der Alloperator* $(\mathfrak{z})$ *ist in* [Princ. Math.] *und in* II_a *nicht logisch, sondern deskriptiv.* Damit ist nichts gegen die übliche Übersetzung gesagt, bei der das Korrelat von $\mathfrak{G}$ ein $\mathfrak{S}_{\mathrm{I}}$ (z. B. der gleichlautende Satz $\mathfrak{G}$ von II) und das Korrelat von $(\mathfrak{z})$ ein $\mathfrak{A}_{\mathrm{I}}$ (z. B. ein eigentlicher Alloperator von II) ist. Daß $\mathfrak{G}$ und $(\mathfrak{z})$ deskriptiv sind, besagt nur, daß außer dieser üblichen Übersetzung noch andere möglich sind, darunter auch solche, bei denen die Korrelate von $\mathfrak{G}$ und $(\mathfrak{z})$ deskriptiv sind. Für All- und Existenzoperatoren soll das an einem Beispiel gezeigt werden. Die ${}^1\mathfrak{pr}^1$ $\mathfrak{pr}_1$ und $\mathfrak{pr}_2$ seien die einzigen undefinierten deskriptiven Zeichen von II_a und II. Wir wollen II_a deuten durch zwei verschiedene Übersetzungen $\mathfrak{Q}_1$ und $\mathfrak{Q}_2$ in II. Wir bestimmen für $\mathfrak{Q}_1$ und $\mathfrak{Q}_2$ zunächst, daß die Korrelate aller Satzverknüpfungen diese selbst sein sollen; ferner sollen die Korrelate aller atomaren Sätze diese Sätze selbst sein; dann sind auch die Korrelate aller molekularen Sätze diese selbst. Wir wollen nun zeigen, daß hierbei $\mathfrak{Q}_1$ und $\mathfrak{Q}_2$ doch noch wesentlich verschieden sein können, d. h. daß sie nicht gehaltmäßig übereinstimmen müssen. Das $\mathfrak{Q}_1$-Korrelat jedes Satzes sei dieser selbst; das ist die übliche Deutung; bei ihr wird der uneigentliche Alloperator $(\mathfrak{z}_1)$ von II_a durch einen eigentlichen Alloperator von II gedeutet. $\mathfrak{S}_1$ sei $(\mathfrak{z}_1)(\mathfrak{pr}_1(\mathfrak{z}_1))$; $\mathfrak{Q}_2[\mathfrak{S}_1]$ sei $(\mathfrak{z}_1)(\mathfrak{pr}_1(\mathfrak{z}_1)) \, . \, \mathfrak{pr}_2(5)$. Dieser Satz ist (in II) offenbar gehaltstärker als $\mathfrak{Q}_1[\mathfrak{S}_1]$, nämlich $\mathfrak{S}_1$ selbst. $\mathfrak{S}_2$ sei $(\exists\,\mathfrak{z}_1)(\mathfrak{pr}_1(\mathfrak{z}_1))$; $\mathfrak{Q}_2[\mathfrak{S}_2]$ sei $(\exists\,\mathfrak{z}_1)(\mathfrak{pr}_1(\mathfrak{z}_1)) \vee \mathfrak{pr}_2(5)$; dieser Satz ist (in II) offenbar gehaltschwächer als $\mathfrak{Q}_1[\mathfrak{S}_2]$, nämlich $\mathfrak{S}_2$ selbst. Man überzeugt sich leicht, daß $\mathfrak{Q}_2$ wirklich eine Übersetzung ist (wenn auch keine in bezug auf II gehalttreue), d. h. daß durch $\mathfrak{Q}_2$ die Folgeklassen- und die Folgebeziehung in II_a auf die entsprechenden Beziehungen in II abgebildet werden. $\mathfrak{S}_3$ sei z. B. $\mathfrak{pr}_1(\mathfrak{St}_1)$; dann ist $\mathfrak{S}_3$ Folge von $\mathfrak{S}_1$, und $\mathfrak{S}_2$ Folge von $\mathfrak{S}_3$; entsprechend ist $\mathfrak{Q}_2[\mathfrak{S}_3]$, nämlich $\mathfrak{S}_3$, Folge von dem vorhin angegebenen $\mathfrak{Q}_2[\mathfrak{S}_1]$; und das angegebene $\mathfrak{Q}_2[\mathfrak{S}_2]$ ist Folge von $\mathfrak{Q}_2[\mathfrak{S}_3]$, nämlich $\mathfrak{S}_3$. Daß außer der üblichen Deutung auch noch die wesentlich abweichende Deutung $\mathfrak{Q}_2$, die den Alloperator und den Existenzoperator deskriptiv deutet, möglich ist, liegt daran, daß durch die Umformungsbestimmungen von II_a nur festgesetzt ist, daß jeder Satz der Form $\mathfrak{pr}_1(\mathfrak{St})$ Folge von $(\mathfrak{z}_1)(\mathfrak{pr}_1(\mathfrak{z}_1))$ ist, aber nicht festgesetzt ist, ob dieser Allsatz gehaltgleich (wie bei der üblichen Deutung $\mathfrak{Q}_1$) oder gehaltstärker (wie bei $\mathfrak{Q}_2$) sein soll als die Klasse der Sätze von der Form $\mathfrak{pr}_1(\mathfrak{St})$.

Andere Beispiele deskriptiver Zeichen, die von den Autoren als logische gedeutet werden, sind die *intensionalen Satzverknüpfungen* bei *Lewis* u. a. (Es gibt aber auch logische intensionale Satzverknüpfungen.)

S sei eine deskriptive Sprache, für die man in der üblichen Weise in Textworten eine Deutung gegeben habe. Bei der Beurteilung dieser Deutung müssen wir dann (wie das soeben betrachtete Beispiel lehrt) unterscheiden zwischen den Deutungen durch deskriptive und denen durch logische Ausdrücke. 1. Die Deutungen durch deskriptive Ausdrücke geben im allgemeinen etwas Neues, das durch die Aufstellung des Kalküls noch nicht gegeben ist; sie sind (in gewissem Umfang) zur Festlegung einer Deutung erforderlich. 2. Der Ausdruck $\mathfrak{A}_1$ des Kalküls werde durch einen logischen Ausdruck der Wortsprache gedeutet. Hier sind zwei Fälle zu unterscheiden: 2a) $\mathfrak{A}_1$ ist ein logischer Ausdruck (im

Sinne der allgemeinen Syntax); dann ist jene Deutung unter Umständen durch die übrigen Deutungen schon mitgegeben; in diesem Falle dient sie nur als Erläuterung, die systematisch nicht erforderlich ist, aber das Verständnis erleichtert. 2b) $\mathfrak{A}_1$ ist ein deskriptiver Ausdruck (im Sinne der allgemeinen Syntax) (z. B. der Alloperator in II_a); dann kann man die Deutung von $\mathfrak{A}_1$ durch einen bestimmten logischen Ausdruck, die in Textworten gegeben ist, ersetzen durch Aufstellung geeigneter f-Bestimmungen für S, durch die $\mathfrak{A}_1$ zu einem $\mathfrak{A}_l$ der gemeinten Art wird. [Im Beispiel: man ergänze II_a durch indefinite f-Bestimmungen zu II; dann wird ($\mathfrak{z}$), in Übereinstimmung mit der beabsichtigten Deutung, zu einem eigentlichen Alloperator.] —

Die allgemeine Syntax verfährt nach formaler Methode, d. h. sie berücksichtigt bei der Untersuchung der Ausdrücke einer Sprache nur Reihenfolge und (syntaktische) Art der Zeichen eines Ausdruckes. Wir haben früher gesehen, daß diese formale Methode auch solche Begriffe erfassen kann, die man zuweilen als nichtformal ansieht und als Sinnbegriffe (oder Begriffe einer Sinnlogik) bezeichnet, wie z. B. Folgebeziehung, Gehalt, Gehaltbeziehungen. Zum Schluß haben wir festgestellt, daß auch die Fragen, die sich auf die Deutung einer Sprache beziehen und die damit das Gegenteil einer formalen Untersuchung zu sein scheinen, innerhalb der Syntax ihre Behandlung finden können. So erkennen wir, daß alle Fragen der Logik (dieses Wort in einem sehr weiten Sinn genommen, jedoch unter Ausschluß alles Empirischen und damit alles Psychologischen) zur Syntax gehören. *Logik ist, sobald sie exakt formuliert wird, nichts anderes als Syntax bestimmter oder unbestimmter Sprachen.*

e) Extensionalität.

63. Quasi-syntaktische Sätze.

Wir wollen hier einige Begriffe einführen, die für die Erörterung des Extensionalitätsproblems, für die Modalitätslogik und später für die Analyse der philosophischen Sätze erforderlich sind. Wir erläutern die einzuführenden Begriffe zunächst in ungenauer Weise durch inhaltliche Betrachtung. B sei ein Bereich bestimmter Objekte, deren Eigenschaften in der Objektsprache S_1 beschrieben sein mögen. Angenommen, es gebe nun eine auf B bezogene Objekteigenschaft E_1 und eine auf S_1 bezogene syntaktische Eigenschaft E_2 von Ausdrücken derart, daß stets und nur dann, wenn E_1 einem Objekt zukommt, E_2 dem Ausdruck zukommt, der das Objekt bezeichnet. Wir wollen dann E_2 die dem E_1 zugeordnete syntaktische Eigenschaft nennen. E_1 ist dann eine gewissermaßen als Objekteigenschaft verkleidete Eigenschaft, die ihrer Bedeutung nach syntaktischen Charakter hat; wir nennen sie deshalb eine quasisyntaktische Eigenschaft (oder auch eine Pseudo-Objekteigenschaft). Einen Satz, der einem Objekt a die Eigenschaft E_1 zuschreibt, nennen wir einen quasisyntaktischen Satz; ein solcher ist übersetzbar in den (echt-) syntaktischen Satz, der einer Bezeichnung für a die Eigenschaft E_2 zuschreibt.

Beispiele. 1. Irreflexivität. S_1 sei eine deskriptive L-Sprache (wie I und II) mit etwa der Symbolik von II, aber als Namensprache. S_1 handle von den Eigenschaften und Beziehungen der Personen des Bezirkes B (an einem bestimmten Tag). ‚Ras (a, b)' besage: ‚a rasiert b' (an dem betr. Tag). Wir definieren das ${}^2\mathfrak{pr}^1$ ‚Irr': ‚Irr $(F) \equiv (x)\,(\sim F\,(x, x))$', in Worten: ‚eine Beziehung P heißt irreflexiv, wenn kein Gegenstand diese Beziehung zu sich selbst hat'. ‚Irr (Ras)' ist somit gehaltgleich mit ‚$(x)\,(\sim$ Ras $(x, x))$' ($\mathfrak{S}_1$). $\mathfrak{S}_1$ besagt, daß in B an dem betr. Tag niemand sich selbst rasiert; ob das der Fall ist oder nicht, ist aus den Umformungsbestimmungen von S_1 nicht zu entnehmen; $\mathfrak{S}_1$ ist synthetisch. S_1 enthalte ferner das ${}^2\mathfrak{pr}^1$ ‚LIrr'; ‚LIrr (P)', in Worten: ‚P ist L-irreflexiv (oder logisch-irreflexiv)', soll besagen, daß P logisch-notwendig irreflexiv ist, d. h. ‚LIrr' soll so definiert sein, daß ‚LIrr (P)' dann und nur dann analytisch ist, wenn ‚$(x)\,(\sim$ P $(x, x))$' analytisch ist, andernfalls aber kontradiktorisch. Dann ist ‚LIrr (Ras)' kontradiktorisch, da $\mathfrak{S}_1$ nicht analytisch, sondern synthetisch ist. ‚Bru' sei so definiert, daß ‚Bru (a, b)' besagt: „a ist Bruder von b". Dann ist ‚Irr (Bru)' analytisch, und daher auch ‚LIrr (Bru)' analytisch. ‚Irr' und ‚LIrr' sind $\mathfrak{pr}$ von S_1; die Syntaxsprache S_2 von S_1 sei eine Wortsprache; in ihr wollen wir jetzt ein $\mathfrak{pr}$ ‚L-irreflexiv' definieren: ein $\mathfrak{pr}^2$ $\mathfrak{pr}_1$ von S_1 soll L-irreflexiv heißen, wenn $(\mathfrak{v}_1)\,(\sim \mathfrak{pr}_1\,(\mathfrak{v}_1, \mathfrak{v}_1))$ analytisch ist. Hiernach ist ‚Ras' nicht L-irreflexiv, wohl aber ‚Bru'. In einer Sprache, die S_1 und S_2 als Teilsprachen enthält, ist für ein beliebiges $\mathfrak{pr}$ ‚P' der Satz ‚LIrr (P)' stets gehaltgleich mit dem syntaktischen Satz ‚‚P' ist L-irreflexiv'. ‚L-irreflexiv' ist das dem $\mathfrak{pr}$ ‚LIrr' zugeordnete syntaktische $\mathfrak{pr}$. ‚LIrr' ist ein quasi-syntaktisches $\mathfrak{pr}$ von S_1, ‚Irr' dagegen nicht. ‚LIrr (Bru)' ist ein quasi-syntaktischer Satz von S_1; der zugeordnete syntaktische Satz von S_2 ist ‚‚Bru' ist L-irreflexiv'; beide Sätze sind analytisch. Ebenso verhält es sich mit ‚$\sim$ LIrr (Ras)' und ‚‚Ras' ist nicht L-irreflexiv'. Dagegen gibt es zu den synthetischen Sätzen ‚Irr (Ras)‘ und ‚∼ Irr (Ras)‘ keine zugeordneten syntaktischen Sätze; diese Sätze sind daher nicht quasi-syntaktisch.

2. Implikation. In der deskriptiven L-Sprache S_1 wollen wir anstatt ‚A ⊃ B‘ schreiben: ‚Imp (A, B)‘. Ferner werde in S_1 ein 𝔭𝔯 ‚LImp‘ derart (durch Definition oder Grundsätze) eingeführt, daß für beliebige geschlossene Sätze ‚A‘ und ‚B‘ ‚LImp (A, B)‘ dann und nur dann analytisch ist, wenn ‚Imp (A, B)‘ analytisch ist; andernfalls kontradiktorisch. ‚A_1‘ und ‚B_1‘ seien zwei geschlossene Sätze derart, daß ‚B_1‘ nicht Folge von ‚A_1‘ ist. Dann ist ‚Imp (A_1, B_1)‘ synthetisch, also ‚LImp (A_1, B_1)‘ kontradiktorisch. ‚A_2‘ und ‚B_2‘ seien geschlossene Sätze, ‚B_2‘ sei Folge von ‚A_2‘. Dann ist ‚Imp (A_2, B_2)‘ analytisch, also ist auch ‚LImp (A_2, B_2)‘ analytisch. Die Syntaxsprache S_2 für S_1 sei die gewöhnliche Wortsprache. In einer Sprache, die S_1 und S_2 als Teilsprachen enthält, ist dann für beliebige geschlossene Sätze ‚A‘ und ‚B‘ ‚LImp (A, B)‘ stets gehaltgleich mit dem syntaktischen Satz ‚‚B‘ ist Folge von ‚A‘‘. ‚LImp‘ ist also ein quasi-syntaktisches 𝔭𝔯 von S_1, dem das syntaktische 𝔭𝔯 ‚Folge‘ zugeordnet ist. Dagegen ist ‚Imp‘ nicht quasi-syntaktisch. Dem quasi-syntaktischen Satz ‚LImp (A_2, B_2)‘ ist der syntaktische Satz ‚‚B_2‘ ist Folge von ‚A_2‘‘ zugeordnet; ebenso dem quasi-syntaktischen Satz ‚∼LImp (A_1, B_1)‘ der syntaktische Satz ‚‚B_1‘ ist nicht Folge von ‚A_1‘‘. Dagegen gibt es zu den synthetischen Sätzen ‚Imp (A_1, B_1)‘ und ‚∼ Imp (A_1, B_1)‘ keine zugeordneten syntaktischen Sätze; diese Sätze sind daher nicht quasi-syntaktisch. — Die Verhältnisse in diesem Beispiel, auf das wir später bei Besprechung der Modalitätslogik zurückkommen werden, sind ganz analog denen im ersten Beispiel.

Wir wollen von der ungenauen inhaltlichen Betrachtung zur syntaktischen übergehen. S_1 sei eine beliebige Sprache; S_2 sei eine logische Sprache. $\mathfrak{Q}_1$ sei eine eineindeutige syntaktische Zuordnung zwischen den Ausdrücken von S_1 und den Ausdrücken einer Klasse $\mathfrak{K}_2$ in S_2; dabei seien die Ausdrücke von $\mathfrak{K}_2$ miteinander gattungsgleiche ${}^a\mathfrak{Stu}$. Dann nennen wir S_2 eine **Syntaxsprache** für S_1 (auf Grund von $\mathfrak{Q}_1$); $\mathfrak{Q}_1[\mathfrak{A}_1]$ nennen wir die syntaktische Bezeichnung von $\mathfrak{A}_1$ (auf Grund von $\mathfrak{Q}_1$). Die 𝔖𝔤 oder 𝔓𝔯 von S_2, zu denen die Ausdrücke von $\mathfrak{K}_2$ als Argumente passen, nennen wir syntaktische 𝔖𝔤 bzw. 𝔓𝔯 (auf Grund von $\mathfrak{Q}_1$). Sind die Ausdrücke von $\mathfrak{K}_2$ 𝔍, so nennen wir S_2 eine arithmetisierte Syntaxsprache. Ist S_2 Teilsprache einer Sprache S_3, so sagen wir, S_3 enthalte eine Syntax für S_1 (auf Grund von $\mathfrak{Q}_1$).

Ein $\mathfrak{Sg}^n$ $\mathfrak{Sg}_1$ von S_1 heißt ein quasi-syntaktisches 𝔖𝔤, wenn es S_2, $\mathfrak{Q}_1$, $\mathfrak{Sg}_2^n$ gibt, die die folgenden Bedingungen erfüllen.

S_1 ist Teilsprache von S_2; S_2 enthält eine Syntax für S_1 auf Grund von $\mathfrak{Q}_1$; ist $\mathfrak{S}_1$ ein beliebiger Vollsatz von $\mathfrak{Sg}_1$ in S_1, etwa $\mathfrak{Sg}_1(\mathfrak{A}_1, \mathfrak{A}_2, .. \mathfrak{A}_n)$, wobei die Argumente keine $\mathfrak{V}$ sind, so ist $\mathfrak{S}_1$ in S_2 gehaltgleich mit $\mathfrak{Sg}_2(\mathfrak{Q}_1[\mathfrak{A}_1], \mathfrak{Q}_1[\mathfrak{A}_2], .. \mathfrak{Q}_1[\mathfrak{A}_n])$; dies sei $\mathfrak{S}_2$. $\mathfrak{S}_1$ heißt dann **quasi-syntaktisch** in bezug auf $\mathfrak{A}_1, .. \mathfrak{A}_n$; $\mathfrak{S}_2$ heißt ein dem $\mathfrak{S}_1$ (auf Grund von $\mathfrak{Q}_1$) zugeordneter syntaktischer Satz; $\mathfrak{Sg}_2$ heißt ein dem $\mathfrak{Sg}_1$ (auf Grund von $\mathfrak{Q}_1$) zugeordnetes syntaktisches $\mathfrak{Sg}$. Diese Definitionen sollen auch für $\mathfrak{Pr}_1$, $\mathfrak{Pr}_2$ an Stelle von $\mathfrak{Sg}_1$, $\mathfrak{Sg}_2$ gelten.

$\mathfrak{Sg}_2$ sei ein dem $\mathfrak{Sg}_1$ auf Grund von $\mathfrak{Q}_1$ zugeordnetes syntaktisches $\mathfrak{Sg}$. $\mathfrak{Sfu}_1$ habe die Form $\mathfrak{Sg}_1(\mathfrak{A}_1, .. \mathfrak{A}_n)$, wobei mindestens eins der Argumente ein $\mathfrak{V}$ ist; $\mathfrak{Sfu}_2$ habe die Form $\mathfrak{Sg}_2(\mathfrak{A}'_1, .. \mathfrak{A}'_n)$; hierbei sei $\mathfrak{A}'_i$ ($i = 1$ bis n), wenn $\mathfrak{A}_i$ kein $\mathfrak{V}$ ist, $\mathfrak{Q}_1[\mathfrak{A}_i]$; ist $\mathfrak{A}_i$ ein $\mathfrak{V}_i$, so sei $\mathfrak{A}'_i$ ein $\mathfrak{V}$ von S_2, zu dessen Einsetzungswerten die $\mathfrak{Q}_1$-Korrelate der Einsetzungswerte von $\mathfrak{V}_i$ gehören. Dann nennen wir $\mathfrak{Sfu}_2$ ein dem $\mathfrak{Sfu}_1$ (auf Grund von $\mathfrak{Q}_1$) zugeordnetes syntaktisches $\mathfrak{Sfu}$. — $\mathfrak{Sfu}_2$ sei ein dem $\mathfrak{Sfu}_1$ zugeordnetes syntaktisches $\mathfrak{Sfu}$. $\mathfrak{S}_1$ sei aus $\mathfrak{Sfu}$ mit Operatoren gebildet, ebenso $\mathfrak{S}_2$ aus $\mathfrak{Sfu}_2$ mit entsprechenden Operatoren. Dann sagen wir, $\mathfrak{S}_2$ sei ein dem $\mathfrak{S}_1$ zugeordneter syntaktischer Satz. — Jeder Satz, der ein quasi-syntaktisches $\mathfrak{Sg}$, $\mathfrak{Pr}$ oder $\mathfrak{Sfu}$ enthält, heißt quasi-syntaktisch; für zusammengesetzte quasisyntaktische Sätze werden die zugeordneten syntaktischen Sätze in analoger Weise gebildet wie in den beschriebenen einfachen Fällen.

Beispiel. ‚$P_1(F)$' und ‚$P_2(F, u)$' seien quasi-syntaktische $\mathfrak{Sfu}$ in S_1. Die zugeordneten syntaktischen $\mathfrak{Sfu}$ seien ‚$Q_1(x)$' bzw. ‚$Q_2(x, y)$'. Dann ist dem quasi-syntaktischen Satz ‚$(F)[P_1(F) \supset (\exists u)(P_2(F, u))]$' der syntaktische Satz ‚$(x)[Q_1(x) \supset (\exists y)(Q_2(x, y))]$' zugeordnet.

Der Unterschied zwischen den quasi-syntaktischen Sätzen und den übrigen hängt zusammen mit dem Unterschied zwischen syntaktischen Begriffen und dem Begriff ‚wahr'. Würde man nämlich ‚wahr' als syntaktischen Begriff nehmen, so würde jeder beliebige Satz $\mathfrak{S}_1$ in bezug auf jeden Teilausdruck $\mathfrak{A}_1$ quasi-syntaktisch. Denn $\mathfrak{S}_1$ ist stets gehaltgleich mit dem Satz ‚$\mathfrak{A}_1$ ist so beschaffen, daß $\mathfrak{S}_1$ wahr ist'. Ist S_1 eine logische Sprache, so fällt für S_1 ‚wahr' mit ‚analytisch' zusammen (d. h. es gibt hier keine synthetischen Sätze, vgl. Satz 52·3). Hier wird daher der Begriff ‚quasi-syntaktisch' trivial. S_1 sei z. B. die logische Teilsprache von I. $\mathfrak{pr}_1$ sei ‚Prim'. Dann ist für jedes $\mathfrak{Z}_1$ der Satz $\mathfrak{pr}_1(\mathfrak{Z}_1)$ von S_1 gehaltgleich mit dem Satz der Syntaxsprache ‚$\mathfrak{Z}_1$ ist so beschaffen, daß $\mathfrak{pr}_1(\mathfrak{Z}_1)$ analytisch ist'; denn entweder sind beide Sätze analytisch oder beide kontradiktorisch. Also ist $\mathfrak{pr}_1(\mathfrak{Z}_1)$ quasi-syntaktisch in bezug auf $\mathfrak{Z}_1$. In bezug auf die deskriptive Sprache I ist das aber nicht der Fall. Ist $\mathfrak{fu}_1$ ein undefiniertes $\mathfrak{fu}_b$, so ist $\mathfrak{pr}_1(\mathfrak{fu}_1(\mathfrak{nu}))$ synthetisch, also nicht gehaltgleich mit dem syntaktischen Satz ‚$\mathfrak{fu}_1(\mathfrak{nu})$ ist so beschaffen, daß $\mathfrak{pr}_1(\mathfrak{fu}_1(\mathfrak{nu}))$ analytisch ist', denn dieser ist kontradiktorisch. — Wenn wir im folgenden feststellen, daß bestimmte Sätze bestimmter Sprachen quasi-syntaktisch sind, so ist das so gemeint: sie sind auch noch quasi-syntaktisch, wenn wir die betreffende Sprache zu einer deskriptiven ergänzen (und zwar so, daß deskriptive Argumente für die betreffenden Stellen vorkommen). [Wir werden z. B. später behaupten, daß die modalitätslogischen $\mathfrak{Pr}$ quasi-syntaktisch sind; damit wollen wir zugleich behaupten, daß sie auch dann quasi-syntaktisch sind, wenn wir den Kalkül der Modalitätslogik dadurch erweitern, daß wir als Argumente auch synthetische Sätze zulassen; für das modalitätslogische Folgeprädikat (z. B. für das Zeichen der strikten Implikation und ähnliche) ist das durch das Beispiel ‚LImp' von S. 178 gezeigt.]

64. Die beiden Deutungen quasi-syntaktischer Sätze.

Der Satz $\mathfrak{S}_1$ von der Form $\mathfrak{Sg}_1(\mathfrak{A}_1)$ sei quasi-syntaktisch; $\mathfrak{S}_2$ von der Form $\mathfrak{Sg}_2(\mathfrak{A}_2)$ sei ein zugeordneter, also gehaltgleicher syntaktischer Satz. Wir wollen zwei mögliche Deutungen unterscheiden, die hier gemeint sein können. Das ist zunächst eine inhaltliche, nicht-formale Betrachtung, die zur Vorbereitung der formalen Definitionen dient. $\mathfrak{A}_2$ deuten wir jedenfalls als syntaktische Bezeichnung für den Ausdruck $\mathfrak{A}_1$ und $\mathfrak{Sg}_2$ als Bezeichnung für eine syntaktische Eigenschaft von Ausdrücken. Wir wollen nun in folgender Weise unterscheiden: bei der *ersten Deutung* wird $\mathfrak{Sg}_1$ als gleichbedeutend mit $\mathfrak{Sg}_2$ genommen, bei der zweiten nicht. Bei der ersten Deutung bezeichnet somit $\mathfrak{Sg}_1$ wie $\mathfrak{Sg}_2$ eine syntaktische Eigenschaft; da $\mathfrak{S}_1$ und $\mathfrak{S}_2$ gehaltgleich sind, so ergibt sich aus der Bedeutungsgleichheit der beiden $\mathfrak{Sg}$ die Bedeutungsgleichheit der Argumente. Also ist hier $\mathfrak{A}_1$ wie $\mathfrak{A}_2$ als eine syntaktische Bezeichnung für $\mathfrak{A}_1$ zu deuten; $\mathfrak{A}_1$ bezeichnet sich selbst, ist also *autonym*. [Der Terminus ‚autonym' ist früher (S. 109) erläutert worden; seine streng formale Definition wird erst später gegeben.] Bei der *zweiten Deutung* bezeichnet $\mathfrak{Sg}_1$ nicht eine syntaktische Eigenschaft, sondern eine Objekteigenschaft, die im Satz $\mathfrak{S}_1$ dem durch $\mathfrak{A}_1$ bezeichneten Objekt (nicht dem Ausdruck $\mathfrak{A}_1$!) zugeschrieben wird. Wir wollen nun allgemein einen Satz zur *inhaltlichen Redeweise* rechnen, der (wie $\mathfrak{S}_1$ bei der zweiten Deutung) so zu deuten ist, daß er einem

Objekt eine bestimmte Eigenschaft zuschreibt, wobei aber diese Eigenschaft quasi-syntaktisch ist, so daß der Satz übersetzt werden kann in einen Satz, der einer Bezeichnung des betreffenden Objektes eine zugeordnete syntaktische Eigenschaft zuschreibt. Der inhaltlichen Redeweise der quasi-syntaktischen Sätze in der zweiten Deutung stellen wir die formale Redeweise der syntaktischen Sätze gegenüber.

Beispiel. 1. Quasi-syntaktische Sätze; a) autonyme Redeweise: „Fünf ist ein Zahlwort"; b) inhaltliche Redeweise: „Fünf ist eine Zahl". 2. Zugeordneter syntaktischer Satz: „‚Fünf' ist ein Zahlwort". (Der Einfachheit wegen sind hier als gleichbedeutende $\mathfrak{pr}$ in 1a und 2 gleiche Wörter ‚Zahlwort' genommen worden.)

Wir haben nun die Aufgabe, den inhaltlich angedeuteten Unterschied der beiden Deutungen formal zu erfassen. Durch welche formalen, syntaktischen Eigenschaften von $\mathfrak{Sg}_1$ und $\mathfrak{Sg}_2$ kommt zum Ausdruck, daß $\mathfrak{Sg}_1$ als gleichbedeutend mit $\mathfrak{Sg}_2$ und somit als Bezeichnung einer syntaktischen Eigenschaft gemeint ist? Nicht notwendig dadurch, daß $\mathfrak{Sg}_1$ und $\mathfrak{Sg}_2$ synonym (oder L-synonym) sind; denn es kann ja sein, daß man trotz gleicher Bedeutung nur $\mathfrak{Sg}_1$ mit autonymen Argumenten zulassen will, nicht aber $\mathfrak{Sg}_2$. Im letzteren Fall wäre zwar $\mathfrak{Sg}_1\,(\mathfrak{A}_2)$ gehaltgleich mit $\mathfrak{Sg}_1\,(\mathfrak{A}_1)$; nicht aber $\mathfrak{Sg}_2\,(\mathfrak{A}_1)$, das kein Satz zu sein braucht. Ist aber $\mathfrak{Sg}_1$ so gemeint, daß es eine syntaktische Eigenschaft bezeichnet, und zwar dieselbe wie $\mathfrak{Sg}_2$, so ist $\mathfrak{Sg}_1\,(\mathfrak{A}_2)$ gehaltgleich mit $\mathfrak{Sg}_2\,(\mathfrak{A}_2)$. Auf Grund dieser inhaltlichen Vorerörterung stellen wird die folgenden formalen syntaktischen Definitionen auf (der Einfachheit halber in bezug auf $\mathfrak{Sg}^1$; die Definitionen für mehrere Argumente sind analog; ebenso die für $\mathfrak{Pr}$).

Der Satz $\mathfrak{S}_1$ von S_1 habe die Form $\mathfrak{Sg}_1\,(\mathfrak{A}_1)$; $\mathfrak{S}_1$ sei quasi-syntaktisch in bezug auf $\mathfrak{A}_1$; $\mathfrak{A}_1$ sei kein $\mathfrak{B}$. S_2 enthalte S_1 und eine Syntax von S_1 auf Grund von $\mathfrak{Q}_1$. $\mathfrak{Sg}_2\,(\mathfrak{Q}_1\,[\mathfrak{A}_1])$ sei ein auf Grund von $\mathfrak{Q}_1$ dem $\mathfrak{S}_1$ zugeordneter syntaktischer Satz von S_2. Wir wollen zwei Fälle unterscheiden. 1. $\mathfrak{Sg}_1\,(\mathfrak{Q}_1\,[\mathfrak{A}_1])$ ist ein Satz von S_2 und in S_2 gehaltgleich mit $\mathfrak{Sg}_2\,(\mathfrak{Q}_1\,[\mathfrak{A}_1])$; ebenso ist für jedes mit $\mathfrak{A}_1$ gattungsgleiche $\mathfrak{A}_2$ $\mathfrak{Sg}_1\,(\mathfrak{Q}_1\,[\mathfrak{A}_2])$ gehaltgleich mit $\mathfrak{Sg}_2\,(\mathfrak{Q}_1\,[\mathfrak{A}_2])$. In diesem Falle nennen wir $\mathfrak{A}_1$ in $\mathfrak{S}_1$ **autonym** (auf Grund von $\mathfrak{Q}_1$); $\mathfrak{S}_1$ nennen wir einen Satz der **autonymen Redeweise** (auf Grund von $\mathfrak{Q}_1$). — 2. Die genannte Bedingung ist nicht erfüllt. In diesem Falle sagen wir, $\mathfrak{S}_1$ gehöre zur **inhaltlichen**

Redeweise (auf Grund von $\mathfrak{Q}_1$). $\mathfrak{Q}_2$ sei eine satzweise Übersetzung von S_1 in S_2; und zwar sei das $\mathfrak{Q}_2$-Korrelat jedes (auf Grund von $\mathfrak{Q}_1$) quasi-syntaktischen Satzes von S_1 ein (auf Grund von $\mathfrak{Q}_1$) zugeordneter syntaktischer Satz; das $\mathfrak{Q}_2$-Korrelat jedes anderen Satzes sei dieser selbst. Die $\mathfrak{Q}_2$-Übersetzung der Sätze der inhaltlichen Redeweise in zugeordnete syntaktische Sätze nennen wir eine *Übersetzung aus der inhaltlichen in die formale Redeweise*.

Es ist zu beachten, daß *die Unterscheidung zwischen autonymer und inhaltlicher Redeweise die Deutung betrifft*. Damit ist gesagt, daß diese Unterscheidung nicht vorgenommen werden kann in bezug auf eine Sprache S_1, die nur als isolierter Kalkül ohne Deutung gegeben ist. Es ist damit aber nicht gesagt, daß diese Unterscheidung außerhalb des Rahmens des Formalen, also der Syntax, liegt. Denn *auch die Deutung einer Sprache kann formal erfaßt werden* und daher in die Syntax eingeordnet werden. Wie wir gesehen haben, ist die Deutung einer Sprache S_1 in bezug auf eine vorausgesetzte Sprache S_2 formal zu erfassen entweder durch Übersetzung von S_1 in S_2 oder durch Einordnung von S_1 als Teilsprache in eine aus S_2 durch Erweiterung gebildete Sprache S_3. Ist $\mathfrak{S}_1$ ein quasisyntaktischer Satz von S_1 und ist die Deutung von S_1 dadurch formal bestimmt, daß S_1 Teilsprache einer Sprache S_2 ist, die auch die Syntax von S_1 enthält, so kann nach den vorher gegebenen Definitionen festgestellt werden, ob $\mathfrak{S}_1$ zur autonymen oder zur inhaltlichen Redeweise gehört. Praktisch sind wir aber häufig nicht in der Lage, diese Entscheidung scharf zu treffen; nämlich dann nicht, wenn es sich um ein System S_1 handelt, das ein anderer Autor aufgestellt hat, ohne die Übersetzung oder Einordnung von S_1 in eine auch die Syntax von S_1 enthaltende Sprache anzugeben. Wird in einem solchen Fall überhaupt keine Deutung angegeben, so fällt die Unterscheidung weg. Bei den meisten Kalkülen, die bisher aufgestellt sind, hat man zwar eine Deutung angegeben, aber meist nicht durch scharfe syntaktische Bestimmungen (Einordnung oder Übersetzung von S_1 in eine andere formal festgelegte Sprache S_2), sondern nur durch inhaltliche Erläuterungen, d. h. durch Übersetzung der Sätze von S_1 in mehr oder minder vage Sätze einer Wortsprache. Nimmt man auf Grund solcher Erläuterungen eine Übersetzung von S_1 in eine formal festgelegte Sprache S_2 vor, so kann man höchstens vermuten, das vom Autor Gemeinte mehr oder weniger gut getroffen zu haben, d. h. eine Übersetzung vorgenommen zu haben, die weniger oder mehr von der abweicht, die der Autor selbst von S_1 in S_2 vornehmen würde. Wenn wir im folgenden gewisse Sätze fremder Kalküle oder der Wortsprache zur autonymen oder zur inhaltlichen Redeweise rechnen, so ist zu beachten, daß das nicht als scharfe Feststellung gemeint ist; die Unterscheidung beruht bei den Sätzen fremder Kalküle auf den interpretierenden Texterläuterungen der Autoren, bei den Sätzen der Wortsprache auf der Betrachtung des üblichen Sprachgebrauches. Dagegen kann die Feststellung, daß gewisse Sätze quasi-syntaktisch (und nicht echt-syntaktisch) sind, mit der Schärfe getroffen werden, mit der die betreffende Sprache aufgestellt ist; dabei brauchen wir keine Rücksicht auf Deutung zu nehmen, weder auf inhaltlich noch auf formal angegebene.

65. Extensionalität in bezug auf Teilsätze.

Zur Vorbereitung auf die Definition der Extensionalität betrachten wir zunächst die bisher übliche Definition: man pflegt ein $\mathfrak{Sfu}_1^1$ mit Einer Variablen $\mathfrak{s}_1$ extensional (oder eine Wahrheitsfunktion) in bezug auf $\mathfrak{s}_1$ zu nennen, wenn für beliebige $\mathfrak{S}_1$ und $\mathfrak{S}_2$ mit gleichem Wahrheitswert $\mathfrak{Sfu}_1\left(\begin{smallmatrix}\mathfrak{s}_1\\ \mathfrak{S}_1\end{smallmatrix}\right)$ und $\mathfrak{Sfu}_1\left(\begin{smallmatrix}\mathfrak{s}_1\\ \mathfrak{S}_2\end{smallmatrix}\right)$ gleichen Wahrheitswert haben. Ist z. B. (in einer ähnlichen Symbolik wie II) ‚T (p)‘ ein derartiges $\mathfrak{Sfu}$, so heißt ‚T (p)‘ extensional, wenn ‚$(p \equiv q) \supset (\mathrm{T}(p) \equiv \mathrm{T}(q))$‘ ($\mathfrak{S}_1$) wahr ist. Diese Definition müssen wir anders formulieren; den Begriff ‚wahr‘ verwenden wir nicht, weil er kein echter syntaktischer Begriff ist; ferner wollen wir nicht die einschränkende Voraussetzung machen, daß es in S $\mathfrak{s}$ und eine eigentliche Äquivalenz und Implikation gibt. Da $\mathfrak{S}_1$ nicht nur (indeterminiert-) wahr, sondern gültig sein muß, können wir die genannte Bedingung durch folgende ersetzen: für beliebige Sätze, etwa ‚A‘ und ‚B‘, muß aus ‚$\mathrm{A} \equiv \mathrm{B}$‘ ($\mathfrak{S}_2$) stets ‚$\mathrm{T}(\mathrm{A}) \equiv \mathrm{T}(\mathrm{B})$‘ ($\mathfrak{S}_3$) folgen. Nach der Implikation wollen wir nun auch die Äquivalenz ausschalten. $\mathfrak{S}_2$ hat die Eigenschaft, daß ‚B‘ Folge von $\mathfrak{S}_2$ und ‚A‘ ist, und ‚A‘ Folge von $\mathfrak{S}_2$ und ‚B‘. Und zwar ist $\mathfrak{S}_2$ der gehaltschwächste Satz mit dieser Eigenschaft; d. h. wenn irgendein $\mathfrak{K}_1$ auch die genannte Eigenschaft hat, so ist $\mathfrak{S}_2$ Folge von $\mathfrak{K}_1$;

also ist dann $\mathfrak{S}_3$, wenn es Folge von $\mathfrak{S}_2$ ist, auch Folge von $\mathfrak{K}_1$. Diese Überlegungen geben den Anlaß zur Aufstellung der folgenden Definitionen.

In Analogie zu den früher definierten Begriffen der (gewissermaßen absoluten) Gehaltgleichheit zweier $\mathfrak{K}$ (oder $\mathfrak{S}$), der Umfangsgleichheit zweier $\mathfrak{Sg}$ (oder $\mathfrak{Sfu}$ oder $\mathfrak{Pr}$), der Synonymität zweier $\mathfrak{A}$ und der Wertverlaufsgleichheit zweier $\mathfrak{Ag}$ (oder $\mathfrak{Afu}$ oder $\mathfrak{Fu}$) wollen wir jetzt entsprechende *relative Begriffe in bezug auf eine Satzklasse* definieren. $\mathfrak{S}_1$ und $\mathfrak{S}_2$ heißen **gehaltgleich** (miteinander) **in bezug auf** $\mathfrak{K}_1$, wenn $\mathfrak{S}_2$ Folge von $\mathfrak{K}_1 + \{\mathfrak{S}_1\}$ und $\mathfrak{S}_1$ Folge von $\mathfrak{K}_1 + \{\mathfrak{S}_2\}$ ist. $\mathfrak{Sg}_1$ und $\mathfrak{Sg}_2$ heißen *umfangsgleich* (miteinander) *in bezug auf* $\mathfrak{K}_1$, wenn je zwei Vollsätze mit gleichen Argumenten gehaltgleich in bezug auf $\mathfrak{K}_1$ sind; ebenso für zwei $\mathfrak{Sfu}$ oder zwei (gattungsgleiche) $\mathfrak{Pr}$. Zwei gattungsgleiche Ausdrücke $\mathfrak{A}_1$ und $\mathfrak{A}_2$ heißen *synonym in bezug auf* $\mathfrak{K}_1$, wenn jedes $\mathfrak{S}_1$ gehaltgleich mit $\mathfrak{S}_1\left[\frac{\mathfrak{A}_1}{\mathfrak{A}_2}\right]$ in bezug auf $\mathfrak{K}_1$ ist. Wir sagen, $\mathfrak{Ag}_1$ und $\mathfrak{Ag}_2$ *haben gleichen Wertverlauf in bezug auf* $\mathfrak{K}_1$, wenn je zwei Vollausdrücke mit gleichen Argumenten synonym in bezug auf $\mathfrak{K}_1$ sind; ebenso für zwei $\mathfrak{Afu}$ oder $\mathfrak{Fu}$.

Satz 65·1. a) Sind zwei $\mathfrak{S}$ gehaltgleich, so auch gehaltgleich in bezug auf jedes $\mathfrak{K}$. — b) Analog für Umfangsgleichheit. — c) Analog für Synonymität. — d) Analog für Wertverlaufsgleichheit.

Satz 65·2. a) Sind $\mathfrak{S}_1$ und $\mathfrak{S}_2$ gehaltgleich *in bezug auf ein gültiges* $\mathfrak{K}_1$, so auch (absolut) gehaltgleich. — b) Analog für Umfangsgleichheit. — c) Analog für Synonymität. — d) Analog für Wertverlaufsgleichheit.

Extensionalität in bezug auf Teilsätze. $\mathfrak{S}_1$ heißt **extensional** in bezug auf den Teilsatz $\mathfrak{S}_2$, wenn für beliebige $\mathfrak{S}_3$ und $\mathfrak{K}_1$ derart, daß $\mathfrak{S}_2$ und $\mathfrak{S}_3$ gehaltgleich in bezug auf $\mathfrak{K}_1$ sind, stets $\mathfrak{S}_1$ und $\mathfrak{S}_1\left[\frac{\mathfrak{S}_2}{\mathfrak{S}_3}\right]$ gehaltgleich in bezug auf $\mathfrak{K}_1$ sind. Ein $\mathfrak{Sg}_1$, zu dem $\mathfrak{S}$ als Argumente passen, heißt *extensional*, wenn für beliebige $\mathfrak{S}_1$, $\mathfrak{S}_2$, $\mathfrak{K}_1$ derart, daß $\mathfrak{S}_1$ und $\mathfrak{S}_2$ gehaltgleich in bezug auf $\mathfrak{K}_1$ sind, stets $\mathfrak{Sg}_1(\mathfrak{S}_1)$ und $\mathfrak{Sg}_1(\mathfrak{S}_2)$ gehaltgleich in bezug auf $\mathfrak{K}_1$ sind. Entsprechend für ein $\mathfrak{Sfu}$ oder $\mathfrak{Pr}$, zu dem $\mathfrak{S}$ als Argumente passen. Ist jeder Satz von S extensional in bezug auf jeden Teilsatz, so nennen wir S *extensional in bezug auf*

Teilsätze. Ist jeder Satz von S wenigstens in bezug auf jeden geschlossenen Teilsatz extensional, so nennen wir S extensional in bezug auf geschlossene Teilsätze. ‚**Intensional**' soll dasselbe bedeuten wie ‚nicht extensional' (in den verschiedenen Zusammenhängen). [‚Intensional' bedeutet bei uns nichts weiter, besonders nicht so etwas wie ‚auf Sinn bezogen' od. dgl.; bei manchen Autoren hat das Wort eine solche Bedeutung oder beide Bedeutungen vermengt, vgl. § 71.]

Satz 65·3. Ist S extensional in bezug auf Teilsätze, so sind alle $\mathfrak{Sg}$, $\mathfrak{Sfu}$ und $\mathfrak{Pr}$ von S, zu denen $\mathfrak{S}$ als Argumente passen, extensional.

Satz 65·4. S sei extensional in bezug auf Teilsätze. a) Sind zwei $\mathfrak{S}$ gehaltgleich in bezug auf $\mathfrak{K}_1$, so auch synonym in bezug auf $\mathfrak{K}_1$. — b) Sind zwei $\mathfrak{S}$ gehaltgleich, so auch synonym. — c) Sind zwei $\mathfrak{Pr}$, deren Argumente $\mathfrak{S}$ sind, umfangsgleich in bezug auf $\mathfrak{K}_1$, so auch synonym in bezug auf $\mathfrak{K}_1$. — d) Sind zwei $\mathfrak{Pr}$, deren Argumente $\mathfrak{S}$ sind, umfangsgleich, so auch synonym. — e) Sind zwei $\mathfrak{Fu}$, deren Argumente $\mathfrak{S}$ sind, wertverlaufsgleich in bezug auf $\mathfrak{K}_1$, so auch synonym in bezug auf $\mathfrak{K}_1$. — f) Sind zwei $\mathfrak{Fu}$, deren Argumente $\mathfrak{S}$ sind, wertverlaufsgleich, so auch synonym.

Satz 65·5. Satzverknüpfungen. Besitzt ein $\mathfrak{Vk}$ oder $\mathfrak{vk}$ eine Charakteristik, so ist es extensional; und umgekehrt. — Somit sind eigentliche Negation, eigentliche Implikation usw. extensional.

Satz 65·6. Ist S extensional in bezug auf Teilsätze oder wenigstens in bezug auf geschlossene Teilsätze, so sind alle $\mathfrak{Vk}$ extensional.

Satz 65·7. $\mathfrak{Vk}_1$ sei eine eigentliche Äquivalenz in S. Dann gilt: a) $\mathfrak{S}_1$ und $\mathfrak{S}_2$ sind stets gehaltgleich in bezug auf $\mathfrak{Vk}_1(\mathfrak{S}_1, \mathfrak{S}_2)$. — b) S ist dann und nur dann extensional in bezug auf geschlossene Teilsätze, wenn für beliebige geschlossene $\mathfrak{S}_1$, $\mathfrak{S}_2$, $\mathfrak{S}_3$ stets $\mathfrak{Vk}_1\left(\mathfrak{S}_3, \mathfrak{S}_3\left[{\mathfrak{S}_1 \atop \mathfrak{S}_2}\right]\right)$ Folge von $\mathfrak{Vk}_1(\mathfrak{S}_1, \mathfrak{S}_2)$ ist. — c) Es sei ferner $\mathfrak{Vk}_2$ eine eigentliche Implikation in S; dann gilt: S ist dann und nur dann extensional in bezug auf Teilsätze, wenn für beliebige $\mathfrak{S}_1$, $\mathfrak{S}_2$, $\mathfrak{S}_3$ stets $\mathfrak{Vk}_2\left(\mathfrak{Vk}_1(\mathfrak{S}_1, \mathfrak{S}_2), \mathfrak{Vk}_1\left(\mathfrak{S}_3, \mathfrak{S}_3\left[{\mathfrak{S}_1 \atop \mathfrak{S}_2}\right]\right)\right)$ gültig ist.

Satz 65·8. ‚$\equiv$' sei ein eigentliches Äquivalenzzeichen in S. Ist $\mathfrak{S}_2 \equiv \mathfrak{S}_3$ gültig, $\mathfrak{S}_1 \equiv \mathfrak{S}_1\left[{\mathfrak{S}_2 \atop \mathfrak{S}_3}\right]$ aber nicht gültig, so ist $\mathfrak{S}_1$ intensional in bezug auf $\mathfrak{S}_2$.

$\mathfrak{Sg}^2_1$ heißt ein Identitäts-$\mathfrak{Sg}$, wenn je zwei mögliche Argumente $\mathfrak{A}_1$, $\mathfrak{A}_2$ stets synonym in bezug auf $\mathfrak{Sg}_1(\mathfrak{A}_1, \mathfrak{A}_2)$ sind. Ein Identitäts-$\mathfrak{Sg}$ $\mathfrak{Sg}_1$ heißt ein eigentliches, wenn für je zwei mögliche Argumente $\mathfrak{A}_1$, $\mathfrak{A}_2$, die synonym in bezug auf $\mathfrak{K}_1$ sind, stets $\mathfrak{Sg}_1(\mathfrak{A}_1, \mathfrak{A}_2)$ Folge von $\mathfrak{K}_1$ ist; andernfalls ein uneigentliches. Ist $\mathfrak{Sg}_1$ ein eigentliches oder uneigentliches Identitäts-$\mathfrak{Sg}$, so heißt $\mathfrak{Sg}_1(\mathfrak{A}_1, \mathfrak{A}_2)$ ein eigentlicher bzw. uneigentlicher **Identitätssatz** (oder Gleichung) für $\mathfrak{A}_1$ und $\mathfrak{A}_2$. Ein $\mathfrak{pr}^2_1$ heißt ein eigentliches oder uneigentliches Identitätszeichen (oder Identitätsprädikat oder Gleichheitszeichen) für alle Ausdrücke oder für die Ausdrücke der Klasse $\mathfrak{K}_1$, wenn der Satz $\mathfrak{pr}_1(\mathfrak{A}_1, \mathfrak{A}_2)$ für beliebige $\mathfrak{A}$ bzw. für beliebige $\mathfrak{A}$ von $\mathfrak{K}_1$ ein eigentlicher bzw. uneigentlicher Identitätssatz für $\mathfrak{A}_1$ und $\mathfrak{A}_2$ ist. (S kann z. B. verschiedene Identitätszeichen für $\mathfrak{Z}$, $\mathfrak{S}$, $\mathfrak{Pr}$ enthalten.)

Satz 65·9. $\mathfrak{S}_1$ sei ein Identitätssatz für $\mathfrak{A}_1$ und $\mathfrak{A}_2$. — a) $\mathfrak{A}_1$ und $\mathfrak{A}_2$ sind synonym in bezug auf $\mathfrak{S}_1$. — b) Ist $\mathfrak{S}_1$ gültig, so sind $\mathfrak{A}_1$ und $\mathfrak{A}_2$ (absolut) synonym.

Satz 65·10. S sei extensional in bezug auf Teilsätze. a) Ist $\mathfrak{Vk}_1$ eine eigentliche Äquivalenz, so ist $\mathfrak{Vk}_1(\mathfrak{S}_1, \mathfrak{S}_2)$ stets ein eigentlicher Identitätssatz für $\mathfrak{S}_1$ und $\mathfrak{S}_2$. — b) Ein eigentliches Äquivalenzzeichen ist ein eigentliches Identitätszeichen für Sätze.

66. Extensionalität in bezug auf Teilausdrücke.

Wir gehen hier wieder von der bisher üblichen Definition aus (wir wollen dabei die Symbolik von II verwenden). Man pflegt ein $\mathfrak{Sfu}^1_1$ mit einer Variablen $\mathfrak{p}_1$, etwa ‚M(F)' extensional in bezug auf ‚F' zu nennen, wenn ‚$(x)\big(F(x) \equiv G(x)\big) \supset \big(\mathrm{M}(F) \equiv \mathrm{M}(G)\big)$' wahr ist. Diese Bedingung können wir, ähnlich wie früher, so umformulieren: für beliebige ‚P_1' und ‚P_2' muß ‚$\mathrm{M}(\mathrm{P}_1) \equiv \mathrm{M}(\mathrm{P}_2)$' stets Folge von ‚$(x)\big(\mathrm{P}_1(x) \equiv \mathrm{P}_2(x)\big)$' sein. In Anlehnung hieran stellen wir die folgenden Definitionen auf.

Extensionalität in bezug auf Teilausdrücke. In $\mathfrak{S}_1$ komme $\mathfrak{Pr}_1$ vor; $\mathfrak{S}_1$ heißt extensional in bezug auf $\mathfrak{Pr}_1$, wenn für beliebige $\mathfrak{Pr}_2$, $\mathfrak{K}_1$ derart, daß $\mathfrak{Pr}_1$ und $\mathfrak{Pr}_2$ umfangsgleich in bezug auf $\mathfrak{K}_1$ sind, stets $\mathfrak{S}_1$ und $\mathfrak{S}_1\left[\frac{\mathfrak{Pr}_1}{\mathfrak{Pr}_2}\right]$ gehaltgleich in bezug auf $\mathfrak{K}_1$ sind. In $\mathfrak{S}_1$ komme $\mathfrak{Fu}_1$ vor; $\mathfrak{S}_1$ heißt extensional in bezug auf $\mathfrak{Fu}_1$, wenn für beliebige $\mathfrak{Fu}_2$, $\mathfrak{K}_1$ derart, daß $\mathfrak{Fu}_1$ und $\mathfrak{Fu}_2$ gleichen Wertverlauf in bezug auf $\mathfrak{K}_1$ haben, stets $\mathfrak{S}_1$ und $\mathfrak{S}_1\left[\frac{\mathfrak{Fu}_1}{\mathfrak{Fu}_2}\right]$

gehaltgleich in bezug auf $\mathfrak{K}_1$ sind. — Ist $\mathfrak{S}_1$ extensional in bezug auf alle in $\mathfrak{S}_1$ vorkommenden $\mathfrak{S}$, $\mathfrak{Pr}$ und $\mathfrak{Fu}$, so heißt $\mathfrak{S}_1$ *extensional*. — Ein $\mathfrak{Sg}_1$, zu dem $\mathfrak{Pr}$ oder $\mathfrak{Fu}$ oder $\mathfrak{S}$ als Argumente passen, heißt *extensional*, wenn jeder Vollsatz von $\mathfrak{Sg}_1$ in bezug auf jedes Argument extensional ist. Entsprechend für ein $\mathfrak{Sfu}_1$ oder $\mathfrak{Pr}_1$, zu dem $\mathfrak{Pr}$ oder $\mathfrak{Fu}$ oder $\mathfrak{S}$ als Argumente passen.

Ist jeder Satz von S extensional in bezug auf jeden Teilausdruck $\mathfrak{Pr}$ (bzw. $\mathfrak{Fu}$), so heißt S *extensional in bezug auf* $\mathfrak{Pr}$ (bzw. $\mathfrak{Fu}$). Ist S extensional in bezug auf Teilsätze, $\mathfrak{Pr}$ und $\mathfrak{Fu}$, so heißt S **extensional.**

Satz 66·1. a) Ist S extensional in bezug auf $\mathfrak{Pr}$, so sind (absolut oder in bezug auf $\mathfrak{K}_1$) umfangsgleiche $\mathfrak{Pr}$ stets (absolut bzw. in bezug auf $\mathfrak{K}_1$) synonym. — b) Ist S extensional in bezug auf $\mathfrak{Fu}$, so sind zwei $\mathfrak{Fu}$, die (absolut oder in bezug auf $\mathfrak{K}_1$) gleichen Wertverlauf haben, stets (absolut bzw. in bezug auf $\mathfrak{K}_1$) synonym.

Beispiele. Die Sprachen von *Russell*, von *Hilbert* und unsere Sprachen I und II sind *extensional in bezug auf Teilsätze*. Das läßt sich z. B. an Hand des Kriteriums von Satz 65·7 c zeigen (vgl. Hilbert [Logik] 61). — Die Äquivalenzzeichen in diesen Sprachen sind eigentliche; daher sind sie nach Satz 65·10 b auch eigentliche Identitätszeichen für $\mathfrak{S}$. Die Sprachform wird einfacher, wenn man (wie in I und II, im Unterschied zu Russell und Hilbert) *nur Ein Identitätszeichen* verwendet, nämlich für $\mathfrak{S}$ dasselbe wie für $\mathfrak{Z}$, ${}^0\mathfrak{A}$ usw. — Bilden wir aus der *Russell*schen Sprache R eine neue Sprache R′ durch Erweiterung der Formbestimmungen, indem wir undefinierte $\mathfrak{pr}_{\mathfrak{b}}$ mit $\mathfrak{S}$ als Argumenten zulassen, so ist R′ nicht mehr notwendig extensional in bezug auf Teilsätze; um auch hier die Extensionalität zu gewährleisten, kann man etwa so vorgehen, daß man $\mathfrak{S} = \mathfrak{S}$ als Satz zuläßt und (in Analogie zu GII 22, s. u.) einen neuen Grundsatz aufstellt: ‚$(p \equiv q) \supset (p = q)$'. Wird in derselben Weise aus II die erweiterte Sprache II′ gebildet, so ist sie extensional in bezug auf Teilsätze. Hier ist kein neuer Grundsatz erforderlich, da wir das Identitätszeichen als Äquivalenzzeichen verwenden, so daß jener Implikationssatz beweisbar ist.

Die Sprachen I und II sind auch allgemein *extensional*. In II ist die Extensionalität in bezug auf $\mathfrak{Pr}$ und $\mathfrak{Fu}$ gewährleistet durch GII 22 und 23 (vgl. S. 83). Bei den anderen Sprachen kann die Frage der Extensionalität in bezug auf $\mathfrak{Pr}$ und $\mathfrak{Fu}$ erst entschieden werden, wenn nähere Festsetzungen getroffen werden, vor allem darüber, was für undefinierte ${}^n\mathfrak{pr}_{\mathfrak{b}}$ (für $n > 1$) zugelassen werden.

Die Sprachen von *Lewis*, *Becker*, *Chwistek*, *Heyting* sind *intensional*, und zwar auch schon für geschlossene Teilsätze (vgl. § 67).

67. Extensionalitätsthese.

Wittgenstein ([Tractatus] 102, 142, 152) hat die These aufgestellt, daß jeder Satz „eine Wahrheitsfunktion der Elementarsätze", also (in unserer Terminologie) extensional in bezug auf Teilsätze sei. In Anlehnung an ihn hat Russell ([Vorwort] 13ff., [Princ. Math. I²], S. XIV und 659ff.) dieselbe Ansicht in bezug auf Teilsätze und Prädikate vertreten; ebenso ich von etwas anderem Gesichtspunkt aus ([Aufbau] 59ff.). Hierbei hat sich jedoch keiner von uns klargemacht, daß es eine Vielheit möglicher Sprachen gibt; insbesondere spricht Wittgenstein stets von „der" Sprache schlechthin. Vom Gesichtspunkt der allgemeinen Syntax aus ist offenkundig, daß jene These unvollständig ist und ergänzt werden muß durch die Angabe, auf welche Sprachen sie sich beziehen soll. Sie gilt jedenfalls nicht für alle Sprachen, wie die bekannten Beispiele intensionaler Sprachen zeigen. Die von Wittgenstein, Russell und mir an den genannten Stellen angegebenen Gründe sprechen nicht für die Notwendigkeit, sondern nur für die Möglichkeit einer extensionalen Sprache. Wir wollen deshalb die Extensionalitätsthese jetzt in der folgenden vollständigeren und bescheideneren Formulierung aufstellen: eine Universalsprache der Wissenschaft kann extensional sein; genauer: zu jeder vorgegebenen intensionalen Sprache S_1 läßt sich eine extensionale Sprache S_2 derart konstruieren, daß S_1 in S_2 übersetzbar ist. Im folgenden sollen die wichtigsten Beispiele intensionaler Sätze besprochen und die Möglichkeit ihrer Übersetzung in extensionale Sätze gezeigt werden.

Es seien einige der wichtigsten Beispiele intensionaler Sätze genannt. ‚A' und ‚B' seien Abkürzungen (nicht Bezeichnungen!) für Sätze, etwa für „Es regnet jetzt in Paris" od. dgl. 1. Russell ([Princ. Math. I] 73, [Math. Logik] 105, [Math. Phil.] 187f.; ähnlich Behmann [Logik] 29) gibt Beispiele ungefähr folgender Art: „Karl sagt A", „Karl glaubt A", „es ist auffallend, daß A", „A handelt von Paris". Übrigens hat Russell selbst später, in Anlehnung an Gedanken von Wittgenstein, diese Beispiele abgelehnt, ihre Intensionalität als nur scheinbar hingestellt ([Princ. Math. I²] Appendix C); statt dessen werden wir lieber sagen: diese Sätze sind zwar wirklich intensional, aber sie sind übersetzbar in extensionale Sätze. — 2. Intensionale Sätze über Enthaltensein und Einsetzung von Ausdrücken: „(Der Ausdruck) Prim (3) enthält (den Ausdruck) 3", „Prim (3) entsteht aus Prim (x) durch Einsetzung von 3 für x".

Sätze dieser Art (aber in Symbolen geschrieben) kommen in den Sprachen von *Chwistek* und *Heyting* vor. — 3. Intensionale Sätze der *Modalitätslogik*: „A ist möglich", „A ist unmöglich", „A ist notwendig", „B ist Folge von A", „A und B sind unverträglich". Sätze dieser Art (in Symbolen) kommen in den Systemen der Modalitätslogik von *Lewis*, *Becker* u. a. vor. — 4. Folgende intensionalen Sätze sind verwandt mit denen der Modalitätslogik: „Weil A, so B", „Obwohl A, B" und ähnliche. — Daß irgendein Satz $\mathfrak{S}_1$ der genannten Beispiele *intensional* in bezug auf ‚A' und ‚B' ist, ergibt sich (nach Satz 65·8) daraus, daß sich leicht ein Satz ‚C' finden läßt derart, daß ‚$A \equiv C$' gültig, dagegen $\mathfrak{S}_1 \equiv \mathfrak{S}_1 \left[\frac{'A'}{'C'}\right]$ widergültig ist. — Die genannten Beispiele werden im folgenden genauer erörtert.

Die angegebenen Beispiele scheinen auf den ersten Blick sehr verschiedenartig. Sie stimmen jedoch, wie die nähere Untersuchung zeigen wird, in einer bestimmten Beschaffenheit überein; und diese ist *der Grund für ihre Intensionalität*: *alle diese Sätze sind nämlich quasi-syntaktisch*, und zwar in bezug auf die Ausdrücke, in bezug auf die sie intensional sind. Mit der Feststellung dieses Charakters ist auch die *Möglichkeit ihrer Übersetzung in eine extensionale Sprache* gegeben, indem nämlich *jeder quasi-syntaktische Satz in einen zugeordneten syntaktischen Satz übersetzt wird*. Daß die Syntax irgendeiner (auch intensionalen) Sprache sich in einer extensionalen Sprache formulieren läßt, ist leicht einzusehen. Denn die Arithmetik läßt sich in beliebig weitem Umfang in einer extensionalen Sprache formulieren, und daher auch eine arithmetisierte Syntax; übrigens gilt das gleiche auch für eine Syntax in axiomatischer Form.

Das Gesagte gilt für die bisher bekannten Beispiele intensionaler Sätze. Da nicht bekannt ist, ob es nicht vielleicht auch intensionale Sätze gibt, die ganz anderer Art sind als die bekannten, so wissen wir auch nicht, ob die genannte oder andere Methoden zur Übersetzung aller möglichen intensionalen Sätze anwendbar sind. Daher soll hier die *Extensionalitätsthese* (obwohl sie mir ziemlich plausibel zu sein scheint) *nur als Vermutung* hingestellt werden.

68. Intensionale Sätze der autonymen Redeweise.

Einige der bekannten Beispiele intensionaler Sätze gehören zur autonymen Redeweise. Bei der Übersetzung in eine extensionale Sprache werden sie in die zugeordneten syntaktischen Sätze übersetzt. Wir wollen zunächst den umgekehrten Prozeß betrachten: die Bildung eines intensionalen Satzes mit einem autonymen Ausdruck aus einem extensionalen syntaktischen Satz. Dadurch wird der Charakter dieser intensionalen Sätze deutlich werden.

S_1 und S_2 seien extensionale Sprachen; S_2 enthalte S_1 als Teilsprache und die Syntax von S_1 auf Grund von $\mathfrak{Q}_1$. $\mathfrak{A}_1$ sei ein $\mathfrak{S}$, $\mathfrak{Pr}$ oder $\mathfrak{Fu}$ von S_1. $\mathfrak{S}_2$ (in S_2) habe die Form $\mathfrak{Pr}_2\,(\mathfrak{Q}_1\,[\mathfrak{A}_1])$. Inhaltlich gedeutet: $\mathfrak{Q}_1\,[\mathfrak{A}_1]$ ist syntaktische Bezeichnung für $\mathfrak{A}_1$; $\mathfrak{S}_2$ schreibt dem $\mathfrak{A}_1$ eine gewisse durch $\mathfrak{Pr}_2$ ausgedrückte syntaktische Eigenschaft zu. $\mathfrak{Pr}_2\,(\mathfrak{A}_1)$ wird im allgemeinen kein Satz von S_2 sein. Wir bilden nun aus S_2 eine erweiterte Sprache S_3 (d. h. S_2 ist echte Teilsprache von S_3); die Formbestimmungen werden erweitert: in S_3 soll für jedes mit $\mathfrak{A}_1$ in S_1 gattungsgleiche $\mathfrak{A}_3$ $\mathfrak{Pr}_2(\mathfrak{A}_3)$ ein Satz sein, also auch $\mathfrak{Pr}_2(\mathfrak{A}_1)$ (dies sei $\mathfrak{S}_1$); ferner werden die Umformungsbestimmungen erweitert: in S_3 soll für jedes mit $\mathfrak{A}_1$ in S_1 gattungsgleiche $\mathfrak{A}_3$ $\mathfrak{Pr}_2(\mathfrak{A}_3)$ gehaltgleich sein mit $\mathfrak{Pr}_2\,(\mathfrak{Q}_1\,[\mathfrak{A}_3])$, also auch $\mathfrak{S}_1$ mit $\mathfrak{Pr}_2\,(\mathfrak{Q}_1\,[\mathfrak{A}_1])$ (dies ist $\mathfrak{S}_2$). Dann ist nach dem früher angegebenen Kriterium (S. 181) $\mathfrak{A}_1$ in $\mathfrak{S}_1$ **autonym**. Ein Satz, der nach Art von $\mathfrak{S}_1$ hergestellt ist, wird im allgemeinen intensional in bezug auf $\mathfrak{A}_1$ sein.

Beispiel. S_1 sei I. Als Syntaxsprache in S_2 nehmen wir die Wortsprache; die $\mathfrak{Q}_1$-Korrelate (die syntaktischen Bezeichnungen) seien mit Anführungszeichen gebildet. $\mathfrak{A}_1$ sei ‚0'' = 2‘, also $\mathfrak{A}_2$ ‚‚0'' = 2‘ ‘. $\mathfrak{S}_2$ sei „‚0'' = 2‘ ist eine Gleichung“. Dann ist $\mathfrak{S}_1$: „0'' = 2 ist eine Gleichung“. Wir bestimmen für S_3: $\mathfrak{S}_1$ und $\mathfrak{S}_2$ sollen gegenseitige Folgen sein; und ebenso entsprechende andere Sätze mit demselben $\mathfrak{Pr}$. Dann ist ‚0'' = 2‘ in $\mathfrak{S}_1$ **autonym**. Und $\mathfrak{S}_1$ ist nach Satz 65·8 **intensional** in bezug auf ‚0'' = 2‘. Es sei nämlich $\mathfrak{A}_3$ ‚Prim (3)‘; dann ist $\mathfrak{A}_1 \equiv \mathfrak{A}_3$ analytisch, aber ‚Prim (3) ist eine Gleichung‘, weil gehaltgleich mit ‚‚Prim (3)‘ ist eine Gleichung‘, kontradiktorisch.

Einige der früher genannten Beispiele intensionaler Sätze haben nun denselben Charakter wie die in der beschriebenen Weise hergestellten intensionalen Sätze: die Intensionalität beruht auf dem Vorkommen eines autonymen Ausdrucks. Wir wollen einige Beispiele hierfür nennen; dabei geben wir die zugeordneten syntaktischen Sätze an; diese können einer extensionalen Sprache angehören. [Die Sätze 1 b und 2 b gehören zur deskriptiven Syntax,

3b, 4b, 5b zur reinen Syntax. Die vorangehenden Überlegungen und Begriffsbildungen haben wir nur auf die reine Syntax bezogen; sie können jedoch für die deskriptive Syntax entsprechend erweitert werden.] Die Deutung als autonyme Redeweise scheint mir bei diesen Sätzen naheliegend, insbesondere bei 4a, 5a. Will jedoch jemand einen der Sätze (vielleicht 2a, 3a) nicht zur autonymen Redeweise rechnen, so steht ihm das frei; dann gehört der betreffende Satz zur inhaltlichen Redeweise. Wesentlich ist nur: 1. diese intensionalen Sätze sind quasi-syntaktisch; 2. sie können (mit allen andern Sätzen derselben Sprache) in extensionale Sätze übersetzt werden, nämlich in die zugeordneten syntaktischen Sätze.

Intensionale Sätze der autonymen Redeweise.	Extensionale Sätze der Syntax.
‚A' sei Abkürzung (nicht Bezeichnung!) irgendeines Satzes.	
1a. Karl sagt (oder: schreibt, liest) A.	1b. Karl sagt ‚A'.
2a. Karl denkt (oder: behauptet, glaubt, wundert sich über) A.	2b. Karl denkt ‚A'.
[Von gleicher Art ist „Es ist auffallend, daß ...", d. h. „Viele wundern sich darüber, daß ...".]	
3a. A handelt von Paris.	3b. In einem Satz, der aus ‚A' durch Elimination definierter Zeichen entsteht, kommt ‚Paris' vor.
4a. Prim (3) enthält 3.	4b. In ‚Prim (3)' kommt ‚3' vor.
5a. Prim (3) entsteht aus Prim (x) durch Einsetzung von 3 für x.	5b. ‚Prim (3)' entsteht aus ‚Prim (x)' durch Einsetzung von ‚3' für ‚x'.

Wir haben hier die früher (S. 188) genannten Beispiele intensionaler Sätze, die Russell, Chwistek und Heyting aufgestellt haben, als Sätze der autonymen Redeweise gedeutet. Diese Deutung wird nahegelegt durch die deutenden Hinweise der Autoren selbst. Die Sätze von Russell sind schon in Wortsprache gegeben; bei den Sätzen von Chwistek und Heyting, die in Symbolen formuliert sind, geben die Autoren selbst die Umschreibung in Wortsprache entsprechend 4a und 5a an.

Chwisteks System der sog. Semantik stellt sich im ganzen gesehen etwa dieselbe Aufgabe wie unsere Syntax. Chwistek verwendet jedoch dabei durchgehend die autonyme Redeweise (anscheinend, ohne es sich bewußt zu machen): zur Bezeichnung eines

Ausdrucks, über den ein Satz der Semantik spricht, wird stets entweder dieser Ausdruck selbst verwendet, oder ein Zeichen, das mit dem Ausdruck synonym ist (also ursprünglich nicht Bezeichnung, sondern Abkürzung für den Ausdruck ist). Infolge der Anwendung der autonymen Redeweise sind viele Sätze von Chwisteks Semantik intensional. Dadurch ist C. zu der Auffassung gekommen, jede formale (C. sagt: „nominalistische") Theorie der Sprachausdrücke müsse intensionale Sätze verwenden. Diese Auffassung wird widerlegt durch das Gegenbeispiel unserer Syntax, die streng formal, aber durchweg extensional ist (am deutlichsten zu sehen an der formalisierten Syntax von I in I, Kap. II). Wenn C. sich genötigt sah, für seine Semantik die einfache Typenregel zu verwerfen und wieder zur verzweigten zurückzugreifen (vgl. S. 163), so ist auch das, wie mir scheint, nur eine Folge der Anwendung der autonymen Redeweise.

Heyting gibt als Wortumschreibung für gewisse symbolische Ausdrücke seiner Sprache an: „der Ausdruck, der aus a entsteht, indem man die Veränderliche x überall, wo sie auftritt, durch die Zeichenzusammenstellung p ersetzt" ([Math. I] 4) und: „g enthält x nicht" ([Math. I] 7), also Formulierungen, die, wie unsere Beispiele 4a und 5a, zweifellos zur autonymen Redeweise gehören. Aber auch schon der Satzkalkül von H.s System [Logik] enthält intensionale Sätze; es werden Satzverknüpfungen angewendet, von denen sich zeigen läßt, daß sie keine Charakteristik besitzen (vgl. S. 156). Diese Umstände legen die Vermutung nahe, daß das ganze System nicht nur von uns in ein System syntaktischer Sätze übersetzt werden kann, sondern auch vom Autor in gewissem Sinne so gemeint ist. [„In gewissem Sinne", weil die Unterscheidung zwischen Objekt- und Syntaxsprache nirgends explizit gemacht wird, so daß auch nicht deutlich ist, welche Sprache es ist, deren Syntax in dem System dargestellt werden soll.] Nach [Grundlegung] 113 ist die Behauptung einer Aussage (die symbolisch durch Voransetzen des Behauptungszeichens vor die Aussage formuliert wird) „die Feststellung einer empirischen Tatsache, nämlich der Erfüllung der durch die Aussage ausgedrückten Intention" oder Erwartung eines möglichen Erlebnisses; eine solche Behauptung besagt z. B. den historischen Sachverhalt, daß ich einen Beweis für die betreffende Aussage vor mir liegen habe. Hiernach wären die Behauptungen von H.s System als Sätze der deskriptiven Syntax zu deuten. Anderseits gibt Gödel [Kolloquium 4] 39 eine Deutung von H.s System, bei der die Sätze des Systems rein-syntaktische Sätze über Beweisbarkeit sein würden; dabei wird ‚‚A' ist beweisbar' durch ‚BA' formuliert, also in autonymer Redeweise.

69. Intensionale Sätze der Modalitätslogik.

Wir geben hier einige weitere Beispiele intensionaler Sätze und ihre Übersetzung in extensionale syntaktische Sätze. Durch diese Übersetzung erweisen sich jene intensionalen Sätze als quasi-syntaktisch. Die Sätze 1a bis 4a enthalten Begriffe, die man Modalitäten zu nennen pflegt (‚möglich', ‚unmöglich', ‚notwendig', ‚zufällig' (im Sinne von ‚kontingent', ‚nicht notwendig und nicht unmöglich')). Die Sätze 5a bis 7a enthalten Begriffe, die einen ähnlichen Charakter haben wie jene Modalitäten, und die daher von den neueren Systemen der Modalitätslogik (Lewis, Lukasiewicz, Becker u. a.) mit jenen gemeinsam behandelt zu werden pflegen. In diesen Systemen werden die Modalitätssätze symbolisch formuliert, etwa nach Art unserer Beispiele 1b bis 7b. Die Beispiele 8a sind intensionale Sätze der üblichen Wortsprache, die wir hier anreihen, da sie, wie die syntaktischen Übersetzungen erkennen lassen, mit jenen Modalitätssätzen verwandt sind. ‚A' und ‚B' sind hier Sätze, z. B. Abkürzungen (nicht Bezeichnungen!) für bestimmte (etwa synthetische) Sätze der Wortsprache oder einer symbolischen Sprache.

Intensionale Sätze der Modalitätslogik.		Extensionale Sätze der Syntax.
1a. A ist möglich.	1b. M (A).	1c. ‚A' ist nicht kontradiktorisch.
2a. A . ∼ A ist unmöglich.	2b. U(A.∼ A); ∼ M(A . ∼ A)	2c. ‚A . ∼ A' ist kontradiktorisch.
3a. A ∨ ∼ A ist notwendig.	3b. N (A ∨ ∼ A); ∼ M ∼(A∨∼A).	3c. ‚A ∨ ∼ A' ist analytisch.
4a. A ist zufällig.	4b. ∼ N (A) . ∼ U (A); M (A) . M (∼ A).	4c. ‚A' ist synthetisch. (‚A' ist weder analytisch, noch kontradiktorisch; weder ‚A' noch ‚∼ A' sind kontradiktorisch).
5a. A impliziert (strikt) B; B ist Folge von A.	5b. A < B.	5c. ‚B' ist L-Folge von ‚A'.
6a. A und B sind strikt äquivalent.	6b. A = B.	6c. ‚A' und ‚B' sind gegenseitige L-Folgen.
7a. A und B sind verträglich.	7b. V (A, B); ∼ (A < ∼ B).	7c. ‚A' und ‚B' sind L-verträglich. (‚∼ B' ist nicht L-Folge von ‚A'.)
8a. Weil A, darum B; B, denn A; A, also B.		8c. ‚A' ist analytisch, ‚B' ist L-Folge von ‚A', ‚B' ist analytisch. (‚A' ist gültig, ‚B' ist Folge von ‚A', ‚B' ist gültig.)

Da die Modalitätsbegriffe ziemlich vage und mehrdeutig sind, kann man für die Übersetzungen auch andere syntaktische Begriffe wählen; etwa in 2c anstatt ‚kontradiktorisch‘: ‚widergültig‘ oder ‚L-widerlegbar‘ oder ‚widerlegbar‘; ebenso in den anderen Fällen anstatt des L-f-Begriffes den allgemeinen f-Begriff oder den L-a-Begriff oder den a-Begriff. Bei 8c ist vielleicht sogar in den meisten Fällen der allgemeine f-Begriff (oder der P-Begriff) als Deutung für 8a naheliegender als der L-Begriff. — Der Unterschied zwischen den sog. logischen und den sog. realen Modalitäten kann bei der Übersetzung durch den Unterschied zwischen L- und allgemeinen f-Begriffen (oder auch P-Begriffen) wiedergegeben werden:

9a. A ist logisch-unmöglich.	9c. ‚A‘ ist kontradiktorisch.
10a. A ist real-unmöglich.	$10c_1$. ‚A‘ ist widergültig.
	$10c_2$. ‚A‘ ist P-widergültig.

Die Übersetzung von 10a hängt von der Bedeutung von ‚real-unmöglich‘ ab. Ist dieser Terminus so gemeint, daß er auch auf die Fälle der logischen Unmöglichkeit angewendet werden soll, so ist Übersetzung $10c_1$ zu wählen; andernfalls $10c_2$. — Analoge Übersetzungen sind für die drei andern Modalitäten zu geben, für ‚logisch-(bzw. real-) möglich‘, ‚-notwendig‘, ‚-zufällig‘.

Daß die Sätze 1a bis 10a, 1b bis 7b intensional sind, ist leicht zu erkennen. [Beispiel. Es sei etwa ‚Q‘ ein undefiniertes pr_b, ‚=‘ ein eigentliches Äquivalenzzeichen. $\mathfrak{S}_1$ sei ‚Prim (3) ≡ Q (2)‘; $\mathfrak{S}_2$ sei ‚Prim (3) ist notwendig‘; $\mathfrak{S}_3$ sei ‚Q (2) ist notwendig‘. Dann kann $\mathfrak{S}_2 \equiv \mathfrak{S}_3$ nicht Folge von $\mathfrak{S}_1$ sein (denn $\mathfrak{S}_1$ ist synthetisch, $\mathfrak{S}_2$ analytisch, $\mathfrak{S}_3$ kontradiktorisch, also $\mathfrak{S}_2 \equiv \mathfrak{S}_3$ kontradiktorisch). Also ist (nach Satz 65·7b) $\mathfrak{S}_2$ intensional in bezug auf ‚Prim (3)‘.]

Da die angegebenen Sätze quasi-syntaktisch sind, so können wir sie entweder als Sätze der autonymen Redeweise oder als Sätze der inhaltlichen Redeweise deuten. Bei den Sätzen des vorigen Paragraphen legte die Formulierung in Worten oder die von den Autoren gegebene Wortumschreibung die Deutung im Sinne der autonymen Redeweise nahe. Bei den hier genannten symbolischen Sätzen 1b bis 7b ist dagegen nicht klar, welche der beiden Deutungen gemeint ist, obwohl von den Autoren Wortumschreibungen (nach Art der Sätze 1a bis 7a) und zuweilen auch ausführliche inhaltliche Erläuterungen gegeben werden. Auf ein bestimmtes Beispiel bezogen, lautet die entscheidende Frage (inhaltlich formuliert): soll ‚U (A)‘ und ‚A ist unmöglich‘ vom Satz ‚A‘ handeln oder von dem, was durch ‚A‘ bezeichnet wird? (Formal formuliert:) soll ‚‚A‘ ist unmöglich‘ auch ein Satz sein? [Wenn ja, so soll er zweifellos gehaltgleich mit ‚A ist unmöglich' sein.] Wenn ja, gehören ,U (A)' und ,A ist unmöglich' zur autonymen Redeweise; wenn nein, zur inhaltlichen Redeweise. Die Autoren geben zwar an, daß die Modalitätssätze von Sätzen handeln sollen; aber diese Angabe würde nur dann die Frage entscheiden, wenn klar wäre, was mit dem Terminus ,Satz' (bzw. ,proposition') gemeint ist. Wir wollen die beiden Möglichkeiten getrennt erörtern.

1. Angenommen, die Autoren meinen den Terminus ,Satz' als syntaktischen Terminus in unserem Sinne (nämlich als Bezeichnung für gewisse physikalische Gebilde in der deskriptiven Syntax, als Bezeichnung für gewisse Ausdrucksgestalten in der reinen Syntax). Dann handelt ,A ist unmöglich' vom Satz ,A', ist daher gehaltgleich mit , ,A' ist unmöglich' und gehört zur autonymen Redeweise. In diesem Falle rührt die Intensionalität der modalitätslogischen Sätze nicht daher, daß sie über Ausdrücke (in den Beispielen 𝔖, sonst auch 𝔓𝔯) sprechen, sondern daher, daß sie dies nach autonymer anstatt nach syntaktischer Methode tun.

2. Angenommen, die Autoren meinen mit ,Satz' (,proposition') nicht einen Satz (in unserem Sinne), sondern das, was durch einen Satz (in unserem Sinne) bezeichnet wird. [Z. B. ist vielleicht bei Lewis [Logic] 472ff. die Unterscheidung zwischen ,proposition' und ,sentence' in dieser Weise zu verstehen.] Wir wollen die Frage, was dieses durch einen Satz Bezeichnete ist, hier beiseite lassen (manche meinen: Gedanken oder Gedankeninhalte; andere: Fakten oder mögliche Fakten); diese Frage verführt leicht zu philosophischen Scheinproblemen. Wir wollen einfach neutral ,das Satzbezeichnete' sagen. Bei dieser Deutung schreibt der Satz ,A ist unmöglich' nicht dem Satz ,A', sondern dem Satzbezeichneten A die Unmöglichkeit zu. Die Unmöglichkeit ist hierbei keine Eigenschaft von Sätzen, , ,A' ist unmöglich' ist kein Satz; es liegt also nicht autonyme Redeweise vor, sondern inhaltliche Redeweise. ,A ist unmöglich' schreibt dem Satzbezeichneten A eine quasi-syntaktische Eigenschaft zu, anstatt dem Satz ,A' die zugeordnete syntaktische Eigenschaft (hier ,kontradiktorisch') zuzuschreiben. [Bei diesem Beispiel ist die zweite Deutung vielleicht naheliegend. Sie ist die einzig mögliche bei der Formulierung ,der Vorgang (oder: Sachverhalt, Zustand) A ist unmöglich'; vgl. § 79, Beispiele 33 bis 35. Dagegen wird man einen Satz über Folgebeziehung oder über Ableitbarkeit

vielleicht eher auf die Sätze als auf das Satzbezeichnete beziehen, also die erste Deutung wählen.] Wir werden später allgemein sehen, daß die Anwendung der inhaltlichen Redeweise, wenn sie auch nicht unzulässig ist, doch die Gefahr der Verwicklung in Unklarheiten und Scheinprobleme mit sich bringt, die bei Anwendung der formalen Redeweise vermieden werden. So auch hier. Die modalitätslogischen Systeme sind (im ganzen) formal einwandfrei. Wenn man sie aber (in dem begleitenden Text) in der zweiten Weise deutet, also als inhaltliche Redeweise, so entstehen leicht Scheinprobleme. Hieraus sind wohl auch die seltsamen, zum Teil nicht recht verständlichen Fragen und Überlegungen zu erklären, die in einigen Abhandlungen der Modalitätslogik an die Modalitätssätze angeknüpft werden.

C. I. Lewis hat zuerst darauf hingewiesen, daß in der Sprache von Russell [Princ. Math.] nicht ausgedrückt werden kann, daß ein bestimmter Satz notwendig gelte oder daß ein bestimmter Satz Folge eines andern sei. Russell kann demgegenüber mit Recht darauf hinweisen, daß sein System trotzdem für den Aufbau der Logik und Mathematik hinreicht, daß in diesem System die notwendig geltenden Sätze bewiesen und ein Satz, der aus einem andern folgt, aus diesem abgeleitet werden kann. Lewis' Behauptung besteht zwar zu Recht, aber sie zeigt nicht etwa eine Lücke innerhalb von Russells Sprache auf. Die Forderung, auch Notwendigkeit, Möglichkeit, Folgebeziehung usw. ausdrücken zu können, ist an sich berechtigt; sie ist von uns z. B. in bezug auf die Sprachen I und II nicht durch eine Ergänzung dieser Sprachen, sondern durch Aufstellung einer Syntax dieser Sprachen erfüllt worden. Lewis und Russell dagegen — in diesem Punkt einig — sahen die Folgebeziehung und die Implikation als gleichgeordnete Begriffe an, nämlich als Beziehungen zwischen Sätzen, von denen die zweite die engere wäre. Daher sah Lewis sich veranlaßt, Russells Sprache dadurch zu erweitern, daß er neben Russells Implikationszeichen ‚$\supset$' (sog. materiale Implikation; in unserer Terminologie: eigentliche Implikation) ein neues Zeichen ‚$<$' für die sog. strikte Implikation (in unserer Terminologie: ein intensionales, uneigentliches Implikationszeichen ohne Charakteristik) einführte. Dieses soll die Folge- (oder Ableitbarkeits-) Beziehung zum Ausdruck bringen, d. h. ‚$A < B$' soll in Lewis' Sprache dann beweisbar sein, wenn ‚B' Folge von ‚A' ist. Lewis wies mit Recht darauf hin, daß Russells Implikation dieser Deutung nicht entspricht, und daß überhaupt keine der sog. Wahrheitsfunktionen (in unserer Terminologie: der extensionalen Satzverknüpfungen) die Folgebeziehung ausdrücken kann. Daher glaubte Lewis zur Einführung intensionaler Satzverknüpfungen, nämlich der strikten Implikation und der Modalitätsbegriffe, genötigt zu sein.

So entstand sein System der Modalitätslogik als intensionale Erweiterung von Russells Sprache. Das System ist von Lewis in [Survey] 291ff. in Anknüpfung an MacColl aufgestellt und später in [Logic] 122ff. in verbesserter Form dargestellt worden, unter Verwertung der Untersuchungen von Becker u. a. Zu dem Russellschen System werden als neue Grundzeichen Zeichen für ‚möglich‘ und ‚strikt äquivalent‘ hinzugefügt; definiert werden hieraus z. B. ‚unmöglich‘, ‚notwendig‘, ‚strikte Implikation‘, ‚verträglich‘. Ähnliche Systeme sind von Schülern von Lewis aufgestellt worden, z. B. von Parry ([Koll.] 5), Nelson [Intensional]. Becker [Modalitätslogik] hat, von Lewis [Survey] ausgehend, interessante Untersuchungen nach gleicher Methode angestellt. Lukasiewicz hatte früher schon sog. mehrwertige Systeme des Satzkalküls aufgestellt (vgl. [Aussagenkalkül]); in [Mehrwertige] interpretiert er die Sätze des dreiwertigen Kalküls durch Übersetzung in Modalitätssätze; diese werden hier wie bei Lewis nach der quasi-syntaktischen Methode formuliert.

Es ist wichtig, den grundsätzlich verschiedenen Charakter von Implikation und Folgebeziehung zu beachten. (Inhaltlich gesprochen:) Die Folgebeziehung ist eine Beziehung zwischen Sätzen; die Implikation ist keine Beziehung zwischen Sätzen. [Ob die Meinung, z. B. von Russell, sie sei eine Beziehung zwischen Sätzen, irrig ist oder nicht, hängt allerdings davon ab, was unter ‚Satz‘ verstanden wird. Will man überhaupt von ‚Satzbezeichnetem‘ sprechen, so ist die Implikation eine Beziehung zwischen solchen; aber die Folgebeziehung nicht.] ‚A $\supset$ B‘ ($\mathfrak{S}_1$) besagt — im Unterschied zu dem syntaktischen Satz „‚B‘ ist eine Folge von ‚A‘“ ($\mathfrak{S}_2$) — nicht etwas über die Sätze ‚A‘ und ‚B‘, sondern mit Hilfe dieser Sätze und des Verknüpfungszeichens ‚$\supset$‘ etwas über dieselben Gegenstände, von denen ‚A‘ und ‚B‘ sprechen. (Formal gesprochen:) ‚$\supset$‘ ist ein Zeichen der Objektsprache, ‚Folge‘ ein $\mathfrak{pr}$ der Syntaxsprache. Allerdings besteht zwischen den Sätzen $\mathfrak{S}_1$ und $\mathfrak{S}_2$ ein wichtiger Zusammenhang (vgl. Satz 14·7). $\mathfrak{S}_2$ kann aber nicht aus $\mathfrak{S}_1$ erschlossen werden, sondern nur aus dem (ebenfalls syntaktischen) Satz „$\mathfrak{S}_1$ ist gültig (bzw. analytisch)“. Die meisten symbolischen Sprachen (z. B. Russells Sprache [Princ. Math.]) sind (bei geeigneter Ergänzung der Schlußregeln) logisch und enthalten daher keine indeterminierten Sätze. Daher kann bei diesen Systemen $\mathfrak{S}_2$ aus $\mathfrak{S}_1$ erschlossen werden. Hierdurch erklärt es sich, daß man irrtümlich die Implikationssätze allgemein als Sätze über Folgebeziehung interpretiert hat. [Dies ist einer der

Punkte, an denen es sich als nachteilig erweist, daß man in den logischen Untersuchungen die indeterminierten Sätze meist unberücksichtigt gelassen hat.] — Das Verhältnis der intensionalen Implikationszeichen der modalitätslogischen Systeme, z. B. des Zeichens der strikten Implikation, zu ‚⊃' und ‚Folge' wird deutlich durch das frühere Beispiel von S. 178; dieses Verhältnis entspricht nämlich genau dem zwischen ‚LImp', ‚Imp' und ‚Folge'. [Die Unterschiede der intensionalen Implikationen in den verschiedenen Systemen können wir hier außer acht lassen; sie entsprechen verschiedenen Definitionen des syntaktischen Begriffes ‚Folge'.]

Daß Russell für die Satzverknüpfung mit der Charakteristik WFWW die Bezeichnung ‚Implikation' gewählt hat, hat sich sehr unglücklich ausgewirkt. Das Wort ‚implication' bedeutet in der englischen Sprache so viel wie ‚Enthalten', ‚In-sich-schließen'. Ob eine Verwechslung von Implikation und Folgebeziehung die Ursache der Namenwahl war, weiß ich nicht; jedenfalls aber hat diese Benennung bei vielen eine solche Verwechslung hervorgerufen; und vielleicht ist auch die Benennung schuld daran, daß manche, die den Unterschied zwischen Implikation und Folgebeziehung wohl bemerken, doch meinen, das Implikationszeichen solle eigentlich die Folgebeziehung ausdrücken, und daß sie es diesem Zeichen gewissermaßen als Mangel anrechnen, daß es das nicht tut. — Wenn wir den Terminus ‚Implikation' beibehalten haben, so selbstverständlich ganz losgelöst von seiner ursprünglichen Bedeutung; er dient in der Syntax nur zur Bezeichnung der Satzverknüpfungen einer bestimmten Art.

70. Die quasi-syntaktische und die syntaktische Methode der Modalitätslogik.

Wie es scheint, haben alle bisherigen Systeme der Modalitätslogik (innerhalb der modernen Logik, in symbolischer Sprache) die quasi-syntaktische Methode angewendet. Dabei handelt es sich nicht um eine bewußte Wahl zwischen syntaktischer und quasi-syntaktischer Methode; man hielt vielmehr das angewendete Verfahren für das naheliegendste. Alle intensionalen Sätze der bisher vorliegenden Systeme der Modalitätslogik sind in jedem Fall quasi-syntaktische Sätze, unabhängig davon, welche der beiden früher besprochenen Deutungen gemeint ist oder (durch eine entsprechende Einordnung in eine umfassendere Sprache) durchgeführt wird. [Es ist übrigens zu beachten, daß man für jedes der Systeme eine der beiden Deutungen beliebig wählen und durchführen kann, falls man keine Rücksicht auf die Deutungsanweisungen der Autoren nimmt. Insbesondere kann man also auch jeden Satz $\mathfrak{S}_1$ der Modalitätslogik, der in bezug auf einen Teilausdruck $\mathfrak{A}_1$ intensional ist, so deuten, daß $\mathfrak{A}_1$ in $\mathfrak{S}_1$ autonym ist.] *Jedes intensionale modalitätslogische System* (auch wenn man als Argumente synthetische Sätze zuläßt) *läßt sich in eine extensionale syntaktische Sprache übersetzen*, wobei jeder intensionale Satz, da er quasi-syntaktisch ist, in den zugeordneten syntaktischen Satz übersetzt wird. Anders ausgedrückt: *die Syntax enthält schon die ganze Modalitätslogik*; die Aufstellung einer besonderen intensionalen Modalitätslogik ist nicht erforderlich.

Ob für die Aufstellung einer Modalitätslogik die quasi-syntaktische oder die syntaktische Methode gewählt wird, ist eine *bloße Frage der Zweckmäßigkeit*. Wir wollen diese Frage hier nicht entscheiden, sondern nur die Eigenschaften der beiden Methoden angeben. Die Anwendung der quasi-syntaktischen Methode führt zu intensionalen Sätzen, während die syntaktische Methode auch in einer extensionalen Sprache durchführbar ist. In gewisser Hinsicht ist die quasi-syntaktische Methode einfacher; und es mag sein, daß sie sich für bestimmte Fragestellungen als zweckmäßig erweist. Über ihre Fruchtbarkeit im ganzen wird man erst urteilen können, wenn sie weiter ausgebaut ist. Bisher ist sie, wenn ich recht sehe, im wesentlichen nur auf das Gebiet des Satzkalküls angewendet worden, das ja wegen der Entscheidbarkeit seiner Sätze einigermaßen trivial ist (vgl. Parry [Koll.] 15f.). Man kann nicht sagen, die modalitätslogische Methode sei dadurch einfacher, daß sie keine syntaktischen Begriffe benötige. Denn zur Aufstellung jedes Kalküls und so auch der Modalitätslogik ist eine Syntaxsprache erforderlich, in der die Aufstellung der Schlußregeln und Grundsätze formuliert wird (vgl. § 31); gewöhnlich nimmt man dafür einfach die Wortsprache. Sobald man nun diese Syntaxsprache hat, kann man in ihr alles das definieren und aussagen, was man durch die Modalitätssätze ausdrücken wollte, und im allgemeinen noch weit mehr. Das ist der Grund, warum wir hier die syntaktische Methode vorgezogen haben. Es ist aber jedenfalls eine lohnende Aufgabe, die quasi-syntaktische Methode im allgemeinen und ihre

Anwendung in der Modalitätslogik im besonderen weiter auszubauen und ihre Möglichkeiten im Vergleich zur syntaktischen Methode zu untersuchen.

Auch wenn man für die Aufstellung einer Modalitätslogik nicht die syntaktische, sondern die bisher übliche Methode verwenden will, kann die Einsicht, daß diese Methode quasi-syntaktisch ist, über manche Unsicherheiten hinweghelfen. Diese zeigten sich z. B. hie und da darin, daß man von einsichtigen Axiomen ausgehen wollte, aber über die Einsichtigkeit gewisser Sätze nicht ins klare kommen konnte; es kam sogar vor, daß Sätze, die man einzeln für einsichtig hielt, sich später als unverträglich herausstellten. Sobald man aber sieht, daß die Modalitätsbegriffe — auch wenn sie quasi-syntaktisch formuliert werden — syntaktische Zusammenhänge betreffen, erkennt man ihre Relativität: sie sind jeweils auf eine bestimmte Sprache zu beziehen (die eine andere sein kann als die Sprache, in der sie formuliert werden). Damit verschwinden die Probleme der Einsichtigkeit absoluter Beziehungen zwischen den Modalitätsbegriffen.

71. Ist eine intensionale Logik erforderlich?

Von einigen Logikern wird die Auffassung vertreten, die übliche (z. B. Russellsche) Logik sei in gewisser Hinsicht lückenhaft, sie müsse durch eine neue Logik, die als intensionale Logik oder auch als Sinnlogik bezeichnet wird, ergänzt werden. (Es seien z. B. genannt: Lewis, Nelson [Intensional], Weiß, Jörgensen [Ziele] 93.) Ist diese Forderung berechtigt? Bei näherem Zusehen bemerkt man, daß es sich um zwei verschiedene Fragen handelt, die man deutlich trennen sollte.

1. Die Russellsche Sprache ist extensional. Man fordert eine Ergänzung durch eine intensionale Sprache, um Modalitätsbegriffe (‚notwendig‘, ‚Folge‘ usw.) ausdrücken zu können. Diese Frage haben wir vorher behandelt. Wir haben gesehen, daß die Modalitätsbegriffe auch in einer extensionalen Sprache ausgedrückt werden können und daß ihre Formulierung nur deshalb zu intensionalen Sätzen geführt hat, weil man die quasi-syntaktische Methode verwendet hat. Weder für eine Objektsprache, die irgendein Gegenstandsgebiet behandeln soll, noch für die Syntaxsprache irgendeiner Objektsprache brauchen wir über den Rahmen einer extensionalen Sprache hinauszugehen.

2. Im Unterschied zur üblichen formalen Logik fordert man eine Inhaltslogik oder Sinnlogik. Und zwar glaubt man, durch die Aufstellung der intensionalen Modalitätslogik auch diese zweite Forderung zu erfüllen; daher verwendet man häufig die Bezeichnungen ‚intensionale Logik‘ und ‚Sinnlogik‘ als gleichbedeutend. Man glaubt nämlich, die Modalitätsbegriffe seien, da sie nicht bloß vom Wahrheitswert der Argumente abhängen, abhängig vom Sinn der Argumente. Besonders für die Folgebeziehung wird das häufig ausdrücklich betont (z. B. von Lewis [Survey] 328: „Inference depends upon meaning, logical import, intension“). Wenn damit nur gesagt sein soll, daß, wenn der Sinn zweier Sätze gegeben ist, damit auch schon bestimmt ist, ob der eine eine Folge des andern ist oder nicht, so will ich das nicht bestreiten (obwohl ich den Zusammenhang lieber von der umgekehrten Richtung aus betrachten würde: durch die Folgebestimmungen sind die Sinnbeziehungen zwischen den Sätzen gegeben, vgl. § 62.) Das Entscheidende aber ist: die Feststellung, ob der eine Satz eine Folge des andern ist oder nicht, braucht auf den Sinn der Sätze nicht Bezug zu nehmen. Die bloße Angabe der Wahrheitswerte ist allerdings zu wenig; aber die Angabe des Sinnes ist zu viel; es genügt die Angabe der syntaktischen Gestalt der Sätze. Alle Bemühungen der Logiker seit Aristoteles gehen ja dahin, die Regeln des Schließens als formale Regeln aufzustellen, d. h. als solche, die nur auf die Form der Sätze bezogen sind (vgl. zur Entwicklung des formalen Charakters der Logik: Scholz [Geschichte]). Es ist theoretisch möglich, die logischen Beziehungen (Folgebeziehung, Verträglichkeit usw.) zweier chinesischer Sätze festzustellen, ohne den Sinn der Sätze zu verstehen, wenn nur die Syntax der chinesischen Sprache gegeben ist. (Praktisch ist das allerdings nur für die einfacheren, konstruierten Sprachen möglich.) — Die beiden Forderungen (1) und (2), die man in eine zu verschmelzen pflegt, sind ganz unabhängig voneinander. Will man über die bloßen Formen der Sprache S_1 oder auch über den Sinn (in irgendeinem Sinn dieses Wortes) der Sätze von S_1 sprechen, so kann man für beide Zwecke eine intensionale Sprache verwenden; man kann aber auch für beide Zwecke eine extensionale Sprache verwenden. Der Unterschied zwischen Extensionalität und Intensionalität

einer Sprache hat nichts zu tun mit dem Unterschied zwischen formaler und inhaltlicher Betrachtung. — Hat nun die Logik überhaupt die Aufgabe, sich mit dem Sinn der Sätze zu befassen (gleichgültig, ob in extensionaler oder intensionaler Sprache)? In gewisser Weise ja, nämlich mit Sinn und Sinnbeziehungen, soweit sie sich formal erfassen lassen. So haben wir in der Syntax durch den Begriff ‚Gehalt' die formale Seite des Sinnes der Sätze erfaßt; durch die Begriffe ‚Folge', ‚verträglich' usw. wird die formale Seite der logischen Satzbeziehungen erfaßt. Alle Fragen, die man in der geforderten Sinnlogik behandeln will, sind nichts anderes als syntaktische Fragen; das wird nur in den meisten Fällen verhüllt durch Anwendung der inhaltlichen Redeweise. (Das werden viele Beispiele in Kapitel V zeigen.) Fragen über etwas, das nicht formal erfaßbar ist, etwa über den Gedankeninhalt gewisser Sätze, den Vorstellungsinhalt gewisser Ausdrücke, gehören nicht in die Logik, sondern in die Psychologie. Alle Fragen auf dem Felde der Logik können formal ausgedrückt werden und erweisen sich dann als syntaktische Fragen. Eine besondere Sinnlogik ist überflüssig; ‚nicht-formale Logik' ist eine contradictio in adjecto. Logik ist Syntax.

Noch in einer dritten Hinsicht wird zuweilen die Forderung nach einer Inhaltslogik erhoben: die bisherige Logik behandle, so meint man, nur die Begriffsumfänge; die geforderte Logik solle auch die Begriffsinhalte behandeln. In Wirklichkeit sind jedoch die neueren Systeme der Logik (schon Frege 1893, dann Russell und Hilbert) über die Entwicklungsstufe der bloßen Umfangslogik längst hinaus. Gerade Frege ist es gewesen, der die alte Unterscheidung zwischen Inhalt und Umfang eines Begriffes zum erstenmal scharf erfaßt hat (nämlich durch seine Unterscheidung zwischen einer Satzfunktion und ihrem Wertverlauf). Man kann eher umgekehrt sagen: die moderne Logik hat in der letzten Entwicklungsphase die Umfänge zugunsten der Inhalte völlig zurückgedrängt (vgl. die Ausschaltung der Klassen, § 38). — Das Mißverständnis ist mehrmals deutlich aufgeklärt worden (vgl. z. B. Russell [Math. Logik] 103, Carnap [Aufbau] 58, Scholz [Geschichte] 63); man findet es aber immer wieder bei Philosophen, die die moderne Logik nicht kennen (und bei Psychologen, die außerdem Begriffsinhalt und Vorstellungsgehalt eines Begriffes miteinander verwechseln).

V. Philosophie und Syntax.

A. Über die Form der Sätze der Wissenschaftslogik.

72. Wissenschaftslogik anstatt Philosophie.

Bei den Fragen, um die es sich in irgendeinem theoretischen Gebiet handelt — und ebenso bei den zugehörigen Sätzen und Behauptungen —, kann man etwa unterscheiden zwischen Objektfragen und logischen Fragen. (Diese Unterscheidung macht keinen Anspruch auf Exaktheit; sie soll nur die folgenden inhaltlichen, unexakten Überlegungen vorbereiten.) Unter Objektfragen sind dabei solche verstanden, die sich auf die Objekte des betreffenden Gebietes beziehen und etwa nach ihren Eigenschaften und Beziehungen fragen. Die logischen Fragen dagegen beziehen sich nicht direkt auf die Objekte, sondern auf die Sätze, Begriffe, Theorien usw., die ihrerseits auf die Objekte bezogen sind. (Die logischen Fragen mögen sich dabei entweder auf den Sinn und Inhalt der Sätze, Begriffe usw. oder nur auf ihre Form beziehen; darüber später.) In gewissem Sinne sind die logischen Fragen allerdings auch Objektfragen, da sie sich ja auf gewisse Objekte beziehen, nämlich auf die Begriffe, Sätze usw., also auf Objekte der Logik. Wenn aber von einem nicht-logischen, eigentlichen Objektbereich die Rede ist, so ist die Unterscheidung zwischen den Objektfragen und den logischen Fragen deutlich. Z. B. betreffen auf dem Gebiete der Zoologie die Objektfragen die Eigenschaften der Tiere, die Beziehungen der Tiere untereinander und zu andern Objekten usw.; die logischen Fragen betreffen dagegen die Sätze der Zoologie, ihre logischen Zusammenhänge, den logischen Charakter der in der Zoologie vorkommenden Begriffsbildungen, den logischen Charakter der möglichen oder der wirklich aufgestellten Hypothesen und Theorien usw.

Der Name ‚Philosophie' dient nach herkömmlichem Sprachgebrauch als zusammenfassende Bezeichnung für Untersuchungen sehr ungleicher Art. Man findet in diesen Untersuchungen sowohl Objektfragen als logische Fragen. Die Objektfragen betreffen zum Teil (vermeintliche) Objekte, die man in den Gegenstandsgebieten der Fachwissenschaften nicht findet (z. B. die Dinge an sich, das Transzendente, das Absolute, die objektive Idee, den Urgrund der Welt, das Nicht-Seiende; ferner Werte, absolute Normen, das absolute Sollen u. dgl.); das ist vor allem in dem Teil der Philosophie der Fall, den man Metaphysik zu nennen pflegt. Zum andern Teil betreffen die Objektfragen der Philosophie etwas, das auch in den Fachwissenschaften vorkommt (z. B. den Menschen, die Gesellschaft, die Sprache, die Geschichte, die Wirtschaft, die Natur, Raum und Zeit, Kausalität u. dgl.); das ist besonders in den Teilen der Philosophie der Fall, die man Naturphilosophie, Geschichtsphilosophie, Sprachphilosophie usw. zu nennen pflegt. Die logischen Fragen treten vor allem in der Logik (einschließlich der angewandten Logik) auf; ferner in der sogenannten Erkenntnistheorie, wo sie allerdings meist mit psychologischen Fragen vermengt werden. In den sogenannten philosophischen Grundlagenproblemen der verschiedenen Wissenschaftsgebiete (z. B. der Physik, der Biologie, der Psychologie, der Geschichte) findet man sowohl Objektfragen als auch logische Fragen.

Die logische Analyse der philosophischen Probleme zeigt nun, daß sie sehr verschiedenen Charakter haben. Bei den Objektfragen, deren Objekte in den Fachwissenschaften nicht vorkommen, hat die kritische Analyse klargestellt, daß es Scheinfragen sind. Die vermeintlichen Sätze der Metaphysik, der Wertphilosophie, der Ethik (wenn sie eine normative Disziplin und nicht eine psychologisch-soziologische Tatsachenuntersuchung sein soll) sind Scheinsätze; sie haben keinen theoretischen Gehalt, sondern sind nur Gefühlsäußerungen, die beim Hörer wiederum Gefühle und Willenseinstellungen anregen. Auf den übrigen Gebieten der Philosophie sind zunächst die psychologischen Fragen abzutrennen; sie gehören zur Psychologie, zu einer empirischen Fachwissenschaft, und sind von ihr mit ihren empirischen Methoden zu behandeln. [Damit soll natürlich nicht ein Verbot ausgesprochen sein, psychologische Fragen innerhalb logischer Untersuchungen zu besprechen; jeder mag seine Fragen so zusammenstellen, wie es ihm fruchtbar erscheint; es soll nur vor der Verwischung des Unterschiedes zwischen eigentlichen logischen (oder erkenntnistheoretischen) Fragen und psychologischen Fragen gewarnt werden; häufig geht aus der Formulierung einer Frage nicht deutlich hervor, ob sie als psychologische oder als logische gemeint ist, und dadurch entsteht viel Verwirrung.] Die übrig bleibenden Fragen, nach üblicher Bezeichnungsweise: Fragen der Logik, der Erkenntnistheorie, der Naturphilosophie, der Geschichtsphilosophie usw., werden von denen, die die Metaphysik als unwissenschaftlich ansehen, zuweilen als Fragen der wissenschaftlichen Philosophie bezeichnet. Diese Fragen sind ihrer üblichen Formulierung nach teils logische Fragen, teils aber Objektfragen, die sich auf Objekte der Fachwissenschaften beziehen. Dabei sollen aber die philosophischen Fragen nach Auffassung der Philosophen die Objekte, die auch die Fachwissenschaft betrachtet, von einem ganz andern Gesichtspunkt aus betrachten, nämlich eben vom philosophischen Gesichtspunkt aus.

Demgegenüber wollen wir hier die Auffassung vertreten, daß alle übrig bleibenden philosophischen Fragen logische Fragen sind. Auch die vermeintlichen Objektfragen sind logische Fragen in irreführender Einkleidung. Der vermeintliche besondere philosophische Gesichtspunkt, von dem aus die Wissenschaftsobjekte hier betrachtet werden sollen, fällt ebenso fort, wie vorher schon die vermeintliche besondere philosophische Objektschicht der Metaphysik ausgeschaltet worden ist. Außer den Fragen der einzelnen Fachwissenschaften bleiben als echte wissenschaftliche Fragen nur die Fragen der logischen Analyse der Wissenschaft, ihrer Sätze, Begriffe, Theorien usw. übrig. Wir wollen diesen Fragenkomplex zusammenfassend Wissenschaftslogik nennen. [Das Wort ‚Wissenschaftslehre' wollen wir hierfür nicht nehmen; falls man es verwenden will, paßt es besser für das umfassendere Fragengebiet, zu dem außer der Wissenschaftslogik auch die empirische Untersuchung der wissenschaftlichen Tätigkeiten, nämlich die historische, soziologische und besonders die psychologische Untersuchung gehört.]

Nach dieser Auffassung bleibt somit, wenn die Philosophie von allen unwissenschaftlichen Bestandteilen gereinigt wird, als einziger Restbestand die Wissenschaftslogik übrig. Bei den meisten philosophischen Untersuchungen ist aber eine deutliche Scheidung in wissenschaftliche und unwissenschaftliche Bestandteile gar nicht möglich. Darum wollen wir lieber so sagen: an die Stelle des unentwirrbaren Problemgemenges, das man Philosophie nennt, tritt die Wissenschaftslogik. Ob man auf Grund dieser Auffassung die Bezeichnung ‚Philosophie' oder ‚wissenschaftliche Philosophie' auf das Restgebiet noch anwenden will, ist eine Zweckmäßigkeitsfrage, die hier nicht entschieden werden soll. Es ist zu bedenken, daß das Wort ‚Philosophie‘ stark vorbelastet ist und (besonders in der deutschen Sprache) meist auf spekulative, metaphysische Erörterungen angewendet wird. Neutraler ist die Bezeichnung ‚Erkenntnistheorie‘; aber auch sie erscheint nicht ganz unbedenklich, da sie eine Gleichartigkeit unserer wissenschaftslogischen Probleme mit den Problemen der traditionellen Erkenntnistheorie vortäuscht; die letzteren sind aber stets in oft unlösbarer Weise durchsetzt mit Scheinbegriffen und Scheinfragen.

Die Auffassung, daß die Wissenschaftslogik den einzigen Restbestand der Philosophie bildet, sobald Ansprüche an Wissenschaftlichkeit gestellt werden, soll hier nicht begründet und im folgenden nicht vorausgesetzt werden. Wir wollen in diesem Kapitel den Charakter der Sätze der Wissenschaftslogik untersuchen und zeigen, daß es syntaktische Sätze sind. Für den, der mit uns die genannte antimetaphysische Auffassung vertritt, ist damit gezeigt, daß alle sinnvollen philosophischen Probleme zur Syntax gehören. Die folgenden Darlegungen über die Wissenschaftslogik als Syntax sind jedoch von der genannten Auffassung nicht abhängig; wer sie nicht anerkennt, wird unser Ergebnis dahin formulieren, daß die Probleme der nicht-metaphysischen und nicht auf Werte und Normen bezogenen Philosophie syntaktische Probleme sind.

Antimetaphysische Standpunkte sind schon oft vertreten worden, besonders von Hume und den Positivisten. Die genauere These, daß Philosophie nichts anderes sein kann als logische Analyse der wissenschaftlichen Begriffe und Sätze (also das, was wir Wissenschaftslogik nennen wollen), ist besonders von Wittgenstein und dem Wiener Kreis vertreten, ausführlich begründet und in ihren Folgerungen untersucht worden; vgl. Schlick [Metaphysik], [Wende], [Positivismus]; Frank [Kausalgesetz]; Hahn [Wiss. Weltauff.]; Neurath [Wiss. Weltauff.], [Wege]; Carnap [Metaphysik]; weitere Literaturangaben bei Neurath [Wiss. Weltauff.] und in „Erkenntnis“ I, 315ff. — Neurath wendet sich entschieden gegen die Weiterverwendung der Ausdrücke ‚Philosophie‘, ‚wissenschaftliche Philosophie‘, ‚Naturphilosophie‘, ‚Erkenntnistheorie‘ usw.

Die Bezeichnung ‚Wissenschaftslogik‘ wollen wir in einem recht weiten Sinne verstehen. Es soll damit das Gebiet aller der Fragen gemeint sein, die man etwa als reine und angewandte Logik, als logische Analyse der einzelnen Wissenschaftsgebiete oder der Wissenschaft im ganzen, als Erkenntnistheorie, als Grundlagenprobleme oder ähnlich zu bezeichnen pflegt (sofern diese Fragen frei sind von Metaphysik, von Bezogenheit auf Normen, Werte, Transzendentes od. dgl.) Wir rechnen, um Konkretes zu nennen, die folgenden Abhandlungen (mit ganz wenigen Ausnahmen) zur Wissenschaftslogik: die Arbeiten von Russell, Hilbert, Brouwer und ihren Schülern, die Arbeiten der Warschauer Logiker, der Harvard-Logiker, des Kreises um Reichenbach, des Wiener Kreises um Schlick, die meisten im Literaturverzeichnis dieses Buches genannten Arbeiten (und andere Arbeiten derselben Verfasser), die Aufsätze in den Zeitschriften „Erkenntnis" und „Philosophy of Science", die Bücher in den Sammlungen „Schriften zur wissenschaftlichen Weltauffassung" (hsgg. von Schlick und Frank) und „Einheitswissenschaft" (hsgg. von Neurath), ferner die Arbeiten, die in folgenden Bibliographien genannt sind: Erk. I, 315ff. (Allgemeines), 335ff. (Polen), II, 151ff. (Grundlagen der Mathematik), 189f. (Kausalität und Wahrscheinlichkeit).

73. Wissenschaftslogik ist Syntax der Wissenschaftssprache.

Im folgenden soll der Charakter der Fragen der Wissenschaftslogik in dem angedeuteten weiten Sinn, also einschließlich der sogenannten philosophischen Grundlagenprobleme der einzelnen Wissenschaften, untersucht werden. Es wird sich herausstellen, daß diese Fragen Fragen der Syntax sind. Um zu diesem Ergebnis zu gelangen, muß gezeigt werden, daß die in der Wissenschaftslogik vorkommenden Objektfragen (z. B. über die Zahlen, die Dinge, über Raum und Zeit, über die Beziehungen zwischen Psychischem und Physischem u. dgl.) nur Pseudo-Objektfragen sind, Fragen, die sich infolge irreführender Formulierung auf Objekte zu beziehen scheinen, während sie sich in Wirklichkeit auf Sätze, Begriffe, Satzgebäude u. dgl. beziehen, also eigentlich logische Fragen sind. Und zweitens müssen wir zeigen, daß alle logischen Fragen formal erfaßbar sind und sich daher als syntaktische Fragen formulieren lassen. Nach der üblichen Auffassung gibt es bei einer logischen Untersuchung außer der formalen Betrachtung, die sich allein auf Reihenfolge und (syntaktische) Art der Zeichen der Sprachausdrücke bezieht, noch eine inhaltliche Betrachtung, die nicht nur nach der formalen Gestalt, sondern darüber hinaus nach Bedeutung und Sinn fragt. Und zwar bilden nach üblicher Auffassung die formalen Probleme bestenfalls einen kleinen Ausschnitt aus dem logischen Problemgebiet. Im Unterschied zu dieser Auffassung haben unsere Überlegungen zur allgemeinen Syntax gezeigt, daß die formale Methode, wenn sie genügend weit durchgeführt wird, alle logischen Probleme erfaßt, auch die sogenannten inhaltlichen oder Sinn-Probleme (soweit sie echte logische und nicht psychologische Probleme sind). Wenn wir also sagen, Wissenschaftslogik sei nichts anderes als Syntax der Wissenschaftssprache, so ist das nicht etwa als ein Vorschlag gemeint, nur einen bestimmten Teil der Probleme der bisherigen Wissenschaftslogik (wie sie z. B. in den früher genannten Arbeiten behandelt werden), als eigentliche wissenschaftslogische Probleme anzuerkennen. Die Auffassung, die hier vertreten werden soll, ist vielmehr die, daß alle Probleme der bisherigen Wissenschaftslogik, sobald sie exakt formuliert werden, sich als syntaktische Probleme herausstellen.

Wittgenstein hat den nahen Zusammenhang aufgedeckt, der zwischen Wissenschaftslogik (W. sagt „Philosophie") und Syntax besteht. Er hat besonders den formalen Charakter der Logik klargestellt und betont: Syntaxbestimmungen und Beweise haben auf die Bedeutung der Zeichen nicht Bezug zu nehmen ([Tractatus] 52, 56, 164). Ferner hat W. gezeigt, daß die sog. Sätze der Metaphysik und der Ethik Scheinsätze sind. Die Aufgabe der Philosophie ist nach ihm „Sprachkritik" (a. a. O., S. 62), „logische Klärung der Gedanken" (S. 76), der Sätze und Begriffe der Wissenschaft (Naturwissenschaft), also (in unserer Bezeichnungsweise) Wissenschaftslogik. Die Auffassung W.s ist vom Wiener Kreis vertreten und weiter entwickelt worden. Auch für die Überlegungen dieses Kapitels verdanke ich W. wichtige Anregungen. Wenn ich recht sehe, stimmt die hier vertretene Auffassung in den Grundlagen mit der von W. überein, geht aber in einigen wesentlichen Punkten über ihn hinaus. Diese Auffassung wird im folgenden zuweilen gerade gegen die von W. abgegrenzt; das geschieht nur zur größeren Deutlichkeit; man übersehe dabei nicht die Übereinstimmung in wichtigen Grundfragen.

Es sind besonders zwei Punkte, in denen die hier vertretene Auffassung von der Wittgensteins abweicht, und zwar von seinen negativen Thesen. Die erste von diesen besagt (a. a. O., S. 78): „Der Satz kann die logische Form nicht darstellen, sie spiegelt sich in ihm. Was sich in der Sprache spiegelt, kann sie nicht darstellen. Was sich in der Sprache ausdrückt, können wir nicht durch sie ausdrücken. ... Wenn zwei Sätze einander widersprechen, so zeigt dies ihre Struktur; ebenso, wenn einer aus dem andern folgt usw. Was gezeigt werden kann, kann nicht gesagt werden. ... Es wäre ebenso unsinnig, dem Satz eine formale Eigenschaft zuzusprechen, als sie ihm abzusprechen." Mit anderen Worten: Es gibt keine Sätze über Satzformen; es gibt keine aussprechbare Syntax. Im Gegensatz hierzu hat unser Aufbau der Syntax gezeigt, daß sie korrekt formulierbar ist, daß es syntaktische Sätze gibt. Man kann genau so gut

Sätze über die Formen von Sprachausdrücken, also auch von Sätzen bilden, wie Sätze über die geometrischen Formen geometrischer Gebilde; nämlich erstens die analytischen Sätze der reinen Syntax, die auf die Formen und Formbeziehungen von Sprachausdrücken bezogen werden können (analog den analytischen Sätzen der arithmetischen Geometrie, die auf Formbeziehungen der abstrakt-geometrischen Gebilde bezogen werden können); zweitens die synthetischen, empirischen, physikalischen Sätze der deskriptiven Syntax, die von den Formen der Sprachausdrücke als physikalischer Gebilde handeln (analog den synthetischen, empirischen Sätzen der physikalischen Geometrie, vgl. § 25). Die Syntax ist somit in derselben Weise exakt formulierbar wie die Geometrie.

Wittgensteins zweite negative These besagt, daß die Wissenschaftslogik („Philosophie") nicht formulierbar sei. (Diese These fällt für W. nicht mit der ersten zusammen, da er Wissenschaftslogik und Syntax nicht gleichsetzt, s. u.) „Die Philosophie ist keine Lehre, sondern eine Tätigkeit. Ein philosophisches Werk besteht wesentlich aus Erläuterungen. Das Resultat der Philosophie sind nicht „philosophische Sätze", sondern das Klarwerden von Sätzen" (S. 76). Folgerichtig wendet W. diese Auffassung auch auf seine eigene Abhandlung an; ihr Schluß lautet: „Meine Sätze erläutern dadurch, daß sie der, welcher mich versteht, am Ende als unsinnig erkennt, wenn er durch sie — auf ihnen — über sie hinausgestiegen ist. (Er muß sozusagen die Leiter wegwerfen, nachdem er auf ihr hinaufgestiegen ist.) Er muß diese Sätze überwinden, dann sieht er die Welt richtig. Wovon man nicht sprechen kann, darüber muß man schweigen." (S. 188.) Hiernach enthalten die Untersuchungen der Wissenschaftslogik keine Sätze, sondern nur mehr oder minder vage Erläuterungen, die der Leser nachträglich als Scheinsätze erkennen und dann verwerfen muß. Eine solche Interpretation der wissenschaftslogischen Untersuchungen ist sicherlich unbefriedigend. [Schon Ramsey hat sich dagegen gewendet, daß W. die Philosophie für Unsinn erklärt, aber für bedeutsamen Unsinn [Foundations] 263. Dann hat besonders Neurath [Soziol. Phys.] 395f., [Psychol.] 29 jene Auffassung entschieden abgelehnt.] Wenn im folgenden gezeigt wird, daß Wissenschaftslogik Syntax ist, so ist damit auch gezeigt, daß Wissenschaftslogik formulierbar ist, und zwar nicht in unsinnigen und trotzdem praktisch unentbehrlichen Scheinsätzen, sondern in vollkommen korrekten Sätzen. Der genannte Meinungsunterschied ist nicht nur theoretischer Natur, sondern er ist von erheblichem Einfluß auf die praktische Ausgestaltung der Untersuchungen auf philosophischem Gebiet. W. sieht zwischen den Sätzen der spekulativen Metaphysiker und den Sätzen seiner eigenen und anderer wissenschaftslogischer Untersuchungen nur den Unterschied, daß die wissenschaftslogischen Sätze (die sog. philosophischen Erläuterungen) trotz ihrer theoretischen Unsinnigkeit eine praktisch wichtige psychologische Einwirkung auf den wissenschaftlichen Forscher ausüben, die eigentlich metaphysischen Sätze aber nicht, oder wenigstens nicht in derselben Weise; also einen nur graduellen Unterschied, der zudem sehr vage ist. Daß W. nicht an die Möglichkeit exakter Formulierung der wissenschaftslogischen Sätze glaubt, hat dann zur Folge, daß er auch an die Formulierung seiner eigenen Überlegungen keine Anforderung an Wissenschaftlichkeit stellt, daß er keine scharfe Grenzlinie zwischen wissenschaftslogischen und metaphysischen Formulierungen zieht. In den folgenden Überlegungen werden wir die Übersetzbarkeit in die formale Redeweise, also in syntaktische Sätze, als Kriterium kennenlernen, das die echten wissenschaftslogischen Sätze von den andern philosophischen Sätzen — man mag sie metaphysische nennen — trennt. W. hat in manchen seiner Formulierungen diese Grenze deutlich überschritten; das ist eine psychologisch verständliche Folge seines Glaubens an die beiden negativen Thesen.

Trotz des genannten Unterschiedes stimme ich mit W. darin überein, daß es keine besonderen Sätze der Wissenschaftslogik (oder Philosophie) gibt. Die Sätze der Wissenschaftslogik werden als syntaktische Sätze über die Wissenschaftssprache formuliert; aber dadurch wird kein neues Gebiet neben dem der Wissenschaft aufgetan. Denn die Sätze der Syntax sind ja teils Sätze der Arithmetik, teils Sätze der Physik, die nur deshalb syntaktische Sätze genannt werden, weil sie auf sprachliche Gebilde bzw. auf deren formale Struktur bezogen werden. Reine und deskriptive Syntax ist nichts anderes als Mathematik und Physik der Sprache.

Von den Bestimmungen der logischen Syntax sagt Wittgenstein (s. o.), daß sie ohne Bezugnahme auf Sinn und Bedeutung formuliert werden müssen. Nach unserer Auffassung gilt dasselbe auch für die Sätze der Wissenschaftslogik. Wie es scheint, meint W., daß diese Sätze (die sog. philosophischen Erläuterungen) über das Formale hinausgehen und sich auf den Sinn der Sätze und Begriffe beziehen sollen. Schlick deutet W.s Auffassung in dieser Weise ([Wende] 8: die Philosophie „ist nämlich diejenige Tätigkeit, durch welche der Sinn der Aussagen festgestellt oder aufgedeckt wird"; es handelt sich „darum, was die Aussagen eigentlich meinen. Inhalt, Seele und Geist der Wissenschaft stecken natürlich in dem, was mit ihren Sätzen letzten Endes gemeint ist; die philosophische Tätigkeit der Sinngebung ist daher das Alpha und Omega aller wissenschaftlichen Erkenntnis").

74. Pseudo-Objektsätze.

Wir haben (in ungenauer Weise) Objektsätze und logische Sätze unterschieden. Wir wollen jetzt (zunächst ebenfalls in ungenauer Weise) statt dessen die beiden Gebiete der Objektsätze und der syntaktischen Sätze einander gegenüberstellen, wobei also von den logischen Sätzen nur die auf Form bezogenen berücksichtigt und dem zweiten Gebiet zugewiesen werden. Es gibt nun ein *Zwischengebiet* zwischen diesen beiden Gebieten. Zu ihm wollen wir die Sätze rechnen, die so formuliert sind, als ob sie sich (auch oder ausschließlich) auf Objekte bezögen, während sie sich in Wirklichkeit auf syntaktische Formen beziehen, und zwar auf die Formen der Bezeichnungen der Objekte, auf die sie sich scheinbar beziehen. Diese Sätze sind also ihrem Inhalt nach syntaktische Sätze, aber verkleidet als Objektsätze; wir wollen sie *Pseudo-Objektsätze* nennen. Wenn wir versuchen, die soeben in ungenauer, inhaltlicher Weise angedeutete Unterscheidung formal zu erfassen, so werden wir bemerken, daß diese Pseudo-Objektsätze nichts anderes sind als *die quasi-syntaktischen Sätze der inhaltlichen Redeweise* (in dem früher formal definierten Sinn, vgl. § 64).

In dieses Zwischengebiet gehören viele Fragen und Sätze der sogenannten *philosophischen Grundlagenforschung*. Wir wollen ein einfaches *Beispiel* betrachten. Bei einer philosophischen Erörterung über Zahlbegriffe will man etwa darauf hinweisen, daß zwischen Zahlen und (körperlichen) Dingen ein wesentlicher Unterschied besteht; damit will man vor Scheinfragen etwa nach Ort, nach Gewicht od. dgl. von Zahlen warnen. Einen solchen Hinweis formuliert man vielleicht durch einen Satz etwa folgender Art: „Fünf ist kein Ding, sondern eine Zahl" ($\mathfrak{S}_1$). Scheinbar wird in diesem Satz eine Eigenschaft der Fünf ausgesagt, wie in dem Satz „Fünf ist keine gerade, sondern eine ungerade Zahl" ($\mathfrak{S}_2$). In Wirklichkeit jedoch bezieht sich $\mathfrak{S}_1$ nicht auf die Fünf, sondern auf das Wort ‚fünf'; das zeigt die mit $\mathfrak{S}_1$ gehaltgleiche Formulierung $\mathfrak{S}_3$: „ ‚Fünf' ist kein Dingwort, sondern ein Zahlwort." Während $\mathfrak{S}_2$ ein echter Objektsatz ist, ist $\mathfrak{S}_1$ ein *Pseudo-Objektsatz*; $\mathfrak{S}_1$ ist ein quasi-syntaktischer Satz (der inhaltlichen Redeweise), $\mathfrak{S}_3$ ist der zugeordnete syntaktische Satz (formale Redeweise).

Wir haben vorhin diejenigen logischen Sätze beiseite gelassen, die etwas über *Sinn, Inhalt, Bedeutung* von Sätzen oder Sprachausdrücken irgendeines Gebietes aussagen. Auch diese Sätze sind *Pseudo-Objektsätze*. Betrachten wir als Beispiel den folgenden Satz $\mathfrak{S}_1$: „Der gestrige Vortrag handelte von Babylon." $\mathfrak{S}_1$ scheint etwas über Babylon auszusagen, da der Name ‚Babylon' in $\mathfrak{S}_1$ vorkommt. In Wirklichkeit aber sagt $\mathfrak{S}_1$ nichts über die Stadt Babylon aus, sondern nur etwas über den gestrigen Vortrag und über das Wort ,Babylon'. Das erkennt man leicht durch folgende inhaltliche Überlegung: für unser Wissen von der Beschaffenheit der Stadt Babylon ist die Frage, ob $\mathfrak{S}_1$ wahr oder falsch ist, belanglos. Daß $\mathfrak{S}_1$ nur ein Pseudo-Objektsatz ist, ersieht man ferner aus dem Umstand, daß $\mathfrak{S}_1$ übersetzbar ist in folgenden (deskriptiv-)syntaktischen Satz: „In dem gestrigen Vortrag kam das Wort ,Babylon' oder ein mit ,Babylon' synonymer Ausdruck vor" ($\mathfrak{S}_2$).

Wir unterscheiden also *drei Arten von Sätzen*:

1. Objektsätze.	2. Pseudo-Objektsätze = quasi-syntaktische Sätze.	3. Syntaktische Sätze.
	Inhaltliche Redeweise.	*Formale Redeweise.*
Beispiele. „5 ist eine Primzahl"; „Babylon war eine große Stadt"; „Löwen sind Säugetiere".	*Beispiele.* „Fünf ist kein Ding, sondern eine Zahl"; „Babylon ist im gestrigen Vortrag behandelt worden". [Zur autonymen Redeweise gehört z. B. „Fünf ist ein Zahlwort".]	*Beispiele.* „,Fünf' ist kein Dingwort, sondern ein Zahlwort"; „Das Wort ,Babylon' ist im gestrigen Vortrag vorgekommen"; „,A . $\sim$ A' ist ein kontradiktorischer Satz".

Das durch ungenaue inhaltliche Andeutungen abgegrenzte Zwischengebiet der Pseudo-Objektsätze kann auch exakt, und zwar formal abgegrenzt werden. Die Pseudo-Objektsätze sind nämlich quasi-syntaktische Sätze, und zwar solche der *inhaltlichen Redeweise*. [Die autonyme Redeweise können wir hier außer Betracht lassen, da praktisch kaum die Gefahr besteht, daß man einen Satz dieser Redeweise für einen Objektsatz hält.] Das Kriterium der inhaltlichen Redeweise nimmt eine einfachere Form an, wenn es sich um eine Objektsprache S_1 handelt, die die auf S_1 bezogene Syntax S_2 als Teilsprache enthält. S_1 sei etwa die deutsche Sprache als *Gesamtsprache der Wissenschaft*; die Syntaxsprache S_2, in der die Syntax von S_1 formuliert werden soll, ist dann eine Teilsprache von S_1. Dadurch kommt zum Ausdruck, daß wir die Syntax nicht als ein Sondergebiet außerhalb der übrigen Wissenschaft ansehen, sondern als Teilgebiet der Gesamtwissenschaft, die ein einheitliches System bildet (Neurath: ,Einheitswissenschaft') mit einer einheitlichen Sprache S_1. Daß eine Sprache ihre eigene Syntax widerspruchsfrei enthalten kann, haben wir früher gezeigt. Auch wenn die Syntaxsprache S_2 Teilsprache von S_1 ist, ist es natürlich möglich und notwendig, zwischen einem Satz $\mathfrak{S}_1$ von S_1 (der auch zu S_2 gehören kann) und einem auf $\mathfrak{S}_1$ bezogenen syntaktischen Satz $\mathfrak{S}_2$, der zu S_2 und daher auch zu S_1 gehört, zu unterscheiden. Wir wollen das Kriterium der inhaltlichen Redeweise der Einfachheit halber nur für die einfachste Satzform (und zwar der Kürze und Deutlichkeit wegen für einen symbolischen Satz) formulieren (vgl. § 64). $\mathfrak{S}_1$ sei ‚P(a)'; $\mathfrak{S}_1$ heißt *quasi-syntaktisch* in bezug auf ‚a', wenn es ein syntaktisches $\mathfrak{pr}$ ‚Q' gibt derart, daß ‚P(a)' gehaltgleich ist mit ‚Q (‚a')' ($\mathfrak{S}_2$), ferner ‚P (b)' gehaltgleich mit ‚Q (‚b')' und entsprechend für jeden mit ‚a' gattungsgleichen Ausdruck. Es kann nun sein, daß hierbei ‚P' ein mit ‚Q' gleichbedeutendes syntaktisches $\mathfrak{pr}$ ist (das würde sich formal darin zeigen, daß ‚P (‚a')' auch ein Satz wäre, und zwar ein mit ‚Q (‚a')' gehaltgleicher, daß ferner ‚P (‚b')' mit ‚Q (‚b')' gehaltgleich wäre und entsprechend für jeden mit ‚a' gattungsgleichen Ausdruck); ist das nicht der Fall, so nennen wir $\mathfrak{S}_1$ einen *Satz der inhaltlichen Redeweise*. ‚Q' nennen wir ein dem quasi-syntaktischen $\mathfrak{pr}$ ‚P' zugeordnetes syntaktisches $\mathfrak{pr}$; $\mathfrak{S}_2$ nennen wir einen dem quasi-syntaktischen Satz $\mathfrak{S}_1$ zugeordneten syntaktischen Satz. Bei der *Übersetzung von der inhaltlichen in die formale Redeweise* wird $\mathfrak{S}_1$ in $\mathfrak{S}_2$ übersetzt.

Um das Verständnis und die praktische Anwendung auf die später folgenden Beispiele zu erleichtern, wollen wir das Kriterium (wiederum für die einfachste Satzform) auch noch in einer weniger exakten, inhaltlichen Weise formulieren (die späteren Beispiele von Sätzen, besonders auch der Wissenschaftslogik, gehören fast durchweg der Wortsprache an; sie sind daher selbst nicht exakt genug formuliert, um die Anwendung exakter Begriffe auf sie zu ermöglichen). $\mathfrak{S}_1$ heißt ein *Satz der inhaltlichen Redeweise, wenn* $\mathfrak{S}_1$ *von einem Objekt eine Eigenschaft aussagt, zu der es eine von ihr verschiedene, und zwar syntaktische Eigenschaft gibt, die sozusagen mit ihr parallel läuft*, d. h. die dann und nur dann, wenn jene Eigenschaft irgendeinem Objekt zukommt, einer Bezeichnung dieses Objektes zukommt.

Man erkennt leicht, daß bei dem früheren Beispiel mit

‚Babylon' dieses Kriterium für den Satz $\mathfrak{S}_1$ erfüllt ist: die in $\mathfrak{S}_2$ vom Wort ‚Babylon' ausgesagte syntaktische (und zwar hier deskriptiv-syntaktische) Eigenschaft ist parallel zu der in $\mathfrak{S}_1$ von der Stadt Babylon ausgesagten Eigenschaft; denn dann und nur dann, wenn der gestrige Vortrag von einem bestimmten Objekt gehandelt hat, ist in dem Vortrag eine Bezeichnung dieses Objektes vorgekommen. Ebenso ist das Kriterium der inhaltlichen Redeweise für den Satz $\mathfrak{S}_1$ des Beispiels mit ‚Fünf' erfüllt: dann und nur dann, wenn die in $\mathfrak{S}_1$ ausgesagte Eigenschaft, kein Ding, sondern eine Zahl zu sein, irgend einem Objekt (z. B. der Fünf) zukommt, kommt die in $\mathfrak{S}_2$ ausgesagte Eigenschaft, kein Dingwort, sondern ein Zahlwort zu sein, einer Bezeichnung dieses Objektes (im Beispiel: dem Wort ‚Fünf') zu.

75. Sätze über Bedeutung.

Wir wollen im folgenden verschiedene Arten von Sätzen der inhaltlichen Redeweise betrachten, besonders solche Arten, die in philosophischen Erörterungen häufig vorkommen. Auf Grund dieser Untersuchungen werden wir dann in weiteren vorkommenden Fällen leichter die Diagnose auf inhaltliche Redeweise stellen können. Ferner wird dadurch allgemein der Charakter der philosophischen Probleme klarwerden. Die Unklarheit über diesen Charakter ist hauptsächlich auf die Täuschung und Selbsttäuschung zurückzuführen, die durch Anwendung der inhaltlichen Redeweise hervorgerufen wird. Die Einkleidung in inhaltliche Redeweise verschleiert den Umstand, daß die sogenannten philosophischen Grundlagenfragen nichts anderes sind als Fragen der Wissenschaftslogik in bezug auf die Sätze und Satzzusammenhänge der Wissenschaftssprache, und ferner den Umstand, daß die Fragen der Wissenschaftslogik formale, also syntaktische Fragen sind. Die Sachlage wird enthüllt durch Übersetzung der Sätze der inhaltlichen Redeweise, die ja quasi-syntaktische Sätze sind, in die zugeordneten syntaktischen Sätze und damit in formale Redeweise. Damit ist nicht gesagt, daß die inhaltliche Redeweise ganz ausgeschaltet werden solle. Da sie allgemein üblich und oft leichter verständlich ist, mag sie ruhig beibehalten werden. Man tut aber gut daran, sich ihre Anwendung bewußt zu machen, um die sonst leicht entstehenden Unklarheiten und Scheinprobleme zu vermeiden.

Bei einem Satz $\mathfrak{S}_1$ der inhaltlichen Redeweise ist die Täuschung, als läge ein echter Objektsatz vor, dann am leichtesten zu durchschauen, wenn $\mathfrak{S}_1$ zum Teil der Syntaxsprache S_2 angehört, aber auch Bestandteile von S_1 enthält, die nicht zu S_2 gehören. [Nicht alle Sätze dieser Art sind Sätze der inhaltlichen Redeweise. Z. B. ist der Satz „Die Freiburger Universität trägt die Aufschrift ‚Die Wahrheit wird euch frei machen'" nicht quasisyntaktisch, sondern ein einfacher deskriptiv-syntaktischer Satz.] Besonders wichtig sind hier die Sätze, die eine *Bezeichnungsbeziehung* ausdrücken, d. h. solche, in denen einer der folgenden Ausdrücke vorkommt: ‚handelt von', ‚spricht über', ‚besagt', ‚benennt', ‚ist Name für', ‚bezeichnet', ‚bedeutet' und ähnliche. Wir geben eine Reihe solcher *Sätze über Bedeutung* an, und dabei die zugeordneten syntaktischen Sätze. Die Reihe beginnt mit einem schon besprochenen Beispiel. [Es kommt hier natürlich nicht darauf an, ob die Beispielsätze zutreffen oder nicht.]

Inhaltliche Redeweise (quasi-syntaktische Sätze).	*Formale Redeweise* (die zugeordneten syntaktischen Sätze).
1a. Der gestrige Vortrag *handelte von* Babylon.	1b. In dem gestrigen Vortrag kam das Wort ‚Babylon' (oder eine synonyme Bezeichnung) vor.
2a. Das Wort ‚Tagesgestirn' *bezeichnet* (oder: *bedeutet*; oder: *ist Name für*) die Sonne.	2b. Das Wort ‚Tagesgestirn' ist synonym mit ‚Sonne'.
3a. Der Satz $\mathfrak{S}_1$ *besagt* (oder: *sagt aus*; oder: *gibt an*; oder: hat den *Inhalt*; oder: hat den *Sinn*), daß der Mond kugelförmig ist.	3b. $\mathfrak{S}_1$ ist gehaltgleich mit dem Satz ‚Der Mond ist kugelförmig'.
4a. Das Wort ‚luna' der lateinischen Sprache *bezeichnet* den Mond.	4b. Es gibt eine gehalttreue ausdrucksweise Übersetzung der lateinischen in die deutsche Sprache, bei der das Wort ‚Mond' Korrelat des Wortes ‚luna' ist.
5a. Der Satz ‚. . .' der chinesischen Sprache *besagt*, daß der Mond kugelförmig ist.	5b. Es gibt eine gehalttreue satzweise Übersetzung der chinesischen in die deutsche Sprache, bei der der Satz ‚Der Mond ist kugelförmig' Korrelat des Satzes ‚. . .' ist.

Die folgenden Beispiele 6 und 7 zeigen, wie der *Unterschied zwischen dem Sinn* eines Ausdruckes und dem durch ihn *bezeichneten Gegenstand* formal erfaßbar ist. [Dieser Unterschied wird von den Phänomenologen hervorgehoben, aber nicht logisch, sondern psychologistisch gedeutet.]

6a. Die Ausdrücke ,Aar' und ,Adler' haben denselben *Sinn* (oder: dieselbe *Bedeutung*; oder: *meinen* dasselbe; oder: haben denselben *intentionalen Gegenstand*).	6b. ,Aar' und ,Adler' sind L-synonym.
7a. ,Abendstern' und ,Morgenstern' haben verschiedenen Sinn, *bezeichnen* aber denselben Gegenstand.	7b. ,Abendstern' und ,Morgenstern' sind nicht L-synonym, aber P-synonym.

[In bezug auf eine symbolische (P-)Sprache kann auch so formuliert werden: 6b. ,$\mathfrak{A}_1 = \mathfrak{A}_2$' ist analytisch. 7b. ,$\mathfrak{A}_1 = \mathfrak{A}_2$' ist nicht analytisch, aber P-gültig.]

Analog ist bei Sätzen der *Unterschied zwischen dem Sinn und der dargestellten Tatsache* formal zu erfassen. [Die üblichen Formulierungen wie ,dasselbe besagen' oder ,denselben Inhalt haben' u. dgl. sind zweideutig; in manchen Fällen ist 8b gemeint, in manchen 9b, in vielen Fällen bleibt die Meinung unklar.]

8a. Die Sätze $\mathfrak{S}_1$ und $\mathfrak{S}_2$ haben denselben *Sinn*.	8b. $\mathfrak{S}_1$ und $\mathfrak{S}_2$ sind L-gehaltgleich.
9a. $\mathfrak{S}_1$ und $\mathfrak{S}_2$ haben verschiedenen Sinn, *stellen* aber dieselbe Tatsache *dar* (oder: beschreiben).	9b. $\mathfrak{S}_1$ und $\mathfrak{S}_2$ sind nicht L-gehaltgleich, aber P-gehaltgleich.

[In bezug auf eine symbolische Sprache: 8b. ,$\mathfrak{S}_1 \equiv \mathfrak{S}_2$' ist analytisch. 9b. ,$\mathfrak{S}_1 \equiv \mathfrak{S}_2$' ist nicht analytisch, aber P-gültig.]

10a. Die Sätze der Arithmetik *geben* gewisse Eigenschaften von Zahlen und gewisse Beziehungen zwischen Zahlen *an* (oder: sprechen ... *aus*).	10b. Die Sätze der Arithmetik sind aus $\mathfrak{Z}$ und ein- oder mehrstelligen $\mathfrak{zpr}$ in der und der Weise zusammengesetzt.
11a. Ein singulärer Satz der Physik *gibt* den Zustand eines Raumpunktes zu einer bestimmten Zeit *an*.	11b. Ein singulärer Satz der Physik besteht aus einem deskriptiven Prädikat und Raum-Zeit-Koordinaten als Argumenten.

Die folgenden Beispiele 12a, 13a, 14a scheinen zunächst von gleicher Art zu sein wie 1a und 4a. An ihnen wird sich aber die Gefahr der Irreführung durch die Anwendung der inhaltlichen Redeweise besonders deutlich zeigen lassen.

12a. Dieser Brief spricht vom Sohn des Herrn Müller.	12b. In diesem Brief kommt ein Satz $\mathfrak{Pr}(\mathfrak{A}_1)$ vor, wo $\mathfrak{A}_1$ die Kennzeichnung ‚der Sohn des Herrn Müller' ist.
13a. Der Ausdruck ‚le cheval de M.' bezeichnet (oder: bedeutet) das Pferd des M.	13b. Es gibt eine gehalttreue ausdrucksweise Übersetzung der französischen in die deutsche Sprache, bei der ‚das Pferd des M.' Korrelat von ‚le cheval de M.' ist.
14a. Der Ausdruck ‚un éléphant bleu' bedeutet einen blauen Elefanten.	14b. (Analog 13b.)

Angenommen, Herr Müller hat keinen Sohn; dann kann Satz 12a trotzdem wahr sein; der Brief lügt dann eben. Aus dem wahren Satz 12a kann man nun nach üblichen logischen Schlußregeln einen falschen Satz ableiten. Um die Ableitung genauer zu machen, wollen wir anstatt der Wortsprache eine Symbolik anwenden: Anstatt ‚dieser Brief' wollen wir schreiben: ‚b'; anstatt ‚b handelt von a': ‚H (b, a)'; anstatt ‚der Sohn des a': ‚Sohn' a' (kennzeichnende Funktion in Russellscher Symbolik). Also wird anstatt 12a geschrieben: ‚H (b, Sohn' Müller)' ($\mathfrak{S}_1$). Nach einem bekannten Satz der Logistik (vgl. [Logistik] § 7c, L 7·2) ist aus einem Satz $\mathfrak{Pr}(\mathfrak{Arg})$, in dem eine Kennzeichnung als Argument vorkommt, ein Satz ableitbar, der aussagt, daß es etwas gibt, das die kennzeichnende Eigenschaft hat. Aus $\mathfrak{S}_1$ wäre hiernach ableitbar ‚$(\exists\, x)$ (Sohn $(x$, Müller$)$)' ($\mathfrak{S}_2$), also in Worten: „Es gibt einen Sohn des Herrn Müller." Das ist aber ein falscher Satz. Ebenso ist aus 13a der unter Umständen falsche Satz „Es gibt ein Pferd des M." ableitbar; und aus 14a der falsche Satz „Es gibt einen blauen Elefanten". Aus den Sätzen 12b, 13b, 14b der formalen Redeweise kann dagegen nach den üblichen Regeln kein falscher Satz abgeleitet werden. Die Beispiele zeigen, daß man bei Anwendung der inhaltlichen Redeweise zu Widersprüchen geführt wird, wenn man die für andere Sätze richtigen Schlußweisen auch hier unbedenklich anwendet. [Man kann nicht behaupten, die Formulierungen 12a, 13a und 14a seien unkorrekt, die Anwendung der inhaltlichen Redeweise führe notwendig zu Widersprüchen; denn die Wortsprache ist ja nicht an die Regeln der Logistik gebunden. Will man die inhaltliche Redeweise zulassen, so muß man ein Regelsystem anwenden, das nicht nur komplizierter ist als das der Logistik, sondern auch komplizierter als das für die übrigen Sätze der Wortsprache geltende Regelsystem.]

Manche Sätze enthalten gewissermaßen versteckt eine Bedeutungsbeziehung. Bei solchen Sätzen bemerkt man nicht auf den ersten Blick, daß sie zur inhaltlichen Redeweise gehören. Die wichtigsten Beispiele hierfür sind die Sätze, die die sogenannte indirekte Rede (oratio obliqua) anwenden (d. h. Sätze, die über einen gesprochenen, gedachten, geschriebenen Satz sprechen, diesen aber nicht durch eine Beschreibung des Wortlautes angeben, sondern mit Hilfe eines ‚daß-‘, ‚ob-‘ oder ‚w-‘Satzes oder eines Satzes mit Konjunktiv ohne Bindewort). Bei den folgenden Beispielen 15a, 16a zeigen die Umformulierungen 15b, 16b, daß die Sätze, in denen indirekte Rede vorkommt, von derselben Art sind wie die früher besprochenen Beispiele, daß sie also auch zur inhaltlichen Redeweise gehören.

I. Inhaltliche Redeweise.		II. Formale Redeweise.
1. Sätze mit indirekter Rede.	2. Sätze über Bedeutung.	
15a. Karl hat gesagt (geschrieben, gedacht), Peter komme morgen (oder: daß Peter morgen kommt).	15b. Karl hat einen Satz ausgesprochen, der bedeutet, daß Peter morgen kommt.	15c. Karl hat den Satz ‚Peter kommt morgen‘ (oder einen Satz, von dem dieser eine Folge ist) ausgesprochen.
16a. Karl hat gesagt, wo Peter ist.	16b. Karl hat einen Satz ausgesprochen, der angibt, wo Peter ist.	16c. Karl hat einen Satz von der Form ‚Peter ist —‘ ausgesprochen, wo an der Stelle des Striches eine Ortsbezeichnung steht.

Die Anwendung der indirekten Rede ist zwar bequem und kurz; aber sie birgt dieselben Gefahren wie die sonstigen Sätze der inhaltlichen Redeweise. Z. B. täuscht der Satz 15a im Unterschied zu 15c vor, er handle von Peter, während er in Wirklichkeit nur von Karl und von dem Wort ‚Peter‘ handelt. Bei Anwendung der direkten Rede (oratio recta) bestehen diese Gefahren nicht. Z. B. gehört der Satz „Karl sagt: ‚Peter kommt morgen‘“ nicht zur inhaltlichen Redeweise; es ist ein deskriptiv-syntaktischer Satz. Die direkte Rede ist die in der Wortsprache übliche Form für die formale, syntaktische Redeweise. (Über die Bildung der syntaktischen Bezeichnung eines Ausdrucks mit Hilfe von Anführungszeichen vgl. § 41.)

Die bisherigen Beispiele haben schon erkennen lassen, daß bei gewissen Formulierungen in inhaltlicher Redeweise die Gefahr von Unklarheiten oder Widersprüchen besteht. Allerdings wird man in derartigen einfachen Fällen dieser Gefahr leicht ausweichen können. In weniger durchsichtigen Fällen von grundsätzlich gleicher Art hat aber, besonders in der Philosophie, die Anwendung der inhaltlichen Redeweise vielfach zu Unstimmigkeiten und Verwirrungen geführt.

76. Allwörter.

Ein $\mathfrak{pr}$, von dem jeder Vollsatz analytisch ist, wollen wir ein Allprädikat nennen oder, wenn es ein Wort der Wortsprache ist, ein **Allwort.** [Ein Allprädikat kann für jede Prädikatgattung leicht definiert werden. Ist z. B. $\mathfrak{pr}_1$ ein $\mathfrak{pr}^1$ beliebiger Gattung, so definieren wir das Allprädikat $\mathfrak{pr}_2$ derselben Gattung in folgender Weise: $\mathfrak{pr}_2(\mathfrak{v}_1) \equiv (\mathfrak{pr}_1(\mathfrak{v}_1) \vee \sim \mathfrak{pr}_1(\mathfrak{v}_1))$.] Die Untersuchung der Allwörter ist besonders wichtig für die Analyse der philosophischen Sätze. Sie kommen sehr häufig in solchen Sätzen vor, sowohl in metaphysischen wie in wissenschaftslogischen, und zwar meist in inhaltlicher Redeweise. Um die praktische Anwendung des Kriteriums für ‚Allwort' zu erleichtern, sei es auch noch inhaltlich formuliert: ein Wort heißt ein Allwort, wenn es eine Eigenschaft (oder Beziehung) ausdrückt, die allen Gegenständen irgendeiner Gattung analytisch zukommt; dabei rechnen wir zwei Gegenstände zu derselben Gattung, wenn ihre Bezeichnungen zu derselben syntaktischen Gattung gehören. Da die Syntaxbestimmungen der Wortsprache nicht genau festgelegt sind und der Sprachgebrauch gerade in bezug auf die Gattungseinteilung der Wörter erheblich schwankt, so können wir Beispiele für Allwörter immer nur mit dem Vorbehalt angeben, daß sie für einen bestimmten Sprachgebrauch gelten.

Beispiele. 1. ‚Ding' ist ein Allwort (sofern die Dingbezeichnungen eine Gattung bilden). In der Wortreihe ‚Hund', ‚Tier', ‚Lebewesen', ‚Ding' ist jedes Wort ein umfassenderes Prädikat als das vorhergehende, das letzte aber ein Allprädikat. In der entsprechenden Satzreihe ‚Karo ist ein Hund', ‚... ist ein Tier', ‚... ein

Lebewesen', ,Karo ist ein Ding' nimmt der Gehalt schrittweise ab. Aber der letzte Satz ist von den vorhergehenden grundsätzlich verschieden, er ist (L-)gehaltleer, analytisch. Wird in ,Karo ist ein Ding' ,Karo' durch irgendeine andere Dingbezeichnung ersetzt, so entsteht wieder ein analytischer Satz; wird ,Karo' durch einen Ausdruck ersetzt, der keine Dingbezeichnung ist, so entsteht überhaupt kein Satz.

2. ,Zahl' ist ein Allwort (sofern die $\mathfrak{Z}$ eine Gattung bilden, wie z. B. in Sprache I und II, im Unterschied zu Russells Sprache, wo die $\mathfrak{Z}$ einen Teil der Klassenausdrücke zweiter Stufe bilden). In der Reihe der Prädikate ,Zahl von der Form $2n + 1$', ,ungerade Zahl', ,Zahl' ist nur das letzte ein Allprädikat. In der Reihe der Sätze ,7 hat die Form $2n + 1$', ,7 ist ungerade', ,7 ist eine Zahl' ist zwar auch schon der zweite analytisch. Aber nur der dritte hat die Eigenschaft, daß jeder Satz, der aus ihm entsteht, wenn ,7' durch ein anderes $\mathfrak{Z}$ ersetzt wird, auch wieder analytisch ist. Wird ,7' durch einen Ausdruck ersetzt, der kein $\mathfrak{Z}$ ist, so entsteht kein Satz (unter der anfangs genannten Voraussetzung).

Beispiele für Allwörter: ,Ding', ,Gegenstand', ,Eigenschaft', ,Beschaffenheit', ,Beziehung', ,Sachverhalt', ,Zustand', ,Vorgang', ,Ereignis', ,Handlung', ,Raumpunkt', ,räumliche Beziehung', ,Raum' (= System der Raumpunkte, durch räumliche Beziehungen geordnet), ,Zeitpunkt', ,zeitliche Beziehung', ,Zeit' (= System der Zeitpunkte, durch zeitliche Beziehungen geordnet); ,Zahl', ,natürliche Zahl' (in I und II), ,reelle Zahl' (in manchen Systemen), ,Funktion', ,Menge' (oder ,Klasse'); ,Ausdruck' (in einer reinen Syntaxsprache); und viele andere.

Wir alle verwenden solche Allwörter in unseren Abhandlungen, besonders in der Wissenschaftslogik, beinahe in jedem Satz. Daß die Verwendung dieser Wörter nötig ist, beruht jedoch nur auf der Mangelhaftigkeit der Wortsprachen, auf ihrem unzweckmäßigen syntaktischen Bau. Jede Sprache kann ohne Einbuße an Ausdrucksfähigkeit und Ausdruckskürze so umgeformt werden, daß keine Allwörter mehr vorkommen.

Wir wollen zwei Anwendungsweisen der Allwörter unterscheiden (ohne eine genaue formale Abgrenzung zu geben). Bei der zweiten Anwendungsweise liegt inhaltliche Redeweise vor; davon wird später die Rede sein. Bei der ersten Anwendungsweise handelt es sich um echte Objektsätze. Hier dient ein Allwort dazu, die syntaktische Gattung eines andern Ausdrucks kenntlich zu machen. In manchen Fällen ist durch die Form des andern Ausdrucks allein seine syntaktische Gattung schon eindeutig bestimmt; die besondere Kenntlichmachung durch das hinzugefügte Allwort dient dann nur zur besonderen Hervorhebung, vielleicht zur Erleichterung des Verständnisses für den Leser. In andern Fällen dagegen ist die Beifügung des Allwortes nötig, da der andere Ausdruck sonst mehrdeutig sein würde. In allen diesen Fällen der ersten Anwendungsweise ist das Allwort sozusagen unselbständig, es ist ein grammatisches Nebenzeichen zu einem andern Ausdruck, ein Index.

Beispiele. 1. „Durch den Vorgang der Erwärmung wird ...“ Da die Erwärmung eindeutig zur Gattung der Vorgänge gehört, so kann hier einfach gesagt werden: „Durch die Erwärmung wird...“ Das Allwort ‚Vorgang‘ dient hier nur dazu, die Gattungszugehörigkeit des Wortes ‚Erwärmung‘ hervorzuheben. — Ähnlich in folgenden Beispielen: 2. „Der Zustand der Müdigkeit ...“. — 3. „Die Zahl Fünf ...“.

In den folgenden Sätzen ist das Allwort nötig, um Eindeutigkeit zu erreichen. Es kann durch Verwendung eines Index (‚7‘ und ‚7_r‘) oder durch Einführung verschiedener Ausdrücke anstatt des mehrdeutigen Ausdrucks überflüssig gemacht werden. 4a. „Die natürliche Zahl 7 ...“. 4b. „Die reelle Zahl 7 ...“. — 5a. „Der Zustand der Freundschaft ...“. 5b. „Die Beziehung der Freundschaft ...“.

Besonders als Nebenzeichen zu Variablen, also bei der Formulierung von All- und Existenzsätzen, sind in den Wortsprachen häufig Allwörter nötig, um kenntlich zu machen, aus welcher Gattung die Einsetzungswerte zu nehmen sind. Die Wortsprache verwendet als Variable Wörter (‚ein‘, ‚etwas‘, ‚jeder‘, ‚alle‘, ‚ein beliebiger‘ u. a.), denen keine bestimmte Gattung als Wertbereich zugeordnet ist. Würde man, wie es in den symbolischen Sprachen üblich ist, für die verschiedenen Gattungen von Einsetzungswerten verschiedene Variablenarten verwenden, so würde die Beifügung des Allwortes überflüssig. Das Allwort dient also in der Wortsprache hier gewissermaßen als ein Index zu einer Variablen, der die Gattung der Einsetzungswerte der Variablen kenntlich macht.

Beispiele. Wir stellen die Formulierungen in Wortsprache und in logistischer Sprache einander gegenüber. 6a. „Wenn eine beliebige Zahl ..., so ...“. 6b. „$(x)(.. \supset ..)$“ (wo ‚x‘ ein $\mathfrak{z}$ ist). — 7a. „Es gibt eine Zahl, ...“. 7b. „$(\exists x)(...)$“ (wo ‚x‘ ein $\mathfrak{z}$ ist). — 8a. „Ich kenne ein Ding, das ...“. 8b. „$(\exists x)(...)$“ (wo ‚x‘ eine Dingvariable ist). — 9a. „Jede Zahleigenschaft ...“. 9b. „$(F)(...)$“

(wo ‚F' ein $\mathfrak{p}$ ist, dessen Werte $\mathfrak{zpr}^1$ sind). — 10a. „Es gibt eine Beziehung ...". 10b. „$(\exists F)$ (...)" (wo ‚F' ein $\mathfrak{p}^2$ ist).

Wittgenstein [Tractatus] 84: „So ist der variable Name ‚x' das eigentliche Zeichen des Scheinbegriffs ‚Gegenstand'. Wo immer das Wort ‚Gegenstand' (‚Ding', ‚Sache' usw.) richtig gebraucht wird, wird es in der Begriffsschrift durch den variablen Namen ausgedrückt. ...Wo immer es anders, also als eigentliches Begriffswort gebraucht wird, entstehen unsinnige Scheinsätze. ...Dasselbe gilt von den Worten ‚Komplex', ‚Tatsache', ‚Funktion', ‚Zahl' usw. Sie alle bezeichnen formale Begriffe und werden in der Begriffsschrift durch Variable, nicht durch Funktionen oder Klassen dargestellt (wie Frege und Russell glaubten). Ausdrücke wie ‚1 ist eine Zahl', ‚Es gibt nur Eine Null' und alle ähnlichen sind unsinnig." Hier ist richtig gesehen, daß die Allwörter formale (in unserer Terminologie: syntaktische) Begriffe bezeichnen (oder genauer: sie sind zwar nicht syntaktische, aber quasi-syntaktische Prädikate) und daß sie bei Übersetzung in eine symbolische Sprache in Variable übersetzt werden (oder genauer: sie bestimmen die Art der Variablen, in die die Wörter ‚ein', ‚jeder' usw. übersetzt werden; es wird nur die Art der Variablen bestimmt, nicht ihre Gestalt; in den angegebenen Beispielen kann anstatt ‚x' ebensogut ‚y', ‚z' usw. genommen werden). Dagegen teile ich nicht W.s Meinung, daß diese Verwendungsweise der Allwörter die einzige zulässige sei. Wir werden nachher sehen, daß gerade in den wichtigeren Fällen eine andere Verwendungsweise vorliegt, bei der das Allwort selbständig („als eigentliches Begriffswort") gebraucht wird. Da handelt es sich um Sätze der inhaltlichen Redeweise, die in syntaktische Sätze zu übersetzen sind. Derartige Sätze mit Allwort hält W. für unsinnig, weil er die korrekte Formulierung syntaktischer Sätze nicht für möglich hält.

Die Verwendung von Allwörtern in Fragen in Verbindung mit einem W-Fragewort (‚was', ‚wer', ‚wo', ‚welcher' usw.) ist verwandt mit der in All- und Existenzsätzen. Auch hier bestimmt bei einer Übersetzung in eine symbolische Sprache das Allwort die Wahl der Variablenart. Eine Ja-Nein-Frage besteht in der Aufforderung, einen bestimmten Satz $\mathfrak{S}_1$ entweder zu bejahen oder zu verneinen, d. h. entweder $\mathfrak{S}_1$ oder $\sim \mathfrak{S}_1$ auszusagen. [Beispiel. Die Frage „ist der Tisch rund?" fordert dazu auf, entweder „der Tisch ist rund" oder „der Tisch ist nicht rund" auszusagen.] Im Unterschied hierzu besteht eine W-Frage in der Aufforderung, zu einer bestimmten Satzfunktion (oder einem Satzgerüst) einen gebundenen Vollsatz auszusagen. In einer symbolischen Frage ist die Gattung der erfragten Argumente durch die Art der Argumentvariablen bestimmt. In der Wortsprache wird diese Gattung entweder durch ein spezifisches

W-Fragewort (z. B. ‚wer', ‚wo', ‚wann') oder durch ein unspezifisches W-Fragewort (z. B. ‚was für ein', ‚welcher') mit beigefügtem Allwort kenntlich gemacht. Auch hier ist also das Allwort sozusagen ein Variablenindex.

Beispiele. 1. Angenommen, ich will jemanden auffordern, mir eine Aussage von der Form „Karl war — in Berlin" zu machen, wo an der Stelle des Striches eine Zeitbestimmung stehen soll, die ich nicht kenne, sondern durch die Aussage gerade erfahren will. Die Frage muß nun durch irgendein Mittel kenntlich machen, daß der zu ergänzende Ausdruck eine Zeitbestimmung sein soll. Bei Verwendung symbolischer Zeichen kann das etwa dadurch geschehen, daß eine Satzfunktion angegeben wird, wobei an der Argumentstelle eine Variable ‚*t*' steht, die als Zeitvariable festgelegt ist. [Will man die Frage symbolisieren, so muß man diejenige Variable, deren Argument erfragt werden soll, durch einen Frageoperator binden, also etwa: ‚(? *t*) (Karl war *t* in Berlin)'.] In der Wortsprache wird die Art des erfragten Argumentes entweder durch das spezifische Fragewort ‚wann' kenntlich gemacht („Wann war Karl in Berlin?") oder durch das Allwort ‚Zeit' oder ‚Zeitpunkt', das einem unspezifischen Fragewort beigefügt wird („Zu welcher Zeit war Karl in Berlin?").

2. Ich will jemanden auffordern, mir eine Aussage zu machen von der Form „Karl ist — von Peter", wobei an der Stelle des Striches ein Beziehungswort (‚Vater', ‚Freund', ‚Lehrer' od. dgl.) stehen soll. Symbolische Formulierung der Frage mit Hilfe der Beziehungsvariablen ‚*R*': ‚(? *R*) (*R* (Karl, Peter))'. Formulierung in Wortsprache mit Hilfe der Beifügung des Allwortes ‚Beziehung' zu einem unspezifischen Fragewort: „Welche Beziehung besteht zwischen Karl und Peter?"

77. Allwörter in inhaltlicher Redeweise.

Bei der bisher besprochenen ersten Verwendungsweise eines Allwortes tritt es als gattungsbestimmendes Nebenzeichen zu einem andern Ausdruck auf; wird für den andern Ausdruck ein geeignetes, die Gattung kenntlich machendes Zeichen eingeführt, so kann das Allwort weggelassen werden. Im Unterschied hierzu tritt ein Allwort bei der zweiten Verwendungsweise als selbständiger Ausdruck auf, der im einfachsten Fall an der Prädikatstelle des betreffenden Satzes steht. Derartige Sätze gehören zur inhaltlichen Redeweise. Ein Allwort ist nämlich hier ein quasi-syntaktisches Prädikat; ein zugeordnetes syntaktisches Prädikat ist dasjenige, das die zugehörige Ausdrucksgattung bezeichnet. [Beispiel. ‚Zahl' ist ein Allwort, weil es allen Gegenständen einer Gegenstandsgattung, nämlich der der Zahlen, analytisch zukommt; das zugeordnete syntaktische Prädikat ist ‚Zahlausdruck‘ (oder ‚Zahlwort‘), da dieses allen Ausdrücken zukommt, die Bezeichnung einer Zahl sind. Der Satz „Fünf ist eine Zahl“ ist ein quasi-syntaktischer Satz der inhaltlichen Redeweise; ein zugeordneter syntaktischer Satz ist „‚Fünf‘ ist ein Zahlwort“.]

Sätze mit Allwörtern. (Inhaltliche Redeweise.)	Syntaktische Sätze. (Formale Redeweise.)
17a. Der Mond ist ein Ding; Fünf ist kein Ding, sondern eine Zahl.	17b. ‚Mond‘ ist ein Dingwort (Dingname); ‚Fünf‘ ist kein Dingwort, sondern ein Zahlwort.

In 17a sind die Allwörter ‚Ding‘ und ‚Zahl‘ selbständig, im Unterschied zu Sätzen wie „das Ding Mond...“, „die Zahl Fünf...“.

18a. Eine Eigenschaft ist kein Ding.	18b. Ein Eigenschaftswort ist kein Dingwort.

Daß die Formulierung 18a nicht unbedenklich ist, zeigt sich durch folgende Überlegung. 18a verletzt die gewöhnliche Typenregel. Das sieht man besonders deutlich, wenn man versucht, 18a symbolisch zu formulieren, sei es durch ‚$(F)\,(\mathrm{Eig}\,(F) \supset \sim \mathrm{Di}\,(F))$‘, sei es durch ‚$(x)\,(\mathrm{Eig}\,(x) \supset \sim \mathrm{Di}\,(x))$‘; im ersten Falle ist ‚$\mathrm{Di}\,(F)$‘, im zweiten Falle ‚$\mathrm{Eig}\,(x)$‘ typenmäßig unstimmig. Wird also 18a als Satz zugelassen (gleichviel ob wahr oder falsch), so kann man bei der in der Logistik üblichen Syntax die Russellsche Antinomie aufstellen. Soll sie vermieden werden, so sind besondere, verwickelte Syntaxbestimmungen erforderlich.

19a. Freundschaft ist eine Beziehung.	19b. ‚Freundschaft‘ ist ein Beziehungswort.
20a. Freundschaft ist nicht eine Eigenschaft.	20b. ‚Freundschaft‘ ist nicht ein Eigenschaftswort.

19a entspricht der von Russell verwendeten Satzform ‚... ε Rel‘; die analoge symbolische Formulierung von 20a würde aber die Typenregel verletzen. Dagegen sind die zugeordneten Sätze 19b und 20b der formalen Redeweise auch ohne besondere syntaktische Vorkehrungen gleichartig und gleichberechtigt. — Im Unterschied zu dem Pseudo-Objektsatz 19a ist ein Satz etwa von der Form „Freundschaft entsteht, wenn...“ ein echter Objektsatz, also kein Satz der inhaltlichen Redeweise.

Es wird häufig gesagt, die Typenregel (auch die einfache) enge die Ausdrucksfähigkeit der Sprache in unbequemer Weise ein; man komme oft in Versuchung, Formulierungen zu verwenden, die durch die Typenregel verboten seien. Derartige Formulierungen sind jedoch häufig (wie die angegebenen Beispiele) nur Pseudo-

Objektsätze mit Allwörtern. Verwendet man in solchen Fällen anstatt der Objektbegriffe, die man zusammenbringen möchte, aber nicht zusammenbringen darf, die entsprechenden syntaktischen Begriffe, so verschwindet das Hindernis der Typenregel.

Selbständige Allwörter kommen sehr häufig in philosophischen Sätzen vor, und zwar sowohl in der traditionellen Philosophie als auch in der Wissenschaftslogik. Bei der Mehrzahl der später folgenden Beispiele philosophischer Sätze ist die Zugehörigkeit zur inhaltlichen Redeweise auf die Verwendung selbständiger Allwörter zurückzuführen.

78. Verwirrung in der Philosophie durch die inhaltliche Redeweise.

Daß in philosophischen Erörterungen, auch in solchen, die von Metaphysik frei sind, so häufig Unklarheiten vorkommen, und daß man in philosophischen Diskussionen so häufig aneinander vorbeiredet, liegt zum großen Teil an der Verwendung der inhaltlichen Redeweise anstatt der formalen. Die Gewohnheit, in inhaltlicher Redeweise zu formulieren, hat zunächst zur Folge, daß man sich über den Gegenstand der eigenen Untersuchungen einer Selbsttäuschung hingibt: die Pseudo-Objektsätze verleiten zu der Ansicht, es handle sich um außersprachliche Objekte; etwa um Zahlen, Dinge, Eigenschaften, Erlebnisse, Sachverhalte, Raum, Zeit usw. Der Umstand, daß es sich in Wirklichkeit um Sprache, um Sprachgebilde und ihre Zusammenhänge handelt (etwa um Zahlausdrücke, Dingbezeichnungen, Raumkoordinaten usw.), wird durch die Einkleidung in inhaltliche Redeweise verhüllt; dieser Umstand wird erst durch die Übertragung in die formale Redeweise, also in syntaktische Sätze über Sprache und Sprachausdrücke, deutlich.

Ferner entsteht bei Anwendung der inhaltlichen Redeweise eine Unklarheit dadurch, daß an die Stelle der in bezug auf Sprache relativen syntaktischen Begriffe absolute Begriffe gesetzt werden. Bei jedem Satz der Syntax und daher auch bei jedem philosophischen Satz, den man als syntaktischen deuten will, muß man angeben, auf welche Sprache oder auf welche Art von Sprachen er sich beziehen soll. Ist die Bezugssprache nicht angegeben, so ist der Satz unvollständig und mehrdeutig. Gewöhnlich wird ein syntaktischer Satz etwa in einer der folgenden Weisen gemeint sein; er soll gelten:

1. für alle Sprachen,
2. für alle Sprachen einer bestimmten Art,
3. für die gegenwärtig gebräuchliche Sprache der Wissenschaft (oder eines Teilgebietes: der Physik, der Biologie, ...),
4. für eine bestimmte Sprache, deren Syntaxbestimmungen vorher aufgestellt worden sind,
5. für mindestens Eine Sprache einer bestimmten Art,
6. für mindestens Eine Sprache überhaupt,
7. für eine (nicht vorher angegebene) Sprache, die als Sprache der Wissenschaft (oder eines Teilgebietes) vorgeschlagen wird,
8. für eine (nicht vorher angegebene) Sprache, deren Aufstellung und Untersuchung vorgeschlagen wird (unabhängig von der Frage, ob sie als Wissenschaftssprache dienen soll).

Wendet man die formale, syntaktische Redeweise an, so spricht man über Sprachausdrücke. Dadurch wird man darauf aufmerksam gemacht, daß man die gemeinte Sprache angeben muß. Wird die Sprache nicht ausdrücklich genannt, so wird doch in den meisten Fällen aus dem Zusammenhang zu ersehen sein, welche Deutung (etwa von den soeben angegebenen) gemeint ist. Die Anwendung der *inhaltlichen Redeweise* führt dagegen zu einem *Übersehen der Relativität philosophischer Sätze in bezug auf die Sprache*; sie verleitet zu einer *absolutistischen Auffassung der philosophischen Sätze*. Es ist besonders zu beachten, daß die Aufstellung einer philosophischen These *unter Umständen* (nämlich etwa bei Deutung 7 oder 8) *keine Behauptung, sondern einen Vorschlag* darstellt. Eine Diskussion über Wahrheit oder Falschheit einer solchen These ist gänzlich verfehlt, ein leerer Wortstreit; man kann höchstens über die Zweckmäßigkeit des Vorschlages diskutieren oder seine Konsequenzen untersuchen. Aber auch in Fällen, wo eine philosophische These eine Behauptung darstellt, entsteht durch die Vielheit möglicher Deutungen (z. B. 1 bis 6) leicht Unklarheit und unnützer Streit. Einige Beispiele mögen das erläutern. (Der Kürze wegen formulieren wir die Beispielthesen primitiver, als sie in wirklichen Diskussionen lauten würden.)

Philosophische Sätze. (Inhaltliche Redeweise.)	Syntaktische Sätze. (Formale Redeweise.)
21a. Die Zahlen sind Klassen von Klassen von Dingen.	21b. Die Zahlausdrücke sind Klassenausdrücke zweiter Stufe.
22a. Die Zahlen gehören zu einer eigenen, ursprünglichen Gegenstandsart.	22b. Die Zahlausdrücke sind Ausdrücke nullter Stufe.

Angenommen, ein Logizist vertrete die These 21a, ein Formalist die These 22a. Dann kann zwischen beiden eine endlose und fruchtlose Diskussion darüber geführt werden, wer Recht habe und was die Zahlen denn eigentlich seien. Die Unklarheit verschwindet, wenn die formale Redeweise angewendet wird. Zunächst werden etwa die Thesen 21a und 22a übersetzt in 21b und 22b. Aber diese Sätze sind noch unvollständig, weil die Angabe der Sprache fehlt. Hier sind noch verschiedene Deutungen möglich, z. B. die früher genannten. Die Deutung 3 ist nicht gemeint. Bei Deutung 1 würden beide Parteien Unrecht haben. Bei der vorsichtigsten Behauptung 6 haben beide Recht, und der Streit verschwindet. Denn man kann eine Sprache der Arithmetik so aufbauen, daß 21b zutrifft, aber auch so, daß 22b zutrifft. Vielleicht aber verständigen die Diskutanten sich dahin, daß ihre Thesen als Vorschläge gemeint sind, etwa im Sinne von 7. In diesem Falle kann nicht über Wahrheit und Falschheit der Thesen diskutiert werden, sondern nur darüber, ob diese oder jene Sprachform einfacher oder für die und die Zwecke geeigneter ist.

23a. Zum ursprünglich Gegebenen gehören Beziehungen.	23b. Zu den undefinierten deskriptiven Grundzeichen gehören zwei- (oder mehr-) stellige Prädikate.
24a. Beziehungen sind niemals ursprünglich gegeben, sondern sie beruhen auf der Beschaffenheit der Beziehungsglieder.	24b. Alle zwei- und mehrstelligen Prädikate werden auf Grund einstelliger Prädikate definiert.

Auch bei den Thesen 23a und 24a ist die Diskussion solange schief und unfruchtbar, bis die Parteien zur formalen Redeweise übergehen und sich dann darüber verständigen, welche der Deutungen 1 bis 8 für die Sätze 23b und 24b gemeint ist.

25a. Ein Ding ist ein Komplex von Sinnesempfindungen.	25b. Jeder Satz, in dem eine Dingbezeichnung vorkommt, ist gehaltgleich mit einer Klasse von Sätzen, in denen keine Dingbezeichnungen, sondern Empfindungsbezeichnungen vorkommen.

26a. Ein Ding ist ein Komplex von Atomen.	26b. Jeder Satz, in dem eine Dingbezeichnung vorkommt, ist gehaltgleich mit einem Satz, in dem Raum-Zeit-Koordinaten und gewisse deskriptive Funktoren (der Physik) vorkommen.

Angenommen, ein Positivist vertrete die These 25a, ein Realist die These 26a. Hier wird ein endloser Streit entstehen über die Scheinfrage, was ein Ding denn eigentlich sei. Geht man zur formalen Redeweise über, so ist es in diesem Falle möglich, die beiden Thesen sogar dann zu versöhnen, wenn sie im Sinne von 3 gedeutet werden, also als Behauptungen über die Gesamtsprache der Wissenschaft. Denn die verschiedenen Möglichkeiten, einen Dingsatz gehalttreu umzuformen, sind ja nicht unverträglich miteinander. Der Streit zwischen Positivismus und Realismus ist ein müßiger Streit um Scheinthesen, der auf der Anwendung der inhaltlichen Redeweise beruht.

Auch hier wollen wir wieder betonen, daß aus den angegebenen Beispielen nicht etwa hervorgeht, alle Sätze der inhaltlichen Redeweise seien notwendig unkorrekt. Aber sie sind gewöhnlich unvollständig. Auch das hindert nicht ihren ordentlichen Gebrauch; denn es werden ja auf allen Gebieten häufig unvollständige, abkürzende Redeweisen mit Nutzen verwendet. Doch zeigen die Beispiele, wie wichtig es ist, daß man sich bei Anwendung der inhaltlichen Redeweise besonders in philosophischen Diskussionen des Charakters dieser Redeweise bewußt bleibt, um ihre Gefahren vermeiden zu können. Sobald in einer Diskussion Unklarheiten der hier angedeuteten Arten entstehen, ist es ratsam, wenigstens die Hauptthese, um die der Streit geht, in die formale Redeweise zu übersetzen und sie dadurch zu präzisieren, daß man angibt, ob sie als Behauptung oder Vorschlag gemeint ist und auf welche Sprache sie sich beziehen soll. Verweigert jemand für seine These diese Angaben, so ist die These unvollständig und daher indiskutabel.

79. Philosophische Sätze in inhaltlicher und formaler Redeweise.

Wir wollen eine Reihe weiterer Beispiele von Sätzen in inhaltlicher Redeweise mit ihrer Übersetzung in die formale Redeweise anführen. Es sind Sätze, wie sie in philosophischen Erörterungen vorzukommen pflegen, sei es in solchen nach Art der traditionellen Philosophie, sei es in Untersuchungen, die schon ausdrücklich wissenschaftslogisch eingestellt sind. [Die Sätze sind der Kürze wegen zum Teil primitiv formuliert.] Diese Beispielsätze (und auch schon die von § 78) haben meist nicht mehr die einfache Form derjenigen Sätze, für die wir früher das Kriterium der inhaltlichen Redeweise formuliert haben. Aber sie haben den allgemeinen Charakter, der für die inhaltliche Redeweise kennzeichnend ist: sie sprechen über irgendwelche Objekte, jedoch so, daß es zugeordnete Sätze der formalen Redeweise gibt, die Entsprechendes über die Bezeichnungen dieser Objekte aussagen. Da die ursprünglichen Sätze meist nicht eindeutig zu verstehen sind, so kann auch nicht eindeutig eine bestimmte Übersetzung in die formale Redeweise angegeben werden; ja es kann nicht einmal mit Sicherheit behauptet werden, daß der betreffende Satz ein Pseudo-Objektsatz und damit ein Satz der inhaltlichen Redeweise ist. Die hier angegebene Übersetzung ist also nicht mehr als ein unverbindlicher Vorschlag. Es ist Aufgabe dessen, der die betreffende philosophische These vertreten will, sie durch Übersetzung in einen exakten Satz zu deuten. Das kann unter Umständen ein echter Objektsatz (d. h. ein nicht quasi-syntaktischer Satz) sein; dann liegt keine inhaltliche Redeweise vor. Andernfalls muß es möglich sein, die Deutung durch Übersetzung in einen syntaktischen Satz zu geben. — Die syntaktischen Sätze der folgenden Beispiele müssen wie die der früheren Beispiele noch vervollständigt werden durch die Angabe der gemeinten Sprache; aus dieser Angabe ist dann auch zu ersehen, ob der Satz eine Behauptung oder eine neue Festsetzung, ein Vorschlag, ist. Wir haben diese Angaben in den Beispielen fortgelassen, da sie aus den philosophischen Sätzen der inhaltlichen Redeweise meist nicht eindeutig zu entnehmen sind. [Hier wie in den früheren Beispielen ist es selbstverständlich für unsere Überlegungen gleichgültig, ob die Beispielsätze zutreffen oder nicht.]

Philosophische Sätze. (Inhaltliche Redeweise.)	Syntaktische Sätze. (Formale Redeweise.)

A. Allgemeines (über Dinge, Eigenschaften, Sachverhalte u. dgl.).

Hierher gehören auch die Beispiele 7, 9, 17—20.

27a. Eine Eigenschaft einer Dingeigenschaft ist nicht selbst eine Dingeigenschaft.	27b. Ein $^2\mathfrak{pr}$ ist nicht ein $^1\mathfrak{pr}$.
28a. Eine Eigenschaft kann nicht wieder eine Eigenschaft besitzen. (Im Unterschied zu 27a.)	28b. Es gibt keine $\mathfrak{pr}$ von höherer als erster Stufe. (Im Unterschied zu 27b.)

29a. Die Welt ist die Gesamtheit der Tatsachen, nicht der Dinge.	29b. Die Wissenschaft ist ein System von Sätzen, nicht von Namen.
30a. Der Sachverhalt ist eine Verbindung von Gegenständen (Sachen, Dingen).	30b. Ein Satz ist eine Reihe von Zeichen.
31a. Wenn ich den Gegenstand kenne, so kenne ich auch sämtliche Möglichkeiten seines Vorkommens in Sachverhalten.	31b. Ist die Gattung eines Zeichens gegeben, so sind damit auch sämtliche Möglichkeiten seines Vorkommens in Sätzen gegeben.
32a. Die Identität ist keine Relation zwischen Gegenständen.	32b. Das Identitätszeichen ist nicht deskriptiv.

Die Sätze 29a bis 32a stammen von *Wittgenstein*. Auch viele andere seiner zunächst oft dunkel erscheinenden Sätze werden deutlich, wenn man sie in die formale Redeweise überträgt.

33a. Dieser Umstand (oder: Sachverhalt, Vorgang, Zustand) ist logisch notwendig; ... logisch unmöglich (oder: undenkbar); ... logisch möglich (oder: denkbar).	33b. Dieser Satz ist analytisch; ... kontradiktorisch; ... nicht kontradiktorisch.
34a. Dieser Umstand (oder: Sachverhalt, Vorgang, Zustand) ist real- (oder: physikalisch-, naturgesetzlich-) notwendig; ... real-unmöglich; ... realmöglich.	34b. Dieser Satz ist gültig; ... widergültig; ... nicht widergültig.
35a. Der Umstand (oder: Sachverhalt, Vorgang, Zustand) U_1 ist denknotwendige (bzw. naturnotwendige) Voraussetzung für den Umstand U_2.	35b. $\mathfrak{S}_1$ ist L-Folge (bzw. P-Folge) von $\mathfrak{S}_2$.

33a bis 35a sind *Modalitätssätze*; vgl. § 69.

36a. Eine Eigenschaft eines Gegenstandes c heißt eine *wesentliche* (oder: *interne*) Eigenschaft von c, wenn es undenkbar ist, daß c sie nicht besitzt (oder: wenn c sie notwendig besitzt); andernfalls eine *unwesentliche* (oder: *externe*) Eigenschaft. (Entsprechend für eine Beziehung.)

36b. $\mathfrak{pr}_1$ heißt ein analytisches (oder, wenn man will: wesentliches oder internes) Prädikat in bezug auf eine Gegenstandsbezeichnung $\mathfrak{A}_1$, wenn $\mathfrak{pr}_1$ $(\mathfrak{A}_1)$ analytisch ist. (Entsprechend für ein zwei- oder mehrstelliges $\mathfrak{pr}$.)

Die Bedenklichkeit der Formulierung 36a zeigt sich darin, daß sie zu Unklarheiten und Widersprüchen führt. Nehmen wir als Gegenstand c z. B. den Vater von Karl. Nach der Definition 36a ist es für ihn eine wesentliche Eigenschaft, mit Karl verwandt zu sein; denn es ist undenkbar, daß der Vater von Karl nicht mit Karl verwandt wäre. Dagegen ist es für ihn nicht eine wesentliche Eigenschaft, Grundbesitzer zu sein. Denn auch wenn er Grundbesitzer ist, ist es denkbar, daß er nicht Grundbesitzer wäre. Dagegen ist es für den Besitzer dieses Grundstückes eine wesentliche Eigenschaft, Grundbesitzer zu sein. Denn es ist undenkbar, daß der Besitzer dieses Grundstückes kein Grundbesitzer wäre. Nun ist aber zufällig Karls Vater der Besitzer dieses Grundstückes. Auf Grund der Definition 36a hat sich somit ergeben, daß für diesen Mann die Eigenschaft, Grundbesitzer zu sein, sowohl eine wesentliche Eigenschaft als auch nicht eine wesentliche Eigenschaft ist. 36a führt also zu einem Widerspruch; 36b dagegen nicht: ‚Grundbesitzer' ist ein analytisches Prädikat in bezug auf die Gegenstandsbezeichnung ‚der Besitzer dieses Grundstückes', aber nicht ein analytisches Prädikat in bezug auf die Gegenstandsbezeichnung ‚der Vater des Karl'. Der Fehler der Definition 36a liegt somit darin, daß sie sich auf den *Einen Gegenstand* bezieht anstatt auf die *Gegenstandsbezeichnungen*, die auch bei demselben Gegenstand *verschieden* sein können.

Dieses Beispiel läßt erkennen (und eine eingehendere Untersuchung kann es leicht bestätigen), daß die zahlreichen Überlegungen und Kontroversen über *externe und interne Eigenschaften und Beziehungen* müßig sind, wenn man sie wie üblich anstellt auf Grund einer Definition, die die angedeutete oder eine ähnliche Form hat, jedenfalls aber in inhaltlicher Redeweise formuliert ist. [Derartige Untersuchungen finden sich besonders bei angelsächsischen Philosophen; durch sie hat auch *Wittgenstein*, dem die Entlarvung mancher anderen Scheinfragen zu verdanken ist, sich zu einer ähnlichen Fragestellung verleiten lassen.] Wird anstatt der üblichen Definition eine solche in formaler Redeweise aufgestellt, so wird die Sachlage in den gewöhnlich umstrittenen Fällen eindeutig und dabei so einfach, daß niemand mehr in Versuchung kommen kann, philosophische Probleme daran anzuknüpfen.

B. Die sogenannte Philosophie der Zahlen; Wissenschaftslogik der Arithmetik.

Hierher gehören auch die Beispiele 10, 17, 21, 22.

37a. Die natürlichen Zahlen hat Gott geschaffen; Brüche und reelle Zahlen dagegen sind Menschenwerk. (Kronecker.)

37b. Die natürlichen Zahlzeichen sind Grundzeichen; die Bruchausdrücke und reellen Zahlausdrücke sind durch Definitionen eingeführt.

38a. Die natürlichen Zahlen sind nicht gegeben; gegeben ist nur ein Anfangsglied des Zählens und die Operation des Fortschreitens von einem Glied zum nächstfolgenden; die übrigen Glieder werden mit Hilfe dieser Operation fortschreitend erzeugt.

38b. Die (natürlichen) Zahlausdrücke sind nicht Grundzeichen (im Unterschied zu 37b); Grundzeichen sind nur ‚0‘ und ‚'‘; ein $\mathfrak{St}$ hat die Form $\mathfrak{nu}$ oder $\mathfrak{St}'$. (Sprache I und II.)

39a. Das mathematische Kontinuum ist eine Reihe von bestimmter Struktur; die Elemente der Reihe sind die reellen Zahlen.

39b. Grundzeichen ist ein $\mathfrak{pr}^2{}_1$, dem in den Axiomen bestimmte Struktureigenschaften (Dichte, Stetigkeit usw.) zugeschrieben werden. Die zu $\mathfrak{pr}_1$ passenden Argumente, Ausdrücke nullter Stufe, heißen reelle Zahlausdrücke.

40a. Das mathematische Kontinuum ist nicht zusammengesetzt aus atomaren Elementen, sondern eine Ganzheit, die in immer weiter zerlegbare Teilintervalle zerlegbar ist. Eine reelle Zahl ist eine Folge ineinander geschachtelter Intervalle.

40b. Grundzeichen ist ein $\mathfrak{pr}^2{}_1$, dem in den Axiomen bestimmte Struktureigenschaften (nämlich die einer Teilbeziehung bestimmter Art) zugeschrieben werden. Ein $\mathfrak{Fu}^1$, dessen Argumente natürliche Zahlausdrücke und dessen Wertausdrücke passende Argumente für $\mathfrak{pr}_1$ sind, heißt ein reeller Zahlausdruck. [Eine sogenannte werdende Wahlfolge wird dabei dargestellt durch ein $\mathfrak{Fu}_{\mathfrak{b}}$, vgl. S. 103.]

In 39a und 40a stellt sich der Gegensatz zwischen der in der Mathematik üblichen mengentheoretischen Auffassung des Kontinuums der reellen Zahlen und der von Brouwer und

Weyl vertretenen intuitionistischen Auffassung des Kontinuums, bei der jene Auffassung als atomistisch abgelehnt wird, dar (hier in vergröberter Formulierung). 39b und 40b können gedeutet werden als Vorschläge zur Aufstellung zweier verschiedener Kalküle.

C. *Probleme des sogenannten Gegebenen* (*Erkenntnistheorie, Phänomenologie*); *Wissenschaftslogik der Protokollsätze.*

Hierher gehören auch die Beispiele 23, 24.

41a. *Ursprünglich gegeben* sind nur Beziehungen zwischen Erlebnissen.	41b. Als deskriptive Grundzeichen treten nur zwei- oder mehrstellige Prädikate auf, deren Argumente zur Gattung der Erlebnisausdrücke gehören.
42a. Ursprünglich gegeben ist eine zeitliche Reihe von Sehfeldern; jedes Sehfeld ist eine zweidimensionale Ordnung von Stellen, die mit Farben belegt sind. (Im Unterschied zu 41a.)	42b. Ein deskriptiver atomarer Satz besteht aus einer Zeitkoordinate, zwei Lokalkoordinaten und einem Farbausdruck.
43a. Zum ursprünglich Gegebenen gehören die Empfindungsqualitäten, z. B. Farben, Gerüche u. dgl.	43b. Zu den deskriptiven Grundzeichen gehören Empfindungszeichen, z. B. Farbzeichen, Geruchzeichen und andere.
44a. Daß das System der *Farben*, nach Ähnlichkeit geordnet (der sogenannte Farbkörper), dreidimensional ist, ist eine Erkenntnis a priori (oder: ist durch Wesensschau zu erfassen; oder: ist eine interne Eigenschaft jener Ordnung).	44b. Ein Farbausdruck besteht aus drei Koordinaten; die Werte jeder Koordinate bilden auf Grund syntaktischer Regeln eine Reihenordnung; auf Grund dieser syntaktischen Regeln bilden also die Farbausdrücke eine dreidimensionale Ordnung.
45a. Die Farben sind ursprünglich nicht als Glieder einer Ordnung gegeben, sondern als Individuen; es besteht jedoch eine empirische Ähnlichkeitsbeziehung zwischen ihnen, auf Grund deren man die Farben empirisch dreidimensional ordnen kann.	45b. Die Farbausdrücke sind nicht zusammengesetzt, sondern Grundzeichen; ferner tritt als Grundzeichen ein symmetrisches, reflexives, aber nicht transitives $\mathfrak{pr}^2_{\mathfrak{b}}$ auf, zu dem die Farbausdrücke als Argumente passen; der Satz von der Dreidimensionalität der durch dieses $\mathfrak{pr}$ bestimmten Ordnung ist P-gültig.

Die vielumstrittene philosophische Frage, ob die Erkenntnis von der *Dreidimensionalität des Farbkörpers a priori oder empirisch ist*, ist also infolge Anwendung der inhaltlichen Redeweise unvollständig. Die Antwort hängt von der Form der Sprache ab.

46a. Jede *Farbe* besitzt drei Komponenten: Farbton, Sättigung und Helligkeit [oder: Farbton, Weißgehalt, Schwarzgehalt].	46b. Jeder Farbausdruck besteht aus drei Teilausdrücken (oder ist synonym mit einem so zusammengesetzten Ausdruck): einem Farbtonausdruck, einem Sättigungsausdruck und einem Helligkeitsausdruck.
47a. Jede Farbe ist an einem Ort.	47b. Ein Farbausdruck tritt in einem Satz stets in Verbindung mit einer Ortsbezeichnung auf.
48a. Jeder *Ton* hat eine bestimmte Tonhöhe.	48b. Jeder Tonausdruck enthält einen Tonhöhenausdruck.

D. Die sogenannte Naturphilosophie; Wissenschaftslogik der Naturwissenschaft.

Hierher gehören auch die Beispiele 11, 25, 26.

49a. Die *Zeit* ist stetig.	49b. Als Zeitkoordinaten werden die reellen Zahlausdrücke verwendet.

Vgl. hierzu *Wittgenstein* [Tractatus] 172: „Alle jene Sätze wie der Satz vom Grunde, von der Kontinuität in der Natur, ... sind Einsichten a priori über die mögliche Formgebung der Sätze der Wissenschaft.“ (Anstatt „Einsichten a priori“ würden wir aber lieber sagen: „Festsetzungen“.)

50a. Die *Zeit* ist eindimensional; der Raum ist dreidimensional.	50b. Eine Zeitbezeichnung besteht aus Einer Koordinate; eine Raumbezeichnung besteht aus drei Koordinaten.
51a. Die Zeit ist nach vorwärts und rückwärts unendlich.	51b. Jeder positive oder negative reelle Zahlausdruck kann als Zeitkoordinate verwendet werden.

Der Gegensatz zwischen dem *Determinismus* der klassischen Physik und der Wahrscheinlichkeitsdetermination der Quantenphysik betrifft einen syntaktischen Unterschied des Systems der Naturgesetze, also der (schon aufgestellten oder gesuchten) P-Bestimmungen der physikalischen Sprache:

52a. Jeder Vorgang ist durch seine Ursachen eindeutig bestimmt.	52b. Zu jedem singulären physikalischen Satz $\mathfrak{S}_1$ gibt es für eine beliebige Zeitkoordinate $\mathfrak{A}_1$, die einen kleineren Wert hat als die in $\mathfrak{S}_1$ vorkommende Zeitkoordinate, eine Klasse $\mathfrak{K}_1$ singulärer Sätze mit $\mathfrak{A}_1$ als Zeitkoordinate, derart, daß $\mathfrak{S}_1$ eine P-Folge von $\mathfrak{K}_1$ ist.
53a. Ort und Geschwindigkeit einer Partikel ist durch eine frühere Partikelkonstellation nicht eindeutig bestimmt, sondern nur mit Wahrscheinlichkeit.	53b. Ist $\mathfrak{S}_1$ ein singulärer Partikelsatz und $\mathfrak{A}_1$ eine Zeitkoordinate von kleinerem Wert als die in $\mathfrak{S}_1$ vorkommende, so ist $\mathfrak{S}_1$ nicht P-Folge einer noch so umfassenden Klasse solcher Sätze mit $\mathfrak{A}_1$ als Zeitkoordinate, sondern nur Wahrscheinlichkeitsfolge einer solchen Klasse mit einem Wahrscheinlichkeitskoeffizienten kleiner als 1.

80. Gefahren der inhaltlichen Redeweise.

Wollen wir die inhaltliche Redeweise unter einen allgemeinen Begriff bringen, so können wir etwa sagen, daß sie eine besondere Art von verschobener Redeweise ist. Dabei wollen wir unter einer verschobenen Redeweise eine solche verstehen, bei der man, um etwas über den Gegenstand *a* auszusagen, etwas Entsprechendes über einen Gegenstand *b* aussagt, der zu *a* in einer bestimmten Beziehung steht (das soll keine genaue Definition sein). Jede Metapher ist z. B. eine verschobene Redeweise; aber auch verschobene Redeweisen anderer Art kommen in der üblichen Sprache häufig vor, weit häufiger, als man zunächst glauben mag. Die Anwendung einer verschobenen Redeweise kann leicht zu Unklarheiten führen; sie ist aber bei konsequenter Durchführung widerspruchsfrei.

Beispiele für verschiedene Arten verschobener Redeweise. 1. Ein konstruiertes Beispiel. Man führt den Begriff ‚gruß' (als Parallelbegriff zu ‚groß') durch folgende Festsetzung ein: hat ein Ort *a* mehr als 100.000 Einwohner, so wollen wir sagen, der Ort *b*, dessen Name im alphabetischen Ortsverzeichnis dem von *a* vorangeht, sei gruß. Eine solche Festsetzung läßt sich widerspruchsfrei durchführen; nach ihr ist z. B. der Ort Berlichingen gruß, da im Verzeichnis auf ‚Berlichingen' ‚Berlin' folgt. Die Begriffsbildung scheint absurd, da es für die Beschaffenheit (im gewöhnlichen Sinne) eines Ortes gar nichts ausmacht, ob er gruß ist oder nicht. Aber Analoges gilt auch für die übliche inhaltliche Redeweise, s. u. Beispiel 5, und (wie man bei genauem Zusehen bemerkt, freilich im Gegensatz zu weit verbreiteten Auffassungen) auch für die Beispiele 2, 3, 4. — 2. Nach üblichem Sprachgebrauch heißt ein Mann berühmt, wenn die andern Menschen Aussagen bestimmter Art über ihn machen. — 3. Nach üblichem Sprachgebrauch heißt eine Handlung *a* einer Person ein juristisches Verbrechen, wenn das Strafgesetzbuch des Staates, in dem die Person lebt, die Beschreibung einer Handlungsart, zu der *a* gehört, in der Liste der Verbrechen aufzählt. — 4. Nach üblichem Sprachgebrauch heißt eine Handlung *a* einer Person ein moralisches Verbrechen, wenn bei der Mehrzahl der andern Menschen die Vorstellung, daß ein Mensch (aber nicht sie selbst) eine solche Handlung begeht, Gefühle der moralischen Empörung hervorruft. — 5. Nach üblichem Sprachgebrauch sagt man von einer Stadt (z. B. von Babylon, vgl. das Beispiel in § 74), sie sei in einem bestimmten Vortrag behandelt worden (inhaltliche Redeweise), wenn eine Bezeichnung der Stadt in diesem Vortrag vorgekommen ist. Für die Beschaffenheit (im gewöhnlichen Sinne) der Stadt macht es nichts aus, ob sie die Eigenschaft hat, im gestrigen Vortrag behandelt worden zu sein oder nicht. Diese Eigenschaft ist somit eine verschobene Eigenschaft.

Die inhaltliche Redeweise ist eine verschobene Redeweise. Denn bei ihrer Anwendung sagt man, um etwas über ein Wort (oder einen Satz) auszusagen, statt dessen etwas Paralleles über den durch das Wort bezeichneten Gegenstand (bzw. über den durch den Satz angegebenen Sachverhalt) aus. Das Entstehen einer verschobenen Redeweise ist zuweilen dadurch psychologisch zu erklären, daß die Vorstellung des vorgeschobenen Gegenstandes b aus irgendwelchen Ursachen eindringlicher, auffälliger, stärker gefühlsbetont ist als die des ursprünglichen Gegenstandes a. Das ist bei der inhaltlichen Redeweise der Fall. Die Vorstellung eines Wortes (z. B. ‚Haus') ist häufig weniger lebhaft und gefühlsbetont, als die des Gegenstandes, den das Wort bezeichnet (im Beispiel: die des Hauses). Ferner mag zur Entstehung der inhaltlichen Redeweise der Umstand beigetragen haben (der vielleicht eine Folge des ersten ist), daß man bisher den Gesichtspunkt und die Methode der Syntax nicht hinreichend deutlich kannte und daher in der gewöhnlichen Sprache die erforderlichen syntaktischen

Termini meist nicht besitzt. Anstatt zu sagen: „Der Satz ‚a hat drei Bücher, b hat zwei Bücher, a und b haben zusammen sieben Bücher' ist kontradiktorisch", sagt man daher: „Es ist unmöglich (oder: undenkbar), daß a drei Bücher hat, b zwei Bücher, und a und b zusammen sieben Bücher", oder (wobei der Anschein eines Objektsatzes noch stärker ist): „Wenn a drei und b zwei Bücher hat, so haben a und b zusammen unmöglich sieben Bücher". Man ist nicht gewöhnt, die Aufmerksamkeit auf den Satz anstatt auf die Tatsache zu richten; und es fällt anscheinend schwerer. Dazu kommt, daß in der gewöhnlichen Sprache ein syntaktischer Ausdruck fehlt, der gleichbedeutend mit ‚kontradiktorisch' wäre, während der quasi-syntaktische Ausdruck ‚unmöglich' vorhanden ist.

Wie schwer es auch Wissenschaftlern fällt, den syntaktischen Gesichtspunkt einzunehmen, d. h. die Aufmerksamkeit auf die Sätze anstatt auf die Tatsachen zu richten, ersieht man besonders deutlich an den typischen Mißverständnissen, denen man in Diskussionen über logische Fragen auch mit Wissenschaftlern, besonders aber mit Philosophen immer wieder begegnet. Wenn wir z. B. im Wiener Kreis gemäß unserer antimetaphysischen Auffassung gewisse Sätze der Metaphysik (z. B. „Es gibt einen Gott") oder der metaphysischen Erkenntnistheorie (z. B. „Die Außenwelt ist real") kritisieren, so werden wir von der Mehrzahl derer, die mit uns diskutieren, dahin mißverstanden, als wollten wir jene Objektsätze verneinen, also gewisse andere Objektsätze behaupten (nämlich „Es gibt keinen Gott" bzw. „Die Außenwelt ist nicht real"). Diese Mißverständnisse treten immer wieder auf, obwohl wir sie schon oft aufgeklärt haben (z. B. Carnap [Scheinprobleme], Schlick [Positivismus], Carnap [Metaphysik]) und immer darauf hinweisen, daß wir nicht über die (vermeintlichen) Tatsachen sprechen, sondern über die (vermeintlichen) Sätze; (in der Ausdrucksweise dieses Buches:) die von uns vertretene These ist kein Objektsatz, sondern ein syntaktischer Satz.

Die Frage nach der psychologischen Erklärung der verschobenen Redeweisen im allgemeinen und der inhaltlichen Redeweise im besonderen soll durch die gegebenen Andeutungen nur erläutert und nicht etwa schon beantwortet sein. Ihre nähere Untersuchung wäre lohnend; diese Aufgabe müssen wir aber den Psychologen überlassen. Wir haben hier die Tatsache hinzunehmen, daß die inhaltliche Redeweise zum üblichen Sprachgebrauch gehört und weiterhin, auch von uns selbst, häufig verwendet werden wird. Daher ist es wichtig für uns, auf die Gefahren zu achten, die mit ihrer Anwendung verbunden sind.

Die meisten üblichen Formulierungen in inhaltlicher Redeweise beruhen auf der Anwendung von Allwörtern. Die Allwörter verleiten sehr leicht zu Scheinproblemen; sie scheinen eine Gegenstandsart zu bezeichnen, und so liegt es nahe, die Frage nach dem Wesen der Gegenstände dieser Art aufzuwerfen. Z. B. haben die Philosophen vom Altertum bis in die Gegenwart an das Allwort ‚Zahl' Scheinfragen angeknüpft, die zu tiefsinnigen Untersuchungen und Streitigkeiten geführt haben; es wird z. B. gefragt, ob die Zahlen reale oder ideale Gegenstände seien, ob extramental oder intramental, ob Denkerzeugnis oder an sich bestehend, ob Seiendes oder Geltendes, ob Wirkliches oder Fiktion; es wird nach dem Ursprung der Zahlen gefragt und dieser z. B. in einer Selbstentzweiung oder in einer Urintuition der Zwei-Einheit gefunden; u. dgl. mehr. — Ebenso sind über das Wesen des Raumes und der Zeit zahlreiche Scheinfragen gestellt worden; nicht nur von spekulativen Metaphysikern (bis in die letzte Gegenwart), sondern auch von manchen Philosophen, deren erkenntnistheoretische Thesen sich angeblich (etwa nach Art von Kant) an der empirischen Wissenschaft orientierten. Im Gegensatz hierzu kann eine metaphysikfreie, wissenschaftslogische Untersuchung sich nur auf die Syntax der Raum-Zeit-Bestimmungen der Wissenschaftssprache richten, etwa in Form einer Axiomatik des Raum-Zeit-Systems der Physik (wie z. B. Reichenbach [Axiomatik]). — Ferner sei an die vielen Scheinfragen und Spekulationen über das Wesen des Physischen und des Psychischen erinnert. — Auch die Scheinfragen über Eigenschaften und Beziehungen und damit der ganze Universalienstreit beruhen auf der Verführung durch Allwörter. — Alle derartigen Scheinfragen verschwinden, wenn man anstatt der inhaltlichen die formale Redeweise anwendet, wenn man also bei der Formulierung von Fragen anstatt der Allwörter (z. B. ‚Zahl', ‚Raum', ‚Universale') entsprechende syntaktische Wörter (‚Zahlausdruck', ‚Raumkoordinate', ‚Prädikat') benutzt.

Wir haben früher verschiedene Beispiele kennengelernt, in denen die Anwendung der inhaltlichen Redeweise zu Widersprüchen führt. Die Gefahr der Entstehung solcher Widersprüche ist besonders groß, wenn es sich um zwei Sprachen mit gegenseitigen Übersetzungsbeziehungen handelt, oder vom Gesichtspunkt der Einen Wissenschaftssprache aus gesehen: um zwei

Teilsprachen, zwischen deren Sätzen gewisse Beziehungen der Gehaltgleichheit (nicht notwendig L-Gehaltgleichheit) bestehen. Das gilt z. B. für die psychologische und die physikalische Sprache. Verwendet man die inhaltliche Redeweise in bezug auf die psychologische Sprache (z. B. durch Verwendung von Allwörtern wie ‚Psychisches', ‚Psyche', ‚psychischer Vorgang', ‚Bewußtseinsvorgang', ‚Akt', ‚Erlebnis', ‚Erlebnisinhalt', ‚intentionaler Gegenstand' u. dgl.) und innerhalb derselben Untersuchung auch in bezug auf die (alltägliche oder wissenschaftliche) physikalische Sprache, so entsteht leicht heillose Verwirrung.

Die angedeutete Gefahr ist an anderer Stelle ([Phys. Sprache] 453ff.) ausführlich dargestellt worden. Vgl. auch [Psychol.] 186, wo auf die durch inhaltliche Redeweise entstandenen Unklarheiten in den Sätzen eines Psychologen hingewiesen ist; ferner [Psychol.] 181: Entstehung eines Scheinproblems durch inhaltliche Redeweise. Auch die Beispiele S. 242 unter I gehören zum Teil hierher. Über das psychophysische Problem vgl. S. 252.

An einigen früheren Beispielen, zu denen man leicht zahlreiche weitere hinzufügen könnte, ist deutlich geworden, daß durch die Anwendung der inhaltlichen Redeweise zuweilen eine Unklarheit entsteht, eine Mehrdeutigkeit, die sich etwa darin äußert, daß wesentlich verschiedene Übersetzungen in die formale Redeweise in Betracht kommen. In schlimmeren Fällen treten auch Widersprüche auf. Diese Widersprüche werden allerdings in vielen Fällen nicht offenkundig, weil man die Folgerungen nicht nach formalen Regeln, sondern durch inhaltliche Überlegung ableitet, wobei es häufig gelingt, die Fallen zu vermeiden, die man sich selbst durch die bedenkliche Formulierung gestellt hat. Auch wo keine Widersprüche oder Mehrdeutigkeiten vorliegen, hat die Anwendung der inhaltlichen Redeweise den Nachteil, daß sie leicht zu einer Selbsttäuschung in bezug auf das Objekt, von dem die Rede ist, führt: man glaubt dann gewisse Objekte und Tatsachen zu untersuchen, während man in Wirklichkeit ihre Bezeichnungen, also Wörter und Sätze, untersucht.

81. Zulässigkeit der inhaltlichen Redeweise.

Wir haben von Gefahren, nicht etwa von Fehlern der inhaltlichen Redeweise gesprochen. Die inhaltliche Redeweise ist nicht an sich fehlerhaft, sie verführt nur leicht zu fehlerhafter Anwendung. Wenn man geeignete Definitionen und Regeln für die inhaltliche Redeweise aufstellt und konsequent durchführt, so treten keine Unklarheiten oder Widersprüche auf. Da die Wortsprache zu inkonsequent und kompliziert ist, um wirklich in ein Regelsystem gefaßt zu werden, muß man sich bei der üblichen Anwendung der inhaltlichen Redeweise in der Wortsprache dadurch vor Gefahren hüten, daß man den besonderen Charakter der Sätze dieser Redeweise nicht außer acht läßt. Besonders wenn man an Sätze der inhaltlichen Redeweise schwerwiegende Folgerungen oder philosophische Probleme anknüpfen will, tut man gut daran, die Eindeutigkeit durch Übersetzung in die formale Redeweise zu sichern.

Es wird hier nicht etwa vorgeschlagen, die inhaltliche Redeweise vollständig auszuschalten. Da sie nun einmal allgemein üblich und daher leichter verständlich ist, ferner auch oft kürzer und anschaulicher als die formale Redeweise, so ist *ihre Anwendung häufig zweckmäßig.* Auch in diesem Buch, besonders in diesem Kapitel, ist die inhaltliche Redeweise häufig angewendet worden; hier einige Beispiele:

Inhaltliche Redeweise:	*Formale Redeweise:*
54a. Die philosophischen Fragen betreffen zum Teil Objekte, die in den Gegenstandsgebieten der Fachwissenschaften nicht vorkommen, wie z. B. die Dinge an sich, das Transzendente usw. (S. 203).	54b. In den philosophischen Fragen kommen zum Teil Ausdrücke vor, die in den Sprachen der Fachwissenschaften nicht vorkommen, z. B. die Ausdrücke ‚Ding an sich', ‚das Transzendente' usw.
55a. Eine Objektfrage betrifft z. B. die Eigenschaften der Tiere; dagegen betrifft eine logische Frage z. B. die Sätze der Zoologie (S. 203).	55b. In einer Objektfrage kommen z. B. Prädikate der zoologischen Sprache (Tierartbezeichnungen) vor; dagegen kommen in einer logischen Frage z. B. Bezeichnungen von Sätzen der zoologischen Sprache vor.
56a. Man kann ebensogut Sätze über die Formen von Sprachausdrücken bilden, wie Sätze über die geometrischen Formen geometrischer Gebilde (S. 208 f.).	56b. Man kann ebensogut Sätze bilden, in denen als Prädikate syntaktische Prädikate und als Argumente syntaktische Ausdrucksbezeichnungen vorkommen, wie

	Sätze, in denen als Prädikate solche der (rein-) geometrischen Sprache und als Argumente Gegenstandsbezeichnungen der geometrischen Sprache vorkommen.

Ist ein Satz der inhaltlichen Redeweise gegeben, oder allgemeiner: ein Satz, der kein echter Objektsatz ist, so muß nicht etwa stets die Übersetzung in die formale Redeweise vorgenommen werden, aber sie muß stets möglich sein. *Die Übersetzbarkeit in die formale Redeweise bildet den Prüfstein für alle philosophischen Sätze*, oder allgemein: für alle Sätze, die nicht der Sprache irgendeiner Fachwissenschaft angehören. Bei der Untersuchung der Übersetzbarkeit sind der übliche Sprachgebrauch und die von dem betreffenden Verfasser etwa aufgestellten Definitionen zu berücksichtigen. Um eine Übersetzung zu finden, wird man versuchen, anstatt eines vorkommenden Allwortes (z. B. ‚Zahl', ‚Eigenschaft') den entsprechenden syntaktischen Ausdruck (z. B. ‚Zahlausdruck' bzw. ‚Eigenschaftswort') anzuwenden. Sätze, die ihre Übersetzung nicht wenigstens einigermaßen eindeutig bestimmen, kennzeichnen sich damit als mehrdeutig und unklar. Sätze, die gar keinen Anhaltspunkt für die Bestimmung der Übersetzung bieten, stehen damit außerhalb des Bereiches der wissenschaftlichen Sprache und außerhalb der Diskussion, mögen sie im übrigen noch so hohe oder tiefe Gefühle hervorrufen. Als *abschreckende Beispiele* seien einige derartige Sätze angegeben, wie sie so oder ähnlich *in den Schriften unseres Kreises* oder nahestehender Autoren vorkommen. Es dürfte den meisten Lesern wohl nicht gelingen, eine befriedigende, die Meinung des Autors treffende Übersetzung in die formale Redeweise zu finden. Wenn auch vielleicht die Verfasser selbst eine Übersetzung angeben können — in einigen Fällen erscheint auch dies zweifelhaft — so wird doch jedenfalls beim Leser Verwirrung und Unklarheit hervorgerufen. Man sieht, daß die Sätze, in denen das Wort ‚unsagbar' oder ähnliche vorkommen, besonders gefährlich sind. In den Beispielen unter I steckt eine *Mythologie des Unsagbaren*, in den Beispielen unter II eine *Mythologie des Höheren*, in Satz 13 beides.

I. 1. Es gibt Unaussprechliches. — 2. Die Qualitäten, die als Inhalte des Bewußtseinsstromes auftreten, lassen sich nicht aussagen, beschreiben, ausdrücken, mitteilen, sondern nur im Erlebnis aufzeigen. — 3. Was gezeigt werden kann, kann nicht gesagt werden. — 4. Das gegebene Erleben besitzt zwar eine sagbare Struktur, aber außerdem noch einen unsagbaren und trotzdem uns sehr wohlbekannten Inhalt. — 5. Der Mensch muß die psychologischen Sätze an seinem eigenen, unsagbaren, aber ihm wohlbekannten Erleben verifizieren; er muß nachsehen, ob der betreffende Satz, die Zusammenstellung von Zeichen, seinem unsagbaren Erlebnis isomorph (strukturgleich) ist. — 6. Das unsagbare Erlebnis blau oder bitter ... — 7. Das Wesen der Individualität ist mit Worten nicht zu fassen und unbeschreiblich, daher für die Wissenschaft bedeutungslos. — 8. Die Philosophie wird das Unsagbare bedeuten, indem sie das Sagbare klar darstellt. — 9. Das Bestehen formaler (oder interner) Eigenschaften und Relationen kann nicht durch Sätze behauptet werden.

II. 10. Der Sinn der Welt muß außerhalb ihrer liegen. — 11. Wie die Welt ist, ist für das Höhere gleichgültig. — 12. Wenn das gute oder böse Wollen die Welt ändert, so kann es nur die Grenzen der Welt ändern, nicht die Tatsachen. — 13. Sätze können nichts Höheres ausdrücken.

Es seien einige Übersetzungsmöglichkeiten angedeutet, die aber wohl nicht der Absicht der Autoren entsprechen. Bei Satz 1 wäre zu unterscheiden: 1 A: „Es gibt unaussprechliche Gegenstände“, d. h. „Es gibt Gegenstände, für die es keine Gegenstandsbezeichnung gibt“; Übersetzung: „Es gibt Gegenstandsbezeichnungen, die keine sind“. 1 B: „Es gibt unaussprechliche Sachverhalte“, d. h. „Es gibt Sachverhalte, die durch keinen Satz beschrieben werden“; Übersetzung: „Es gibt Sätze, die keine sind“. — Zu 6. Mit andern Worten: „Das durch das Wort ‚blau‘ bezeichnete Erlebnis kann durch kein Wort bezeichnet werden“; Übersetzung: „Die Erlebnisbezeichnung ‚blau‘ ist keine“. — 9 besagt: „Das Bestehen des Sachverhaltes, daß eine Eigenschaft gewisser Art einem Gegenstand zukommt, kann nicht durch einen Satz behauptet werden“; Übersetzung: „Ein Satz, in dem ein Eigenschaftswort einer gewissen Art vorkommt, ist keiner“. — 13 besagt: „Die höheren Sachverhalte können nicht durch Sätze ausgedrückt werden“; Übersetzung: „Die höheren Sätze sind keine“.

Es sei noch einmal daran erinnert, daß die Unterscheidung zwischen formaler und inhaltlicher Redeweise sich nicht auf die echten Objektsätze bezieht, also nicht auf die Sätze der Fachwissenschaften und auch nicht auf die fachwissenschaftlichen Sätze, die in Erörterungen der Wissenschaftslogik (oder der Philosophie) vorkommen. (Vgl. die drei Rubriken, S. 212.) Es handelt sich hier um die eigentlich wissenschaftslogischen Sätze.

Diese pflegt man nach üblichem Sprachgebrauch teils in Form von Objektsätzen, teils als logische Sätze zu formulieren. Unsere Überlegungen haben gezeigt, daß die vermeintlichen Objektsätze der Wissenschaftslogik Pseudo-Objektsätze sind, Sätze, die scheinbar von Objekten sprechen, wie die echten Objektsätze, in Wirklichkeit aber von den Bezeichnungen dieser Objekte. Damit ist gesagt, daß sämtliche Sätze der Wissenschaftslogik logische Sätze sind, d. h. Sätze über Sprache und Sprachausdrücke. Und weiter haben unsere Überlegungen gezeigt, daß alle diese Sätze so formuliert werden können, daß sie sich nicht auf Sinn und Bedeutung, sondern nur auf die syntaktische Form der Sätze und sonstigen Ausdrücke beziehen, daß alle diese Sätze in die formale Redeweise übersetzt werden können, also in syntaktische Sätze. *Wissenschaftslogik ist Syntax der Wissenschaftssprache.*

B. Wissenschaftslogik als Syntax.

82. Die physikalische Sprache.

Wissenschaftslogik der Physik ist Syntax der physikalischen Sprache. Alle auf Physik bezogenen sogenannten erkenntnistheoretischen Probleme sind (soweit es sich nicht um metaphysische Scheinprobleme handelt) teils empirische Fragen, die meist zur Psychologie gehören, teils logische Fragen, die zur Syntax gehören. Eine genauere Darstellung der Wissenschaftslogik der Physik als Syntax der physikalischen Sprache muß einer besonderen Untersuchung vorbehalten bleiben. Hier sollen nur einige Andeutungen gegeben werden.

Die Wissenschaftslogik der Physik wird zunächst *Formbestimmungen* für Sätze und sonstige Ausdrucksarten der physikalischen Sprache aufzustellen haben (vgl. § 40). Die wichtigsten als Argumente vorkommenden Ausdrücke sind die Punktausdrücke (Bezeichnungen eines Raum-Zeit-Punktes, bestehend aus vier reellen Zahlausdrücken, nämlich drei Raum- und einer Zeit-Koordinate) und die Gebietsausdrücke (Bezeichnungen eines beschränkten Raum-Zeit-Gebietes). Die physikalischen Zustandsgrößen werden durch $\mathfrak{fu}_{\mathfrak{b}}$ dargestellt. Die $\mathfrak{fu}_{\mathfrak{b}}$ und $\mathfrak{pr}_{\mathfrak{b}}$ kann man einteilen in solche mit Punktausdrücken und solche mit Gebietsausdrücken als Argumenten.

Man kann die Sätze nach dem Grad ihrer Allgemeinheit einteilen. Wir wollen hier nur die beiden extremen Satzarten erläutern, und zwar der Einfachheit wegen nur für diejenigen Sätze, bei denen alle innersten Argumente Punkt- oder Gebietsausdrücke sind: die **konkreten Sätze** enthalten keine unbeschränkten Variablen; die **Gesetze** enthalten keine Konstanten als innerste Argumente.

Als **Umformungsbestimmungen** der physikalischen Sprache können entweder L-Bestimmungen allein oder auch P-Bestimmungen aufgestellt werden. Will man P-Bestimmungen aufstellen, so wird es meist in der Form von P-Grundsätzen geschehen. Als P-Grundsätze wird man in erster Linie gewisse allgemeinste Gesetze aufstellen; wir wollen sie **Grundgesetze** nennen. Außerdem kann man auch deskriptive synthetische Sätze anderer Form, auch konkrete, als P-Grundsätze aufstellen. Die Grundgesetze werden meist die Form eines generellen Implikations- oder Äquivalenzsatzes haben. Die Grundgesetze und die übrigen gültigen Gesetze können determinierende Gesetze oder auch **Wahrscheinlichkeitsgesetze** sein; die letzteren können z. B. mit Hilfe einer Wahrscheinlichkeitsimplikation formuliert werden. Da der **Wahrscheinlichkeitsbegriff** für die Physik besonders auf Grund ihrer neuesten Entwicklung sehr bedeutsam ist, wird man in der Wissenschaftslogik der Physik die Syntax der Wahrscheinlichkeitssätze eingehend zu untersuchen haben, wobei man vielleicht an den Spielraumbegriff der allgemeinen Syntax anknüpfen kann.

Auf den Wahrscheinlichkeitsbegriff kann hier nicht näher eingegangen werden. Vgl. die Vorträge und die Diskussion der Prager Tagung, Erk. I, 1930; weitere Literaturangaben: Erk. II, 189f., 1931; ferner noch nicht veröffentlichte Arbeiten von **Reichenbach**, **Hempel** und **Popper**. Über Wahrscheinlichkeitsimplikation: **Reichenbach** [Wahrscheinlichkeitslogik].

Es werden syntaktische Bestimmungen darüber aufzustellen sein, welche Formen die **Protokollsätze**, durch die die Beobachtungsbefunde ausgedrückt werden, haben können. [Dagegen ist es nicht Aufgabe der Syntax, zu bestimmen, welche Sätze von der festgelegten Protokollsatzform jeweils wirklich als Protokollsätze aufgestellt werden; denn ,wahr' und ,falsch' sind keine syntaktischen Begriffe; die Protokollsätze aufzustellen, ist Sache des beobachtenden, protokollierenden Physikers.]

Ein Satz der Physik, sei er nun ein P-Grundsatz oder ein sonstiger gültiger Satz oder eine indeterminierte Annahme (d. h. eine Prämisse, deren Folgen untersucht werden), wird dadurch nachgeprüft, daß aus ihm auf Grund der Umformungsbestimmungen der Sprache Folgen deduziert werden, bis man schließlich zu Sätzen von Protokollsatzform gelangt. Diese werden mit den wirklich aufgestellten Protokollsätzen verglichen und durch sie entweder bestätigt oder widerlegt. Widerspricht ein Satz, der L-Folge bestimmter P-Grundsätze ist, einem als Protokollsatz aufgestellten Satz, so muß irgendeine Änderung des Systems vorgenommen werden: man kann z. B. die P-Bestimmungen so ändern, daß jene Grundsätze nicht mehr gültig sind; oder man nimmt den Protokollsatz nicht als gültig an; man kann aber auch die bei der Deduktion verwendeten L-Bestimmungen ändern. Es gibt keine festen Regeln darüber, welche Art der Änderung zu wählen ist.

Ferner lassen sich keine festen Regeln darüber aufstellen, wie auf Grund eines vorliegenden Bestandes an Protokollsätzen neue Grundgesetze zu bestimmen sind. Man spricht hier zuweilen von dem Verfahren der sogenannten Induktion; man kann diese Bezeichnung beibehalten, wenn man sich klar darüber ist, daß es sich nicht um ein geregeltes Verfahren, sondern um eine Praxis handelt, die nur in bezug auf Fruchtbarkeit und Zweckmäßigkeit zu beurteilen ist. Daß es keine Regeln der Induktion geben kann, ergibt sich daraus, daß der L-Gehalt eines Gesetzes infolge seiner unbeschränkten Allgemeinheit stets über den L-Gehalt jeder endlichen Klasse von Protokollsätzen hinausgeht. Dagegen können für die Deduktion feste Regeln aufgestellt werden, nämlich die L-Bestimmungen der physikalischen Sprache. Die Gesetze haben daher den Charakter von Hypothesen in bezug auf die Protokollsätze: Sätze von Protokollsatzform können L-Folgen der Gesetze sein, aber ein Gesetz kann nicht L-Folge irgendeiner endlichen, synthetischen Klasse von Protokollsätzen sein. Die Gesetze sind nicht aus Protokollsätzen erschlossen; sondern sie werden unter Berücksichtigung der jeweils vorliegenden Protokollsätze gewählt und aufgestellt und mit Hilfe der immer neu hinzukommenden Protokollsätze immer weiter nachgeprüft. Aber nicht nur Gesetze, sondern auch konkrete Sätze werden als Hypothesen aufgestellt, d. h. als P-Grundsätze genommen, etwa ein

Satz über einen nicht-beobachteten Vorgang, durch den sich bestimmte beobachtete Vorgänge erklären lassen. Eine Widerlegung (Falsifikation) im strengen Sinne gibt es für eine Hypothese nicht; denn auch wenn sie sich als L-unverträglich mit gewissen Protokollsätzen erweist, so besteht ja grundsätzlich stets die Möglichkeit, die Hypothese aufrecht zu halten und auf die Anerkennung der Protokollsätze zu verzichten. Noch weniger gibt es eine vollständige Bestätigung (Verifikation) im strengen Sinne für eine Hypothese. Wenn immer mehr L-Folgen der Hypothese mit anerkannten Protokollsätzen übereinstimmen, so wird die Hypothese dadurch immer stärker bestätigt; es gibt also nur graduell wachsende, niemals endgültige Bestätigung. Im allgemeinen kann man auch nicht einen einzelnen hypothetischen Satz nachprüfen; es wird im allgemeinen bei einem einzelnen solchen Satz keine geeigneten L-Folgen von Protokollsatzform geben. Vielmehr müssen zur Deduktion von Sätzen mit Protokollsatzform die übrigen Hypothesen mitverwendet werden. Daher betrifft die Nachprüfung im Grund nicht eine einzelne Hypothese, sondern das ganze System der Physik als ein Hypothesensystem (Duhem, Poincaré).

Keine Bestimmung der physikalischen Sprache ist endgültig gesichert; alle Bestimmungen werden nur mit dem Vorbehalt aufgestellt, daß man sie unter Umständen ändern wird, sobald das zweckmäßig erscheint. Das gilt nicht nur für die P-Bestimmungen, sondern auch für die L-Bestimmungen einschließlich der Mathematik. In dieser Hinsicht gibt es nur graduelle Unterschiede; bei gewissen Bestimmungen entschließt man sich schwerer dazu, sie aufzugeben, als bei andern. [Wenn man voraussetzt, daß ein innerhalb der Sprache neu auftretender Protokollsatz stets synthetisch ist, so besteht jedoch zwischen einem L-gültigen, also analytischen Satz $\mathfrak{S}_1$ und einem P-gültigen Satz $\mathfrak{S}_2$ der Unterschied, daß ein solcher neuer Protokollsatz — unabhängig davon, ob er als gültig anerkannt wird oder nicht — höchstens mit $\mathfrak{S}_2$, aber niemals mit $\mathfrak{S}_1$ L-unverträglich sein kann. Trotzdem kann es vorkommen, daß man aus Anlaß neuer Protokollsätze die Sprache so ändert, daß $\mathfrak{S}_1$ nicht mehr analytisch ist.]

Wird ein neuer P-Grundsatz $\mathfrak{S}_1$ aufgestellt, jedoch ohne hinreichende Umformungsbestimmungen, auf Grund deren aus $\mathfrak{S}_1$ in Verbindung mit den übrigen P-Grundsätzen Sätze von

Protokollsatzform deduziert werden könnten, so ist $\mathfrak{S}_1$ prinzipiell nicht-nachprüfbar und daher wissenschaftlich unbrauchbar. Sind aus $\mathfrak{S}_1$ in Verbindung mit den übrigen P-Grundsätzen zwar Sätze von Protokollsatzform deduzierbar, aber nur solche, die auch schon aus den übrigen P-Grundsätzen allein deduzierbar sind, so ist $\mathfrak{S}_1$ als Grundsatz leerlaufend und wissenschaftlich überflüssig.

Ein neu einzuführendes deskriptives Zeichen muß nicht durch eine Definitionenkette auf Zeichen, die in Protokollsätzen vorkommen, zurückführbar sein („konstituierbar" im engeren Sinn). Ein solches Zeichen kann auch als Grundzeichen durch neue P-Grundsätze eingeführt werden; sind diese Grundsätze nachprüfbar, d. h. sind aus ihnen Sätze von Protokollsatzform deduzierbar, so sind damit die Grundzeichen auf Zeichen der Protokollsätze zurückgeführt („konstituierbar" im weiteren Sinn).

Beispiel. Protokollsätze seien die Beobachtungssätze üblicher Form. Der elektrische Feldvektor der klassischen Physik ist nicht definierbar auf Grund von Zeichen, die in solchen Protokollsätzen vorkommen. Er wird als Grundzeichen eingeführt durch die Maxwellschen Gleichungen, die als P-Grundsätze aufgestellt werden. Zu einer solchen Gleichung gibt es keinen gehaltgleichen Satz, der nur Zeichen der Protokollsätze enthält. Wohl aber können aus den Maxwellschen Gleichungen in Verbindung mit den übrigen in der klassischen Physik gültigen Grundsätzen Sätze von Protokollsatzform deduziert werden; dadurch wird die Maxwellsche Theorie empirisch nachgeprüft. — Gegenbeispiel. Der von den Neo-Vitalisten verwendete Begriff ‚Entelechie' ist als Scheinbegriff abzulehnen. Als Begründung hierfür genügt jedoch nicht der Hinweis darauf, daß für jenen Begriff keine Definition angegeben wird, durch die er auf Begriffe der Beobachtungssätze zurückgeführt würde; denn dasselbe gilt auch für manche abstrakten physikalischen Begriffe. Entscheidend ist vielmehr, daß für jenen Begriff keine empirisch nachprüfbaren Gesetze aufgestellt werden.

Einen einzelnen bekannten physikalischen Vorgang erklären, einen unbekannten Vorgang der Vergangenheit oder Gegenwart aus bekannten erschließen, einen zukünftigen Vorgang voraussagen, das sind Operationen von gleichem logischem Charakter. In allen drei Fällen handelt es sich nämlich darum, den konkreten Satz, der den Vorgang beschreibt, aus gültigen Gesetzen und anderen konkreten Sätzen zu deduzieren. Ein Gesetz (in inhaltlicher Redeweise: eine allgemeine Tatsache) erklären, heißt, es aus allgemeineren gültigen Gesetzen deduzieren.

Der Aufbau des physikalischen Systems geschieht nicht nach festen Regeln, sondern durch Festsetzungen. Diese Festsetzungen, nämlich die Formbestimmungen, die L-Bestimmungen und die P-Bestimmungen (Hypothesen) sind jedoch nicht willkürlich. Für ihre Wahl sind erstens gewisse methodisch-praktische Gesichtspunkte maßgebend (z. B. die Tendenzen der Einfachheit, der Zweckmäßigkeit und Fruchtbarkeit für bestimmte Aufgaben). Das gilt für alle Festsetzungen, z. B. auch für Definitionen. Die Hypothesen sind aber außerdem noch am Erfahrungsmaterial, d. h. an den jeweils vorliegenden und immer neu hinzukommenden Protokollsätzen, nachzuprüfen. Jede Hypothese muß mit dem Gesamtsystem der Hypothesen, zu dem auch die anerkannten Protokollsätze gehören, widerspruchsfrei zusammenstimmen. Daß in den Hypothesen trotz ihrer Unterwerfung unter die empirische Kontrolle durch die Protokollsätze doch stets ein konventionelles Moment steckt, beruht darauf, daß das Hypothesensystem durch noch so reiches Erfahrungsmaterial niemals eindeutig bestimmt ist.

Es seien noch kurz zwei Thesen genannt, die von uns vertreten werden, von denen aber die dargestellte Auffassung über die physikalische Sprache nicht abhängig ist. Die These des Physikalismus besagt, daß die physikalische Sprache eine Universalsprache der Wissenschaft ist, d. h. daß jede Sprache irgendeines Teilgebietes der Wissenschaft gehalttreu in die physikalische Sprache übersetzt werden kann. Hieraus folgt, daß die Wissenschaft ein einheitliches System ist, innerhalb dessen es keine grundsätzlich verschiedenen Objektbereiche gibt, also keine Spaltung etwa in Natur- und Geisteswissenschaften; das ist die These der Einheitswissenschaft. Auf diese Thesen soll hier nicht näher eingegangen werden. Man erkennt leicht, daß es sich um Thesen der Syntax der Wissenschaftssprache handelt.

Zu der besprochenen Auffassung über die physikalische Sprache und zu den angedeuteten Thesen des Physikalismus und der Einheitswissenschaft vgl. Neurath [Physicalism], [Physikalismus], [Soziol. Phys.], [Protokollsätze], [Psychol.]; Carnap [Phys. Sprache], [Psychol.], [Protokollsätze]. Neurath hat in den Diskussionen des Wiener Kreises manche Thesen besonders frühzeitig, oft als erster, und besonders radikal vertreten und dadurch, obwohl seine Formulierungen oft nicht unbedenklich sind, auf die Untersuchungen sehr fruchtbar und anregend eingewirkt; so z. B. durch seine Forderung einer einheitlichen Sprache, die nicht nur die verschiedenen Wissenschaftsgebiete, sondern auch die Protokollsätze und die Sätze über Sätze umfassen soll; durch die Betonung des Umstandes, daß alle Bestimmungen der physikalischen Sprache auf Entschluß beruhen, und daß die Sätze niemals endgültig gesichert sind, auch nicht die Protokollsätze; ferner durch seine Ablehnung der sog. vorsprachlichen Erläuterungen und der Wittgensteinschen Metaphysik. Neurath hat die Bezeichnungen „Physikalismus" und „Einheitswissenschaft" vorgeschlagen. — Eines der wichtigsten Probleme der Wissenschaftslogik der Physik ist das der Form der Protokollsätze und der Operation der Nachprüfung (Verifikationsproblem); hierzu vgl. auch Popper. —

Bei der hier besprochenen Auffassung wird der Bereich der wissenschaftlichen Sätze nicht so eng begrenzt wie bei der früher im Wiener Kreis üblichen Auffassung. Die frühere Auffassung besagte, daß jeder Satz, um sinnvoll zu sein, vollständig verifizierbar sein müsse (Wittgenstein; Waismann [Wahrscheinlichkeit] 229; Schlick [Kausalität] 150); jeder Satz sei deshalb ein aus konkreten Sätzen (den sog. Elementarsätzen) gebildeter molekularer Satz (Wittgenstein [Tractatus] 102, 118; Carnap [Aufbau]). Bei dieser Auffassung war für die Naturgesetze kein Platz innerhalb der Sätze der Sprache. Man mußte ihnen entweder die unbeschränkte Allgemeinheit absprechen und sie als Berichtsätze auffassen; oder man beließ ihnen die unbeschränkte Allgemeinheit, sah sie aber nicht als eigentliche Sätze der Objektsprache an, sondern als Anweisungen zur Bildung von Sätzen (Ramsey [Foundations] 237ff.; Schlick [Kausalität] 150f. unter Hinweis auf Wittgenstein), also als eine Art von syntaktischen Regeln. Gemäß dem Toleranzprinzip werden wir einen Aufbau der physikalischen Sprache, der dieser früheren Auffassung entspricht, nicht als unzulässig bezeichnen; es ist aber auch ein Aufbau möglich, bei dem die unbeschränkt allgemeinen Gesetze als eigentliche Sätze der Sprache zugelassen werden. Der wichtige Unterschied zwischen Gesetzen und konkreten Sätzen wird bei dieser zweiten Sprachform nicht etwa verwischt, sondern bleibt durchaus bestehen. Er kommt dadurch zur Geltung, daß für die beiden Satzarten Definitionen aufgestellt und ihre verschiedenen syntaktischen Eigenschaften untersucht werden. Die Wahl zwischen den beiden Sprachformen wird nach Zweckmäßigkeitsgründen zu treffen sein. Die zweite Sprachform, bei der die Gesetze als gleichberechtigte eigentliche Sätze der Objektsprache behandelt werden, ist, wie es scheint, weit einfacher und dem üblichen Sprachgebrauch der Realwissenschaften besser angepaßt als die erste Sprachform. — Eine ausführliche Kritik der Auffassung, nach der die Gesetze keine Sätze sind, gibt Popper.

Die dargestellte Auffassung gewährt große Freiheit für die

Einführung neuer Grundbegriffe und neuer Grundsätze in die Sprache der Physik oder der Wissenschaft überhaupt. Dabei besteht aber doch die Möglichkeit, Scheinbegriffe und Scheinsätze von echten wissenschaftlichen Begriffen und Sätzen zu unterscheiden und damit auszuschalten. [Diese Ausschaltung ist allerdings nicht so einfach, wie sie auf Grund der früheren Auffassung des Wiener Kreises zu sein schien, die im wesentlichen auf Wittgenstein zurückging; bei dieser Auffassung war in absolutistischer Weise von „der Sprache" die Rede; man glaubte daher Begriffe und Sätze schon dann ablehnen zu können, wenn sie nicht in „die Sprache" paßten.] Ein vorgelegter neuer P-Grundsatz erweist sich dadurch als Scheinsatz, daß entweder keine hinreichenden Formbestimmungen gegeben werden, durch die er sich als Satz erweist, oder keine hinreichenden Umformungsbestimmungen, auf Grund deren der Satz in der früher angedeuteten Weise einer empirischen Nachprüfung unterzogen werden kann. Die Bestimmungen müssen nicht ausdrücklich angegeben sein; sie können auch stillschweigend aufgestellt sein, sofern sie sich nur aus dem Sprachgebrauch ersehen lassen. Ein vorgelegter neuer deskriptiver Begriff erweist sich dadurch als Scheinbegriff, daß er weder durch eine Definition auf frühere Begriffe zurückgeführt, noch durch nachprüfbare P-Grundsätze eingeführt wird (vgl. Beispiel und Gegenbeispiel, S. 247).

Wie die früher besprochenen einzelnen wissenschaftslogischen Sätze, so ist auch die hier gegebene Darstellung einer wissenschaftslogischen Auffassung nur als Beispiel gemeint. Ihre Richtigkeit steht hier nicht zur Diskussion. Das Beispiel soll nur deutlich machen, daß Wissenschaftslogik der Physik Syntax der physikalischen Sprache ist; und es soll dazu anregen, wissenschaftslogische (in üblicher Ausdrucksweise: erkenntnistheoretische) Auffassungen, Fragen und Diskussionen auf dem Boden der Syntax zu formulieren; dadurch werden die Diskussionen schärfer und fruchtbarer werden.

83. Die sogenannten Grundlagenprobleme der Wissenschaften.

Man spricht in letzter Zeit häufig von sogenannten philosophischen oder logischen Grundlagenproblemen der einzelnen Wissenschaften und versteht darunter gewisse (in unserer Bezeichnungsweise:) wissenschaftslogische Probleme in bezug auf die Wissenschaftsgebiete. An den wichtigsten Beispielen solcher Probleme sei kurz gezeigt, daß es sich um Fragen der Syntax der Wissenschaftssprache handelt.

Die hauptsächlichsten Grundlagenprobleme der Physik sind im vorigen Paragraphen und früher in den Beispielen 49 bis 53 (S. 234) vorgekommen. Wir haben gesehen, daß die Frage nach der Struktur von Zeit und Raum die Syntax der Zeit- und Raumkoordinaten betrifft. Das Kausalproblem betrifft die syntaktische Form der Gesetze; im besonderen geht der Determinismusstreit um eine bestimmte Vollständigkeitseigenschaft des Systems der physikalischen Gesetze. Das Problem der empirischen Fundierung (Verifikationsproblem) fragt nach der Form der Protokollsätze und den Folgebeziehungen zwischen den physikalischen Sätzen, insbesondere den Gesetzen, und den Protokollsätzen. Die Frage der logischen Grundlagen der physikalischen Messung ist die Frage nach der syntaktischen Form der quantitativen physikalischen Sätze (mit 𝔣𝔲) und nach den Ableitungsbeziehungen zwischen diesen Sätzen und den nichtquantitativen Sätzen (mit 𝔭𝔯, z. B. Sätzen über Zeigerkoinzidenzen). Ferner sind etwa die Fragen nach der Beziehung zwischen Makro- und Mikrozustandsgrößen, zwischen Makro- und Mikrogesetzen als syntaktische Fragen zu formulieren; auch die Klärung des Genidentitätsbegriffes gehört zur Syntax.

Die Grundlagenprobleme der Biologie beziehen sich vor allem auf das Verhältnis zwischen Biologie und Physik des Anorganischen, genauer: auf die Möglichkeit von Übersetzungen der biologischen Sprache S_1 in diejenige Teilsprache S_2 der physikalischen Sprache, die die zur Beschreibung der anorganischen Vorgänge erforderlichen Begriffe und die zur Erklärung dieser Vorgänge erforderlichen Gesetze enthält; anders gewendet: auf die Beziehungen zwischen S_1 und S_2 auf Grund der Gesamtsprache S_3, die beide als Teilsprachen enthält. Es sind hauptsächlich zwei Fragen zu unterscheiden: 1. Sind die Begriffe der Biologie zurückführbar auf die der Physik des Anorganischen? Syntaktisch formuliert: Ist jedes deskriptive Grundzeichen von S_1 in S_3 synonym mit einem in S_2 definierbaren Zeichen? Wenn das der Fall ist, so gibt es eine in bezug auf S_3 gehalttreue Übersetzung der L-Teilsprache von S_1 in die von S_2. 2. Sind die Gesetze der Biologie zurückführbar auf die der Physik des Anorganischen? Syntaktisch formuliert: Ist jedes Grundgesetz von S_1 in S_3 gehaltgleich mit einem in S_2 gültigen Gesetz? Wenn das der Fall ist, so gibt es eine in bezug auf S_3 gehalttreue Übersetzung von S_1 (als P-Sprache) in S_2. Diese zweite Frage bildet den wissenschaftlichen Kern des Vitalismus-Problems, das aber häufig mit außerwissenschaftlichen Scheinfragen vermengt wird.

Unter den Grundlagenproblemen der Psychologie gibt es analoge zu den genannten der Biologie: 1. Sind die Begriffe der Psychologie zurückführbar auf die der Physik im engeren Sinn? 2. Sind die Gesetze der Psychologie zurückführbar auf die der Physik im engeren Sinn? (Der Physikalismus bejaht die erste Frage, läßt aber die zweite offen.) Das sogenannte psycho-physische Problem wird gewöhnlich formuliert als Frage nach der Beziehung zweier Objektbereiche: des Bereiches der psychischen Vorgänge und des Bereiches der parallelen physischen Vorgänge im Zentralnervensystem. Aber diese Formulierung in inhaltlicher Redeweise führt in ein Gewirr von Scheinfragen (z. B.: „Sind die parallelen Vorgänge einander nur funktional zugeordnet oder durch eine Wirkungsbeziehung verknüpft? oder ist es derselbe Vorgang, von zwei verschiedenen Seiten gesehen?“). Bei Anwendung der formalen Redeweise wird klar, daß es sich nur um die Beziehung zwischen zwei Teilsprachen, nämlich der psychologischen und der physikalischen, handelt; nämlich um die Frage, ob je zwei parallele Sätze stets oder in gewissen Fällen gehaltgleich mit einander sind, und wenn ja, ob L- oder P-gehaltgleich. Dieses wichtige Problem kann überhaupt erst in Angriff genommen werden, wenn es korrekt formuliert ist, nämlich als syntaktisches Problem, sei es in der angedeuteten oder in einer andern Weise. — Beim Streit um den Behaviorismus sind zwei Arten von Fragen zu unterscheiden. Die empirischen Fragen, auf die die behavioristischen Forscher auf Grund ihrer Beobachtungen antworten, gehören nicht hierher; es sind fachwissenschaftliche Objektfragen. Dagegen hat die prinzipielle Grundfrage des Behaviorismus, die man zuweilen auch als methodische oder erkenntnistheoretische Frage bezeichnet, wissenschaftslogischen Charakter. Sie wird häufig in inhaltlicher Redeweise als Pseudo-Objektfrage formuliert (z. B. „Gibt es Bewußtseinsvorgänge?“, „Hat es die Psychologie nur mit dem physischen Verhalten zu tun?" oder ähnlich). Formuliert man sie statt dessen in formaler Redeweise, so sieht man, daß es sich auch hier um die Frage der Zurückführbarkeit der psychologischen Begriffe handelt; die Grundthese des Behaviorismus hängt dann eng zusammen mit der des Physikalismus.

Die Grundlagenprobleme der Soziologie (im weitesten Sinne, einschließlich der Geschichtswissenschaft) sind zum großen Teil analog denen der Biologie und der Psychologie.

84. Das Grundlagenproblem der Mathematik.

Was hat eine logische Grundlegung der Mathematik zu leisten? Darüber gibt es verschiedene Auffassungen; ihr Gegensatz tritt besonders deutlich hervor in den beiden Richtungen des von Frege (1884) begründeten Logizismus und des von Freges Gegnern vertretenen Formalismus. (Die Bezeichnungen ‚Logizismus' und ‚Formalismus' sind aber erst später aufgekommen.) Freges Gegner sagten: die logische Grundlegung der Mathematik geschieht durch Aufstellung eines formalen Systems, eines Kalküls, eines Axiomensystems, das die Formeln der klassischen Mathematik zu beweisen gestattet; um die Bedeutung der Zeichen hat man sich dabei nicht zu kümmern, die Zeichen werden durch die Grundsätze des Kalküls gewissermaßen implizit definiert; die über den Rahmen des Kalküls hinausgehende Frage, was die Zahlen eigentlich seien, ist abzulehnen. Heute vertritt der Formalismus eine im grundsätzlichen gleiche Auffassung, die aber in einigen wesentlichen Punkten besonders durch Hilbert verbessert worden ist: Mathematik und Logik werden in einem gemeinsamen Kalkül aufgebaut; die Frage der Widerspruchsfreiheit wird in den Mittelpunkt der Untersuchungen gerückt; die formale Behandlung wird strenger durchgeführt (sogenannte Metamathematik). Im Gegensatz zum formalistischen Standpunkt vertrat Frege die Auffassung, daß die logische Grundlegung der Mathematik die Aufgabe habe, nicht nur einen Kalkül aufzustellen, sondern vor allem auch über die Bedeutung der mathematischen Zeichen und Sätze Rechenschaft zu geben. Er versuchte diese Aufgabe dadurch zu lösen, daß er die Zeichen der Mathematik durch Definitionen auf die Zeichen der Logik zurückführte und die Sätze der Mathematik auf Grund logischer Grundsätze mit Hilfe logischer Schlußregeln bewies ([Grundgesetze]). Später haben Russell und Whitehead, gleichfalls auf Grund der Auffassung des Logizismus, den Aufbau der Mathematik auf dem Fundament der Logik in verbesserter Form durchgeführt ([Princ. Math.]). Auf gewisse Schwierigkeiten, die einem derartigen Aufbau entgegenstehen, wollen wir hier nicht eingehen (vgl. Carnap [Logizismus]). Denn es geht uns hier nicht so sehr um die Frage, ob man die Mathematik aus der Logik ableiten kann oder mit ihr zugleich aufbauen muß, sondern um die Frage: soll der Aufbau rein formal geschehen oder muß die Bedeutung der Zeichen bestimmt werden? Der scheinbar so scharfe Gegensatz in bezug auf diese Frage kann aber überbrückt werden. Die formalistische Auffassung hat darin recht, daß der Aufbau des Systems rein formal, also ohne Bezugnahme auf die Bedeutung der Zeichen, geschehen kann; daß es genügt, Bestimmungen aufzustellen, aus denen sich die Gültigkeit gewisser Sätze und die Folgebeziehungen zwischen gewissen Sätzen ergeben; und daß man keine über den formalen Aufbau hinausgehenden inhaltlichen Fragen zu stellen und zu beantworten braucht. Aber die hiermit umrissene Aufgabe ist ja durch den Aufbau des logisch-mathematischen Kalküls allein noch nicht erfüllt. Denn dieser Kalkül enthält nicht alle Sätze, die mathematische Zeichen enthalten und für die Wissenschaft relevant sind, nämlich diejenigen Sätze nicht, in denen es sich um Anwendung der Mathematik handelt, also synthetische deskriptive Sätze mit mathematischen Zeichen. Z. B. kann man aus dem Satz „in diesem Zimmer sind jetzt Karl und Peter und sonst niemand" den Satz „in diesem Zimmer sind jetzt zwei Personen" nicht ableiten mit Hilfe der Mittel des logisch-mathematischen Kalküls allein, wie er gewöhnlich von den Formalisten aufgestellt wird; wohl aber mit Hilfe des logizistischen Systems, nämlich auf Grund von Freges Definition für ‚2'. Eine logische Grundlegung der Mathematik ist erst dann gegeben, wenn ein System aufgebaut wird, das derartige Ableitungen ermöglicht. Das System muß allgemeine Formbestimmungen über das Auftreten der mathematischen Zeichen auch in synthetischen deskriptiven Sätzen und Folgebestimmungen für derartige Sätze enthalten; erst dadurch wird die Anwendung der Mathematik, das Rechnen mit Anzahlen empirischer Gegenstände und mit Maßzahlen empirischer Größen ermöglicht und geregelt. Ein derartiger Aufbau erfüllt zugleich die

Forderung des Formalismus und die des Logizismus. Denn der Aufbau ist einerseits rein formal, anderseits ist aber doch die Bedeutung der mathematischen Zeichen festgelegt und damit die Anwendung der Mathematik in der Realwissenschaft ermöglicht, nämlich durch Eingliederung des mathematischen Kalküls in die Gesamtsprache. Die logizistische Forderung steht nur scheinbar im Widerspruch zur formalistischen; dieser Anschein entsteht durch die übliche Formulierung in inhaltlicher Redeweise: „Man muß eine Deutung für die Mathematik geben, damit sie auf die Wirklichkeit angewendet werden kann". Bei der Übertragung in die formale Redeweise kehrt sich dieses Verhältnis um: die Deutung der Mathematik geschieht durch die Regeln der Anwendung. Die Forderung des Logizismus besagt dann: die Aufgabe der logischen Grundlegung der Mathematik wird nicht durch eine Metamathematik, d. h. eine Syntax der Mathematik, allein gelöst, sondern erst durch eine Syntax der Gesamtsprache, die logisch-mathematische und synthetische Sätze vereinigt.

Ob man beim Aufbau eines Systems der beschriebenen Art unter die Grundzeichen nur logische im engeren Sinn aufnimmt (wie Frege und Russell) oder auch mathematische (wie Hilbert), ob man als L-Grundsätze nur logische im engeren Sinn oder auch mathematische aufstellt, ist keine Frage von philosophischer Bedeutsamkeit, sondern nur eine Frage der technischen Zweckmäßigkeit. Beim Aufbau der Sprachen I und II haben wir in diesem Punkt in Anlehnung an Hilbert das zweite Verfahren gewählt. Übrigens ist die Frage auch gar nicht scharf gestellt; wir haben in der allgemeinen Syntax zwar eine formale Unterscheidung zwischen logischen und deskriptiven Zeichen gegeben; aber eine scharfe Einteilung der logischen Zeichen in unserem Sinn in logische Zeichen im engeren Sinn und mathematische Zeichen hat bisher niemand angegeben. —

Die logische Analyse der Geometrie hat gezeigt, daß man deutlich zwischen mathematischer und physikalischer Geometrie unterscheiden muß. Die Sätze beider Gebiete haben zwar nach üblichem Sprachgebrauch häufig denselben Wortlaut, aber ganz verschiedenen logischen Charakter. Die mathematische Geometrie ist ein Teil der reinen Mathematik, mag sie nun als axiomatisches System oder in Form der analytischen Geometrie aufgebaut werden. Die Grundlagenfragen der mathematischen Geometrie gehören daher zur Syntax der geometrischen Axiomensysteme, bzw. zur Syntax der Koordinatensysteme. Die physikalische Geometrie ist ein Teil der Physik; sie entsteht aus einem System der mathematischen Geometrie durch Aufstellung von sogenannten Zuordnungsdefinitionen (vgl. § 25). Bei den Grundlagenfragen der physikalischen Geometrie handelt es sich um die Syntax des geometrischen Systems als Teilsprache der physikalischen Sprache. Die Hauptthesen etwa der empiristischen Auffassung der Geometrie: „Die Lehrsätze der mathematischen Geometrie sind analytisch“, „Die Lehrsätze der physikalischen Geometrie sind synthetisch, aber P-gültig“ sind offenbar syntaktische Sätze.

85. Syntaktische Sätze in fachwissenschaftlichen Abhandlungen.

In allen wissenschaftlichen Überlegungen sind Objektfragen und wissenschaftslogische, also syntaktische Fragen miteinander verbunden. Auch in Abhandlungen, die nicht ein sogenanntes erkenntnistheoretisches Problem, eine Grundlagenfrage zum Thema haben, sondern fachwissenschaftliche Fragen behandeln, sind die Sätze zu einem erheblichen, vielleicht sogar zum überwiegenden Teil syntaktische Sätze. Sie sprechen etwa über gewisse Begriffsbildungen, über die bisher anerkannten Sätze des betreffenden Gebietes, über die Behauptungen oder Ableitungen eines Gegners, über die Verträglichkeit oder Unverträglichkeit verschiedener Annahmen und ähnliches.

Man macht sich leicht klar, daß eine mathematische Abhandlung überwiegend metamathematisch ist, d. h. daß sie neben eigentlichen mathematischen Sätzen (z. B. „Jede gerade Zahl ist Summe zweier Primzahlen“) syntaktische Sätze enthält (etwa in der Form: „Aus... folgt, daß...“, „Durch Einsetzung ergibt sich ...“, „Wir wollen den Ausdruck... so und so umformen“ u. dgl.). Das gleiche gilt aber auch für realwissenschaftliche Abhandlungen. Wir wollen uns das am Beispiel einer physikalischen Abhandlung klarmachen. Im folgenden enthält die erste Rubrik die Anfangssätze (gekürzt) aus: Einstein, Zur Elektrodynamik bewegter Körper (1905). Die Umformulierung in der zweiten Rubrik hat nur den Zweck, den

Sätze des Originals.	Umformulierung.	Welche Satzart? r.-s. rein-syntaktisch. d.-s. deskriptiv-syntaktisch.
Daß die Elektrodynamik Maxwells ...	An den Gesetzen, die Folgen der Maxwellschen Gleichungen sind,	r.-s. Kennzeichnung von Sätzen.
in ihrer Anwendung auf bewegte Körper zu Asymmetrien führt,	zeigen sich gewisse Asymmetrien,	r.-s. Satz über Gesetze
welche den Phänomenen nicht anzuhaften scheinen,	die sich an den zugehörigen Protokollsätzen nicht zeigen.	und über Protokollsätze.
ist bekannt.	Die gegenwärtigen Physiker wissen, daß	Historischer, d.-s. Satz.
Man denke z. B. an die ... Wechselwirkung	Beispiel: die Wechselwirkungssätze....	r.-s. Kennzeichnung von Sätzen.
Das beobachtbare Phänomen hängt hier nur ab von der relativen Bewegung von Leiter und Magnet,	Die Protokollsätze hängen nur ab von den und den Systemsätzen.	r.-s. Satz.
während nach der üblichen Auffassung die beiden Fälle, daß der eine oder der andere dieser Körper der bewegte sei, streng voneinander zu trennen sind.	Bei üblicher Form des Systems sind die beiden konkreten Sätze ‚...' und ‚...' nicht gehaltgleich.	r.-s. Satz (mit Kennzeichnungen zweier Sätze).
Bewegt sich nämlich der Magnet ..., so entsteht ... ein elektrisches Feld ...,	Wenn ein Magnet sich ... bewegt, so entsteht ... ein elektrisches Feld.	Objektsatz (physikalisches Gesetz).
welches einen Strom erzeugt.	Wenn ein elektrisches Feld ... entsteht, so entsteht ... ein Strom.	wie vorher.
Ruht aber der Magnet ..., so entsteht ... kein Feld,	(Ähnlich.)	wie vorher.

dagegen im Leiter eine elektromotorische Kraft ...,	(Ähnlich.)	wie vorher.
die aber ... zu elektrischen Strömen ... Veranlassung gibt.	(Ähnlich.)	wie vorher.
Beispiele ähnlicher Art,	A 1. Ähnliche Sätze wie vorher.	(Unbestimmte) r.-s. Kennzeichnung von Sätzen.
sowie die mißlungenen Versuche, eine Bewegung der Erde relativ	A 2. Die und die historisch vorliegenden Protokollsätze.	Historische d.-s. Kennzeichnung von Sätzen.
zum „Lichtmedium" zu konstatieren,	Durch diese Protokollsätze ist die und die Hypothese widerlegt.	r.-s. Satz.
führen zu der Vermutung, daß	Die Sätze A geben Anlaß, versuchsweise ein physikalisches System S aufzustellen, für das die Sätze B gelten (d. h. S ist ein Hypothesensystem, das durch die Sätze A bestätigt wird).	r.-s. Satz.
dem Begriff der absoluten Ruhe ... in der Elektrodynamik keine Eigenschaften der Erscheinungen entsprechen,	B 1. Dem Begriff ‚absolute Ruhe' in den Sätzen der Elektrodynamik (des Systems S) entspricht kein Begriff in den zugehörigen Protokollsätzen.	r.-s. Satz.
sondern daß vielmehr für alle Koordinatensysteme ... die gleichen elektrodynamischen ... Gesetze gelten	B 2. In bezug auf alle Koordinatensysteme ... haben die ... Gesetze (des Systems S) dieselbe Form.	r.-s. Satz (über gewisse Transformationen).
Wir wollen diese Vermutung		
(deren Inhalt im Folgenden „Prinzip der Relativität" genannt werden wird)	B 2 soll ‚Prinzip der Relativität' genannt werden.	r.-s. Definition.
zur Voraussetzung erheben.	B 2 wird als hypothetische P-Bestimmung aufgestellt.	r.-s. Festsetzung (Definition für ‚P-gültig in S').

Charakter der Sätze leichter erkennen zu lassen. In der dritten Rubrik wird der Charakter der einzelnen Sätze oder Kennzeichnungen angegeben; es stellt sich heraus, daß die meisten von ihnen syntaktisch sind.

86. Wissenschaftslogik ist Syntax.

Wir haben durch eine kurze Betrachtung der Probleme der Wissenschaftslogik der Physik und der auch zur Wissenschaftslogik gehörenden sogenannten Grundlagenprobleme verschiedener Gebiete zu zeigen versucht, daß es sich hier im Grund um syntaktische Fragen handelt, wenn auch die übliche Formulierung häufig diesen Charakter verhüllt. Die metaphysische Philosophie will über die empirisch-wissenschaftlichen Fragen eines Wissenschaftsgebietes hinausgehen und Fragen nach dem Wesen der Gegenstände des Gebietes stellen. Wir halten diese Fragen für Scheinfragen. Auch die nicht-metaphysische Wissenschaftslogik nimmt einen anderen Gesichtspunkt ein als den der empirischen Wissenschaft; aber nicht durch eine metaphysische Transzendenz, sondern dadurch, daß sie die Sprachformen selbst wieder zu Objekten einer neuen Untersuchung macht. Auf Grund dieser Auffassung kann in irgend einem Gebiet der Wissenschaft nur entweder in den Sätzen des Gebietes oder über die Sätze des Gebietes gesprochen werden; es werden also nur Objektsätze und syntaktische Sätze aufgestellt.

Daß wir diese beiden Satzarten unterscheiden, heißt nicht, daß man die beiden Untersuchungen immer voneinander trennen soll. Vielmehr werden in der Praxis wissenschaftlicher Untersuchungen stets beide Gesichtspunkte und beide Satzarten miteinander verknüpft werden. Daß die fachwissenschaftlichen Untersuchungen viele syntaktische Sätze enthalten, haben wir am Beispiel einer physikalischen Abhandlung gesehen. Es gilt aber auch umgekehrt, daß die wissenschaftslogischen Untersuchungen stets zahlreiche Objektsätze enthalten, und zwar teils Objektsätze des Gebietes, das gerade wissenschaftslogisch untersucht wird, teils Sätze etwa über die psychologischen, soziologischen, historischen Umstände, unter denen in dem betreffenden Wissenschaftsgebiet gearbeitet wird. So können wir also zwar die Begriffe einteilen in logische und deskriptive, und auch noch die Sätze einfacher Form in wissenschaftslogische, d. h. syntaktische Sätze und Objektsätze; dagegen gibt es keine scharfe Einteilung der Überlegungen und ihrer Darstellungen, der Abhandlungen. Die Abhandlungen etwa auf dem Gebiet der Biologie enthalten teils biologische, teils syntaktische Sätze; es gibt da nur graduelle Unterschiede in bezug darauf, ob in der betreffenden Abhandlung die einen oder die anderen Fragen im Vordergrund stehen; auf Grund hiervon mag man für die Praxis zwischen fachbiologischen und wissenschaftslogischen Abhandlungen unterscheiden. Für den, der wissenschaftslogische Fragen bearbeiten will, ergibt sich hieraus, daß er auf die stolzen Ansprüche einer über den Fachwissenschaften thronenden Philosophie zu verzichten hat; er muß sich klarmachen, daß er auf demselben Feld arbeitet wie der Fachwissenschaftler, nur mit etwas anderer Aufmerksamkeitsverteilung: der Blick ist mehr auf die logischen, formalen, syntaktischen Zusammenhänge gerichtet. Unsere These, daß Wissenschaftslogik Syntax ist, darf also nicht dahin mißverstanden werden, als könne die Aufgabe der Wissenschaftslogik losgelöst von der empirischen Wissenschaft und ohne Rücksicht auf deren empirische Ergebnisse bearbeitet werden. Allerdings ist die syntaktische Untersuchung eines schon gegebenen Systems eine rein mathematische Aufgabe; aber die Sprache der Wissenschaft liegt nicht in syntaktisch bestimmter Form vor; wer sie untersuchen will, muß daher auf den in der Fachwissenschaft praktisch angewendeten Sprachgebrauch achten und in Anlehnung an ihn erst die syntaktischen Bestimmungen aufstellen. Und ein Vorschlag zu einer syntaktischen Neugestaltung eines bestimmten Punktes der Wissenschaftssprache ist allerdings prinzipiell gesehen eine frei wählbare Festsetzung. Aber eine solche Festsetzung kann nur dann in praktisch brauchbarer und fruchtbarer Weise getroffen werden, wenn dabei auf die jeweils vorliegenden empirischen Ergebnisse der fachwissenschaftlichen Forschung Rücksicht genommen wird. [Z. B. ist die Wahl zwischen determinierenden und Wahrscheinlichkeitsgesetzen oder die Wahl zwischen euklidischer und nichteuklidischer Geometrie in der Physik zwar nicht eindeutig bestimmt durch das Erfahrungsmaterial, wird aber in Anlehnung an dieses Material getroffen.] Jede wissenschaftslogische, jede philosophische Arbeit ist zur Unfruchtbarkeit verurteilt, wenn sie nicht in naher Fühlung mit der Fachwissenschaft vorgenommen wird.

Vielleicht kann man sagen, daß die Untersuchungen der nicht-metaphysischen Philosophie, besonders der Wissenschaftslogik der letzten Jahrzehnte, im Kern immer schon syntaktische Untersuchungen waren, ohne es zu wissen. Dieser Charakter der Untersuchungen muß jetzt auch theoretisch eingesehen und konsequent durchgeführt werden. Dann und nur dann wird es gelingen, an die Stelle der traditionellen Philosophie eine streng wissenschaftliche Disziplin zu stellen, nämlich die Wissenschaftslogik als Syntax der Wissenschaftssprache. Der Schritt aus dem Chaos der subjektivistischen philosophischen Probleme auf den festen Boden der exakten syntaktischen Probleme muß getan werden. Dann erst haben wir es mit scharfen Begriffen und deutlich faßbaren Thesen zu tun. Dann erst besteht die Möglichkeit einer fruchtbaren Zusammenarbeit verschiedener Forscher an denselben Problemen, fruchtbar für die einzelnen wissenschaftslogischen Fragen, für das untersuchte Wissenschaftsgebiet, für die eine, einheitliche Wissenschaft. Hier haben wir nur ein erstes Werkzeug in Gestalt syntaktischer Begriffe geschaffen. Die Anwendung dieses Werkzeugs zur Bearbeitung der zahlreichen, gegenwärtig drängenden wissenschaftslogischen Probleme und die Verbesserung des Werkzeugs, die sich aus seiner Anwendung ergeben wird, erfordert die Zusammenarbeit vieler Kräfte.

Literaturverzeichnis und Namenregister.

Die Ziffern hinter den Verfassernamen verweisen auf die Seiten dieses Buches; fettgedruckte Ziffern bezeichnen die wichtigeren Stellen.

[ ] Einige Schriften sind in den Zitaten dieses Buches durch ein Schlagwort in eckigen Klammern bezeichnet; diese Schlagwörter sind im folgenden Verzeichnis *kursiv* gedruckt.

Ausführlichere Literaturangaben über Logistik und logische Syntax finden sich in: Fraenkel [Mengenlehre], Jörgensen [Treatise], Lewis [Survey].

Ackermann, W. — Zum Hilbertschen Aufbau der reellen Zahlen. Math. Ann. **99**, 1928. — Über die Erfüllbarkeit gewisser Zählausdrücke. Math. Ann. **100**, 1928. — S. a. Hilbert!

Ajdukiewicz, K. **120**, **129**, 170. — Sprache und Sinn. Wird erscheinen in: Erk. **4**, 1934. — Das Weltbild und die Begriffsapparatur. Ebendort.

Becker, O. 41, 187, 189, **193**, **197**. — Mathematische Existenz. Jahrb. Phänom. 1927; auch gesondert. — Zur Logik der *Modalitäten*. Jahrb. Phänom. **11**, 1930.

Behmann, H. **101**, 149, **188**. — Beiträge zur Algebra der Logik, insbes. zum Entscheidungsproblem. Math. Ann. **86**, 1922. — Mathematik und *Logik*. B. u. L. 1927. — Entscheidungsproblem und Logik der Beziehungen. Jber. Math. Ver. **36**, 1928. — Zu den Widersprüchen der Logik .... Jber. Math. Ver. **40**, 1931. — Sind die mathemat. Urteile analytisch oder synthetisch? Erk. **4**, 1934.

Bernays, P. 86, 87, 126. — Axiomat. Untersuchungen des *Aussagenkalküls* der Principia Mathematica. Math. ZS. **25**, 1926. — B. und Schönfinkel: Zum Entscheidungsproblem der mathemat. Logik. Math. Ann. **99**, 1928. — Die *Philosophie* der Math. und die Hilbertsche Beweistheorie. Bl. f. dt. Philos. **4**, 1930. — S. a. Hilbert!

Black, M. — The nature of mathematics. London 1933.

Borel, E. — Leçons sur la théorie des fonctions. 3. A. Paris 1928. (Im Anhang: Diskussion zw. R. Wavre u. P. Lévy über die intuitionistische Logik, abgedruckt aus: Revue Métaphys. **33**, 1926.)

Bréal, M. 9.

Brouwer, L. E. J. **41**ff., 102, 103, 114, 207, **232**. (S. a. Intuitionismus.) — *Intuitionism* and formalism. Bull. Amer. Math. Soc. **20**, 1913. — Intuitionistische Mengenlehre. Jber. Math. Ver. **28**, 1920. — Intuitionistische Zerlegung math. Grundbegriffe. Jber. Math. Ver. **33**, 1925. — Über die Bedeutung des Satzes vom ausgeschlossenen Dritten .... Journ. Math. **154**, 1925. — Intuitionistische Betrachtungen über den Formalismus. Ber. Akad. Berlin, Phys.-math. Kl., 1928. — Mathematik, Wissenschaft und *Sprache*. Mh. Math. Phys. **36**, 1929.

Bühler, K. 9. — Die Axiomatik der Sprachwiss. Kantstud. **38**, 1933.

Cantor, G. 89, 99.

Carnap, R. — Eigentl. und uneigentl. Begriffe. Symposion **1**, 1927. — Der log. *Aufbau* der Welt. Berlin (jetzt: Meiner, Leipzig) 1928. — *Scheinprobleme* in der Philos. Das Fremdpsychische und der Realismusstreit. Ebendort 1928. — Abriß der *Logistik*. (Schr. z. wiss. Weltauff.) Wien 1929. — Bericht über Untersuch. zur allg. *Axiomatik*. Erk. **1**, 1930. — Die Math. als Zweig der Logik. Bl. f. dt. Philos. **4**, 1930. — Die *logizis*tische Grundlegung der Math. Erk. **2**, 1931. — Überwindung der *Metaphysik* durch log. Analyse der Sprache. Erk. **2**, 1932. — Die *phys*ikal. *Sprache* als Universalsprache der Wiss. Erk. **2**, 1932. — The unity of science. (Übers. von [Phys. Sprache].) (Psyche-Min.) London 1934. — *Psychol*ogie in physikal. Sprache. Mit Erwiderungen. Erk. **3**, 1932. — Über *Protokollsätze*. Erk. **3**, 1932. — On the charakter of philos. problems. Philos. of Science **1**, 1934. — Die Aufgabe der Wissenschaftslogik. (Einheitswiss.) Wien 1934. — Die Antinomien und die Unvollständigkeit der Mathematik. Wird erscheinen in: Monatsh. Math. Phys. (Ergänzung zu § 60).

Church, A. 113. — A set of postulates for the foundation of logic. Ann. of Math. **33**, 1932.

Chwistek, L. 9, **163**, 187, 189, **191**f. — Über die Antinomien der Prinzipien der Math. Math. ZS. **14**, 1922. — Sur les fondements de la logique moderne. Atti V. Congr. Intern. Filos. (1924) 1925. — Neue Grundlagen der Logik und Math. I: Math. ZS. **30**, 1929; II: **34**, 1932. — Die *nom*inalist. *Grundl*egung der Math. Erk. **3**, 1933. — Mit W. Hetper und J. Herzberg: Fondements de la métamathématique rationelle. Bull. Acad. Pol., Sér. A: Math., 1933. — Dieselben: Remarques sur la ... métamath. rationelle. Ebendort.

Dedekind, R. 99.

Dubislav, W. 39 f. — Über die sog. *analyt*. und synthet. Urteile. Berlin 1926. — Zur kalkülmäßigen Charakterisierung der Definitionen. Ann. Philos. **7**, 1928. — Elementarer Nachweis der Widerspruchslosigkeit des Logikkalküls. Journ. Math. **161**, 1929. —

Die Definition. Leipzig, 3. A. 1931. — Die Philos. der Math. in der Gegenwart. Berlin 1932. — Naturphilosophie. Berlin 1933.

Dürr, E. 119. — Neue Beleuchtung einer Theorie von *Leibniz*. Darmstadt 1930.

Duhem, P. 246.

Einstein, A. 131, **256**.

Fraenkel, A. 87f., 115, 262. — Zehn Vorles. über die Grundlegung der Mengenlehre. Leipzig 1927. — Einleitung in die *Mengenlehre*. Berlin, 3. A. 1928. — Das Problem des Unendlichen in der neueren Math. Bl. f. dt. Philos. **4**, 1930. — Die heutigen Gegensätze in der Grundlegung der Math. Erk. **1**, 1930.

Frank, Ph. 206, 207. — Was bedeuten die gegenwärtigen physikal. Theorien für die allg. Erkenntnislehre? Naturwiss. **17**, 1929; auch in: Erk. **1**, 1930. — Das *Kausalgesetz* und seine Grenzen. (Schr. z. wiss. Weltauff.) Wien 1932.

Frege, G. 39, 40, 95, **98**ff., **110**ff., 149, 156, 202, 222, **253**ff. — Begriffsschrift. Halle 1879. — Die *Grundlagen* der Arithmetik. Breslau 1884 (Neudruck 1934). — *Grundgesetze* der Arithmetik. Jena, I 1893, II 1903. — Über die *Zahlen* des Herrn H. Schubert. Jena 1899.

Gätschenberger, R. — Symbola. Anfangsgründe einer Erkenntnistheorie. Karlsruhe 1920. — Zeichen, die Fundamente des Wissens. Eine Absage an die Philosophie. Stuttgart 1932.

Glivenko, V. 170.

Gödel, K. 26, 48, **86**f., 90, **92**, **93**ff., 101, 113, 126, 142, 149, 161, **165**, 170, 192. — Die Vollständigkeit der Axiome des log. Funktionenkalküls. Mh. Math. Phys. **37**, 1930. — Über formal *unentscheidbare* Sätze der Principia Mathematica und verwandter Systeme. I. Mh. Math. Phys. **38**, 1931. — Verschiedene Noten in: Ergebn. e. math. *Kolloquiums* (K. Menger). Heft 1—4, 1931—33.

Grelling, K. und Nelson, L. 163. — Bemerk. zu den Paradoxien von Russell und Burali-Forti. Abh. d. Friesschen Schule N. F. **2**, 1908.

Hahn, H. 206. — Die Bedeutung der *wiss. Weltauff*assung, insbes. für Math. und Physik. Erk. **1**, 1930. — Logik, Math. und Naturerkennen. (Einheitswiss.) Wien 1933.

Hempel, C. G. 244.

Herbrand, J. 46, 95, 126. — Recherches sur la théorie de la démonstration. Thèse Fac. Sciences Paris (Nr. 2121, série A, 1252) 1930. Auch in: Travaux Soc. Sciences Varsovie, Cl. III, Nr. 33, 1930. — Sur la *non-contrad*iction de l'arithmétique. Journ. Math. **166**, 1931. — Sur le problème fondamental de la logique mathématique. C. R. Soc. Sciences Varsovie **24**, Cl. III, 1931.

Hertz, P. — Über Axiomensysteme für beliebige Satzsysteme. Math. Ann. **101**, 1929. — Vom Wesen des Logischen ... Erk. **2**, 1932.

Heyting, A. **41ff.**, 102, 119, **156**, **170**, 187, 189, **191f.** — Die formalen Regeln der intuitionistischen *Logik*. Ber. Akad. Berlin, 1930. — Die formalen Regeln der intuitionist. *Math.* I, II. Ebenda. — Die intuitionist. *Grundlegung* der Math. Erk. **2**, 1931. — Anwendung der intuitionist. Logik auf die Definition der Vollständigkeit eines Kalküls. Intern. Math.-Kongr. Zürich 1932.

Hilbert, D. 9, 11, 17, 32f., 40, 43, 69, 87, 90, 101, 111, 113, **126**, **142**, 149f., 156, **187**, 202, 207, **253ff.** — *Grundl*agen der *Geom*etrie. (1899) 7. A. 1930. — Axiomatisches Denken. Math. Ann. **78**, 1918. — Neubegründung der Mathematik. Abh. Math. Sem. Hamburg **1**, 1922. — Die log. *Grundl*agen der Math. Math. Ann. **88**, *1923*. — Über das *Unendliche*. Math. Ann. **95**, 1926. — Die Grundlagen der Math. Mit Bem. v. Weyl und Bernays. Abh. Math. Sem. Hamburg **6**, 1928. — Mit Ackermann: Grundzüge der theoret. *Logik*. Berlin 1928. — Probleme der Grundlegung der Math. Math. Ann. **102**, 1930. — *Grundl*egung der elementaren Zahlenlehre. Math. Ann. **104**, *1931*. — Beweis des *Tertium* non datur. Nachr. Ges. Wiss. Göttingen, math.-phys. Kl., 1931. — Mit Bernays: Grundlagen der Math. I. Berlin 1934. (Nach Drucklegung dieses Buches erschienen.)

Hume, D. 206.

Huntington, E. V. — Sets of independent postulates for the algebra of logic. Trans. Amer. Math. Soc. **5**, 1904. — A new set of postulates for betweenness, with proof of complete independence. Ebendort **26**, 1924.

Husserl, E. 44.

Jörgensen, J. **200**, 262. — A *treatise* of formal logic. Its evolution and main branches, with its relation to mathematics and philosophy. 3 Bde., Kopenhagen 1931. — Über die *Ziele* und Probleme der Logistik. Erk. **3**, 1932.

Kaufmann, Felix. **41**, **44f.**, 101, 114, 117. — Das *Unendliche* in der Math. und seine Ausschaltung. Wien 1930. — *Bemerkungen* zum Grundlagenstreit in Logik und Math. Erk. **2**, 1931.

Kronecker, L. 232.

Langford, siehe Lewis!

Leśniewski, St. 23, 112, **113**. — Grundzüge eines *neuen Systems* der Grundlagen der Math. Fund. Math. **14**, 1929. — Über die Grundlagen der *Ontologie*. C. R. Soc. Sciences Varsovie **23**, Cl. III, 1930. — Über *Definitionen* in der sog. Theorie der Deduktion. Ebendort **24**, Cl. III, 1931.

Lévy, P., siehe Borel!

Lewis, C. I. 156f., 166, 175, 187, 189, **193**, **195**, **196**, **197**, **200**, **201**, 207, 262. — A *survey* of symbolic logic. Berkeley 1918. — Alternative systems of logic. Monist **42**, 1932. — Mit Langford, C. H.: Symbolic *logic*. New York u. London 1932.

Łukasiewicz, J. 9, 86, 112, **193**, **197**. — Mit Tarski: Untersuch. über den *Aussagenkalkül*. C. R. Soc. Sciences Varsovie **23**, Cl. III, 1930. — Philos. Bemerkungen zu *mehrwertigen* Systemen des Aussagenkalküls. Ebenda.

MacColl 197.

Mannoury, G. — Die signifischen Grundlagen der Math. Erk. **4**, 1934.

Menger, K. **45**. — Bemerkungen zu Grundlagenfragen (bes. II: Die mengentheoret. Paradoxien). Jber. Math. Ver. **37**, 1928. — Der *Intuitionismus*. Bl. f. dt. Philos. **4**, 1930. — Die neue Logik. In: Krise u. Neuaufbau in den ex. Wiss. Wien 1933.

Mises, R. v. 103. — Wahrscheinlichkeit, Statistik und Wahrheit. (Schr. z. wiss. Weltauff.) Wien 1928. — Über das naturwiss. Weltbild der Gegenwart. Naturwiss. **19**, 1931.

Nelson, E. J. 197, **200**. — *Intensional* relations. Mind **39**, 1930. — Deductive systems and the absoluteness of logic. Mind **42**, 1933. — On three logical principles in intension. Monist **43**, 1933.

Neumann, J. v. **86**f., 101, 119, 126. — Zur Hilbertschen *Beweist*heorie. Math. ZS. **26**, 1927. — Die formalistische Grundlegung der Math. Erk. **2**, 1931.

Neurath, O. **206**, 207, 209, 212, **248**f. — (Mit anderen:) *Wiss*enschaftliche *Weltauff*assung. Der Wiener Kreis. (Veröff. d. Vereins Ernst Mach.) Wien 1929. — *Wege* der wiss. Weltauffassung. Erk. **1**, 1930. — Empirische Soziologie. Der wiss. Gehalt der Geschichte und Nationalökonomie. (Schr. z. wiss. Weltauff.) Wien 1931. — *Physicalism*. The philosophy of the Viennese Circle. Monist **41**, 1931. — *Physikalismus*. Scientia **50**, 1931. — *Soziol*ogie im *Phys*ikalismus. Erk. **2**, 1931. — *Protokollsätze*. Erk. **3**, 1932. — Einheitswiss. und *Psychol*ogie. (Einheitswiss.) Wien 1933.

Ogden, C. K. and Richards, I. A. — The meaning of meaning. A study of the influence of language upon thought and of the science of symbolism. London 1930.

Parry, W. T. 197, 199. — Noten in: Erg. e. math. *Koll*oquiums (hsg. v. Menger). Heft **4**, 1933.

Peano, G. 29f., 40, **87**, 111, 119, 163. — Notations de logique mathématique. Torino 1894. — *Formulaire* de Mathématiques. Torino (1895) 1908.

Penttilä, A. und Saarnio, U. — Einige grundlegende Tatsachen der Worttheorie ... Erk. **4**, 1934.

Poincaré, H. 41, 114, 246. — Wiss. und Hypothese. Leipzig (1904) 1914. — Wiss. und Methode. Leipzig **1914**. — Letzte *Gedanken*. Leipzig 1913.

Popper, K. 244, **249** (2). — Logik der Forschung. (Wird erscheinen in: Schr. z. wiss. Weltauff., Wien.)

Post, E. L. 160. — *Introduction* to a general theory of elementary propositions. Amer. Journ. Math. **43**, 1921.

Presburger, M. — Über die Vollständigkeit eines gewissen Systems der Arithm. ... Congr. Math. Warschau (1929) 1930.

Quine, W. V. **143**.

Ramsey, F. P. 76, **163**, 209, **249**. — The *foundations* of mathematics, and other logical essays. London 1931.

Reichenbach, H. 68, 207, 238, **244**. — *Axiomatik* der relativist. Raum-Zeit-Lehre. Braunschweig 1924. — *Philosophie* der Raum-Zeit-Lehre. Berlin 1928. — *Wahrscheinlichkeitslogik*. Ber. Akad. Berlin **29**, 1932.

Richard, J. 163.

Rüstow, A. — Der Lügner. Theorie, Geschichte und Auflösung. Diss. Erlangen 1910.

Russell, B. 17, 20f., 32, 40, 43f., 76f., **86f.**, 95ff., **98ff.**, 100, 102, 111, 113, **115**, 117, 126, **142**, 145, 148f., 156, 163, **174**, **187**, **188**, **191**, **196—198**, 200, 202, 207, 217, 220, 222, 224, **254f.** — The *principles* of mathematics. Cambridge 1903. — Mit Whitehead: *Principia Mathematica*. I (1910), 2. A. 1925; II (1912), 1927; III (1913) 1927. — Unser Wissen von der Außenwelt. (1914) Leipzig 1926. — Einführung in die *math. Logik*. (Übersetzung der Einleitungen von [Princ. Math.] I[1] und I[2].) München 1932. — Einführung in die *math. Philosophie* (1919). München 1923. — *Vorwort*, 1922, siehe Wittgenstein!

Schlick, M. 45, 206f., **210**, 237, **249**. — Allg. Erkenntnislehre. Berlin (1918), 2. A. 1925. — Erleben, Erkennen, *Metaphysik*. Kantstud. **31**, 1926. — Die *Wende* der Philosophie. Erk. **1**, 1930. — Die *Kausalität* in der gegenwärtigen Physik. Naturwiss. **19**, 1931. — *Positivismus* und Realismus. Erk. **3**, 1932. — Über das Fundament der Erkenntnis. Erk. **4**, 1934.

Scholz, H. 201, 202. — *Geschichte* der Logik. Berlin 1931.

Schönfinkel, M. — Über die Bausteine der math. Logik. Math. Ann. **92**, 1924. — S. a. Bernays!

Schröder, E. 40, 111. — Vorles. über die Algebra der Logik (exakte Logik). 3 Bde. Leipzig 1890—1905.

Skolem, Th. — Logisch-kombinatorische Untersuch. über die *Erfüllbarkeit* oder Beweisbarkeit math. Sätze. Vidensk. Skr. Kristiania 1920, Nr. 4. — Begründung der elementaren Arithm. durch die rekurrierende Denkweise ... Ebenda 1923, Nr. 6.

Tarski, A. **86f.**, 112, 120, **126**, 149, 160, 161. — Über einige fundamentale Begriffe der Metamathematik. C. R. Soc. Sciences Varsovie **23**, Cl. III, 1930. — Fundamentale Begriffe der *Methodologie* der deduktiven Wissenschaften, I. Mh. Math. Phys. **37**, 1930. — Der *Wahrheitsbegriff* in den Sprachen der deduktiven Disziplinen. Anzeiger Akad. Wien, 1932, Nr. 2. (Mitt. über eine poln. Abhandl. dess. Titels.) — Einige Betrachtungen über die Begriffe der ω-*Widerspruchsfr*eiheit und der ω-Vollständigkeit. Mh. Math. Phys. **40**, 1933. — S. a. Łukasiewicz!

Waismann, F. **249**. — Die Natur des Reduzibilitätsaxioms. Mh. Math. Phys. **35**, 1928. — Logische Analyse des *Wahrscheinlichkeits*begriffs. Erk. **1**, 1930.

Wajsberg, M. — Über Axiomensysteme des Aussagenkalküls. Mh. Math. Phys. **39**, 1932. — Ein erweiterter Klassenkalkül. Ebendort, **40**, 1933. — Untersuch. über den Funktionenkalkül für endl. Individuenbereiche. Math. Ann. **108**, 1933. — Beitrag zur Metamathematik. Math. Ann. **109**, 1933.

Warschauer Logiker 9, 112, 207. (S. a. Leśniewski, Łukasiewicz, Tarski!)

Wavre, R., siehe Borel!

Weiß, P. **200**. — The nature of systems. (Abgedruckt aus: Monist.) 1928. — Two-valued logic, another approach. Erk. **2**, 1931.

Weyl, H. 41, 103, **139**, **233**. — Das *Kontinuum*. Leipzig 1918. — Über die neuere Grundlagenkrise der Math. Math. ZS. **10**, 1921. — Die heutige Erkenntnislage in der Math. Sympos. **1**, 1925. (Auch gesondert.) — Philosophie der Math. und Naturwiss. Teil I. In: Handb. d. Philos., hsg. v. Bäumler u. Schröter, München 1926. (Auch gesondert.)

Whitehead, A. N., siehe Russell!

Wiener Kreis 7, 39, **206**ff., 237, **248**, 249, **250**. — (Siehe Carnap, Frank, Gödel, Hahn, Neurath, Schlick, Waismann!)

Wittgenstein, L. 39, 41, 44f., **46**, 100, 114, **139**, 152, **188**, **206**, **208**ff., **222**, **230**, 231, 234, **249**, **250**. — *Tractatus* logico-philosophicus. With introd. by Russell. (Deutsch-engl. Ausg.) London 1922. (Auch: „Logisch-philos. Abhandlung", mit *Vorwort* von Russell, in: Ann. Naturphil. **14**, 1921.)

Zermelo, E. 83, **87**. — Untersuch. über die Grundlagen der Mengenlehre. Math. Ann. **65**, 1908.

Sachregister.

Die Ziffern bezeichnen die Seiten; fette Ziffern geben die wichtigsten Stellen an.

Abkürzungen: I = Syntax der Sprache I,
II = Syntax der Sprache II,
A = Allgemeine Syntax.

A.

B.

Z.

Manzsche Buchdruckerei, Wien IX.